Lambacher Schweizer

Mathematik für die Fachhochschulreife

Typ Wirtschaft und Verwaltung

Lösungsheft

erarbeitet von
Günther Reinelt

unter Mitwirkung von
Dieter Müller

Ernst Klett Verlag
Stuttgart · Leipzig

1. Auflage 1 5 4 3 2 1 | 2013 12 11 10 09

Alle Drucke dieser Auflage sind unverändert und können im Unterricht nebeneinander verwendet werden.
Die letzte Zahl bezeichnet das Jahr des Druckes.

Autoren: Manfred Baum, Gerhard Bitsch, Dieter Brandt, Gerhard Brüstle, Heidi Buck, Günther Dopfer, Rolf Dürr, Hans Freudigmann, Detlef Lind, Günther Reinelt, Rolf Reimer, Wolfgang Riemer, Hartmut Schermuly, Maximilian Selinka, Jörg Stark, Ingo Weidig, Peter Zimmermann, Manfred Zinser

Redaktion: Hartmut Günthner, Herbert Rauck
Herstellung: SMP Oehler, Remseck

Bildkonzept Umschlag: Soldan Kommunikation, Stuttgart
Umschlagsgestaltung: KOMA AMOK, Stuttgart
Grafiken: SMP Oehler, Remseck
Satz: SMP Oehler, Remseck
Druck: Medienhaus Plump, Rheinbreitbach

Printed in Germany
ISBN 978-3-12-732603-1

I Elementares Rechnen

II Daten und ihre Aufbereitung

III Ganzrationale Funktionen

IV Einführung in die Differenzialrechnung

V Gebrochenrationale Funktionen

VI Integralrechnung

VII Exponentialfunktionen

VIII Finanzmathematik

IX Stochastik

X Gleichungen – Matrizen – Verflechtungen

I Elementares Rechnen

1 Dreisatz – proportionale und antiproportionale Zuordnungen

8 **1** A: 1,42 €/kg; B: 1,40 €/kg; C: 1,54 €/kg; D: 1,45 €/kg
20 kg kosten demnach am wenigsten, wenn man bei B 5 Kisten kauft, nämlich 28,00 €.

10 **2** a) Proportionale Zuordnung, da die doppelte Menge Schokolade auch die doppelte Kalorienzahl enthält.
b) Keine proportionale Zuordnung
c) Proportionale Zuordnung nur bei zylinderförmigen Behältern oder bei Quadern, die auf der Grundfläche stehen, sonst nicht.
d) Proportionale Zuordnung, da der doppelten Zahl von Nudeln das doppelte Gewicht zugeordnet ist.
e) Keine proportionale sondern eine antiproportionale Zuordnung.

3 a) $\frac{x}{10000\text{ Liter}} = \frac{1\text{ min}}{450\text{ Liter}}$; also $x = \frac{100000\text{ Liter}}{450\text{ Liter}} \cdot 1\text{ min} = 222\frac{2}{9}\text{ min} \approx 222\text{ min} = 3\text{ h } 42\text{ min}$
b) $\frac{x}{45\text{ min}} = \frac{450\text{ Liter}}{1\text{ min}}$; also $x = \frac{450\text{ Liter}}{1\text{ min}} \cdot 45\text{ min} = 20250\text{ Liter}$

4 a) Maßstab 1:50 000

Länge in cm	3	23	6,4	0,8	**36**	**144**	**248**	**1000**
Länge in km	**1,5**	**11,5**	**3,2**	**0,4**	18	72	124	500

b) Maßstab 1:350 000

Länge in cm	2	45	16,4	5,8	**194,3**	**20,6**	**121,1**	**428,6**
Länge in km	**7,0**	**157,5**	**57,4**	**20,3**	680	72	424	500

c) Maßstab 1:1 500 000

Länge in cm	1	15	24,6	3,9	**112**	**4,8**	**0,0667**	**333,3**
Länge in km	**15**	**225**	**369**	**58,5**	1680	72	1	5000

5 a) Einkaufspreis je Stück: $\frac{1275\,€}{6000\text{ Stück}} = \frac{0{,}2125\,€}{\text{Stück}}$. Es ist $2000\text{ Stück} \cdot \frac{0{,}72\,€}{\text{Stück}} = 1440\,€$.
Bei 2000 Stück ist der Einkaufspreis erreicht. Gewinn 165 €.
b) Bei 350 Packungen erlöst er $6{,}28\,€ \cdot 350 = 2198\,€$. Die 12 Stück in einer Packung kosten den Händler $12 \cdot 0{,}2125\,€ = 2{,}55\,€$. Er verdient somit pro Packung $6{,}28\,€ - 2{,}55\,€ = 3{,}73\,€$. Bei 350 Packungen sind dies $350 \cdot 3{,}73\,€ = 1305{,}50\,€$.

6 a) Fahrzeit: $t = \frac{508\text{ km}}{90\,\frac{\text{km}}{\text{h}}} = \frac{508}{90}\text{ h} = 5{,}6444\text{ h} = 5\text{ h} + 0{,}644 \cdot 60\text{ min} \approx 5\text{ h } 39\text{ min}$.
Verbrauch x: $\frac{x}{508\text{ km}} = \frac{6{,}8\text{ Liter}}{100\text{ km}}$; also $x = \frac{6{,}8\text{ Liter}}{100\text{ km}} \cdot 508\text{ km} \approx 34{,}5\text{ Liter}$.
b) Preis: $34{,}5\text{ Liter} \cdot \frac{1{,}409\,€}{\text{Liter}} \approx 48{,}61\,€ \approx 49\,€$
c) Fahrzeit bei $120\,\frac{\text{km}}{\text{h}}$: $t = \frac{508\text{ km}}{120\,\frac{\text{km}}{\text{h}}} = 4{,}2333\text{ h} = 4\text{ h} + 0{,}2333 \cdot 60\text{ min} = 4\text{ h } 14\text{ min}$;
Zeitersparnis: 1 h 25 min.

S. 10 **6** d) Verbrauch bei $120\frac{km}{h}$: 7,9 Liter · 5,08 = 40,13 Liter.
Differenz gegenüber Fahrt bei $90\frac{km}{h}$: 5,63 Liter.
Ersparnis bei 90-$\frac{km}{h}$-Fahrt: 5,63 · 1,409 € ≈ 7,93 €.

7 Einnahme je Kind: $\frac{10\,000\,€}{134\,\text{Kinder}} \approx 74{,}60\,\frac{€}{\text{Kind}}$.
a) Da 12 Kinder weniger die Schule besuchen, sind die Einnahmen um
$74{,}60\,\frac{€}{\text{Kind}} \cdot 12$ Kinder = 895,20 €, also rund 900 €, niedriger.
b) Die Summe von 10 000 € müsste auf 122 Kinder verteilt werden; damit wäre der Beitrag je Kind: 81,97 €, d.h. der Beitrag müsste um rund 7,40 € je Kind angehoben werden.

S. 11 **8** a) $66\,\text{kW} = 66 \cdot \frac{1}{0{,}7355}\,\text{PS} \approx 89{,}7\,\text{PS} \approx 90\,\text{PS}$
b) $1000\,\text{PS} = 1000 \cdot 0{,}7355\,\text{kW} = 735{,}5\,\text{kW} = 736\,\text{kW}$
c) $406\,\text{W} = 0{,}406\,\text{kW} = 0{,}406 \cdot \frac{1}{0{,}7355}\,\text{PS} \approx 0{,}55\,\text{PS}$

9 a) $\frac{t}{360\,\text{Seiten}} = \frac{1\,\text{min}}{12\,\text{Seiten}}$, also $t = \frac{360}{12}\,\text{min} = 30\,\text{min}$
b) $\frac{x}{80{,}5\,\text{min}} = \frac{12\,\text{Seiten}}{1\,\text{min}}$; also x = 80,5 Seiten · 12 = 966 Seiten
c) $\frac{t}{45\,000\,\text{Seiten}} = \frac{1\,\text{min}}{12}$; also $t = \frac{45\,000}{12} \approx 3750\,\text{min} \approx 62{,}5\,\text{h}$.

10 a) $b = \frac{75\,\text{m} \cdot 40\,\text{m}}{68\,\text{m}} \approx 44{,}12\,\text{m}$ b) $l = \frac{75\,\text{m} \cdot 40\,\text{m}}{50\,\text{m}} = 60\,\text{m}$

11 $K_{18} = \frac{540\,000\,€}{18} = 30\,000\,€$; $K_{19} = \frac{540\,000\,€}{19} \approx 28\,400\,€$; $K_{20} = \frac{540\,000\,€}{20} \approx 27\,000\,€$.

12 $(x + 8) \cdot 10\,\text{h} = 8 \cdot 15{,}5\,\text{h}$; also $x + 8 = \frac{8 \cdot 15{,}5}{10}$ oder $x = 12{,}4 - 8$, d.h. $x \approx 4{,}4$
Man benötigt also 4 bis 5 zusätzliche Pumpen.

13

Wert	1 ct	2 ct	5 ct	10 ct	20 ct	50 ct
Stückzahl	$\frac{100}{0{,}01} = 10\,000$	$\frac{100}{0{,}02} = 5000$	$\frac{100}{0{,}05} = 2000$	$\frac{100}{0{,}1} = 1000$	$\frac{100}{0{,}2} = 500$	$\frac{100}{0{,}5} = 200$

14 a) Anzahl a der Arbeiter bei 9 Wochen: a · 9 Wochen = 4 · 12 Wochen, also $a = \frac{48}{9} = 5\frac{1}{3}$.
Man braucht also 5 Arbeiter und etwa 7 Tage zusätzlich einen 6. Arbeiter.
b) x · 16 Wochen = 4 · 12 Wochen, also $x = \frac{48}{16} = 3$.
Im Durchschnitt waren 3 Arbeiter tätig.

Randspalte: Die Aufgabe ist nur sinnvoll, wenn alle Arbeiter gleich gut und gleich schnell arbeiten.

15 a) Es ist x die Anzahl der Tage, die für das Abernten benötigt wird;
x · 7 h · 9 = 5 Tage · 8 h · 12; also $x = \frac{5\,\text{Tage} \cdot 8\,\text{h} \cdot 12}{7\,\text{h} \cdot 9} \approx 7{,}62$ Tage.
Dies sind bei einem Arbeitstag von 7 Stunden dann 7 Tage und ca. 4 Stunden.
b) x · 10 h · 18 = 5 Tage · 8 h · 12; also $x = \frac{5\,\text{Tage} \cdot 8\,\text{h} \cdot 12}{10\,\text{h} \cdot 18} \approx 2{,}67$ Tage.
Dies sind bei einem Arbeitstag von 10 Stunden dann 2 Tage und ca. 7 Stunden.

2 Darstellung von proportionalen Zuordnungen

12 **1** Man kann z. B. eine Tabelle fertigen:

Länge in m	0,1	0,2	0,5	1	2	5	10	20	50
Preis in €	0,35	0,69	1,73	3,45	6,90	17,25	34,50	69,00	172,50

Aus dieser könnte man auch 0,4 m (1,5 m) durch einfache Berechnung
2 · 0,69 € = 1,38 € (3,45 € + 1,73 € = 5,18 €)
erhalten.
Besser wäre noch eine Zeichnung, die aber nicht übermäßig genau ist.

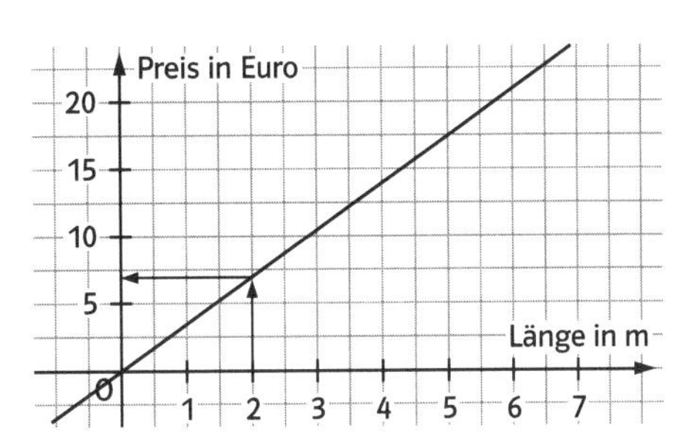

13 **2** a) Es gilt jeweils $y = 3 \cdot x$, also liegt eine proportionale Zuordnung vor.
b) Da die Quotienten nicht gleich sind, liegt keine Proportionalität vor.

x	6	4	9	3	7	12	8	25
y	15	10	22,5	8,5	22	30	20	62,5
$\frac{y}{x}$	2,5	2,5	2,5	2,83	3,14	2,5	2,5	2,5

3 a) Die Werte in GBP sind auf zwei Stellen nach dem Komma gerundet.

x in €	1,00	0,10	0,20	0,50	2,00	5,00	10,00	20,00	50,00	100,00	500,00
y in GBP	0,79	0,08	0,16	0,40	1,58	3,95	7,91	15,82	39,55	79,09	395,45

b) Proportionalitätsfaktor ist m = 0,7909.

c)

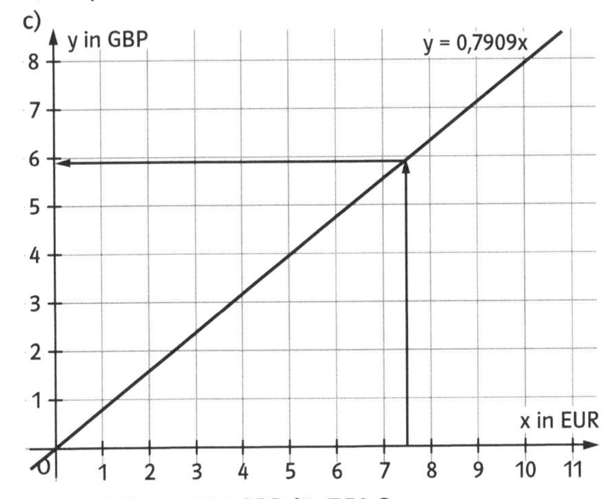

Man erhält ca. 5,90 GBP für 7,50 €.

S. 13 **3** d) Für 1 GBP erhält man $\frac{1}{0{,}7909}$ € ≈ 1,2644 €.

4 a) € gerundet auf 2 Stellen nach dem Komma

x in AUD	0,1	0,5	1	5	10	20	50	100	200
y in €	0,06	0,31	0,61	3,05	6,10	12,20	30,50	61,00	122,00

b)

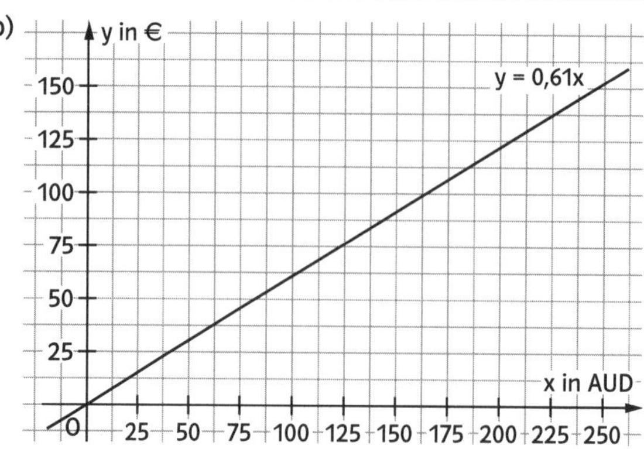

c) Die 1000 AUD kosteten 610 €, beim Rückwechsel erhält man dafür 590 €. Damit beträgt der Verlust 20,00 €.

5 a) 1 yard = 3 ft = 3 · 0,3048 m = 0,9144 m

yard	1	2	3	5	10	20	50	100	1000
m	0,914	1,83	2,74	4,57	9,14	18,3	45,7	91,4	914

b)

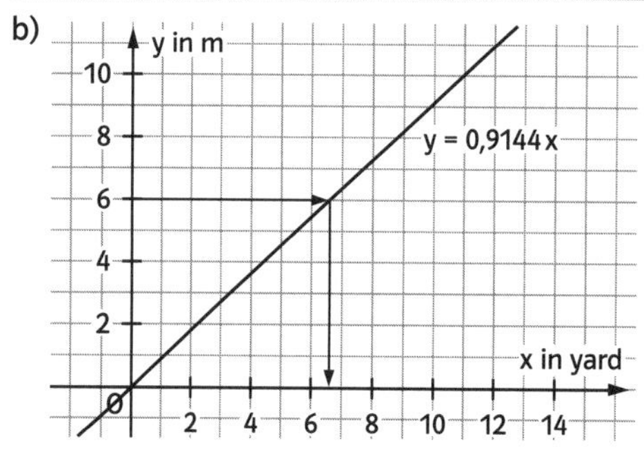

6 a) Das Gewicht einer 1-€-Münze ist 7,50 g. Damit ergeben 1 000 000 € ein Gewicht von 7 500 000 g = 7500 kg = 7,5 t. Damit haben beide nicht recht. Karls Wert liegt näher am wahren Wert.

b) Die 1-ct-Münze wiegt 2,30 g. Damit ergibt 1 Mrd. € in ct ein Gewicht von
$2{,}30 \cdot 100 \cdot 10^9\,\text{g} = 2{,}30 \cdot 10^8\,\text{kg} = 2{,}30 \cdot 10^5\,\text{t} = 230\,000\,\text{t}$.
Damit benötigt man zum Transport 230 000 t : 50 t = 4600 Waggons und
4600 : 30 ≈ 153 Güterzüge.
Die 2-€-Münze wiegt 8,50 g. Damit ergibt 1 Mrd. € ein Gewicht von
$8{,}50 : 2 \cdot 10^9\,\text{g} = 4{,}25 \cdot 10^6\,\text{kg} = 4{,}25 \cdot 10^3\,\text{t} = 4250\,\text{t}$
Dies ergibt 85 Waggons, also fast 3 Güterzüge.

3 Prozentrechnen

14 **1** a) Im Jahr 2006: 1240 € · 1,16 = 1438,40 €; im Jahr 2007: 1240 € · 1,19 = 1475,60 €
b) Er ist um 37,20 € teurer geworden. Er ist 2007 um $\frac{37{,}20}{1438{,}40} \approx 0{,}02586 \approx 2{,}59\,\%$ teurer als 2006.

16 **2** a) 25 % von 200 kg ≈ 50 kg
b) 75 % von 60 m ≈ 45 m
c) 80 % von 200 € ≈ 160 €
d) 6 % von 2,00 t ≈ 0,12 t
e) 30 % von 12,00 € ≈ 3,60 €
f) 20 % von 500 m² ≈ 100 m²
g) 60 % von 200 km = 120 km
h) 15 % von 100 € ≈ 15 €

3 a) W = 200 €; $p = 50\,\% = \frac{1}{2}$, also G = 400 €
b) W = 12 kg; $p = 25\,\% = \frac{1}{4}$, also G = 48 kg
c) W = 69 t; $p = 33\frac{1}{3}\,\% = \frac{1}{3}$, also G = 207 t
d) W = 320 g; $p = 40\,\% = \frac{2}{5}$, also G = 320 g · 5 : 2 = 800 g
e) W = 84 kg; $p = 75\,\% = \frac{3}{4}$, also $G = \frac{84 \cdot 4}{3}$ kg = 112 kg
f) W = 35 g; $p = 12{,}5\,\% = \frac{1}{8}$, also G = 280 g

4 a) W = 7 kg; G ≈ 100 kg; $p = \frac{7}{100} = 7\,\%$
b) W = 10 €; G ≈ 50 €; $p = \frac{10}{50} = 0{,}2 = 20\,\%$
c) W = 6 km; G ≈ 30 km; $p = \frac{6}{30} = \frac{1}{5} = 20\,\%$
d) W = 11; G ≈ 100; $p = \frac{11}{100} = 11\,\%$
e) W = 25; G ≈ 50; $p = \frac{25}{50} = 50\,\%$
f) W = 30 g; G ≈ 90 g; $p \approx \frac{30}{90} = \frac{1}{3} = 33\frac{1}{3}\,\%$

5 10 Einzelfahrscheine kosten 16,00 €, die Zehnerkarte 14,50 €; letztere ist damit um 1,50 € billiger.
Damit ist die Zehnerkarte um $\frac{1{,}50}{16} = 0{,}09375 \approx 9{,}4\,\%$ billiger als 10 Einzelfahrscheine.

6 Es ist $\frac{25\,025}{55\,000} = 0{,}455 = 45{,}5\,\%$. Damit hat die Partei prozentual mehr Stimmen als vor vier Jahren erhalten. Sie war bei der jetzigen Wahl also erfolgreicher.

7 Eine CD kostet 18,00 €, 4 CDs kosten damit 18,00 € · 4 = 72,00 €. Darauf werden 20 % Rabatt gewährt, also 0,72 € · 20 = 14,40 €. Sie kosten damit 57,60 €. Darauf wird noch ein Rabatt von 10 % gewährt. Man bezahlt damit 57,60 € – 5,76 € = 51,84 €.
Ingeborg hat 54,00 € gespart. Sie erhält damit statt 3 tatsächlich 4 CDs.

8 a) Nettobetrag: 1094,00 €; anfallende MwSt: 207,86 €
b) Der Kunde hat bei 5 % Skonto immer noch 1236,77 € zu bezahlen.

9 a) Küche mit MwSt: 12 400 € · 1,19 = 14 756,00 €
b) Nach Abzug von 3 % Skonto bleiben 14 313,32 € zu bezahlen.
c) Das ist keinesfalls dasselbe. Schlägt man 16 % auf den Nettopreis auf, so sind 14 384 € zu bezahlen. Das wären 70,68 € mehr.

S. 16 **10** a) $\frac{69\,€}{1{,}19} \approx 57{,}98\,€$ b) $\frac{139{,}15\,€}{1{,}19} \approx 116{,}93\,€$ c) $\frac{2{,}30\,€}{1{,}19} \approx 1{,}93\,€$

d) $\frac{805\,€}{119} \approx 676{,}47\,€$ e) $\frac{9653{,}10\,€}{1{,}19} \approx 8111{,}85\,€$

S. 17 **11** a) $\frac{12{,}75\,€}{0{,}85} = 15{,}00\,€$ b) $\frac{54{,}4\,€}{0{,}85} = 64{,}00\,€$

c) $\frac{102{,}85\,€}{0{,}85} = 121\,€$ d) $\frac{48{,}45\,€}{0{,}85} = 57\,€$ e) $\frac{14{,}45\,€}{0{,}85} = 17\,€$

12 a) 35 g Salz sind in 1 kg Meerwasser enthalten. Es sollen 2,5 g Salz in je 1 kg Wasser werden. Es handelt sich um eine antiproportionale Zuordnung:

Salz → Wasser

35 g → 1 kg

1 g → 35 kg

2,5 g → $\frac{35}{2{,}5}$ kg = 14 kg

Man muss damit 13 kg reines Wasser dem Meerwasser hinzufügen.

b) Hier handelt es sich um eine proportionale Zuordnung:

Salz → Wasser

35 g → 1 kg

1 g → $\frac{1}{35}$ kg

1000 g → $\frac{1}{35}$ kg · 1000 ≈ 28,57 kg

Man benötigt somit ca. 29 Liter Meerwasser, um 1 kg Salz zu erhalten.

13 2006 hatte das Klinikum $\frac{1890}{1{,}125} = 1680$ Patienten,

2005 waren es $\frac{1680}{1{,}1} \approx 1527$ Patienten, also rund 1530 Patienten.

14 a) 0,19 · 3720 € = 706,80 € b) 0,19 · 2,80 € ≈ 0,53 €

c) 0,19 · 316 € = 60,04 € d) 0,19 · 19,80 € ≈ 3,76 €

e) 0,19 · 72,40 € ≈ 13,76 € f) 0,19 · 36 000 € = 6480 €

15 a) 5 m ist der absolute Fehler, der relative Fehler beträgt $\frac{5}{1000} = 0{,}005 = 0{,}5\,\%$.

b) 20 g ist der absolute Fehler, der relative Fehler beträgt $\frac{20}{2500} = 0{,}008 = 0{,}8\,\%$.

c) 7 mm ist der absolute Fehler, der relative Fehler beträgt $\frac{7}{20\,000} = 0{,}000\,35 = 0{,}035\,\%$.

d) 0,2 ct ist der absolute Fehler, der relative Fehler beträgt $\frac{0{,}2}{100} = 0{,}002 = 0{,}2\,\%$.

16 Abschreibungen:

Maschinen:	560 000 € · 0,16 = 89 600 €
Büroausstattung:	86 000 € · 0,10 = 8600 €
Fahrzeuge:	234 000 € · 0,18 = 42 120 €
insgesamt:	140 320 €.

17 a) 50 % aller Lose sind Nieten.

b) 80 % von 50 % = 0,8 · 0,5 = 40 % ist ein Gewinn aber kein Hauptgewinn.

c) 20 % von 50 % = 0,2 · 0,5 = 10 % sind Hauptgewinne.

17 **18** Mädchenanteil im Club: $\frac{12}{30} = \frac{4}{10} = 40\,\%$;

2 Mädchen kommen hinzu: $\frac{14}{32} = 0{,}4375 = 43{,}75\,\%$.

Damit hat der Mädchenanteil um ca. 3,8 % zugenommen.

3 Mädchen und 3 Jungen kommen hinzu: $\frac{15}{36} = 0{,}4166 = 41{,}67\,\%$.

Damit hat der Mädchenanteil um 1,7 % zugenommen.

4 *Zinsrechnen*

18 **1** a) Zinssatz 1999: $p = \frac{149{,}38 - 147{,}77}{147{,}77} \approx 0{,}0109 = 1{,}09\,\%$,

Zinssatz 2003: $p = \frac{79{,}38 - 78{,}49}{78{,}49} \approx 0{,}0088 = 0{,}88\,\%$.

b) Aus der Tabelle entnimmt man, dass der Zins auf dem Sparbuch im Jahr 2004 mit 0,59 % am niedrigsten war.

Jahr	1999	2000	2001	2002	2003	2004
Kapital in DM/€	147,77	149,38	150,87	77,91	78,69	79,38
Zins	1,61	1,49	1,51	0,78	0,69	0,47
Zinssatz	1,09 %	1,00 %	1,00 %	1,00 %	0,88 %	0,59 %

20 **2** $12\,480\,€ \cdot 0{,}035 = 438{,}80\,€$

3 a) $K = \frac{15\,€}{3{,}6} \cdot 100 = 416\frac{2}{3}\,€ \approx 416{,}67\,€$ b) $K = \frac{2\,€}{3{,}6} \cdot 100 = 55\frac{5}{9}\,€ \approx 55{,}56\,€$

c) $K = \frac{410\,€}{3{,}6} \cdot 100 = 11\,388\frac{8}{9}\,€ \approx 11\,388{,}89\,€$ d) $K = \frac{85\,€}{3{,}6} \cdot 100 = 2361\frac{1}{9}\,€ \approx 2361{,}11\,€$

e) $K = \frac{132\,€}{3{,}6} \cdot 100 = 3666\frac{2}{3}\,€ \approx 3666{,}67\,€$

4 a) $p = \frac{150\,€}{5000\,€} = 0{,}03 = 3\,\%$ b) $p = \frac{350\,€}{5000\,€} = 0{,}07 = 7\,\%$ c) $p = \frac{100\,€}{5000\,€} = 0{,}02 = 2\,\%$

d) $p = \frac{425\,€}{5000\,€} = 0{,}085 = 8{,}5\,\%$ e) $p = \frac{49\,000\,€}{5000\,€} = 9{,}8 = 980\,\%$

5 $K = \frac{1000\,€}{8\,\%} = 12\,500\,€ \left(K = \frac{1000\,€}{10\,\%} = 10\,000\,€\right)$

6 $1200\,€ \cdot 1{,}035^2 = 1285{,}47\,€$

7 $1500\,€ \cdot 1{,}08^2 = 1749{,}60\,€$

S. 20 **8** a) Zins Z = 80 000 € · 0,09 = 7 200 €

b) Nach 27 Jahren ist das Darlehen getilgt. Die letzte Rate beträgt dann 5821,49 €.

Jahr	Kontostand in €	Kredit zu Jahresanfang	Zins in €	Kredit zu Jahresende in €
0	−80 000,00	80 000,00	7200,00	87 200,00
1	−79 200,00	79 200,00	7128,00	86 328,00
2	−78 328,00	78 328,00	7049,52	85 377,52
3	−77 377,52	77 377,52	6963,98	84 341,50
4	−76 341,50	76 341,50	6870,73	83 212,23
5	−75 212,23	75 212,23	6769,10	81 981,33
6	−73 981,33	73 981,33	6658,32	80 639,65
7	−72 639,65	72 639,65	6537,57	79 177,22
8	−71 177,22	71 177,22	6405,95	77 583,17
9	−69 583,17	69 583,17	6262,49	75 845,66
10	−67 845,66	67 845,66	6106,11	73 951,77
11	−65 951,77	65 951,77	5935,66	71 887,42
12	−63 887,42	63 887,42	5749,87	69 637,29
13	−61 637,29	61 637,29	5547,36	67 184,65
14	−59 184,65	59 184,65	5326,62	64 511,27
15	−56511,27	56 511,27	5086,01	61 597,28
16	−53 597,28	53 597,28	4823,76	58 421,04
17	−50 421,04	50 421,04	4537,89	54 958,93
18	−46 958,93	46 958,93	4226,30	51 185,23
19	−43 185,23	43 185,23	3886,67	47 071,90
20	−39 071,90	39 071,90	3516,47	42 588,38
21	−34 588,38	34 588,38	3112,95	37 701,33
22	−29 701,33	29 701,33	2673,12	32 374,45
23	−24 374,45	24 374,45	2193,70	26 568,15
24	−18 568,15	18 568,15	1671,13	20 239,28
25	−12 239,28	12 239,28	1101,54	13 340,82
26	−5340,82	5 340,82	480,67	5821,49
27	5 821,49	Restzahlung		

9 $K = \frac{2{,}30\,€}{4{,}5\,\% - 4\,\%} = \frac{2{,}30\,€}{0{,}5\,\%} = 460\,€$. Beide hatten 460 € einbezahlt.

10 Da die Verwaltungskosten 0,1 % betragen, bleiben 4,4 % für die 6-mal 1 100 000 € für die Nobelpreise.
Damit beträgt das Guthaben $K = \frac{6\,600\,000\,€}{4{,}4\,\%} = 150\,000\,000\,€$.

11 a) $1200\,€ \cdot 1{,}05^3 = 1389{,}15\,€$

b) $p = \frac{1389{,}15\,€ - 1200\,€}{1200\,€} = 0{,}157625 \approx 15{,}76\,\%$

c) Jahreszins Z: 1200 € · 0,05 = 60 €.
Zins nach 3 Jahren: 180 €. Der Wert liegt um 9,15 € niedriger gegenüber a).

20 **12** $10\,000\,€ \cdot 1{,}04^3 = 11\,248{,}64\,€$ ($10\,000\,€ \cdot 1{,}04^5 = 12\,166{,}529\,02\,€ \approx 12\,166{,}53\,€$)

21 **13** $1000\,€ \cdot 1{,}1^x = 2000\,€$.
Berechnung von x mit dem Taschenrechner durch „Probieren":
Es dauert in beiden Fällen gut 7 Jahre.

```
1000*1.1^6
        1771.561
1000*1.1^7
       1948.7171
1000*1.1^8
      2143.58881
```

```
2000*1.1^6
        3543.122
2000*1.1^7
       3897.4342
2000*1.1^8
      4287.17762
```

14 1. Jahr: $K = 2750\,€ \cdot 1{,}05 = 2887{,}50\,€$. Verzinst werden 2787,50 €.
2. Jahr: $K = 2787{,}50\,€ \cdot 1{,}05 = 2926{,}88\,€$. Verzinst werden 2826,88 €.
3. Jahr: $K = 2826{,}88\,€ \cdot 1{,}05 = 2968{,}22\,€$. Verzinst werden 2868,22 €.
4. Jahr: $K = 2868{,}22\,€ \cdot 1{,}05 = 3011{,}63\,€$
3011,63 € ist der Kontostand nach 4 Jahren.

15 Das Paar verfügt nach 5 Jahren über 3481,15 €.

Jahr	Kontostand zu Jahresbeginn	Zins	Kontostand am Jahresende
0	600	30,00	630,00
1	1230,00	61,50	1291,50
2	1891,50	94,58	1986,08
3	2586,08	129,30	2715,38
4	3315,38	165,77	3481,15

16 a) $Z = 1000\,€ \cdot 0{,}04 \cdot \frac{30}{360} = 3\frac{1}{3}\,€$; $K = 1003{,}33\,€$
b) $Z = 1000\,€ \cdot 0{,}04 \cdot \frac{197}{360} = 21\frac{8}{9}\,€$; $K = 1021{,}89\,€$
c) $Z = 1000\,€ \cdot 0{,}04 \cdot \frac{258}{360} = 28\frac{2}{3}\,€$; $K = 1028{,}67\,€$
d) $K_{2006} = 1000\,€ \cdot 1{,}04 = 1040\,€$; $Z = 1040\,€ \cdot 0{,}04 \cdot \frac{57}{360} = 6{,}59\,€$; $K = 1046{,}59\,€$
e) $K_{2006} = 1000\,€ \cdot 1{,}04 = 1040\,€$; $Z = 1040\,€ \cdot 0{,}04 \cdot \frac{233}{360} = 26{,}92\,€$; $K = 1066{,}92\,€$
f) $K_{2008} = 1000\,€ \cdot 1{,}04^3 = 1124{,}86\,€$; $Z = 1124{,}86\,€ \cdot 0{,}04 \cdot \frac{90}{360} = 11{,}25\,€$; $K = 1136{,}11\,€$

17 a) $18\,456 \cdot 0{,}02 + 12\,123 \cdot 0{,}03 + 25\,456 \cdot 0{,}02 + 17\,789 \cdot 0{,}02 + 9876 \cdot 0{,}02 = 1795{,}23$
Ersparnis: 1795,23 €
b) Summe $S = 18\,456 + 12\,123 + 25\,456 + 17\,789 + 9876 = 83\,700$
Zins bei 10 % Zinssatz für $8 \cdot 7$ Tage = 56 Tage:
$83\,700\,€ \cdot 0{,}1 \cdot \frac{56}{360} = 1302\,€$.
Empfehlung: Herr Baumann sollte das Geld sofort abheben und die Handwerker unter Abzug des Skontos bezahlen.

S. 21 **18** Zins von Banken: $246\,000\,€ \cdot 0{,}042 = 10\,332\,€$
Monatsmiete für das Haus mindestens: $\frac{10\,332}{12} = 861\,€$

19 Zinsen im 1. Jahr: $1200\,€ \cdot 0{,}028 \cdot \frac{120}{360} + 1200\,€ \cdot 0{,}03 \cdot \frac{120}{360} + 1200\,€ \cdot 0{,}035 \cdot \frac{60}{360} = 30{,}20\,€$.
Zins im 2. Jahr bis zum 28. Februar: $1230{,}20\,€ \cdot 0{,}035 \cdot \frac{60}{360} = 7{,}176\,166\,666\,€ \approx 7{,}18\,€$.
Gesamtzins: $37{,}38\,€$.
Dies entspricht einem Jahreszinssatz von $p = \frac{37{,}38\,€}{1200\,€} = 0{,}03115 \approx 3{,}12\,\%$.

20 $2500\,€ \cdot 0{,}03 \cdot \frac{80}{360} + 3000\,€ \cdot 0{,}03 \cdot \frac{160}{360} + 3000\,€ \cdot 0{,}025 \cdot \frac{60}{360} + 1500\,€ \cdot 0{,}025 \cdot \frac{60}{360} \approx 75{,}42\,€$

5 *Verteilungs- und Mischungsrechnen*

S. 22 **1** a) Herr Hausmann hat 3 Tipps, Herr Baumann 5 Tipps und Herr Feldmann 8 Tipps abgegeben. Das sind insgesamt 16 Tipps. Damit sind pro Tipp $36\,000\,€ : 16 = 2250\,€$ fällig.
Herr Hausmann erhält dann $2250\,€ \cdot 3 = 6750\,€$, Herr Baumann $2250\,€ \cdot 5 = 11\,250\,€$ und Herr Feldmann $2250\,€ \cdot 8 = 18\,000\,€$.

2 Summe der Anteile ist 12; damit erhält man pro Anteil: $10\,000\,€$.
Aufteilung demnach: $20\,000\,€$; $20\,000\,€$; $30\,000\,€$; $50\,000\,€$.

3 B und C erhalten zusammen $16\,400\,€$. Diese sind durch 5 zu dividieren mit dem Ergebnis $3280\,€$. B erhält $6560\,€$; C erhält $9840\,€$.

S. 23 **4** Aus 1 t Nickel können $\frac{1\,t}{45\,\%} = 2\frac{2}{9}\,t \approx 2{,}2\,t$ Konstanten hergestellt werden.
Dazu werden $2\frac{2}{9}\,t \cdot 0{,}55 = 1\frac{2}{9}\,t$ Kupfer benötigt.

5 a) Frachtkosten für Ware A: $\frac{160\,kg}{160\,kg + 240\,kg + 90\,kg} \cdot 313{,}60\,€ = 102{,}40\,€$,
Frachtkosten für Ware B: $\frac{240\,kg}{160\,kg + 240\,kg + 90\,kg} \cdot 313{,}60\,€ = 153{,}60\,€$,
Frachtkosten für Ware C: $\frac{90\,kg}{160\,kg + 240\,kg + 90\,kg} \cdot 313{,}60\,€ = 57{,}60\,€$.
b) Versicherung für Sendung 1: $\frac{20\,500}{20\,500 + 32\,200 + 15\,000 + 9500} \cdot 7325{,}50\,€ \approx 1945{,}24\,€$,
Versicherung für Sendung 2: $3055{,}45\,€$,
Versicherung für Sendung 3: $1423{,}35\,€$,
Versicherung für Sendung 4: $901{,}45\,€$.

6 a) Kupfer: $\frac{12\,g}{22} \cdot 19 \approx 10{,}36\,g$; Zinn: $\frac{12\,g}{22} \cdot 3 \approx 1{,}64\,g$
b) $1{,}64\,g \mapsto 1$ Spange
$1\,g \mapsto \frac{1}{1{,}64}$ Spangen
$100\,g \mapsto \frac{1}{1{,}64} \cdot 100 \approx 61$ Spangen

23 **7** a) $(1\,240\,000\,€ + 960\,000\,€ + 1\,400\,000\,€) \cdot 0{,}1 \cdot 0{,}2 = 72\,000\,€$

b) Die Mitarbeiter von Filiale 1 erhalten $\frac{1\,240\,000\,€}{1\,240\,000\,€ + 960\,000\,€ + 1\,400\,000\,€} \cdot 72\,000\,€ =$ $24\,800\,€$, die von Filiale 2 erhalten $19\,200\,€$ und die von Filiale 3 erhalten $28\,000\,€$.

8 Der Autofahrer benötigt 2,8 Liter · 0,20 = 0,56 Liter reines Glykol.
Er muss also $\frac{0{,}56 \text{ Liter}}{80\,\%} = 0{,}7$ Liter von seinem Frostschutzmittel einfüllen.

9 a) Mietkosten der Firma 1: $\frac{250\,\text{m}^2}{250\,\text{m}^2 + 550\,\text{m}^2 + 1200\,\text{m}^2} \cdot 47\,800\,€ = 5975\,€$,
Mietkosten der Firma 2: 13 145 €; Mietkosten der Firma 3: 28 680 €.

b) Firma 1 zahlt $\frac{250\,\text{m}^2}{250\,\text{m}^2 + 550\,\text{m}^2 + 1200\,\text{m}^2} \cdot 100\,\% = 12{,}5\,\%$ der Gesamtmiete,
Firma 2 zahlt 27,5 % und Firma 3 schließlich 60 %.

10 $x \cdot 34\frac{\text{mg}}{\text{l}} + (1 - x) \cdot 66\frac{\text{mg}}{\text{l}} = 50\frac{\text{mg}}{\text{l}}$, also $34x + 66 - 66x = 50$; $32x = 16$, also $x = 0{,}5$.
Nimmt man einen halben Liter von Wasser A und einen halben Liter von Wasser B, so erhält man den gewünschten Nitratgehalt. Man mischt also 1 : 1.

11 a) Aus den Angaben erhält er 100 g + 300 g + 150 g + 400 g = 950 g Tee.
Exotenfruchttee bei Herstellung von 10 kg „Fruchtwunder":
$\frac{10\,000\,\text{g}}{950\,\text{g}} \cdot 400\,\text{g} \approx 4210{,}53\,\text{g} \approx 4{,}2\,\text{kg}$.

b) Erdbeer: $\frac{10\,000\,\text{g}}{950\,\text{g}} \cdot 100\,\text{g} \approx 1053\,\text{g}$; Kosten: $10{,}53 \cdot 2{,}85\,€ \approx 30{,}01\,€$

Hagebutte: $\frac{10\,000\,\text{g}}{950\,\text{g}} \cdot 300\,\text{g} \approx 3158\,\text{g}$; Kosten: $31{,}58 \cdot 2{,}44\,€ \approx 77{,}06\,€$

Malve: $\frac{10\,000\,\text{g}}{950\,\text{g}} \cdot 100\,\text{g} \approx 1579\,\text{g}$; Kosten: $15{,}79 \cdot 3{,}56\,€ \approx 56{,}21\,€$

Exoten: $\frac{10\,000\,\text{g}}{950\,\text{g}} \cdot 400\,\text{g} \approx 4211\,\text{g}$; Kosten: $42{,}11 \cdot 3{,}75\,€ \approx 157{,}91\,€$

Kosten für 10 kg „Fruchtwunder": 321,19 €.

c) Da $\frac{200\,\text{g}}{10\,000\,\text{g}} = 0{,}02$ ist, betragen die Kosten für 200 g „Fruchtwunder":
$321{,}19\,€ \cdot 0{,}02 \approx 6{,}42\,€$.
Verkaufspreis der Dose: $6{,}42\,€ \cdot 1{,}30 = 8{,}346\,€ \approx 8{,}35\,€$.

12 Die Gruppen bestehen aus $\frac{72}{18} \cdot 2 = 8$, $\frac{72}{18} \cdot 3 = 12$, $\frac{72}{18} \cdot 5 = 20$ und $\frac{72}{18} \cdot 8 = 32$ Kindern.

6 Vermischte Aufgaben

24 **1** a) $120\,000\,€ \cdot 0{,}0178 = 2136\,€$ b) $100\,000\,€ \cdot 0{,}0178 = 1780\,€$
c) $150\,000\,€ \cdot 0{,}0178 = 2670\,€$ d) $1\,000\,000\,€ \cdot 0{,}0178 = 17\,800\,€$

2 a) Prämie: $50\,000\,€ \cdot 0{,}0075 \cdot 1{,}19 = 446{,}25\,€$

b) Versicherungssumme in €: $\frac{120}{0{,}4} \cdot 100 = 30\,000$

c) Nettoprämie in €: $238 : 1{,}19 = 200$. Prämiensatz: $\frac{200}{120\,000} = \frac{1}{600} = \frac{\frac{1}{6}}{100} = \frac{1}{6}\,\% \approx 1{,}67\,‰$.

S. 24 **3** Prämie vor dem Schadensfall: $726{,}40\,€ \cdot 0{,}4 = 290{,}56\,€$.
Prämie nach dem Schadenfall:
1. Jahr: $726{,}40\,€ \cdot 0{,}6 = 435{,}84\,€$; Differenzbetrag: 145,28 €
2. Jahr: $726{,}40\,€ \cdot 0{,}55 = 399{,}52\,€$; Differenzbetrag: 108,96 €
3. Jahr: $726{,}40\,€ \cdot 0{,}50 = 363{,}20\,€$; Differenzbetrag: 72,64 €
3. Jahr: $726{,}40\,€ \cdot 0{,}45 = 326{,}88\,€$; Differenzbetrag: 36,32 €
4. Jahr: $726{,}40\,€ \cdot 0{,}40 = 290{,}56\,€$; Differenzbetrag: 0,00 €
Mehrzahlung an Prämien: 363,20 €
Damit lohnt es sich nicht, die Versicherung in Anspruch zu nehmen, wenn der Schaden unter 363,20 € liegt.

4 a) Großhandel: $980{,}00\,€ \cdot 1{,}19 = 1166{,}20\,€$
Ferro: $1160{,}00\,€ \cdot 0{,}95 = 1102{,}00\,€$
Lamin: $1340{,}00\,€ \cdot 0{,}7 \cdot 1{,}19 = 1116{,}22\,€$
Gramo: $1200{,}00\,€ \cdot 1{,}19 \cdot 0{,}8 = 1142{,}40\,€$
Die Familie sollte das Gerät bei Ferro kaufen.
b) Differenzbetrag zwischen Großhandel und Ferro: 64,20 €
Der Großhandel liegt um $\frac{64{,}20\,€}{1102{,}00\,€} \approx 0{,}058\,26 \approx 5{,}8\,\%$ über dem Angebot von Gramo.

5 Jahreszins: 180 €; 60 € sind ein Drittel des Jahreszinses; damit wurde das Geld nach 4 Monaten abgehoben.

6 Der Bankier erzielte in den 2 Jahren einen Gewinn von insgesamt 2400 €.
Davon entfielen auf das 1. Jahr: $20\,000\,€ \cdot 0{,}05 = 1000\,€$.
Im 2. Jahr erhielt er auf 21 000 € einen Zins von 1400 €, das sind
$\frac{1400\,€}{21\,000\,€} = \frac{1}{15} \approx 0{,}066\,66 \approx 6{,}67\,\%$.

7 a) Jedes der Geschwister soll $(460\,000\,€ - 250\,000\,€) : 3 = 70\,000\,€$ erhalten.
Damit erhält jedes der Geschwister 180 000 € weniger als der Bruder;
dies sind $\frac{180\,000\,€}{250\,000\,€} = 0{,}72 = 72\,\%$.
b) Der Bruder erhält 180 000 € mehr als eines der Geschwister mit 70 000 €;
dies sind $\frac{180\,000\,€}{70\,000\,€} = \frac{18}{7} \approx 257{,}1\,\%$.

8 a) 3,6% Lohnerhöhung ergeben ohne Einmalzahlung 975,75 € mehr Jahreslohn.
Dies entspricht einer monatlichen Erhöhung um $975{,}75\,€ : 12 \approx 81{,}31\,€$.
Monatslohn vor der Erhöhung: $\frac{81{,}31\,€}{3{,}6\,\%} = 2258{,}61\,€$.
Jahreslohn vor der Lohnerhöhung: $2258{,}61\,€ \cdot 12 = 27\,103{,}32\,€$.
Effektive Lohnerhöhung: $\frac{1275{,}75\,€}{27\,103{,}32\,€} \approx 0{,}047\,07 \approx 4{,}7\,\%$.
b) Jahresverdienst: $2258{,}61\,€ \cdot 12 + 1275{,}75\,€ = 28\,379{,}07\,€$.
Tatsächlicher Verdienst korrigiert (abzgl. Inflation): $28\,379{,}07\,€ \cdot 0{,}982 \approx 27\,868{,}25\,€$.
Damit werden 510,82 € durch die Inflation weggenommen.
Es bleibt somit eine effektiver Lohnzuwachs um $1275{,}75\,€ - 510{,}82\,€ = 764{,}93\,€$.
Bei einem ursprünglichen Jahresverdienst von $2258{,}61\,€ \cdot 12 = 27\,103{,}32\,€$ sind dies
$\frac{764{,}93\,€}{27\,103{,}32\,€} \approx 0{,}028\,223 \approx 2{,}82\,\%$ effektiver Lohnzuwachs.

II Daten und ihre Aufbereitung

1 Grundbegriffe der Datenerhebung

28 **1** Mögliche Aussagen:
- Die allgemeine Teuerungsrate ist relativ gleichmäßig (linear) gestiegen.
- Die Teuerungsrate stieg von 1995 bis 2007 um ca. 19 %, d. h. pro Jahr um durchschnittlich 1,6 %.
- Die Lebensmittelpreise fielen von 1998 bis zum Jahr 2000 um ca. 2 %, sie stiegen im Jahr 2001 sehr stark um ca. 4,5 %. Sie blieben bis zum Jahr 2005 annähernd konstant, danach stiegen sie sehr stark an.
- Die Teuerungsrate für Bekleidung stieg von 1995 bis 2002 fast linear an um insgesamt 3 %. Anschließend fiel sie bis zum Jahr 2006 unter das Niveau von 1995; im Jahr 2006 zogen die Preise wieder etwas an.

30 **2** a) Deutscher; Franzose; Brite; sonstige
b) kein Schulabschluss; Hauptschulabschluss; Realschulabschluss; Abitur; sonstige
c) 0; 1; 2; 3 und mehr
d) unter 50 kg; 50 kg bis unter 70 kg; 70 kg und mehr
e) unter 140 cm; 140 cm bis unter 160 cm; 160 cm bis unter 180 cm; 180 cm und mehr
f) ev.; rk; sonstige
g) ledig; verheiratet; geschieden; verwitwet; sonstige
h) vor 1950; 1950 bis 1959; 1960 bis 1969; 1970 bis 1979; 1980 bis 1989; 1990 und nach 1990

3 Weniger als 2 % des verfügbaren Jahreseinkommens; 2 % bis 10 % des verfügbaren Jahreseinkommens; mehr als 10 % des verfügbaren Jahreseinkommens

31 **4** Befallen; nicht befallen

5 a) Landwirt; Selbstständiger; Beamter; Angestellter; Arbeiter; Nichterwerbstätiger
b) 0; 1; 2; 3; 4 und mehr
c) a; b; c; d; e; f; g; sonstige
d) unter 74 %; 74 % bis unter 75 %; 75 % bis unter 76 %; 76 % und mehr

6 Z. B. Alter des Gebäudes; Anzahl der Wohnungen; Gesamtwohnfläche

7 Grundgesamtheit: Alle Kinder (Merkmalsträger) im Alter von 10 bis 13 Jahren
Stichprobe: Ausgewählte Kinder im Alter von 10 bis 13 Jahren
Stichprobenumfang: Anzahl der ausgewählten Kinder im Alter von 10 bis 13 Jahren
Merkmal: Lieblingsgetränk
Merkmalsausprägungen: Wasser; Sprudel; Fruchtsaft; Milchgetränk; Cola; sonstige
Stichprobenwert: Cola

S. 31 **8** Auf dem Vordruck zum Durchführen einer Strichliste muss festgelegt sein:
Tag (Datum)
Uhrzeit (in Intervallen von z. B. 30 Minuten)
Fahrzeugart (z. B. PKW; LKW; Zweiräder; sonstige)

9

a) quantitativ	b) qualitativ	c) qualitativ	d) quantitativ
e) quantitativ	f) quantitativ	g) quantitativ	h) qualitativ

10

a) diskret	b) stetig	c) stetig	d) diskret
e) diskret	f) stetig	g) diskret	h) diskret

11 Ordinalskala

12 Ordinalskala

13 a) Grundgesamtheit: Alle Personen mit Wohnsitz in der BRD, die einen Führerschein besitzen.
Stichprobe: Zufallsumfrage (auf der Straße/telefonisch) oder durch Recherche bei Finanzbehörden.
Stichprobenumfang: 18773
Merkmale: Haushaltseinkommen in Euro, Anzahl der PKW.
Merkmalsausprägungen: Angaben zum Einkommen (z. B, auf 500 Euro gerundet), Anzahl der PKW: 0, 1, 2, 3 oder mehr.
Stichprobenwerte sind die von den 18773 befragten Personen gemachten Angaben.
b) Es fehlen in den Einkommensklassen 19 %, 7 %, 4 %, 3 %, 2 %, 2 %
c) Prozentangaben für Führerscheinbesitzer ohne PKW. Je höher der Verdienst, desto unwahrscheinlicher ist der Verzicht auf einen PKW.
Kritik am Umfrage-Design: vermutlich ist es sinnvoller, als Grundgesamtheit nicht die einzelnen Führerscheinbesitzer, sondern die einzelnen Haushalte zu befragen. Einerseits, weil sonst ein Haushalt mit mehreren Führerscheininhabern mehrfach zählen kann, andererseits weil die Frage nach dem Einkommen des Haushaltes besser zum Haushalt insgesamt passt als zu den einzelnen Haushaltsmitgliedern.

2 *Häufigkeiten und ihre Darstellungen*

S. 32 **1** In Stadt A liegt diese Zahl bei 16 von 25, also bei $\frac{16}{25} = 64\,\%$, in Stadt B bei 13 von 20, also bei $\frac{13}{20} = 65\,\%$. Damit ist der Anteil in Stadt B geringfügig größer. Man kann aber aufgrund des geringen Unterschieds von 1% sagen, dass die Anteile praktisch gleich groß sind.

36 **2** a) $\frac{38}{100} = 0{,}38 = 38\,\%$ b) $\frac{12}{50} = 0{,}24 = 24\,\%$ c) $\frac{3}{27} \approx 0{,}111 = 11{,}1\,\%$
d) $\frac{4}{28} \approx 0{,}143 = 14{,}3\,\%$ e) $\frac{32}{67} \approx 0{,}478 = 47{,}8\,\%$ f) $\frac{45}{30} = 1{,}5 = 150\,\%$ (hier kann es sich aber nicht mehr um eine relative Häufigkeit handeln)

3 Stichprobenumfang 80
a) 40
b) 37 $\left(\frac{37}{80} \approx 46\,\%\right)$ oder 38 $\left(\frac{38}{80} \approx 48\,\%\right)$
Wenn jemand 47% angibt, kann er nicht vorschriftmäßig gerundet haben.
c) 65 (81%) oder 66 (83%), vgl. b)
d) 13
e) 1
f) $\frac{80}{7} = 11{,}42\ldots \approx 11$. Die absolute Häufigkeit wird in der Nähe von 11 liegen
g) $80 \cdot \left(\frac{2}{3}\right) = 53{,}33\ldots \approx 53$. Die absolute Häufigkeit wird in der Nähe von 53 liegen.

Stichprobenumfang 531
263 bis 268
247 bis 252

433 bis 438
83 bis 87
3 bis 7
$\frac{531}{7} = 75{,}85\ldots \approx 76$. Die absolute Häufigkeit wird in der Nähe von 76 liegen.
$531 \cdot \left(\frac{2}{3}\right) = 354$. Die absolute Häufigkeit wird in der Nähe von 354 liegen.

4 a) Es waren $2325 \cdot 0{,}04 = 93$ Tiere befallen.
b) Sie ist nur für eine sehr große Anzahl von Tieren gültig und das auch nur dann, wenn es sich um ein Gebiet handelt, in dem diese Krankheit auftritt.

5 a)

Klasse	sehr gut	gut	befriedigend	ausreichend
Strichliste	II	卌 卌 卌 卌	卌 卌 卌 卌 卌 卌 III	II
absolute Häufigkeit	2	20	33	2
relative Häufgkeit	3,51%	35,09%	57,89%	3,51%

b) Säulendiagramm

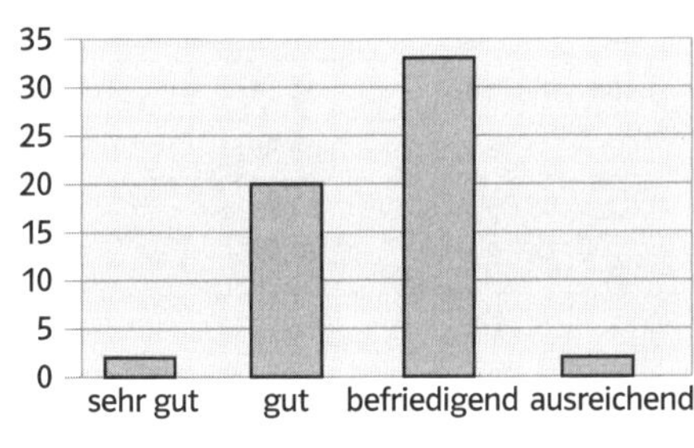

Kreisdiagramm

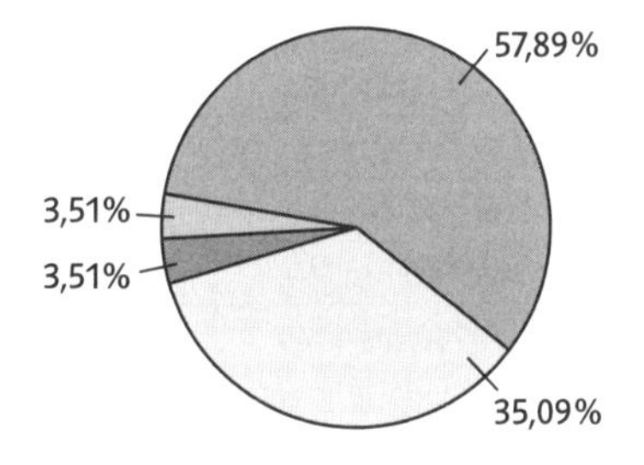

37 **6** a) Die Daten widersprechen dem (in Krimis gepflegten) Klischee, dass die meisten Einbrüche nachts geschehen. Tatsächlich weist die Verteilung Ähnlichkeiten zur Verteilung der Verkehrsdichte auf. (Wenn viele Leute im Auto sitzen oder mit dem Vormittagseinkauf beschäftigt sind, ist die Wohnung besonders gefärdet.)
b) 85, 102, 108, 23, 238, 916, 562, 636, 1004, 954, 658, 227, zusammen: 5513
c) Die Summe der Prozentangaben ist 99,91%. Die Differenz zur angegebenen Einbruchszahl beträgt 5. Nicht jeder Einbruch kann genau datiert werden.

S. 37 **7** a) Grundgesamtheit: wahlberechtigte Bürger
Merkmal: „Partei", Merkmalausprägungen: antretende Parteien,
Stichprobenwerte: auf den Wahlzetteln angekreuzte Parteien
b) Wahlbeteiligung 1994: 79,0 %, 1999: 45,8 %
c) Relativ haben „zugelegt" CDU, FDP, PDS, absolut hat nur die PDS „zugelegt".
d) Säulendiagramm

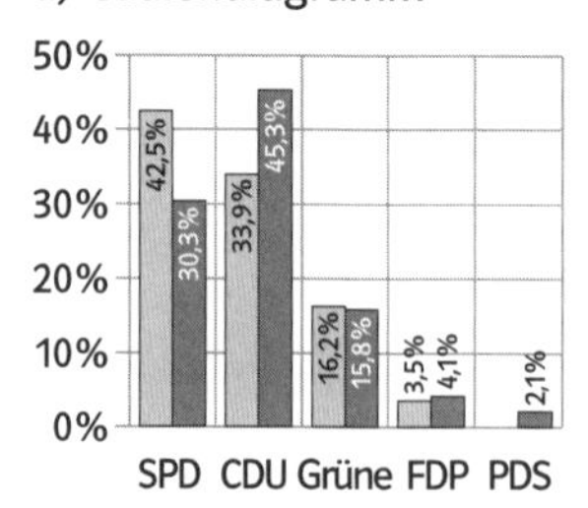

Kreisdiagramm Wahl 1994

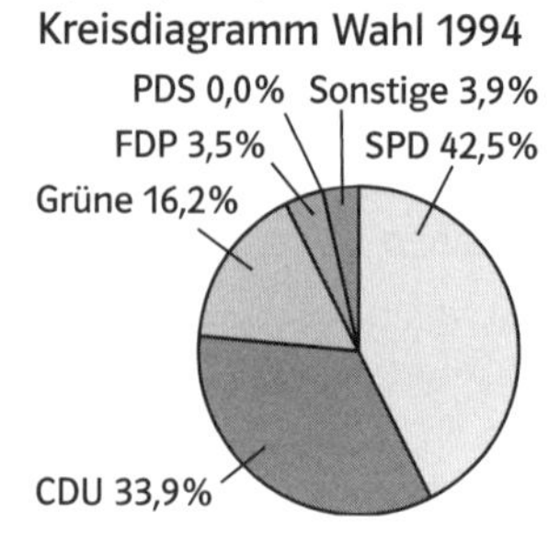

Kreisdiagramm Wahl 1999

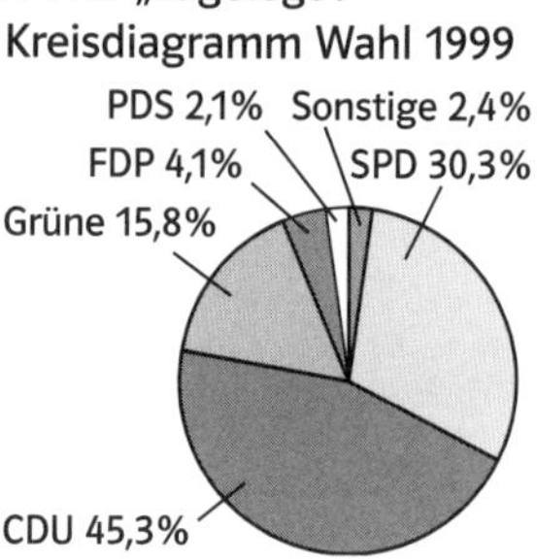

8

Note	1	2	3	4	5	6
Anzahl	2	8	15	10	4	1
Anteil (in %)	5	20	37,5	25	10	2,5

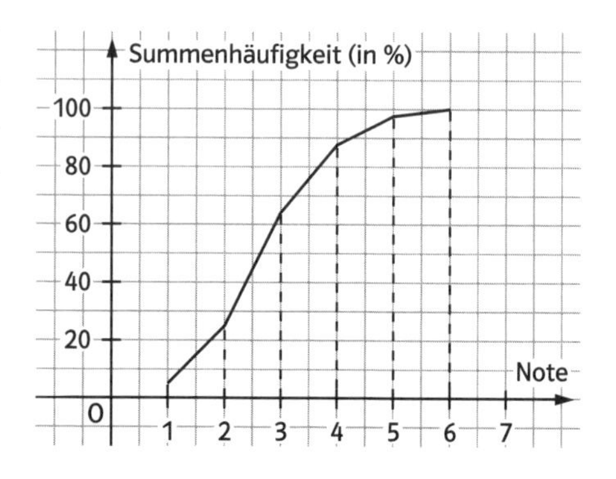

9 a)

k_i	H_i	b_i	H_i/b_i	h_i (%)	Sumenhäufigkeit (%)
über 0 bis 50	220	50	4,40	11,34 %	11,34 %
über 50 bis 250	620	200	3,10	31,96 %	43,30 %
über 250 bis 500	380	250	1,52	19,59 %	62,89 %
über 500 bis 750	260	250	1,04	13,40 %	76,29 %
über 750 bis 1000	180	250	0,72	9,28 %	85,57 %
über 1000 bis 1250	100	250	0,40	5,15 %	90,72 %
über 1250 bis 2000	180	750	0,24	9,28 %	100,00 %

37 **9** a)

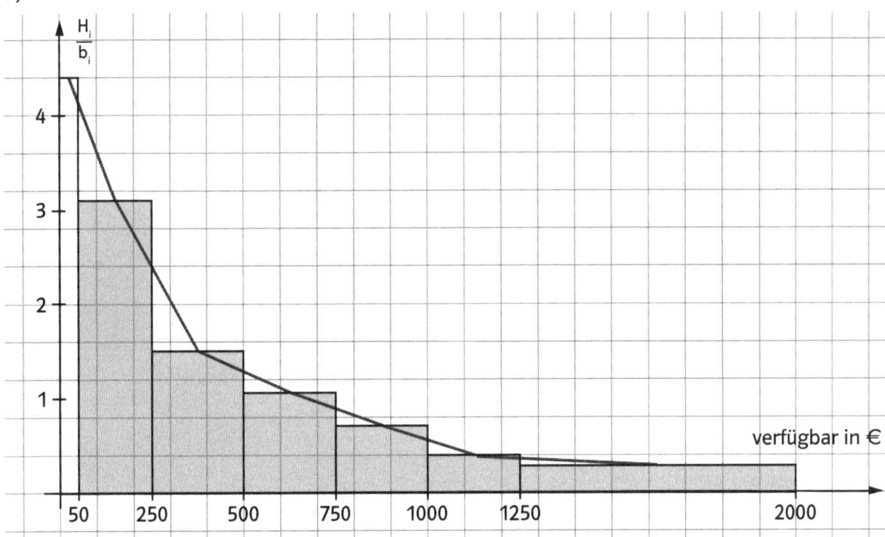
$\frac{H_i}{b_i}$
4
3
2
1
verfügbar in €
50
250
500
750
1000
1250
2000

b)

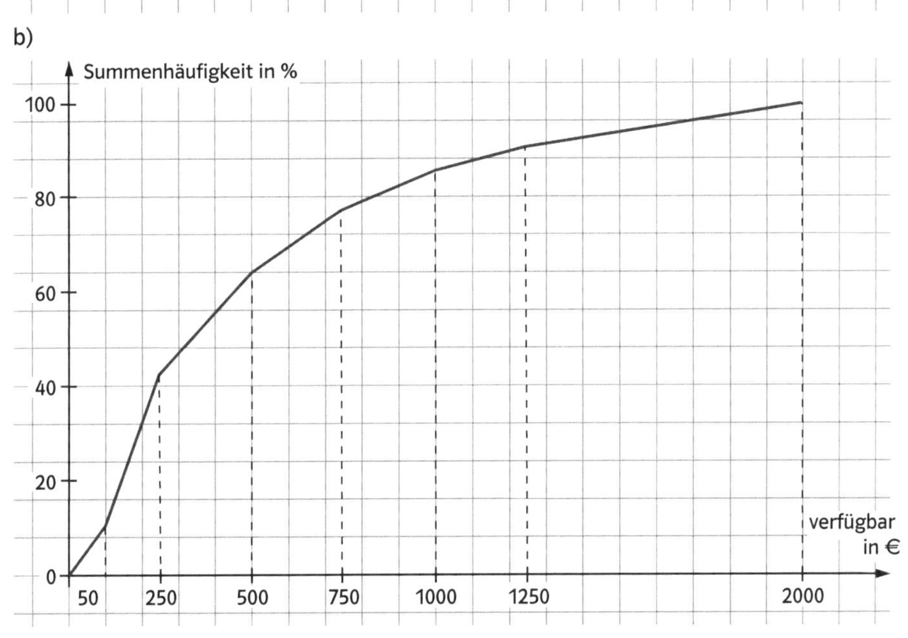
Summenhäufigkeit in %
100
80
60
40
20
0
verfügbar in €
50
250
500
750
1000
1250
2000

S. 37 **10** Punktdiagramm mit EXCEL:

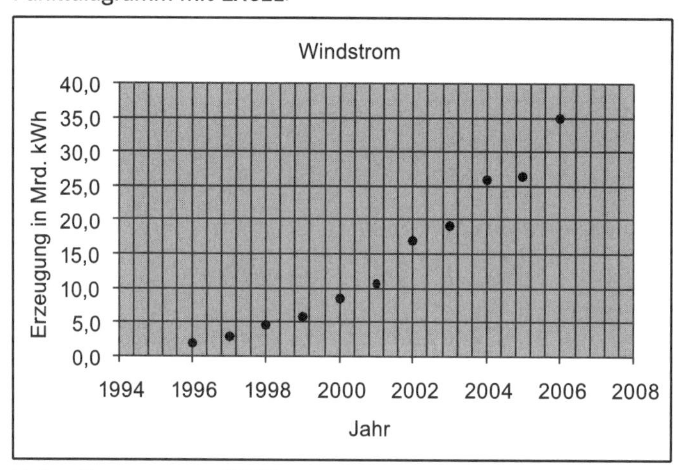

Liniendiagramm mit EXCEL:

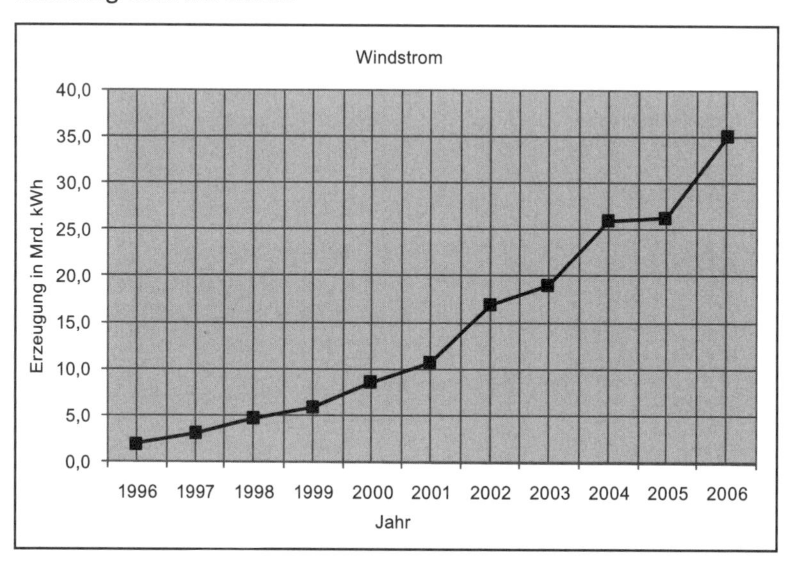

37 **11**

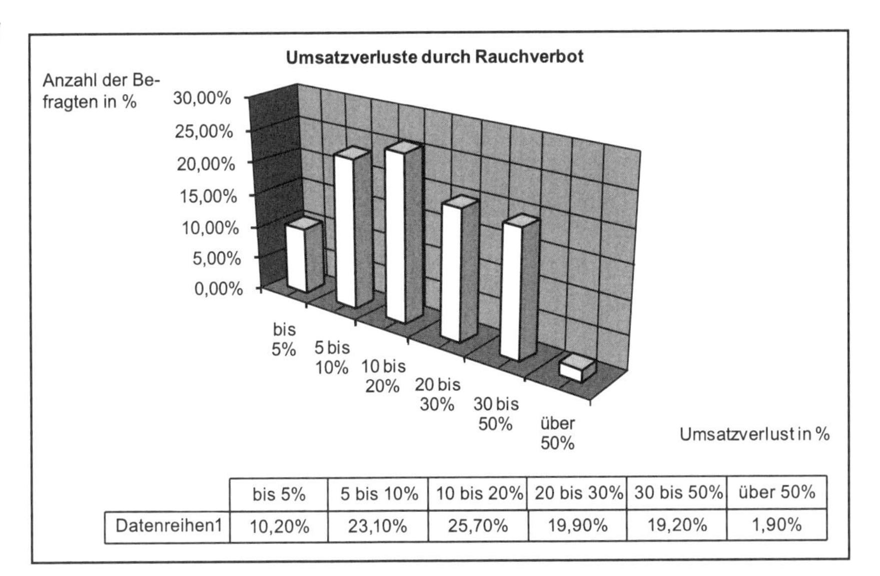

	bis 5%	5 bis 10%	10 bis 20%	20 bis 30%	30 bis 50%	über 50%
Datenreihen1	10,20%	23,10%	25,70%	19,90%	19,20%	1,90%

3 *Lagemaße einer Häufigkeitsverteilung*

38 **1** Insgesamt 1183 Hölzer in 30 Schachteln, Mittelwert 39,4.

41 **2** a) Milchmenge: $\overline{M} = 23{,}65$ Liter; $M_{Med} = \frac{23 + 23{,}8}{2}$ Liter = 23,4 Liter.
Fettgehalt: $\overline{F} = 4{,}16\,\%$; $F_{Med} = 4{,}15\,\%$
b) Milchmenge: $Q_1 = 21{,}5$ Liter, $Q_2 = 26{,}3$ Liter
Fettgehalt: $Q_1 = 4{,}0\,\%$, $Q_2 = 4{,}4\,\%$.

3 2216,67 Euro

4 $\overline{x} = 8{,}107$; $x_{Med} = 8{,}12$; $Q_1 = 8{,}04$; $Q_3 = 8{,}16$

5 ≈ 386 800

42 **6** Modalwert: x; $x_{Med} = x$; $Q_1 = +$; $Q_3 = x$

7 $\overline{x} = 9{,}472$; $x_{Med} = 10$

8 $\overline{x} = 1{,}52$; $x_{Med} = 1$; Modalwert: 1

S. 42 **9** a) $\overline{x} = 51{,}64$; $x_{Med} = 51$; $Q_1 = 50$; $Q_3 = 53$

b)

[46; 48[	[48; 50[	[50; 52[	[52; 54[	[54; 65[	[56; 58[
1	7	32	24	7	4

$\overline{x} = \frac{1}{75}(47 \cdot 1 + 49 \cdot 7 + 51 \cdot 32 + 53 \cdot 24 + 55 \cdot 7 + 57 \cdot 4) \approx 52{,}09$

Der Median liegt in der Klasse [50; 52[; $x_{Med} = 51$

10 a) Die Abweichungen vom Mittelwert 2,5 sind −1,5; 2,5; −2,5; −0,5; −1,5; 5,5; −2,5; 0,5. Ihre Summe ist Null.

b) $\frac{1}{n}((x_1 - \overline{x}) + (x_2 - \overline{x}) + \ldots + (x_n - \overline{x})) = \frac{1}{n}(x_1 + x_2 + \ldots + x_n) - \overline{x} = 0$

11 a) Im Diagramm handelt es sich um gerundete Angaben mit der Summe 100,1%. Als Näherungswert für den Mittelwert erhält man
$15{,}9 \cdot 0{,}059 + 16{,}5 \cdot 0{,}363\,\% + \ldots 19{,}5 \cdot 0{,}01 \approx 17{,}0$ (Jahre).
b) Druckfehler in der ersten Auflage: Richtig muss es heißen: $\overline{x} = 16{,}9785$ (Jahre). Die Abweichung ist „sehr gering“
c) Wenn alle Stichprobenwerte der Urliste durch die zugehörige rechte (linke) Klassengrenze ersetzt würden, erhielte man „gerade noch“ das gleiche Säulendiagramm. Die aus der Urliste berechneten Mittelwerte wären dann um die *halbe* Klassenbreite größer (kleiner) als der aus dem Diagramm berechnete Mittelwert. Man kann damit die in Aufgabe 5 gemachte Aussage noch verschärfen.

12 $\overline{x} \approx 5{,}94$; $x_{Med} = 6$; $Q_1 = 5$; $Q_3 = 7$

4 *Streuungsmaße einer Häufigkeitsverteilung*

S. 43 **1** a)

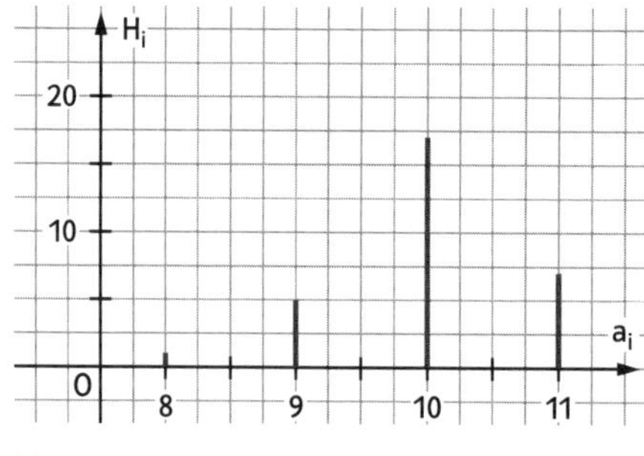

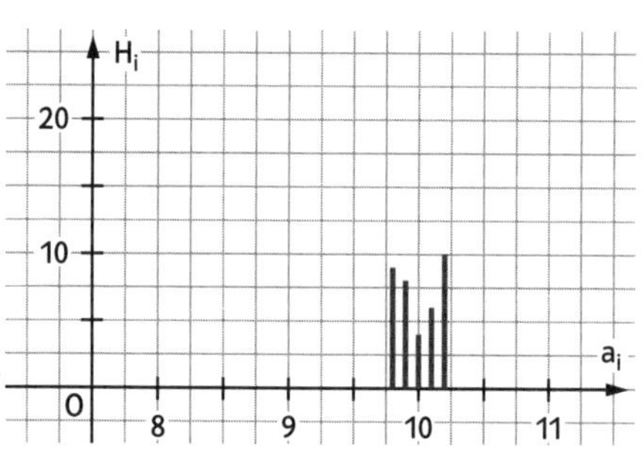

b) Das arithmetische Mittel für beide Häufigkeitsverteilungen ist $\overline{x} = 10$. Die erste Verteilung streut aber mehr um diesen Mittelwert als die zweite.

45 **2** a)

a_i	$a_i - \bar{x}$	$(a_i - \bar{x})^2$
5	−2	4
8	1	1
7	0	0
11	4	16
4	−3	9
Summe: 35		Summe: 30

arithmetisches Mittel: $\bar{x} = \frac{35}{5} = 7$;

Varianz $s^2 = \frac{30}{4} = 7{,}5$; Standardabweichung: $s = \sqrt{7{,}5} \approx 2{,}74$.

b) $\bar{x} = \frac{35}{5} = 7$; $s^2 = \frac{20}{4} = 5$; $s = \sqrt{5} \approx 2{,}24$.

c) $\bar{x} = \frac{32{,}9}{10} = 3{,}29$; $s^2 = \frac{240{,}509}{9} \approx 26{,}72$; $s = \sqrt{26{,}72} \approx 5{,}17$.

d) $\bar{x} = \frac{0{,}2481}{10} = 0{,}02481$; $s^2 = \frac{3{,}769 \cdot 10^{-6}}{9} \approx 4{,}1878 \cdot 10^{-7}$; $s = \sqrt{4{,}1878 \cdot 10^{-7}} \approx 0{,}000647$.

3 $\bar{x} = 17{,}22$; $s^2 \approx 86{,}62$; $s \approx 9{,}31$

46 **4** a)

Spannweiten:	Teil a: 5;	Teil b: 8;	Teil c: 10
Mittlere absolute Abweichung:	Teil a: 1,16;	Teil b: 2,05;	Teil c: 1,58
Varianz:	Teil a: 2,01;	Teil b: 5,92;	Teil c: 4,67
Standardabweichung:	Teil a: 1,42;	Teil b: 2,43;	Teil c: 2,16

Die Varianz ist in Teil b) besonders hoch.

b)

Schüler:	1	2	3	4	5	6	7	8	9	10	11	12	13	14	15	16	17	18	19	20
Punktsumme:	19	15	17	19	16	15	12	22	3	16	19	13	17	10	9	14	14	17	25	17

Mittelwert der Punktsumme: 15,45
Varianz der Punktsumme: 22,68
Standardabweichung der Punktsumme: 4,76

5 a) $\bar{x} = 22{,}844$; $s \approx 0{,}092$

b) $\frac{s}{\bar{x}} \approx 0{,}40\,\%$. Die Waage hat das „Gütesiegel 0,1 %" nicht verdient.

6 a) Jahrgangsstufe 5: $\bar{x} \approx 10{,}71$; $s \approx 0{,}43$
Jahrgangsstufe 13: $\bar{x} \approx 18{,}99$; $s \approx 0{,}68$

b) Jahrgangsstufe 5: $\bar{x} - s = 10{,}28 \approx 10{,}3$; $\bar{x} + s = 11{,}14 \approx 11{,}1$

$\frac{147}{165} \approx 0{,}89 = 89\,\%$

Jahrgangsstufe 13: $\bar{x} - s = 18{,}31 \approx 18{,}3$; $\bar{x} + s = 19{,}67 \approx 19{,}7$

$\frac{59}{73} \approx 0{,}81 = 81\,\%$

c) Durch Auslandsaufenthalte/Leistungsdefizite usw. durchlaufen einzelne Schüler Klassenstufen mehrfach. Das führt zu höheren Werten in der Streuung der Altersverteilung.

S. 46 **7** Individuelle Lösungen

5 Lineare Regression

S. 47 **1** a) Das Medikament verkauft sich von Monat zu Monat besser. Ganz hoch war der Zuwachs in den ersten drei Monaten. Nach ca. 15 Monaten geht der Verkauf rapide zurück und erreicht innerhalb von 4 Monaten ein absolutes Tief.
b) Hätte das Medikament weiter den Zuwachs wie in den ersten 3 Monaten gehabt, wäre der Umsatz von 100 Mio. € schon nach knapp 8 Monaten erreicht worden.

S. 49 **2** a)

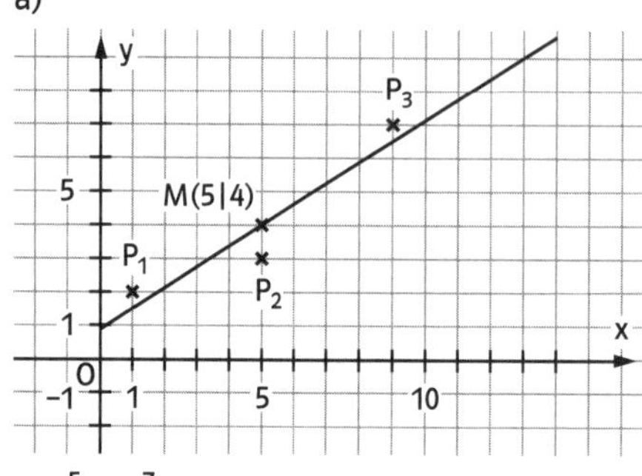

$y = \frac{5}{8}x + \frac{7}{8}$

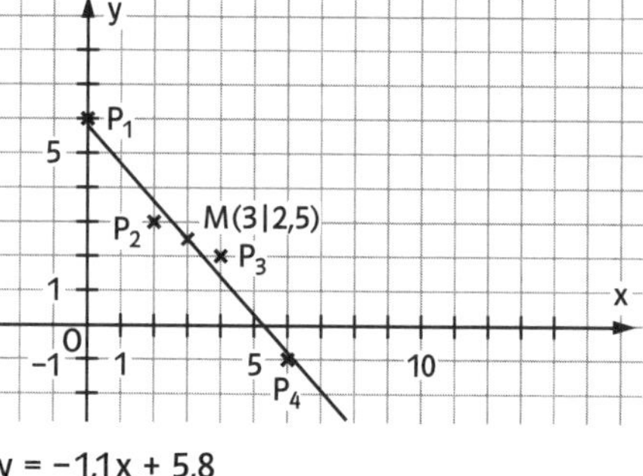

$y = -1{,}1x + 5{,}8$

3 a) $y = 2{,}6x - 2{,}6$ b) $y \approx -0{,}558x + 4{,}030$
c) $y = 0{,}55x + 2{,}1$ d) $y \approx -3{,}343x + 9{,}914$

4 a)

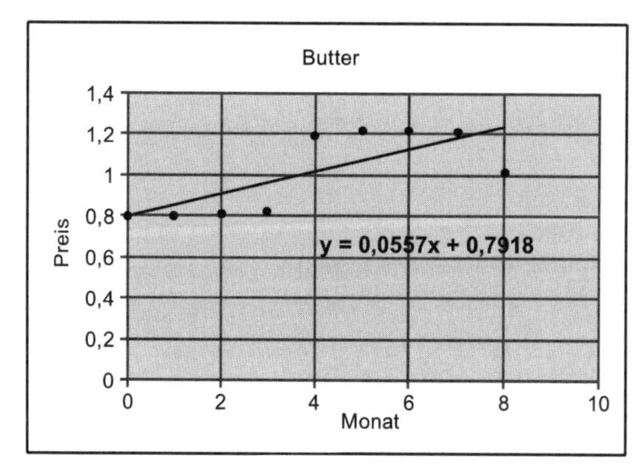

9 **4** b)

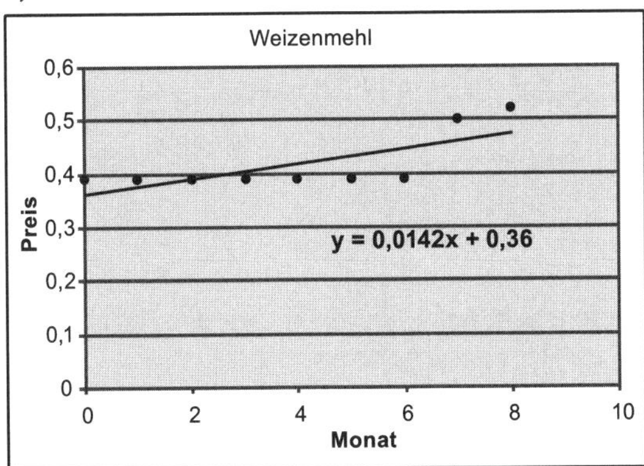

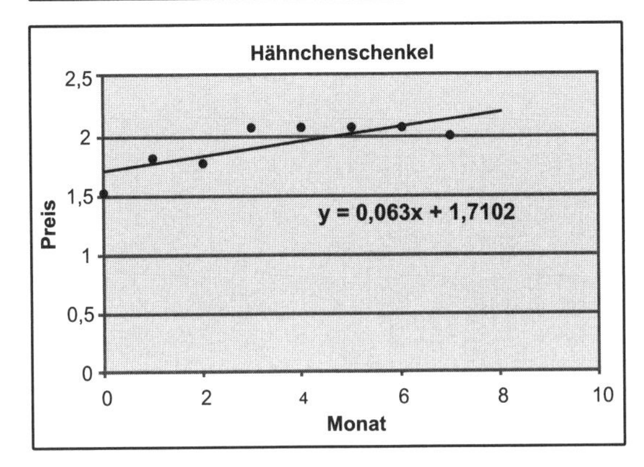

c) Butter: 0,7918 € + 0,0557 € · 10 = 0,7918 € + 0,557 € = 1,3488 € ≈ 1,35 €
Weizenmehl: 0,36 € + 0,142 € ≈ 0,50 €
Hähnchenschenkel: 1,7102 € + 0,63 € ≈ 2,34 €
Eine Vorhersage der Preise von Lebensmitteln aus heimischer Landwirtschaft ist sehr schwierig, da z. B. häufig der Staat eingreift.

50 **5** $y \approx 1{,}885x + 83{,}430$
Der Jahresunterschied pro m² ist im Schnitt rund 1,885 Tausend Euro.

6 a) individuelle Lösung: $y = 1{,}4x + 22$
b) $y \approx 1{,}41x + 21{,}7$
c) z. B.: Mit welcher Schuhgröße kann man bei einem 7 Jahre alten Mädchen rechnen?
Ein 7 Jahre altes Mädchen hat ungefähr die Schuhgöße 31 oder 32.

7 a) $y = ax + b$; $a = 4{,}887$; $b = 33{,}93$
Das lineare Modell ist nur für hinreichend große Pflanzen brauchbar.
b) Eine Sonnenblume wächst ab einer gewissen Größe rund 4,9 cm pro Tag.

S. 50 **8** a) Absatz bei 22°: $95{,}833 + 24{,}667 \cdot 22 = 638{,}507 \approx 640$

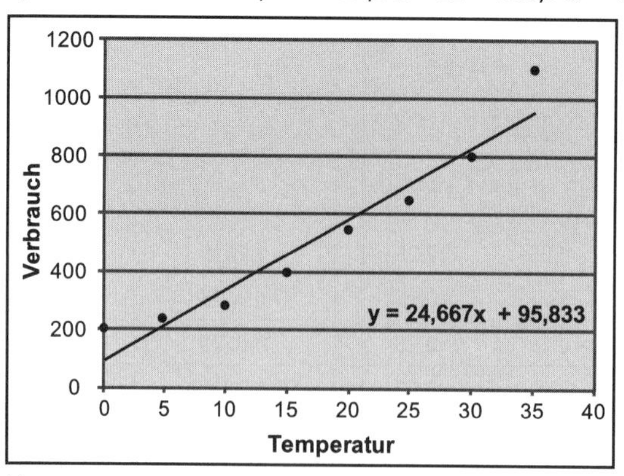

b) Pro Grad steigt der Absatz durchschnittlich um 25 Flaschen.

9 a)

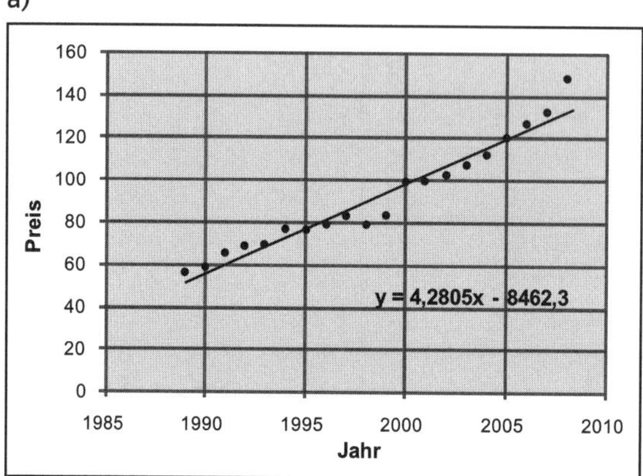

b) Möglicher Preis in € im Jahr 2012: $4{,}2805 \cdot 2012 - 8462{,}3 \approx 150{,}07$.

10 a) $y = ax + b$; $a = 0{,}03$; $b = 3{,}31$
Die gesprungene Höhe wächst alle 4 Jahre um durschnittlich 12 cm.
b) Seit 1996 sind die Zuwächse an Höhe geringer.

6 Korrelation, Bestimmtheitsmaß

51 **1** Je mehr (bei konstanter Steigung) die Punkte um die Regressionsgerade „streuen", desto größer ist der c^2-Wert.

53 **2** a)

x_i	y_i	$x_i - \bar{x}$	$y_i - \bar{y}$	$(x_i - \bar{x})^2$	$(y_i - \bar{y})^2$	$(x_i - \bar{x}) \cdot (y_i - \bar{y})$
1	1,5	−1,5	−1,25	2,25	1,5625	1,875
2	3	−0,5	0,25	0,25	0,0625	−0,125
3	2,5	0,5	−0,25	0,25	0,0625	−0,125
4	4	1,5	1,25	2,25	1,5625	1,875
$\bar{x} = 2{,}5$	$\bar{y} = 2{,}75$			$s_x^2 = \frac{1}{3} \cdot 5 = \frac{5}{3}$	$s_y^2 = \frac{1}{3} \cdot 3{,}25 = \frac{13}{12}$	$c_{xy} = \frac{1}{3} \cdot 3{,}5$

$$r = \frac{\frac{1}{3} \cdot 3{,}5}{\sqrt{\frac{5}{3}} \cdot \sqrt{\frac{13}{12}}} \approx 0{,}868; \; r^2 \approx 0{,}754$$

b)

x_i	y_i	$x_i - \bar{x}$	$y_i - \bar{y}$	$(x_i - \bar{x})^2$	$(y_i - \bar{y})^2$	$(x_i - \bar{x}) \cdot (y_i - \bar{y})$
7	5	−3	2	9	4	−6
9	3	−1	0	1	0	0
11	3	1	0	1	0	0
13	1	3	−2	9	4	−6
$\bar{x} = 10$	$\bar{y} = 3$			$s_x^2 = \frac{1}{3} \cdot 20 = \frac{20}{3}$	$s_y^2 = \frac{1}{3} \cdot 8 = \frac{8}{3}$	$c_{xy} = \frac{1}{3} \cdot (-12) = -4$

$$r = \frac{-4}{\sqrt{\frac{20}{3}} \cdot \sqrt{\frac{8}{3}}} \approx -0{,}949; \; r^2 = 0{,}9$$

3 a) $r \approx -0{,}799$; $r^2 \approx 0{,}638$ b) $r \approx 0{,}9993$; $r^2 \approx 0{,}9985$

4 a) $y \approx -0{,}0457x + 10{,}688$; $r \approx -0{,}8020$

b) Wenn das lineare Modell die Wirklichkeit beschreiben würde, wäre der y-Achsenabschnitt 10,69 (tsd. €), der erwartete Neupreis (0 km gefahren), der x-Achsenabschnitt ca. 234 000 km die „Fahrleistung", bei der das Auto nichts mehr wert wäre.

c) Es wäre ein Preis p in 1000 € mit $p = -0{,}0457 \cdot 100 + 10{,}688 = 6{,}118$ zu erwarten, also ca. 6120 €.

Da $\bar{y} = 6{,}593$ und $s_y \approx 2{,}583$ ist, würden in 68 % aller Fälle die Preise zwischen 6593 € − 2583 € und 6593 € + 2583 €, also zwischen 4010 € und 9176 € liegen.

S. 53 **5**

230	60
250	90
300	110
380	170
480	180
490	240
500	150
510	250
1100	350
1100	460
1300	200

Korrelation: 0,737

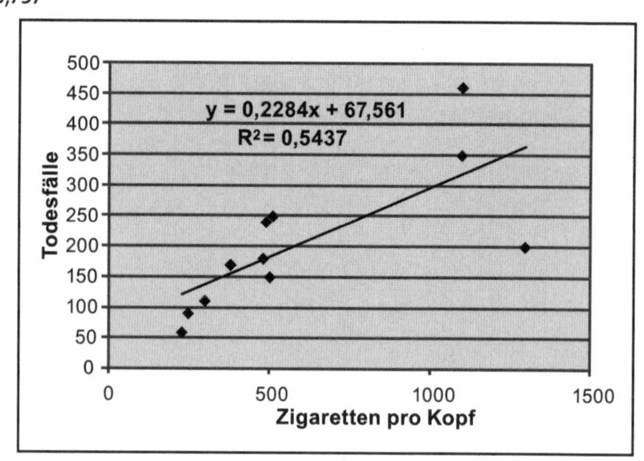

7 Vermischte Aufgaben

S. 54 **1** a) $780 \cdot 0{,}056 \approx 44$

b) Mittlere Personenzahl pro Auto:

$0{,}449 \cdot 1 + 0{,}335 \cdot 2 + 0{,}16 \cdot 3 + 0{,}041 \cdot 4 + 0{,}015 \cdot 5 = 1{,}838$.

Personenzahl		Auslastung
4 Personen	→	100 %
1 Person	→	25 %
1,838 Personen	→	$25\,\% \cdot 1{,}838 = 45{,}95\,\% \approx 46\,\%$

Da nur eine Auslastung von 46 % vorliegt, könnte der Verkehr bei Vollbesetzung aller Autos um 54 % schrumpfen.

2 Frau Kolmetz fährt $t = \frac{100\,\text{km}}{80\,\frac{\text{km}}{\text{h}}} + \frac{100\,\text{km}}{120\,\frac{\text{km}}{\text{h}}} = \frac{10}{8}\text{h} + \frac{10}{12}\text{h} = \frac{25}{12}\text{h}$ für 200 km. Damit fährt sie im Mittel mit einer Geschwindigkeit von $v = \frac{200\,\text{km}}{\frac{25}{12}\text{h}} = 96\,\frac{\text{km}}{\text{h}}$.

Frau Kaiser fährt genau 2 Stunden und dabei 200 km. Damit fährt sie mit einer Durchschnittsgeschwindigkeit von $100\,\frac{\text{km}}{\text{h}}$.

3 a) Die fehlenden Werte in der Tabelle sind 7,90; 10,56 und 8,66.

Mittelwert dieser 5 Werte: $\frac{(7{,}31 + 11{,}40 + 7{,}90 + 10{,}56 + 8{,}66)}{5} = 9{,}166 \approx 9{,}17$.

b) Frank hat Recht. Er rechnet: $\frac{(34{,}01 + 50{,}96 + 42{,}91 + 45{,}40 + 36{,}73)}{\frac{(41\,305 - 38\,996)}{100}} \approx 9{,}095$.

Der Verbrauch liegt demnach bei ca. 9,10 Liter je 100 km.

54 **3** c) Wollte man aus den in der Tabelle berechneten Werten den Durchschnittsverbrauch ermitteln, so müsste nach den Teilfahrstrecken gewichtet werden:

$\frac{465}{2309} \cdot 7{,}31 + \frac{447}{2309} \cdot 11{,}40 + \frac{543}{2309} \cdot 7{,}90 + \frac{430}{2309} \cdot 10{,}56 + \frac{424}{2309} \cdot 8{,}66 \approx 9{,}095.$

4 Individuelle Lösung

5 a) $n = 100$, $k = 8$ quantitativ, diskret

b)

a_i	0	1	2	3	4	5	6	7
n_i	2	4	10	16	12	17	21	18
h_i	0,02	0,04	0,10	0,16	0,12	0,17	0,21	0,18

c)

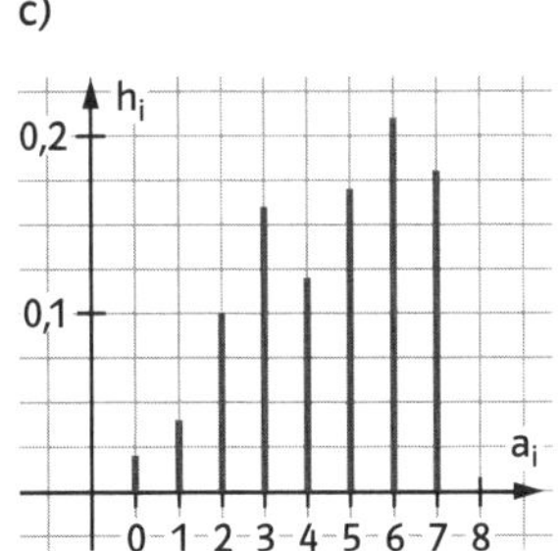

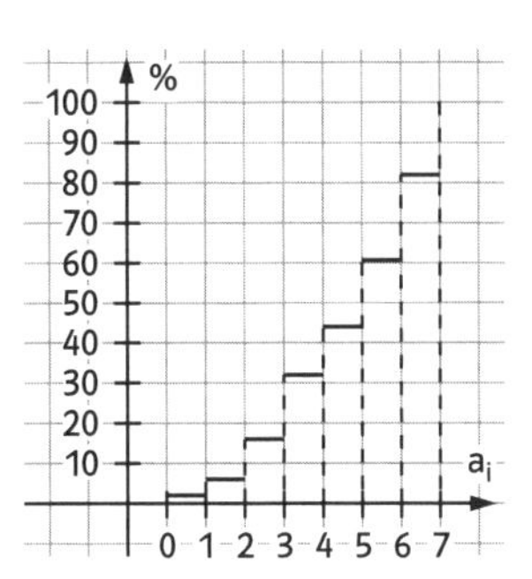

d) Modalwert: 6; $x_{Med} = 5$; $\bar{x} = 4{,}57$

e) $s^2 \approx 3{,}58$; $s \approx 1{,}89$

f) Beitragsabweichung: $1{,}6216 \approx 1{,}62$

Spannweite ist 7.

55 **6** a)

Klasse k_i	Klassenmitte m_i	Absolute Häufigkeiten n_i	Relative Häufigkeiten h_i	Relative Summenhäufigkeiten
]90; 110]	100	3	0,025	2,5 %
]110; 130]	120	8	0,067	9,2 %
]130; 150]	140	15	0,125	21,7 %
]150; 170]	160	25	0,208	42,5 %
]170; 190]	180	30	0,250	67,5 %
]190; 210]	200	20	0,167	84,2 %
]210; 230]	220	11	0,092	93,4 %
]230; 250]	240	5	0,042	97,6 %
]250; 270]	260	2	0,017	99,3 %
]270; 290]	280	1	0,008	100,1 %

S. 55 **6** a)

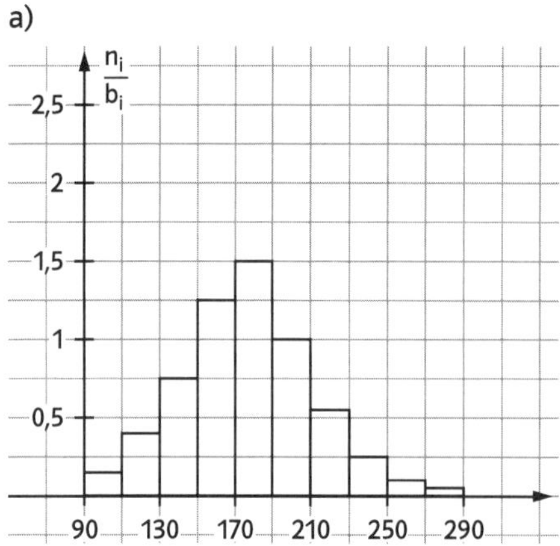

b)

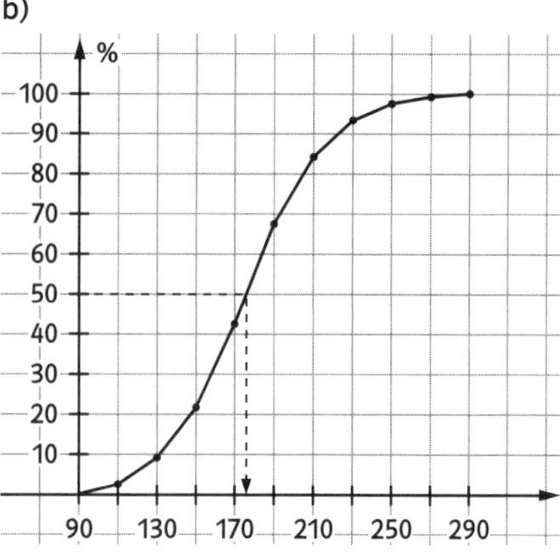

Zentralwert: ≈ 175

c) $\overline{x} = 176{,}5$; $s^2 \approx 1234{,}68$; $s \approx 35{,}14$

7 a) Prognose für 2012: $y = -3{,}3327 \cdot 2012 + 6741{,}6 \approx 36{,}2076$, also ca. 36 200 Betriebe.

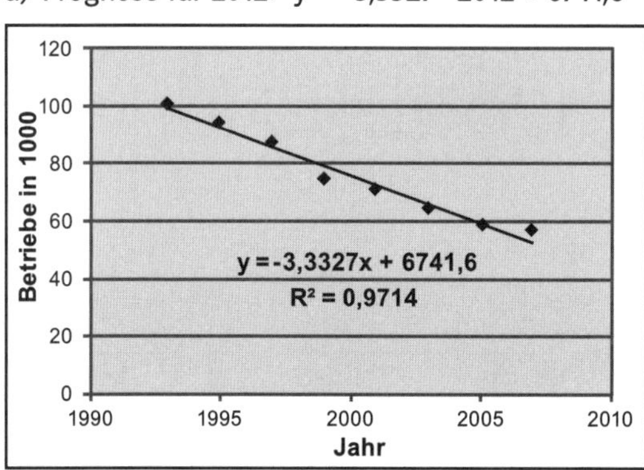

b) Die Fläche verändert sich kaum. Man beachte dazu in der Zeichnung den Maßstab auf der y-Achse. Das Bestimmtheitsmaß ist nicht sehr hoch.

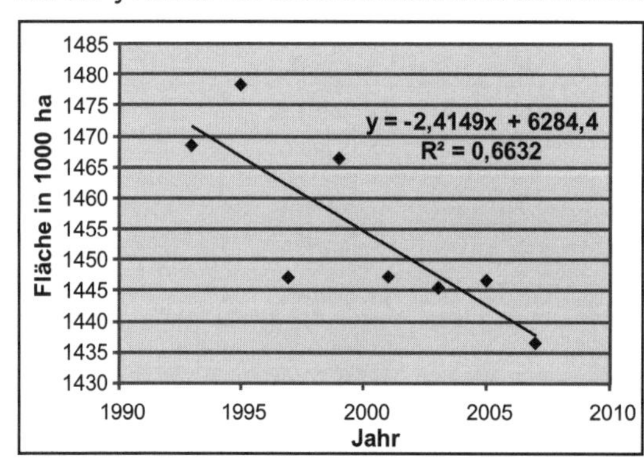

55 **7** c) Die Korrelation beträgt $r \approx 0{,}777$.

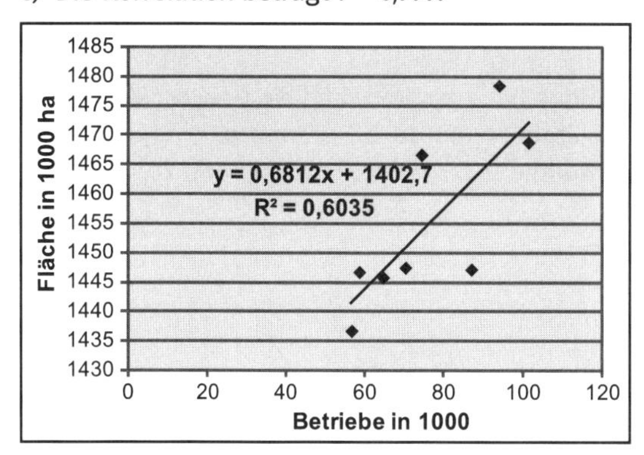

d) Das kleine Bestimmtheitsmaß sagt aus, dass die Anzahl der Arbeitskräfte in der Landwirtschaft fast gleich bleibt. Da auch die bewirtschaftete Fläche in etwa gleich bleibt, heißt dies, dass pro Fläche eine feste Zahl von Mitarbeitern benötigt wird.

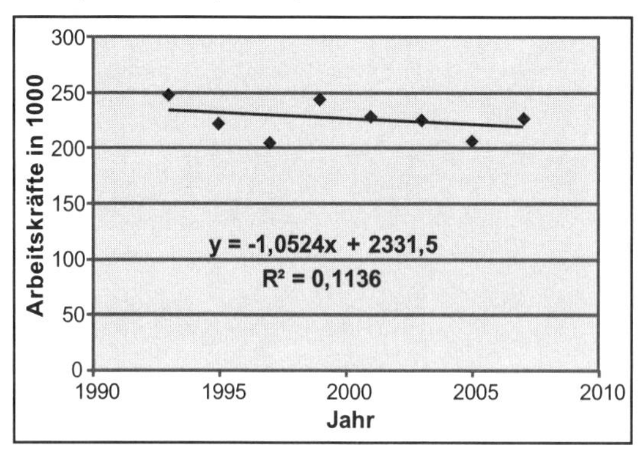

e) Die Korrelation liegt bei $r \approx 0{,}290 < 0{,}3$, d.h. die Anzahl der Arbeitskräfte hängt nur unwesentlich von der Anzahl der Betriebe ab.

8 a), b)

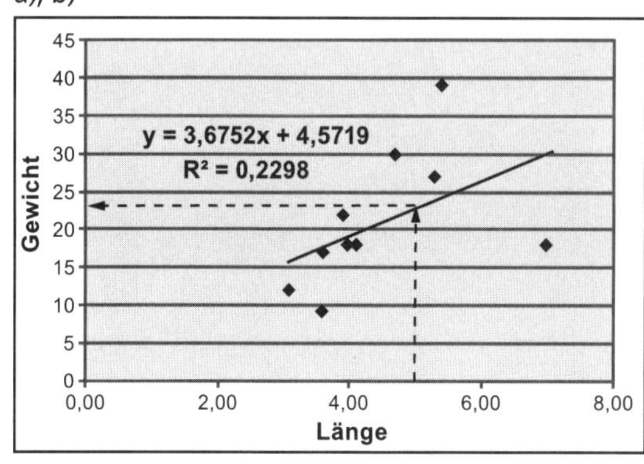

S. 55 **8** c) Die Regressionsgerade gibt die Abhängigkeit des Gewichts von der Länge der Frucht an. Sie hat nur in dem gezeichneten Bereich Bedeutung. Für Längen um 0 ist sie nicht brauchbar, ebenso nicht für große Längen.

d) Eine Erdbeere mit 5 cm Fruchtlänge hat etwa im Mittel ein Gewicht von ca. 23 g.

e) Pro cm nimmt das Gewicht der Erdbeere um ca. 3,7 Gramm zu.

f) Damit nimmt die Länge pro Gramm um $\frac{1}{3{,}7}\,\text{cm} \approx 0{,}27\,\text{cm} = 2{,}7\,\text{mm}$ zu.

III Ganzrationale Funktionen

1 Zuordnungen darstellen und interpretieren

60 **1** Ölpreis für Standard-Heizöl bei einer Abnahmemenge von 3000 Litern und einer äquivalenten Menge von 33.540 kWh Erdgas bezogen auf den Preis von 100 Liter Heizöl

a) Es wird jedem Jahr der Preis von 100 Litern Heizöl und der dieser Menge entsprechende Preis der äquivalenten Erdgasmenge zugeordnet.

b) Beispiele:

- Der Heizölpreis lag abgesehen von einem kurzen Zeitraum zum Ende des Jahres 2005 bis zum Ende des Jahres 2007 immer unter dem des Erdgases.
- Der Heizölpreis war stärkeren Schwankungen unterworfen als der Gaspreis.
- Der Heizölpreis hat sich seit 2002 bis Mitte des Jahres 2008 mehr als verdreifacht.
- Der Erdgaspreis hat sich seit 2002 bis Mitte des Jahres 2008 von ca. 48 auf 73 €/100 m³ um nur $\frac{73-48}{48} \approx 0{,}52 = 52\,\%$ erhöht.

c) Tabelle

Jahr	Heizöl in EUR/100 Liter	Preis von Erdgas in EUR	Differenz
2002	30	49	19
2003	37	47	10
2004	35	50	15
2005	44	55	11
2006	58	65	7
2007	52	72	20
2008	70	72	2
Mitte 2008	94	73	-21

d) Es handelt sich um keine proportionale Funktionen, da sich weder Öl- noch Gaspreis pro Jahr um den gleichen Betrag erhöhen.

61 **2**

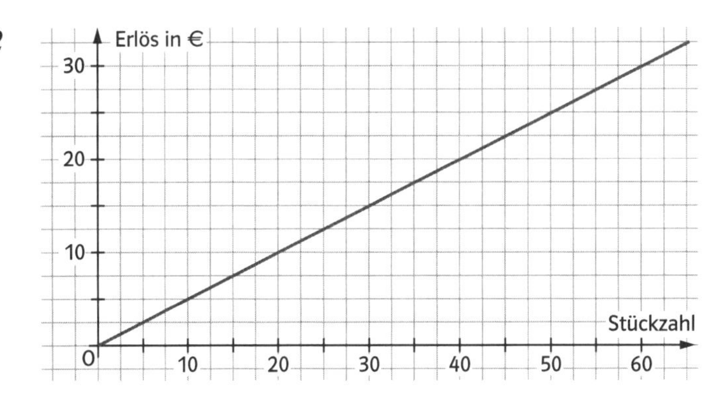

S. 61 **3** a)

Menge in ME	0	1	2	4	8	10	11
Kosten in €	0,6	0,9	1	1,1	2,5	5	7
Erlös in €	0	0,5	1	2	4	5	5,5

b)

Menge in ME	0	1	2	4	8	10	11
Gewinn in €	−0,6	−0,4	0	0,9	1,5	0	−1,5

c) Fixkosten 0,6 GE.
d) Gewinnschwelle bei 2 ME, Gewinngrenze bei 10 ME.
e) Laut Zeichnung liegt der maximale Gewinn bei x = 7 ME und beträgt ca. 1,7 GE.

S. 62 **4** a) A verbraucht bei $40\,\frac{km}{h}$ ca. 3,5 Liter, bei $80\,\frac{km}{h}$ ca. 5,3 Liter und bei $120\,\frac{km}{h}$ ca. 8,0 Liter.
B verbraucht bei $40\,\frac{km}{h}$ ca. 4,2 Liter, bei $80\,\frac{km}{h}$ ca. 5,1 Liter und bei $120\,\frac{km}{h}$ ca. 6,4 Liter.
b) Gleicher Verbrauch bei ca. $70\,\frac{km}{h}$. Bezogen auf den Kraftstoffverbrauch ist A für Stadtfahrten, B für Überlandfahrten besser geeignet.
c) Verbrauchszunahme bei A von 4,4 auf 5,3 Liter, also um 0,9 Liter, Verbrauchszunahme bei B von 5,6 auf 6,4 Liter, also um 0,8 Liter.

5 a) Der Rauminhalt von 1 Liter Wasser nimmt bei Erwärmung von 0 bis 4 °C ab, ehe er dann relativ stark zunimmt. Bei 4 °C ist der Rauminhalt am kleinsten. Er beträgt dann $1000\,cm^3 - 120\,mm^3 = 1\,000\,000\,mm^3 - 120\,mm^3 \approx 999\,880\,mm^3$.
b) Der Rauminhalt von 1 Liter Wasser nimmt um $680\,mm^3$ zu.
Für $1\,m^3$ Wasser beträgt die Zunahme $680\,cm^3$.

6 a) Anleitung: Kauft jemand x kg Kartoffeln (5 kg; 3,5 kg), so sucht man auf der Rechtsachse die Zahl x (5; 3,5), geht von dort senkrecht nach oben, bis man die Gerade für Kartoffeln erreicht und fixiert den zugehörigen Punkt (x | y). Von diesem Punkt geht man parallel zur x-Achse nach links und liest auf der y-Achse den zugehörigen Preis y (2,5; 1,75) ab.
b) 1 kg Kartoffeln kostet 0,50 €, 1 kg Äpfel 0,80 €.
Bemerkung: Da man bei 1 kg Äpfeln den Preis schlecht ablesen kann (es fehlt eine Marke), wählt man 5 kg, die 4,00 € kosten. Dann kostet 1 kg entsprechend 0,80 €. Der Verkäufer muss dazu aber rechnen können.
c) Man wählt auf der y-Achse den Wert 2 und geht den in a) beschriebenen Weg rückwärts. Für 2,00 € enthält man danach 2,5 kg Äpfel. Entsprechend erhält man für 1,00 € 2 kg Kartoffeln.

62 **7** Da $1\,sm = 1{,}852\,km$ ist, ist $1\,km = \frac{1}{1{,}852}\,sm$.
Zugehörige Funktion ist $x \mapsto \frac{1}{1{,}852} \cdot x$.

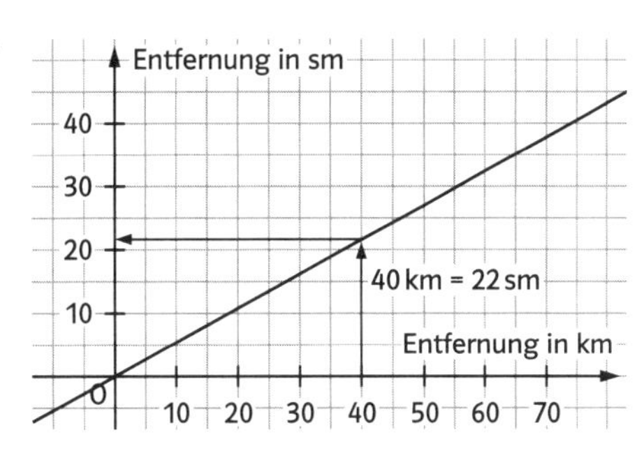

8 a)

Seite x in m	1	2	5	10	20	50	100	200	400
Seite y in m	400	200	80	40	20	8	4	2	1

Da $x \cdot y = 400$ ist für alle zugeordneten Werte x und y, liegt eine antiproportionale Zuordnung vor.

b) Zuordnungsvorschrift:
$x \mapsto \frac{400}{x}$ oder $y = \frac{400}{x}$.

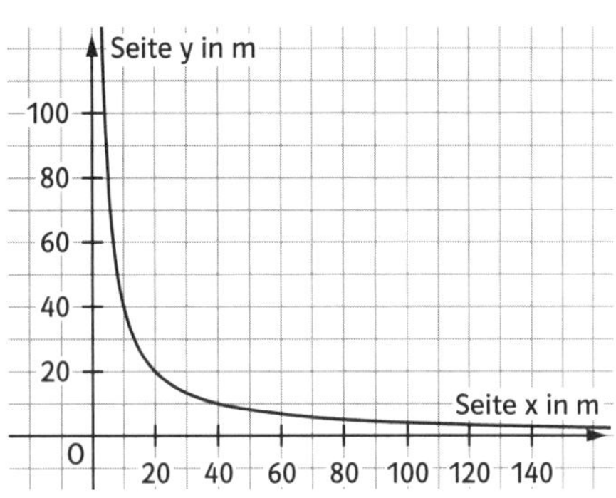

2 Der Begriff der Funktion

63 **1** a)

Jahr	1990	1995	2000	2004
Steuer in Mio. €	4200	7100	7000	7800

b)

Steuer in Mio. €	5000	7000	7500	8000
Jahr	Mitte 1990	Mitte 1992 1999 2000	1997 Mitte 1998 Anfang 2000 ca. 2002 Ende 2003	Mitte 2000 Mitte 2001

Es wird in mehreren Jahren bzw. an mehreren Jahresabschnitten der Wert 7000 Mio € erreicht. Es kann nicht mehr wie im Aufgabenteil a) einem Betrag genau ein Jahr zugeordnet werden.

S. 65 **2** a) Funktion b) keine Funktion c) Funktion d) keine Funktion

3 a) $f(3) = 10$ b) $g(5) = 12$ c) $f(0) = 3$ d) $f(2) = g(2)$
e) $f(14) > f(5)$ f) $g(x) > 0$ g) $f(0) < g(0)$

4 a) Die Funktion f hat an der Stelle 2 den Wert 0.
b) Die Funktion nimmt für $x = 1$ und $x = 10{,}5$ gleiche Werte an.
c) Der Funktionswert von f an der Stelle 3,7 beträgt 3,7.
d) Der Funktionswert von g an der Stelle 0 ist 0.

5 a) $f(0) = 0$; $f(2) = 0$; $f(-2{,}5) \approx 3{,}1$; $f(1) \approx 0{,}2$
b) $x_1 \approx -4{,}2$; $x_2 \approx 2{,}75$; $x_3 \approx 4{,}75$
c) Man kann 3 Stellen finden: $x_1 \approx -3{,}7$; $x_2 \approx -1{,}85$; $x_3 \approx 5{,}3$
d) $a = 0{,}1$
e) Größter Funktionswert ist etwa 3,6; er wird an der Stelle -3 angenommen: $f(-3) \approx 3{,}6$. Kleinster Funktionswert: $f(4{,}1) \approx -2{,}6$.

6 a) Es ist schon sinnvoll, da man daraus leichter erkennen kann, ob der Preis stark oder weniger stark gestiegen ist. Natürlich muss der Preis in dem jeweiligen Zeitraum in Wirklichkeit nicht diesen Verlauf gehabt haben: Er könnte von 2004 bis 2005 auch einmal gefallen sein und dann wieder gestiegen sein. Durch die Verbindungsstrecke wird der durchschnittliche Anstieg bzw. Fall der Preise dargestellt.
b) Definitionsmenge ist der Zeitraum zwischen Jahresanfang 2004 und Jahresende 2008 für alle drei Graphen.
Wertemenge in SFr für ALU ist [4,1; 6], für CU [4; 10,1], für MS [2,5; 7,5].
c) Der Kupferpreis in SFr stieg von ca. 7,1 auf ca. 8,4, also um $\frac{8{,}4 - 7{,}1}{7{,}1} \approx 0{,}1831 \approx 18\,\%$.
Es fiel lediglich der Preis für Messing von Beginn 2007 bis Anfang 2008.

S. 66 **7** a) $f(5) = 60$ bedeutet, dass vor 15 000 Jahren 60 % der Bevölkerung das Alter 5 Jahre erreichten, d. h. 40 % starben, bevor sie das 5. Lebensjahr erreichten. 50 % wurden über 10 Jahre alt, 20 % wurden über 40 Jahre alt und 10 % etwa wurden 60 Jahre oder älter.
$P_1(5\,|\,60)$; $P_2(10\,|\,50)$; $P_3(40\,|\,20)$; $P_4(60\,|\,10)$.
b) $f(x) = 10$ für $x = 86$, d. h. das Alter von 86 Jahren erreicht ca. 10 % der Bevölkerung.
$f(85) \approx 20$; $f(83) \approx 30$; $f(81{,}5) \approx 40$; $f(80) \approx 50$; $f(77{,}5) \approx 60$; $f(74) \approx 70$; $f(67{,}5) \approx 80$; $f(60) \approx 90$.
Letzteres bedeutet, dass 90 % der Bevölkerung mindestens 60 Jahre alt werden.

8 a) 6 kg Tee kosten $5{,}85\,€ \cdot 6 = 35{,}10\,€$.
Es ist: $K(6) = 35{,}1$.
b) $50 = 5{,}85 \cdot x$;
also $x = \frac{50}{5{,}85} \approx 8{,}547$.
Man erhält somit ca. 8,5 kg Tee für 50 €. $f(8{,}5) = 50$.

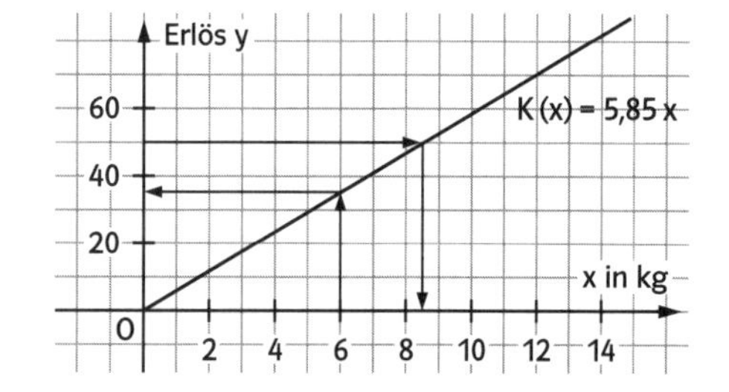

66 **9** a) $K(6) \approx 4{,}5$; $E(6) = 6$. Gewinn ist $E(6) - K(6) = 1{,}5$
b) $x_S = 4$ (Gewinnschwelle); $x_G = 10$ (Gewinngrenze)
c) Die Firma macht keinen Gewinn mehr, da die Kosten höher liegen als der Erlös; damit ist die Differenz $E(x) - K(x) < 0$ und es liegt ein negativer Gewinn, also ein Verlust vor.

10 a) falsch b) wahr c) falsch d) wahr.

3 *Lineare Funktionen*

67 **1** a) Energieverbrauch $E(x)$;
$E(x)$ in kWh, x in km
Flugzeug: $E_F(180) = 169$
Auto: $E_A(180) = 144$
Bahn: $E_B(180) = 16{,}2$
b) Flugzeug: $f(x) = 95{,}2 + 0{,}41 \cdot x$
Auto: $a(x) = 0{,}80 \cdot x$
Graphen in Fig. 1
c) Ab ca. 245 km hat das Flugzeug eine günstigere Energiebilanz als das Auto.
Sitzen im Auto zwei Personen, so gilt $a^*(x) = 0{,}40 \cdot x$.
Dann hat das Auto immer eine günstigere Bilanz als das Flugzeug.

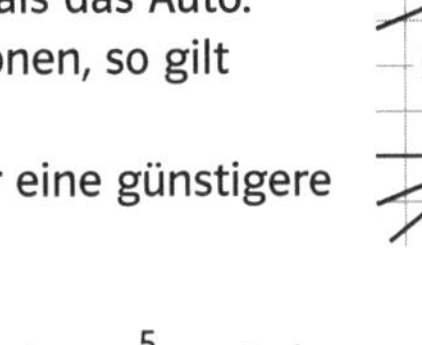

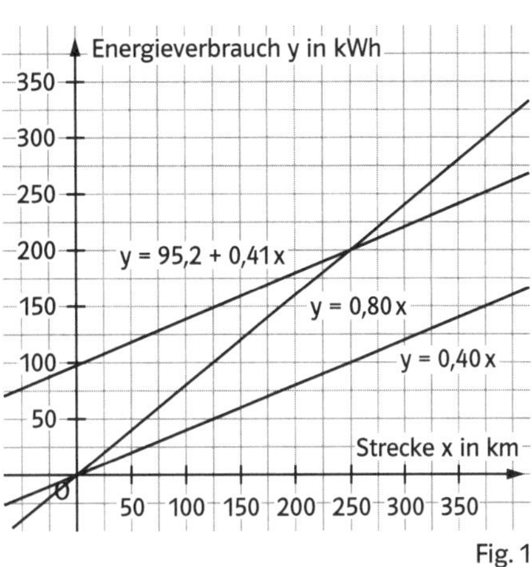

Fig. 1

70 **2** a) g: $y = \frac{1}{2}x$; h: $y = \frac{1}{3}x + 1$; i: $y = \frac{5}{2}x - 1$; j: $y = -\frac{1}{4}x + \frac{1}{2}$; k: $x = -1{,}5$; l: $y = -1$
b) g*: $y = \frac{1}{2}x + 4$ c) $y = 4$

3 a) g: $y = 0{,}4x + 0{,}5$; i: $y = 0{,}4x - 1$
b) Steigung von h = Steigung von j: $m = -\frac{1}{0{,}4} = -\frac{10}{4} = -\frac{5}{2} = -2{,}5$.
c) h: $y = -2{,}5x + 3$; j: $y = -2{,}5x + 6$

4 a) $m = \frac{6-3}{8-6} = \frac{3}{2}$ (Fig. 2, S. 42) b) $m = \frac{-2-(-3)}{-2-3} = \frac{1}{-5} = -\frac{1}{5} = -0{,}2$ (Fig. 2)
c) $m = \frac{-2-3}{0-(-1)} = -5$ (Fig. 3, S. 42) d) $m = \frac{-1-(-1)}{1-0} = 0$ (Fig. 3, S. 42)

S. 70 **4** Grafiken zu Aufgabe 4

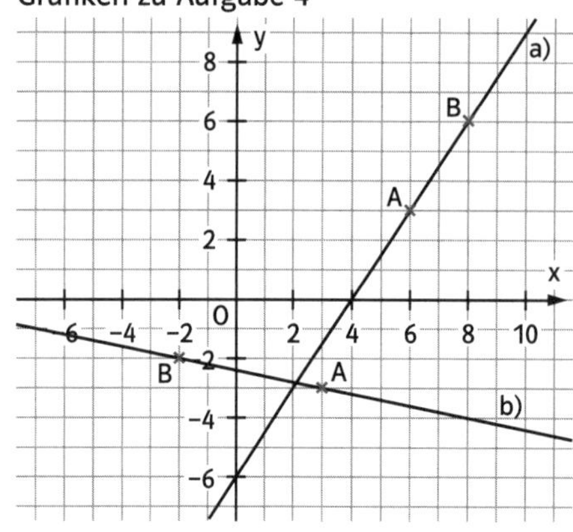

Fig. 2

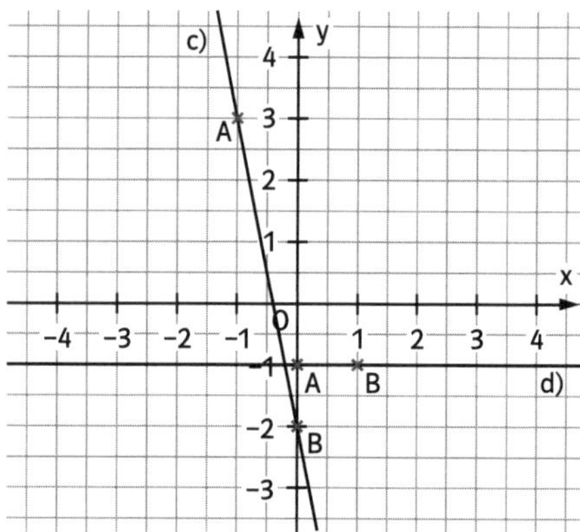

Fig. 3

5 a) $y - 1 = 0{,}3 \cdot (x - 2);\ y = 0{,}3 \cdot x + 0{,}4$
b) $y - 1 = 0{,}5 \cdot (x + 2);\ y = 0{,}5 \cdot x + 2$
c) $y - 0{,}5 = -2 \cdot (x + 1);\ y = -2x - 1{,}5$
d) $y - 3 = -0{,}5 \cdot (x - 0);\ y = -0{,}5x + 3$

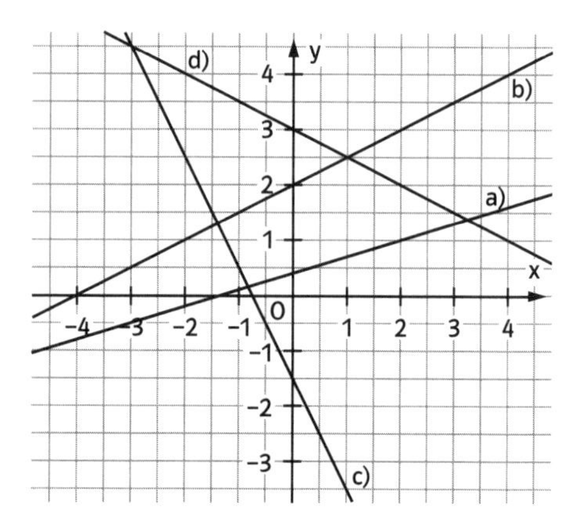

S. 71 **6** Punktprobe: $3 = 0{,}5 \cdot 4 + c$, also $c = 1$. $y = 0{,}5x + 1$

7 a) $m = \frac{f(3) - f(0)}{3 - 0} = \frac{2 + 0{,}5}{3} = \frac{2{,}5}{3} = \frac{5}{6};$
$y - (-0{,}5) = \frac{5}{6}(x - 0),$
also $y = \frac{5}{6}x - 0{,}5;\ f(x) = \frac{5}{6}x - \frac{1}{2}$
b) $m = \frac{f(4) - f(0)}{4 - 0} = \frac{-1 - 2{,}5}{4} = \frac{-3{,}5}{4} = -\frac{7}{8};$
$y - 2{,}5 = -\frac{7}{8}(x - 0),$
also $y = \frac{7}{8}x + 2{,}5;\ f(x) = -\frac{7}{8}x + \frac{5}{2}$
c) $m = \frac{f(5{,}4) - f(0)}{5{,}4 - 0} = \frac{0 - 3{,}2}{5{,}4} = -\frac{32}{54} = -\frac{16}{27};$
$y - 3{,}2 = -\frac{16}{27}(x - 0),$
also $y = -\frac{16}{27}x + 3{,}2;\ f(x) = -\frac{16}{27}x + \frac{16}{5}$

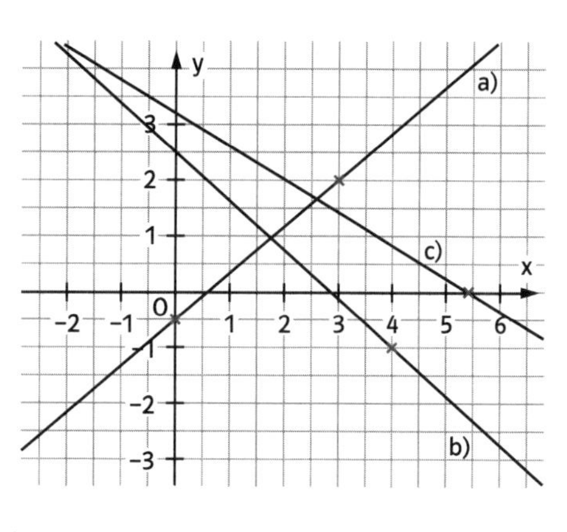

Umformulierung: Geben Sie die Gleichung der Geraden an, die durch die Punkte $P(0\,|\,-0{,}5)$ und $Q(3\,|\,2)$ verläuft.

71 **8** a) $y = \frac{1}{2}x + \frac{3}{2}$; $\alpha \approx 26{,}6°$; $S\left(0 \mid \frac{3}{2}\right)$

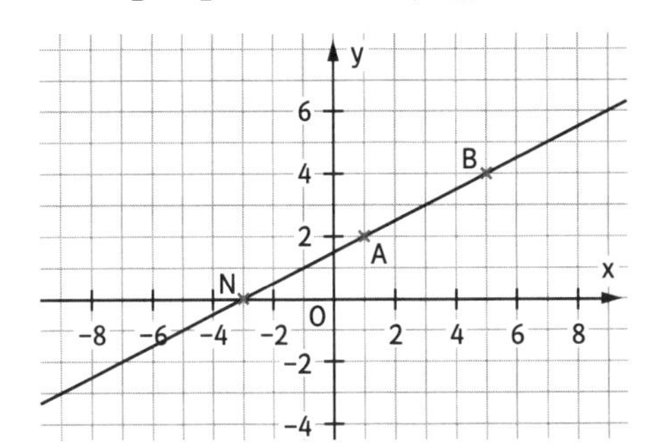

b) $y = -x + 1$; $\alpha = 135°$; $S(0 \mid 1)$

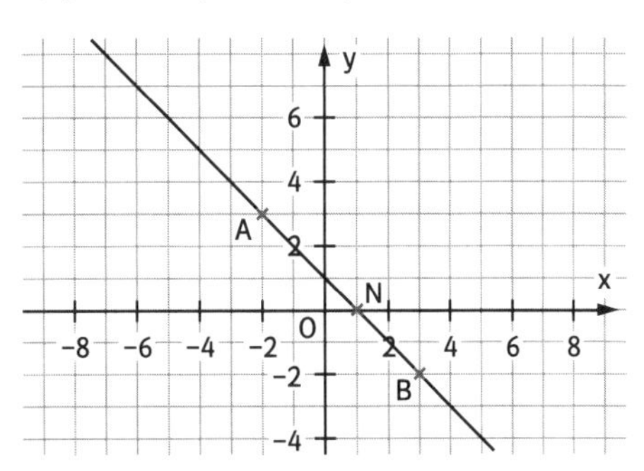

c) $y = \frac{3}{11}x + \frac{75}{22}$; $\alpha \approx 15{,}3°$; $S\left(0 \mid \frac{75}{22}\right)$

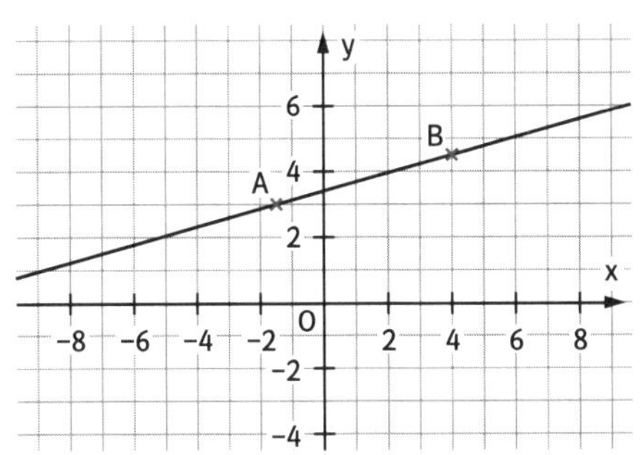

d) $y = \frac{6}{5}x + \frac{9}{5}$; $\alpha \approx 50{,}2°$; $S\left(0 \mid \frac{9}{5}\right)$

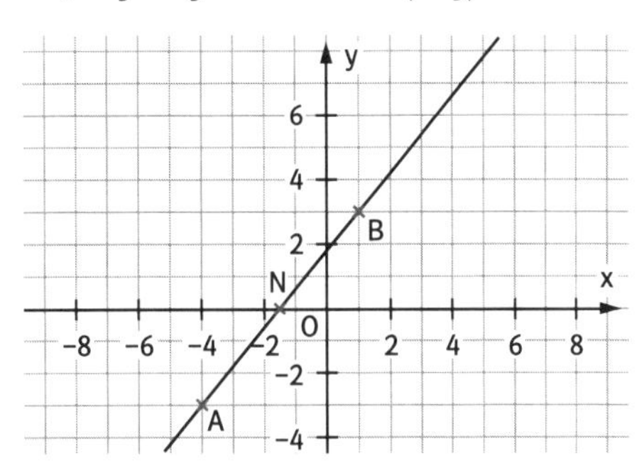

9 a) g durch A und B: g: $y = \frac{3}{7}x + \frac{8}{7}$;
C liegt nicht auf g.
b) g durch A und B: g: $y = -\frac{1}{4}x - 1{,}5$;
C liegt auf g.
c) g durch A und B: g: $y = -x + 11$;
C liegt auf g.
d) g durch A und B: g: $y = \frac{10}{13}x + \frac{3}{13}$;
C liegt nicht auf g.

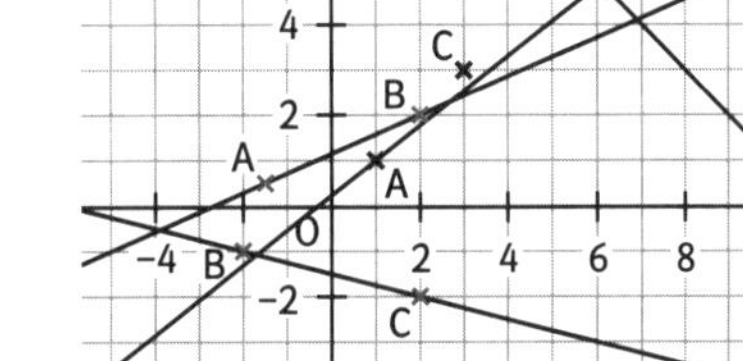

10 a) Gerade g durch O und Q: g: $y = \frac{4}{5}x$. P liegt nicht auf g.
b) Richtig.
c) $-x + 4y - 6 = 0$ ergibt g: $y = \frac{1}{4}x + 1{,}5$. g ist nicht parallel zu $y = -0{,}25x$.
d) Orthogonale h zu $y = 7x - 21$ durch $P(0 \mid 3)$: h: $y = -\frac{1}{7}x + 3$. Q liegt auf h.
e) m existiert nicht; es liegt eine Parallele zur y-Achse vor: $x = 2$

S. 71 **11** Wegen $m = \tan(\alpha)$ gilt:

$\alpha = 10°$; $m \approx 0{,}18$
$\alpha = 20°$; $m \approx 0{,}36$
$\alpha = 40°$; $m \approx 0{,}84$
$\alpha = 80°$; $m \approx 5{,}67$

Steigungswinkel α und Steigung m sind nicht proportional zueinander.

12 a) $m = 0$; also $y = -2$
b) m existiert nicht: $x = 0$
c) $m = 1$; $y = 1 \cdot (x + 1) + 2$; $y = x + 3$

13 Gerade durch P und Q: $y = -0{,}5x + 1{,}5$ oder $f(x) = -0{,}5x + 1{,}5$.
a) $f(2) = -0{,}5 \cdot 2 + 1{,}5 = 0{,}5$; $P(2\,|\,0{,}5)$
b) $f(x) = 2$; also $-0{,}5x + 1{,}5 = 2$ oder $-0{,}5x = 0{,}5$; $x = -1$; $Q(-1\,|\,2)$
c) $f(x) = 0$; also $-0{,}5x + 1{,}5 = 0$ oder $0{,}5x = 1{,}5$; $x = 3$; $R(3\,|\,0)$
d) $f(0) = 1{,}5$; $S(0\,|\,1{,}5)$

14

a)	b)	c)	d)
$m_{AB} = -2{,}5$	$m_{AB} = -\frac{2}{7}$	$m_{AB} = \frac{1}{3}$	$m_{AB} = -\frac{1}{6}$
$m_{BC} = 0{,}4$	$m_{BC} = -3$	$m_{BC} = -3$	$m_{BC} = 1$
$m_{CD} = -2{,}5$	$m_{CD} = -\frac{1}{4}$	$m_{CD} = \frac{1}{3}$	$m_{CD} = -\frac{1}{6}$
$m_{AD} = 0{,}4$	$m_{AD} = -\frac{3}{2}$	$m_{AD} = -3$	$m_{AD} = \frac{1}{8}$
Parallelogramm	kein Trapez	Parallelogramm	Trapez

15 a) g und h sind senkrecht zueinander, da $m_g \cdot m_h = 1 \cdot (-1) = -1$ ist.
b) g und h sind nicht senkrecht zueinander, da $m_g \cdot m_h = 2 \cdot 0{,}5 = 1$ und nicht -1 ist.

16 a) Senkrechte hat Steigung -1 und geht durch $P(1\,|\,0)$: $y = -1 \cdot (x - 1)$; $y = -x + 1$
b) Senkrechte hat Steigung -10 und geht durch $P(5\,|\,3{,}5)$: $y = -10 \cdot (x - 5) + 3{,}5$;
$y = -10x + 53{,}5$
c) g: $y = -\frac{1}{3}x + \frac{2}{3}$; Senkrechte hat Steigung 3 und geht durch $P(-1\,|\,1)$:
$y = 3 \cdot (x + 1) + 1$; $y = 3x + 4$

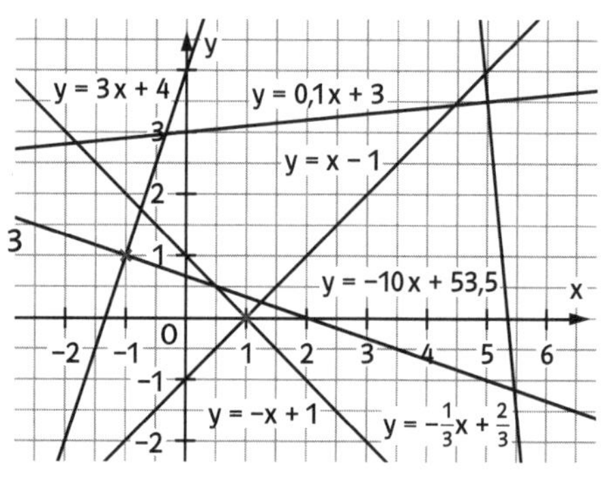

17 15 % Steigung bedeutet: $\tan(\alpha) = 0{,}15$. $\alpha \approx 8{,}53°$.

Aufgabe am Rand: Das obere Bild ist richtig, 100 % Steigung entspricht einem Neigungswinkel von 45°.

4 Anwendungen zu linearen Funktionen

72 **1** $4200 + 7 \cdot 120 = 4200 + 840 = 5040$

74 **2** Waldkindergarten: $w(t) = 80 + t \cdot 12$; t in Jahren; w(t) Anzahl der Kinder;
Stadtkindergarten: $s(t) = 240 - t \cdot 15$; t in Jahren; s(t) Anzahl der Kinder;
$w(t) = s(t)$: $80 + 12t = 240 - 15t$; also $27t = 160$; $t \approx 5{,}9259$.
Nach 6 Jahren hat der Waldkindergarten mehr Kinder, nämlich $80 + 12 \cdot 6 = 152$, als der Stadtkindergarten $(240 - 15 \cdot 6 = 150)$.

3 a) $G(178) = 0{,}88 \cdot 178 - 78 = 78{,}64$
b) $G(x+1) - G(x) = 0{,}88 \cdot (x+1) - 78 - [0{,}88 \cdot x - 78] = 0{,}88$; damit ist die Gewichtszunahme je cm 0,88 kg.
c) $G(x) = 90$, also $0{,}88 \cdot x - 78 = 90$ ergibt $x = \frac{168}{0{,}88} \approx 190{,}09$. Körpergröße ca. 1,90 m.

4 $x \cdot 2{,}10 = 17{,}50$; x Anzahl der Fahrten.
$x = \frac{17{,}50}{2{,}10} \approx 8{,}3$, d.h. ab 9 Fahrten lohnt die Zehnerkarte.

5 a) Umtauschfaktor $m = \frac{39{,}5\,€}{50\,\$} = 0{,}79\,\frac{€}{\$}$. Wechselfunktion von \$ in €: $w(x) = 0{,}79 \cdot x$
b) $w(180) = 0{,}79 \cdot 180 = 142{,}2$. Man erhielt 142,20 €.

6 Alpha: $a(x) = 3 + x \cdot 1{,}05$, x in km, a(x) in €.
Beta: $b(x) = x \cdot 1{,}35$, x in km, b(x) in €.
$a(x) = b(x)$, also $3 + 1{,}05x = 1{,}35x$; $0{,}3x = 3$; $x = 10$.
Damit ist bei Taxifahrten mit mehr als 10 km das Unternehmen Alpha günstiger als Beta.

7 a) $z(x) = 200 \cdot \frac{x}{100}$ oder $z(x) = 2x$; x Zinssatz, z(x) in €.
b) $z(x) = 100$ ergibt $2x = 100$, also $x = 50$.
Bei 50 % Zins würde sich das Kapital auf 300 € erhöhen.
$z(x) = 200$ ergibt $x = 100$. Bei 100 % kommt es zu einer Verdopplung des Kapitals.

8 a) $z(x) = 5000 \cdot \frac{4}{100} \cdot \frac{x}{360}$ oder $z(x) = \frac{5}{9}x$; x in Tagen, z(x) in €.
b) $k(x) = 5000 + z(x) = 5000 + \frac{5}{9}x$; x in Tagen, k(x) in €.
c) $z(x) = 10$, also $\frac{5}{9}x = 10$, also $x = 18$.

9 a) $K(x) = 12\,000 + 45 \cdot x$; x Anzahl der Bauteile, K(x) in €.
b) $E(x) = 105 \cdot x$; x Anzahl der Bauteile, E(x) in €.
c) Graph in Fig. 1:
d) $K(x) = E(x)$: $105x = 12\,000 + 45x$; $60x = 12\,000$; $x = 200$.
Verlustbereich: $0 \leqq x < 200$; Gewinnbereich: $x > 200$.

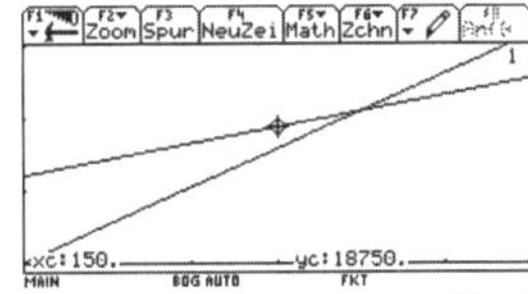

Fig. 1

S. 74 **10** a) $K(x) = 25000 + 32{,}8 \cdot x$; x Anzahl der Stühle, K(x) in €.

b) $E(x) = 68{,}7 \cdot x$; x Anzahl der Stühle, E(x) in €.

c) Graph in Fig. 1:

d) $K(x) = E(x)$: $68{,}7x = 25000 + 32{,}8x$; $x \approx 696{,}3788$.

Verlustbereich: $0 \leqq x \leqq 696$; Gewinnbereich: $x \geqq 697$.

Mehrwertsteuer für 697 Stühle:

$68{,}7 \cdot 0{,}19 \cdot 697 = 9097{,}941$, also 9097,94 €.

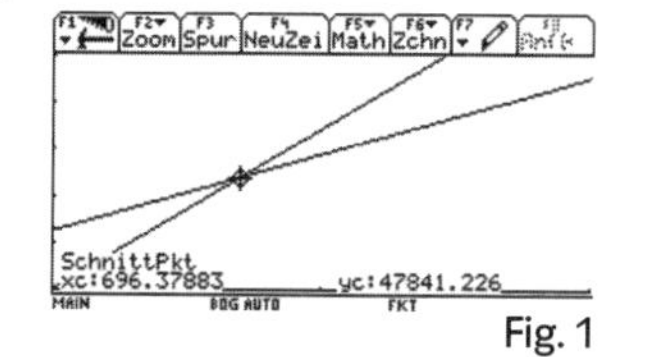

Fig. 1

S. 75 **11** a) $8 = 0{,}60x + 4$ ergibt in ME: $x \approx 6{,}67$.

b) $8 = -0{,}40x + 9$ ergibt in ME: $x = 2{,}5$.

c) Bei $x = 5$ ME herrscht Marktgleichgewicht.

d) Aus $0{,}7x + 4{,}5 = -0{,}4x + 9$ erhält man für das neue Marktgleichgewicht in ME: $x \approx 4{,}1$.

12 a) $K(x) = m \cdot x + c$ mit $K(0) = c = 120$.

Damit ist $K(10) = m \cdot 10 + 120 = 132$, also $m \cdot 10 = 12$ und $m = 1{,}2$.

$K(x) = 1{,}2x + 120$; Kontrolle: $K(20) = 1{,}2 \cdot 20 + 120 = 144$.

Erlösfunktion $E(x) = 2{,}4x$.

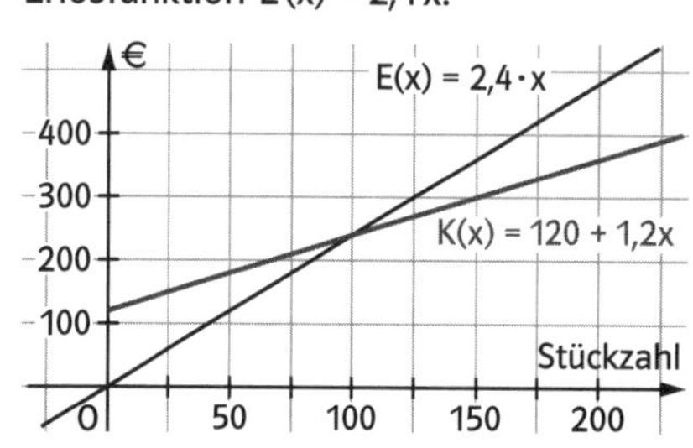

b) Aus $E(x) = K(x)$ berechnet man die Gewinnschwelle: $x_G = 100$.

c) $K(200) = 1{,}2 \cdot 200 + 120 = 360$; $E(200) = 480$.

Damit Gewinn bei 200 ME in GE: $480 - 360 = 120$.

d) Mit $K^*(x) = 1{,}2x + 90$ und $E(x) = 2{,}4x$ erhält man durch Gleichsetzen die neue Gewinnschwelle $x^* = 75$.

13 Verleih A: $a(x) = 75 + 0{,}45 \cdot x$; x in km, a(x) in €.

Verleih B: $b(x) = 50 + 0{,}50 \cdot x$; x in km, b(x) in €.

a) $a(250) = 187{,}5$; $b(250) = 175$.

Herr Lehmann sollte B wählen; er spart 12,50 €.

b) $a(x) = b(x)$: $50 + 0{,}5x = 75 + 0{,}45x$; $0{,}05x = 25$; $x = 500$.

Ab 500 km ist A der günstigere Verleih.

14 a) Tarif 1: 1 kWh ↦ 0,1605 €, also x kWh ↦ x · 0,1605 €;

zuzüglich 64 € also $y = 0{,}1605 \cdot x + 64$;

Betrag mit MwSt.: $T_1 = (0{,}1605 \cdot x + 64) \cdot 1{,}19 = 0{,}190995 \cdot x + 76{,}16$.

Tarif 2: 1 kWh ↦ 0,1725 €, also x kWh ↦ x · 0,1725 €;

zuzüglich 48 € also $y = 0{,}1725 \cdot x + 48$;

Betrag mit MwSt.: $T_2 = (0{,}1725 \cdot x + 48) \cdot 1{,}19 = 0{,}205275 \cdot x + 57{,}12$.

75 **14** b) Beide Tarife T_1 und T_2 sind gleich, wenn $0{,}190995 \cdot x + 76{,}16 = 0{,}205275 \cdot x + 57{,}12$, also $0{,}01428 \cdot x = 19{,}04$; also $x = 1333{,}33$.
Lösung mit dem CAS:

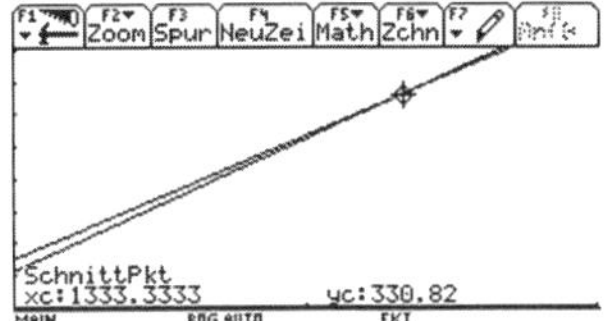

15 a) Herberge A: $k_A(x) = 12 + x \cdot (2{,}05 + 2{,}84)$ oder $k_A(x) = 12 + 4{,}89 \cdot x$; x in m^3; $k_A(x)$ in €.
Herberge B: $k_B(x) = x \cdot (1{,}86 + 3{,}68)$ oder $k_B(x) = 5{,}54 \cdot x$; x in m^3; $k_B(x)$ in €.
b) $k_A(x) = k_B(x)$: $12 + 4{,}89 \cdot x = 5{,}54 \cdot x$ ergibt $x \approx 18{,}4615$.
Ab ca. 18,5 m^3 ist der Wasserpreis in A günstiger.
c) $k_A(x) = 100$: $12 + 4{,}89 \cdot x = 100$ ergibt $x \approx 17{,}9959$. Man erhält 18 m^3 Wasser.

16 a) Bei 12 000 km wird 1 mm abgefahren, d.h. bei 1 km wird $\frac{1}{12\,000}$ mm abgefahren.
Damit gilt nach 20 000 km die Funktion: $f(x) = -\frac{1}{12\,000} \cdot x + 4$; x in km, f(x) in mm.
$f(x) = 1$: $-\frac{1}{12\,000} \cdot x + 4 = 1$, also $\frac{1}{12\,000} \cdot x = 3$. $x = 36\,000$. Herr Beck kann mit dem Reifen insgesamt 56 000 km fahren.
b) Die Profiltiefe nimmt alle 10 000 km um $\frac{1}{12\,000} \cdot 10\,000 = \frac{10}{12} = \frac{5}{6} \approx 0{,}83$; also um 0,83 mm ab.
c) $f(-20\,000) = -\frac{1}{12\,000} \cdot (-20\,000) + 4 = \frac{20}{12} + 4 = \frac{5}{4} + 4 \approx 5{,}7$. Profiltiefe beim Kauf: 5,7 mm.

5 *Einfache quadratische Funktionen und Gleichungen*

76 **1** Sind die Kanten 40 cm, 24 cm und 14 cm, so beträgt die Oberfläche des Päckchens in m^2: $O = 2 \cdot (0{,}40 \cdot 0{,}24 + 0{,}40 \cdot 0{,}14 + 0{,}24 \cdot 0{,}14) = 0{,}3712$. Damit reichen 0,3 m^2 nicht für die Verpackung.
2 m Schnur reichen aber aus: $2 \cdot 0{,}4 + 2 \cdot 0{,}24 + 4 \cdot 0{,}14 = 1{,}84$.

79 **2** a) Streckung in y-Richtung mit dem Faktor 3
b) Stauchung in y-Richtung mit dem Faktor $\frac{1}{5}$
c) Stauchung in y-Richtung mit dem Faktor $\frac{1}{2}$ und anschließende Spiegelung an der x-Achse
d) Streckung in y-Richtung mit dem Faktor 2 und anschließende Verschiebung in positive y-Richtung um 2 Einheiten
e) Streckung in y-Richtung mit dem Faktor 1,5 und anschließende Verschiebung in negative y-Richtung um 3 Einheiten

S. 79 **3** Exakte Werte:

a) $(2\,|\,1{,}8)$
b) $(-4\,|\,4{,}2)$
c) $(3\,|\,2{,}8)$
d) $0{,}2x^2 + 1 = 4;\ 0{,}2x^2 = 3;\ x^2 = 15;$
$x_1 = -\sqrt{15} \approx -3{,}87298;\ x_1 = \sqrt{15} \approx 3{,}87298;$
$(-3{,}87298\,|\,4)$ und $(3{,}87298\,|\,4)$.
e) $0{,}2x^2 + 1 = -5;\ 0{,}2x^2 = -6;\ x^2 = -30$
keine Lösung!

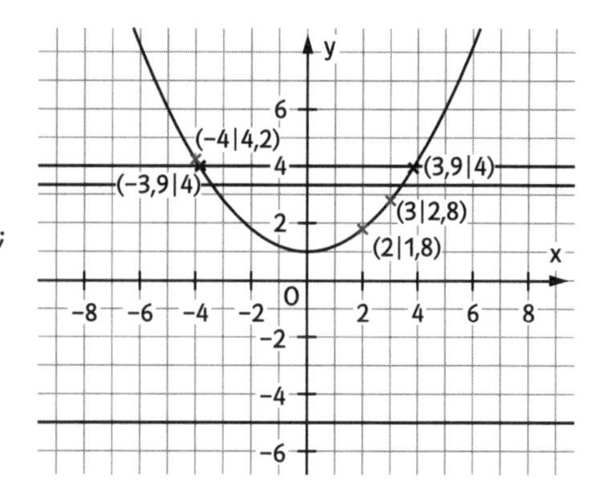

4 a) $6 = a \cdot 4;\ a = \frac{6}{4} = \frac{3}{2} = 1{,}5;\ y = 1{,}5x^2$
b) $y = 5x^2$ c) $y = 2x^2$ d) $y = 2x^2$ e) $y = 1{,}25x^2$

5 a) Ansatz $y = ax^2$; P auf Parabel: $2 = a \cdot (-3)^2$, also $a = \frac{2}{9}$, also ist $y = \frac{2}{9}x^2$.
Punktprobe für $Q(6\,|\,8)$: $8 = \frac{2}{9} \cdot 6^2$, d.h. $8 = 8$ richtig. Damit liegen P und Q auf $y = \frac{2}{9}x^2$. Parabel nach oben offen.
b) Parabel durch $P(4\,|\,3)$: $y = \frac{3}{16}x^2$. $Q(8\,|\,14)$ eingesetzt: $14 = \frac{3}{16} \cdot 64$, d.h. $14 = 12$.
Damit liegen P und Q nicht auf einer Parabel durch O. Parabel nach oben offen.
c) Parabel durch $P(1\,|\,-3)$: $y = -3x^2$. $Q(-5\,|\,-75)$ eingesetzt: $-75 = -3 \cdot 25$, d.h. $-75 = -75$. Damit liegen P und Q auf einer Parabel durch O, nämlich auf $y = -3x^2$.
Parabel nach unten offen.

6 a) $S_1(-6\,|\,0)$, $S_2(6\,|\,0)$ b) kein Schnittpunkt c) $S_1(-\sqrt{6}\,|\,0)$, $S_2(\sqrt{6}\,|\,0)$
d) kein Schnittpunkt e) $S_1(-1\,|\,0)$, $S_2(1\,|\,0)$ f) $S_1\left(-\frac{1}{20}\,|\,0\right)$, $S_2\left(\frac{1}{20}\,|\,0\right)$,

7 a) $a < 0$: kein Schnittpunkt,
$a > 0$: zwei Schnittpunkte $S_1\left(-\frac{2}{\sqrt{a}}\,|\,0\right)$, $S_2\left(\frac{2}{\sqrt{a}}\,|\,0\right)$,
$a = 0$ ergibt eine Gerade, nämlich $f(x) = -4$; sie hat keinen Schnittpunkt mit der x-Achse.
b) $b < 0$: kein Schnittpunkt
$b = 0$: ein Schnittpunkt $S(0\,|\,0)$
$b > 0$: zwei Schnittpunkte $S_1\left(-\frac{\sqrt{b}}{2}\,|\,0\right)$, $S_2\left(\frac{\sqrt{b}}{2}\,|\,0\right)$.

8 a) schwarz: $f(x) = x^2$; rot: $g(x) = 0{,}5x^2$; blau: $h(x) = -0{,}5x^2 - 0{,}5$
b) schwarz: $f(x) = -x^2$; rot: $g(x) = 2x^2$; blau: $h(x) = -2x^2 + 1{,}5$
c) schwarz: $f(x) = 0{,}25x^2$; rot: $g(x) = 1{,}5x^2$; blau: $h(x) = -0{,}75x^2 + 1$

79 **9** a) Graphen

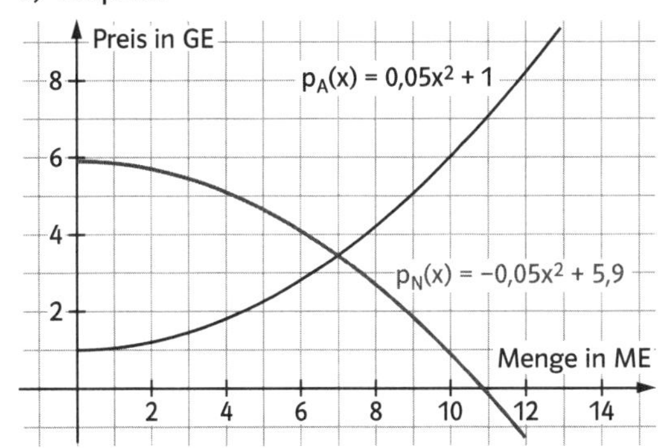

b) Gesuchte Differenz in GE: $p_N(6) - p_A(6) = 1,3$

c) x ist aus der Gleichung $8 = 5,9 - 0,05x^2$ zu berechnen. Da keine Lösung vorliegt, wird zum Preis von 8 GE keine Ware nachgefragt.

d) Aus $p_N(x) = p_A(x)$ berechnet man x = 7. Bei 7 ME herrscht Marktgleichgewicht.

e) Aus $5 = 5,9 - 0,05x^2$ erhält man $x_N \approx 4,24$; aus $5 = 1 + 0,05x^2$ erhält man $x_N \approx 8,94$. Überschuss in ME ca. 4,70.

f) $p_A(x) = 2,5$ ergibt $x_A \approx 5,48$; $p_N(x) = 2,5$ ergibt $x_N \approx 8,25$, also werden ca. 2,77 ME mehr nachgefragt.

6 *Die allgemeine quadratische Funktion*

80 **1** a) Graph von $f_1(x) = (x + 1)^2$ ist der schwarze Graph, da $f_1(0) = (0 + 1)^2 = 1$ ist.
Graph von $f_2(x) = (x - 2)^2 - 1$ ist der blaue Graph, da $f_2(0) = (0 - 2)^2 - 1 = 4 - 1 = 3$ ist.
Graph von $f_3(x) = (x - 4)^2 + 1$ ist der rote Graph, da $f_3(4) = (4 - 4)^2 + 1 = 0 + 1 = 1$ ist.
Graph von $f_4(x) = -(x + 4)^2 + 4$ ist der violette Graph, da $f_4(-4) = (-4 + 4)^2 + 4$
$= 0 + 4 = 4$ ist.

b) Der Graph von f_1 hat den Scheitel $S_1(-1|0)$, f_2 hat den Scheitel $S_2(2|-1)$, f_3 hat den Scheitel $S_3(4|1)$, f_4 hat den Scheitel $S_4(-4|4)$.

c) Der Graph der Funktion f mit $f(x) = (x - a)^2 + b$ hat den Scheitel $S(a|b)$.

82 **2** a) $\square = 4$: $(x - 2)^2$

b) $\square = \left(\frac{3}{2}\right)^2 = \frac{9}{4} = 2,25$: $\left(x + \frac{3}{2}\right)^2$

c) $\square = \left(-\frac{3,5}{2}\right)^2 = \left(\frac{7}{4}\right)^2 = 3,0625$: $\left(x - \frac{7}{4}\right)^2$

d) $\square = \left(\frac{0,8}{2}\right)^2 = \left(\frac{2}{5}\right)^2 = \frac{4}{25} = 0,16$: $\left(x - \frac{2}{5}\right)^2$

e) $\square = \left(\frac{1}{4}\right)^2 = \frac{1}{16} = 0,0625$: $\left(x - \frac{1}{4}\right)^2$

f) $\square = \left(\frac{1}{3}\right)^2 = \frac{1}{9}$: $\left(x - \frac{1}{3}\right)^2$

g) $\square = \left(-\frac{10,02}{2}\right)^2 = (-5,01)^2 = 25,1001$: $(x - 5,01)^2$

h) $\square = \left(\frac{3}{8}\right)^2 = \frac{9}{64} = 0,140625$: $\left(x - \frac{3}{8}\right)^2$

S. 82 **3** a) Streckung mit Faktor 4 in y-Richtung und anschließende Verschiebung in negativer x-Richtung um 1.
Scheitel $S(-1|0)$; Öffnung nach oben.
b) Streckung mit Faktor 4 in y-Richtung und anschließende Verschiebung in positiver x-Richtung um 1.
Scheitel $S(1|0)$; Öffnung nach oben.
c) Streckung mit Faktor 4 in y-Richtung und anschließende Verschiebung in positiver x-Richtung um 1 und in positiver y-Richtung um 1.
Scheitel $S(1|1)$; Öffnung nach oben.
d) Stauchung mit Faktor 0,5 in y-Richtung und anschließende Verschiebung in positiver x-Richtung um $\frac{1}{3}$ und in positiver y-Richtung um 0,1.
Scheitel $S\left(\frac{1}{3}|0{,}1\right)$; Öffnung nach oben.
e) Stauchung mit Faktor 0,125 in y-Richtung und anschließende Verschiebung in negativer y-Richtung um 6.
Scheitel $S(0|-6)$; Öffnung nach oben.
f) Spiegelung der Normalparabel an der x-Achse und anschließende Verschiebung in negativer x-Richtung um 2 und in positiver y-Richtung um 5.
Scheitel $S(-2|5)$; Öffnung nach unten.

S. 83 **4** a) $f(x) = (x+2)^2 - 4$; $S(-2|-4)$, Öffnung nach oben
b) $f(x) = (x+2)^2$; $S(-2|0)$, Öffnung nach oben
c) $f(x) = (x-5)^2 + 6$; $S(5|6)$, Öffnung nach oben
d) $\frac{f(x)}{2} = x^2 + 6x + \frac{3}{2} = (x+3)^2 - 9 + 1{,}5 = (x+3)^2 - 7{,}5$;
$f(x) = 2 \cdot (x+3)^2 - 15$; $S(-3|-15)$; Öffnung nach oben
e) $\frac{f(x)}{4} = x^2 + 2x - \frac{1}{4} = (x+1)^2 - 1 - \frac{1}{4} = (x+1)^2 - \frac{5}{4}$; $f(x) = 4 \cdot (x+1)^2 - 5$;
$S(-1|-5)$; Öffnung nach oben
f) $\frac{f(x)}{-0{,}2} = x^2 - 10x + \frac{6{,}5}{0{,}2} = (x-5)^2 - 25 + 32{,}5 = (x-5)^2 + 7{,}5$;
$f(x) = -0{,}2 \cdot (x-5)^2 - 1{,}5$; $S(5|-1{,}5)$; Öffnung nach unten
g) $\frac{f(x)}{-1} = x^2 + \frac{2}{3}x = \left(x + \frac{1}{3}\right)^2 - \frac{1}{9}$; $f(x) = -\left(x + \frac{1}{3}\right)^2 + \frac{1}{9}$; $S\left(-\frac{1}{3}|\frac{1}{9}\right)$; Öffnung nach unten
h) $\frac{f(x)}{-0{,}5} = x^2 - 10x + 41 = (x-5)^2 - 25 + 41 = (x-5)2 + 16$; $f(x) = -0{,}5 \cdot (x-5)^2 - 8$;
$S(5|-8)$; Öffnung nach unten
i) $f(x) = \left(x - \sqrt{2}\right)^2$; $S\left(\sqrt{2}|0\right)$; Öffnung nach oben

5 a) $f(0) = 3$, also $P(0|3)$
b) $f(2) = 0{,}5 \cdot 2^2 - 2 \cdot 2 + 3 = 2 - 4 + 3 = 1$, also $P(2|1)$
c) $f(10) = 0{,}5 \cdot 10^2 - 2 \cdot 10 + 3 = 33$, also $P(10|33)$
d) $f(-8) = 0{,}5 \cdot (-8)^2 - 2 \cdot (-8) + 3 = 51$, also $P(-8|51)$

83 **6** a) Fig. 1 zeigt S(2 | 1). Rechnung ergibt $f(x) = 0{,}25 \cdot (x - 2)^2 + 1$

b) Fig. 2 zeigt S(9 | −10). Rechnung ergibt $f(x) = 0{,}5 \cdot (x - 9)^2 - 10$

c) Fig. 3 zeigt S(−4,5 | −3,5). Rechnung ergibt $f(x) = \frac{1}{3} \cdot \left(x + \frac{9}{2}\right)^2 - \frac{7}{2}$

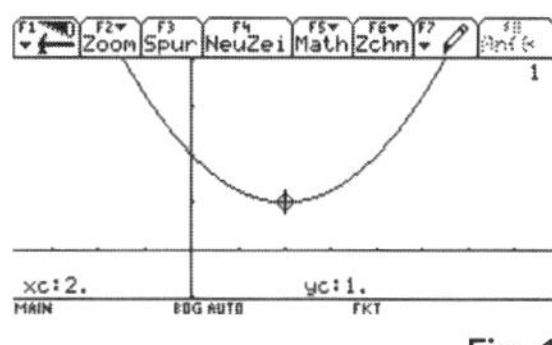

Fig. 1

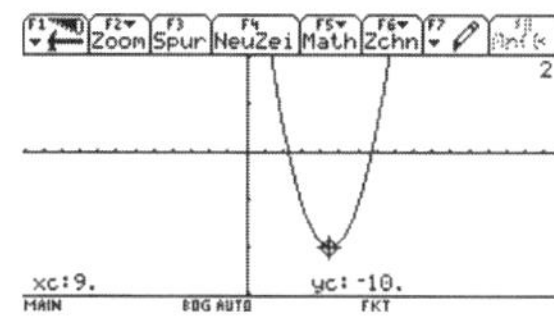

Fig. 2

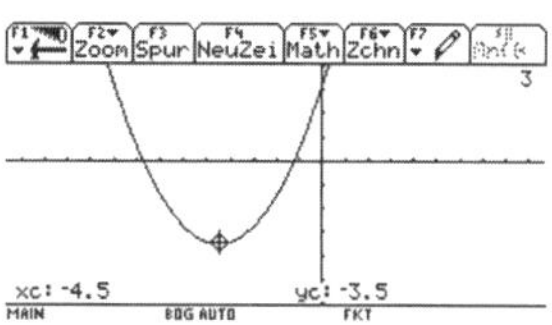

Fig. 3

7 Man bestimme bei den Parabeln den Scheitel und die Öffnungsrichtung.

a) Minimaler Wert von $f(x) = x^2 - x + 1$ ist $f\left(\frac{1}{2}\right) = \frac{3}{4}$, da $f(x) = \left(x - \frac{1}{2}\right)^2 + \frac{3}{4}$ ist.

b) Maximaler Wert von $f(x) = -2x^2 + 4x$ ist $f(1) = 2$, da $f(x) = -2(x - 1)^2 + 2$ ist.

c) Maximaler Wert von $f(x) = -x^2 - 3x + 0{,}75$ ist $f(-1{,}5) = 3$, da $f(x) = -(x + 1{,}5)^2 + 3$ ist.

8 
S(0,5 | −0,25):

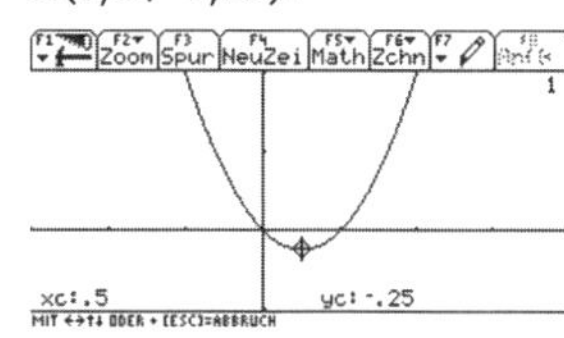

S(−0,5 | −0,25):

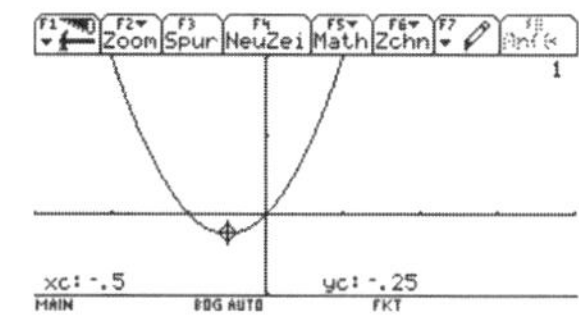

S(1 | −1):

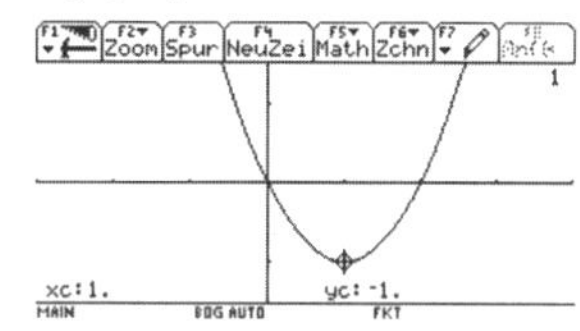

S(−1 | −1):

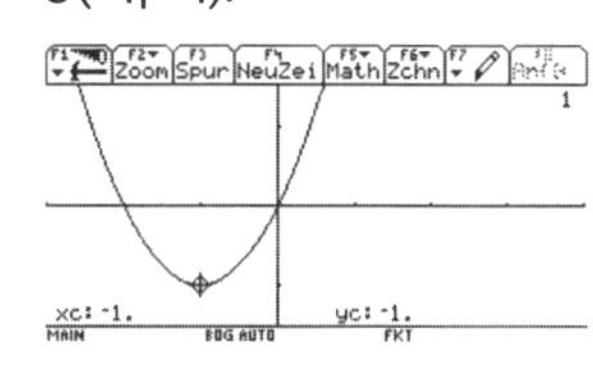

S(1,5 | −2,25)

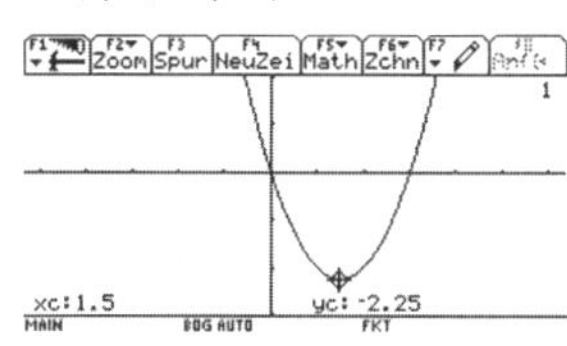

S(−1,5 | −2,25)

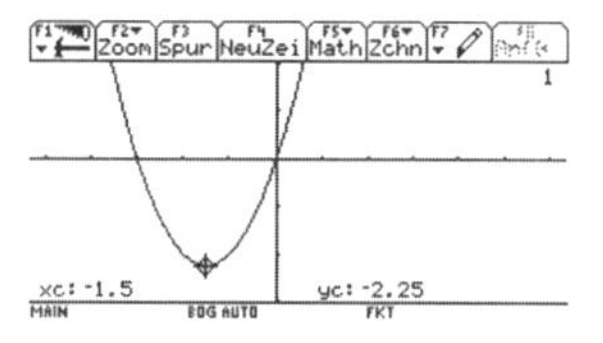

9 a) $f(x) = a \cdot x^2 + 2$. $f(3) = 6$ ergibt $a \cdot 3^2 + 2 = 6$, also $9a + 2 = 6$; $a = \frac{4}{9}$; $f(x) = \frac{4}{9}x^2 + 2$

b) $f(x) = a \cdot (x - 2)^2$. $f(4) = 1$ ergibt $a \cdot (4 - 2)^2 = 1$, also $4a = 1$; $a = \frac{1}{4}$; $f(x) = \frac{1}{4}(x - 2)^2$

c) $f(x) = a \cdot (x - 1)^2 - 2$. $f(2) = 6$ ergibt $a \cdot (2 - 1)^2 - 2 = 6$, also $a = 8$; $f(x) = 8(x - 1)^2 - 2$

d) $f(x) = a \cdot (x - 3)^2 + 7$. $f(5) = 9$ ergibt $a \cdot (5 - 3)^2 + 7 = 9$, also $4a = 2$; $a = \frac{1}{2}$;
$f(x) = \frac{1}{2}(x - 3)^2 + 7$

10 a) $f(x) = ax^2 + b$
$f(0) = 2$ ergibt $b = 2$; $f(-1) = 3$ ergibt $a + b = 3$.
Daraus $a + 2 = 3$, also $a = 1$.
Gesuchte Funktion: $f(x) = x^2 + 2$

b) $f(x) = ax^2 + b$
$f(-3) = 2$ ergibt $9a + b = 2$; $f(1) = -6$ ergibt $a + b = -6$.
Daraus $8a = 8$, also $a = 1$ und $b = -7$:
Gesuchte Funktion: $f(x) = x^2 - 7$

S. 83 **10** c) $f(x) = ax^2 + b$
$f(2) = -1$ ergibt $4a + b = -1$; $f(6) = -17$ ergibt $36a + b = -17$.
Daraus $32a = -16$, also $a = -\frac{1}{2}$ und $b = 1$: Gesuchte Funktion: $f(x) = -0{,}5x^2 + 1$

11 a) $f(x) = ax^2 + bx + c$
$f(0) = 0$ ergibt $a \cdot 0^2 + b \cdot 0 + c = 0$, also $c = 0$ $\quad c = 0$
$f(3) = -3$ ergibt $a \cdot 3^2 + b \cdot 3 + c = -3$, also $9a + 3b + c = -3$ $\quad 3a + b = -1$
$f(1) = 5$ ergibt $a \cdot 1^2 + b \cdot 1 + c = 5$, also $a + b + c = 5$ $\quad a + b = 5$
$a = -3$; $b = 8$; $c = 0$
Gesuchte Funktion: $f(x) = -3x^2 + 8x$
$\frac{f(x)}{-3} = x^2 - \frac{8}{3}x = \left(x - \frac{4}{3}\right)^2 - \frac{16}{9}$; also $f(x) = -3 \cdot \left(x - \frac{4}{3}\right)^2 + \frac{16}{3}$; Scheitel $S\left(\frac{4}{3} \middle| \frac{16}{3}\right)$;
Öffnung nach unten.
b) $f(x) = ax^2 + bx + c$
$f(1) = 0$: $a \cdot 1^2 + b \cdot 1 + c = 0$, also $a + b + c = 0$ (1) $\quad$ (1) − (2) ergibt $b = 0$
$f(-1) = 0$: $a \cdot (-1)^2 + b \cdot (-1) + c = 0$, also $a - b + c = 0$ (2) $\quad a + c = 0$ (2′)
$f(2) = 1$: $a \cdot 2^2 + b \cdot 2 + c = 1$, also $4a + 2b + c = 1$ (3) $\quad 4a + c = 1$ (3′)
(3′) − (2′) ergibt $3a = 1$, also $a = \frac{1}{3}$; $c = -\frac{1}{3}$; $b = 0$
Gesuchte Funktion: $f(x) = \frac{1}{3}x^2 - \frac{1}{3}$
Scheitel $S\left(0 \middle| -\frac{1}{3}\right)$; Öffnung nach oben.
c) $f(x) = ax^2 + bx + c$
$f(0) = -2$ ergibt $a \cdot 0^2 + b \cdot 0 + c = -2$, also $c = -2$ (1)
$f(-1) = 1$ ergibt $a \cdot (-1)^2 + b \cdot (-1) + c = 1$, also $a - b + c = 1$ (2) $\quad a - b = 3$ (2′)
$f(2) = 6$ ergibt $a \cdot 2^2 + b \cdot 2 + c = 6$, also $4a + 2b + c = 6$ (3) $\quad 4a + 2b = 8$ (3′)
$2a + b = 4$ (3″)
(3″) + (2′) ergibt $3a = 7$, also $a = \frac{7}{3}$; $b = -\frac{2}{3}$; $c = -2$
Gesuchte Funktion: $f(x) = \frac{7}{3}x^2 - \frac{2}{3}x - 2$
$\frac{f(x)}{\frac{7}{3}} = x^2 - \frac{2}{3} \cdot \frac{3}{7}x - 2 \cdot \frac{3}{7} = x^2 - \frac{2}{7}x - \frac{6}{7} = \left(x - \frac{1}{7}\right)^2 - \frac{1}{49} - \frac{42}{49} = \left(x - \frac{1}{7}\right)^2 - \frac{43}{49}$,
also $f(x) = \frac{7}{3}\left(x - \frac{1}{7}\right)^2 - \frac{43}{49} \cdot \frac{7}{3} = \frac{7}{3}\left(x - \frac{1}{7}\right)^2 - \frac{43}{21}$; Scheitel $S\left(\frac{1}{7} \middle| -\frac{43}{21}\right)$.

12 a) schwarz: $y = (x - 4)^2$; blau: $y = -(x - 8)^2$; rot: $y = (x + 8)^2$
b) schwarz: $y = x^2 - 6$; blau: $y = -(x - 8)^2 + 4$; rot: $y = (x + 8)^2 - 4$
c) schwarz: $y = 0{,}5(x - 4)^2 - 6$; blau: $y = -2(x + 8)^2 + 6$; rot: $y = x^2$

13 a) $(x + 3)^2 - 9 + 3 = (x + 3)^2 - 6$, also minimaler Wert -6 für $x = -3$
b) $-(x - 2)^2 + 4$, also maximaler Wert 4 für $x = 2$.
c) $x(x + 8) + 6(x + 5) = x^2 + 14 \cdot x + 30 = (x + 7)^2 - 49 + 30 = (x + 7)^2 - 19$,
also minimaler Wert -19 für $x = -7$
d) $(x - 7)(x - 5) = x^2 - 12 \cdot x + 35 = (x - 6)^2 - 36 + 35 = (x - 6)^2 - 1$,
also minimaler Wert -1 für $x = 6$.

14 a) $x \cdot (x + 1) = x^2 + x = \left(x + \frac{1}{2}\right)^2 - \frac{1}{4}$.
Das Produkt wird am kleinsten, nämlich $-\frac{1}{4}$, für $x = -\frac{1}{2}$.
b) $x^2 + (x + 3)^2 = 2x^2 + 6x + 9 = 2\left(x + \frac{3}{2}\right)^2 + \frac{9}{2}$.
Das Produkt wird am kleinsten, nämlich $\frac{9}{2}$, für $x = -\frac{3}{2}$.

7 Nullstellen von quadratischen Funktionen

84 **1** a) Gemessen wird vom Innenring des Wurfkreises; hier als Ursprung markiert.
b) Der Punkt W ist der Schnittpunkt der Parabel mit der x-Achse.
c) W(≈ 21,66 | 0)

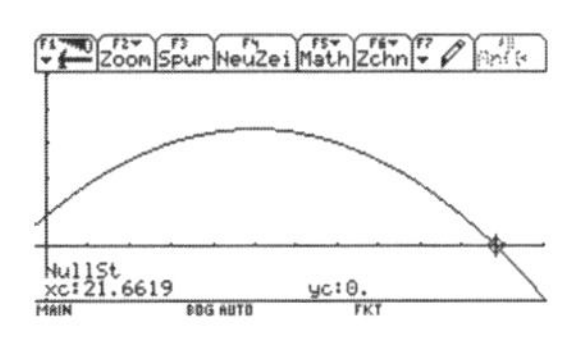

86 **2** a) roter Graph: Nullstellen $x_1 = 0$; $x_2 = 2$; Scheitel bei $x_3 = 1$
blauer Graph: Nullstellen $x_1 = -2$; $x_2 = 1$; Scheitel bei $x_3 = -\frac{1}{2}$
b) roter Graph: Nullstellen $x_1 = 5$; $x_2 = 25$; Scheitel bei $x_3 = 15$
blauer Graph: Nullstellen $x_1 = -20$; $x_2 = 0$; Scheitel bei $x_3 = -10$
c) roter Graph: Nullstellen $x_1 = -100$; $x_2 = 200$; Scheitel bei $x_3 = 50$
blauer Graph: Nullstellen $x_1 = -150$; $x_2 = -150$; Scheitel bei $x_3 = -150$
x_3 ist der Mittelpunkt der Strecke zwischen den Nullstellen.

3 a) 2 und 4 sind Nullstellen
b) −2,3 und 1,4 sind Nullstellen
c) 1 und −5 sind keine Nullstellen
d) 1 und 4 sind keine Nullstellen

4 a) Lösungen: $x_1 = -9$ und $x_2 = 1$
b) Lösungen: $x_1 = -4$ und $x_2 = 5$
c) Lösungen: $x_1 = -3$ und $x_2 = 16$
d) Lösungen: $z_1 = \frac{1}{10}$ und $z_2 = \frac{1}{2}$
e) Lösung: $x_1 = \frac{2}{5}$
f) Lösungen: $x_1 = 1 - \frac{\sqrt{2}}{2} \approx 0{,}29289$ und $x_2 = 1 + \frac{\sqrt{2}}{2} \approx 1{,}70711$
g) Lösung: $x_1 = -1$
h) Lösungen: $x_1 = -1$ und $x_2 = 0{,}6$
i) Lösungen: $t_1 = -5$; $t_2 = 8$

5 a) Nullstellen: −3 und 7
b) Nullstellen: $\frac{5}{3} - \frac{\sqrt{7}}{3} \approx 0{,}78475$; $\frac{5}{3} + \frac{\sqrt{7}}{3} \approx 2{,}54858$
c) f hat keine Nullstelle

6 a) 0; −4
b) 0; 5
c) 0; $\frac{8}{7}$
d) −4; 4
e) keine Lösung
f) 0
g) 0; 1
h) −1; 2

7 a) Diskriminante $D = (-1)^2 - 4 \cdot (-t) = 1 + 4t$.
Für $1 + 4t > 0$, also für $t > -\frac{1}{4}$ hat die Gleichung 2 Lösungen, für $t = -\frac{1}{4}$ eine Lösung und für $t < -\frac{1}{4}$ keine Lösung.
b) Diskriminante $D = 6^2 - 4 \cdot t = 36 - 4t = 4 \cdot (9 - t)$
Für $9 - t > 0$, also für $t < 9$ hat die Gleichung 2 Lösungen, für $t = 9$ eine Lösung und für $t < 9$ keine Lösung.
c) Diskriminante $D = t^2 - 4 \cdot (-2t^2) = 9t^2$
Für $9t^2 > 0$, also für $t \neq 0$ hat die Gleichung 2 Lösungen, für $t = 0$ eine Lösung.

S. 86 **8** a) $x^2 - x - 2 = (x + 1) \cdot (x - 2)$, da $x^2 - x - 2 = 0$ die Lösungen -1 und 2 hat.
b) $x^2 - 6{,}5x + 3 = \left(x - \frac{1}{2}\right) \cdot (x - 6)$, da $x^2 - 6{,}5x + 3 = 0$ die Lösungen $\frac{1}{2}$ und 6 hat.
c) $x^2 + \frac{1}{3}x + \frac{2}{3}$ ist nicht zu zerlegen, da $x^2 + \frac{1}{3}x + \frac{2}{3} = 0$ keine Lösungen hat.
d) $z^2 - 10z + 25 = (z - 5)^2$, da $z^2 - 10z + 25 = 0$ die Lösung 5 hat oder man verwendet die binomische Formel.
e) $3x^2 - 6x - 72 = 3 \cdot (x + 4) \cdot (x - 6)$, da $3x^2 - 6x - 72 = 0$ die Lösungen -4 und 6 hat.
f) $4x^2 + 44x + 120 = 4 \cdot (x + 5) \cdot (x + 6)$, da $4x^2 + 44x + 120 = 0$ die Lösungen -5 und -6 hat.

9 Anmerkung: Die Gewinnschwelle entspricht der Nullstelle x_S, die näher am Ursprung liegt, die Gewinngrenze der anderen Nullstelle x_G. Das Gewinnmaximum G_{max} ist der y-Wert des Scheitels.
a) $x_S = 2$; $x_G = 8$. Gewinnmaximum bei $x = 5$; $G_{max} = 9$
b) $x_S = 3{,}5$; $x_G = 15{,}5$. Gewinnmaximum bei $x = 9{,}5$; $G_{max} = 18$
c) $x_S = 10$; $x_G = 50$. Gewinnmaximum bei $x = 30$; $G_{max} = 40$

10 a) $55x^2 - 55 = 0$, also $x^2 = 1$. Lösungen $x_1 = -1$, $x_2 = 1$
b) $-11x^2 + 14x = 0$, also $x \cdot (-11x + 14) = 0$. Lösungen $x_1 = 0$, $x_2 = \frac{14}{11}$
c) $x^2 + 6 = 0$, also $x^2 = -6$. Keine Lösung.

11 a) $x^2 = 0$ und $x^2 = 9$; also $x_1 = 0$, $x_2 = -3$, $x_3 = 3$
b) $x^2 = 1$ und $x^2 = 4$; also $x_1 = -1$, $x_2 = 1$, $x_3 = -2$, $x_4 = 2$
c) $x^2 = 16$ und $x^2 = 25$; also $x_1 = -4$, $x_2 = 4$, $x_3 = -5$, $x_4 = 5$
d) $x^2 = 0$ und $x^2 = \frac{1}{16}$; also $x_1 = 0$, $x_2 = -\frac{1}{4}$, $x_3 = \frac{1}{4}$
e) $x^2 = -1$; also keine Lösung $(4x^4 + 8x^2 + 4 = 4 \cdot (x^2 + 1)^2)$
f) $x^4 + 11x^2 - 24 = 0$; $x^2 = \frac{-\sqrt{217}}{2} - \frac{11}{2} \approx -12{,}86546$ und $x^2 = \frac{\sqrt{217}}{2} - \frac{11}{2} \approx 1{,}86546$; also
$x_1 = -\sqrt{\frac{\sqrt{217}}{2} - \frac{11}{2}} \approx -1{,}36582$, $x_2 = \sqrt{\frac{\sqrt{217}}{2} - \frac{11}{2}} \approx 1{,}36582$

8 *Anwendungen zur quadratischen Funktion*

S. 87 **1** a) Die Gewinnschwelle liegt bei $x_S = 2$ ME, die Gewinngrenze bei $x_G = 9$ ME. Das Erlösmaximum liegt bei etwa $x = 7$ ME und beträgt ca. 4,2 GE.
b) Das Gewinmaximum liegt bei $x \approx 5{,}5$ ME und beträgt ca. 1,0 GE.

89 **2** a) Erlösfunktion $E(x) = x \cdot (-0{,}1x + 2) = -0{,}1x^2 + 2x$; sinnvoller Bereich $0 \leqq x \leqq 20$.

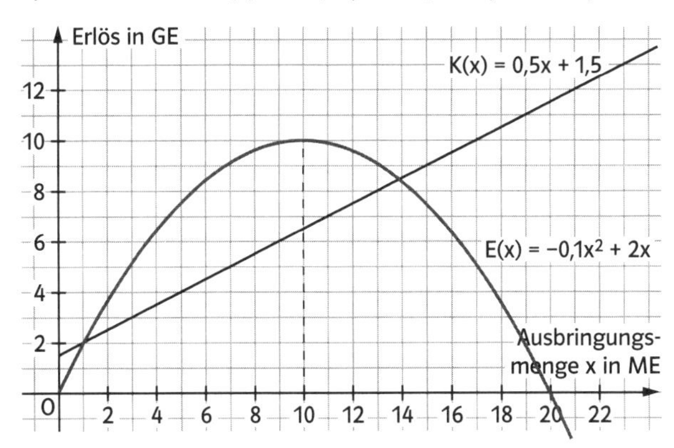

b) Maximaler Erlös bei $x = 10$ mit $G_{max} = 10$ GE

c) Gewinnbereich ca. $1 \leqq x \leqq 14$.

3 a) Erlösfunktion $E(x) = x \cdot \left(-\frac{1}{80}x + \frac{5}{8}\right) = -\frac{1}{80}x^2 + \frac{5}{8}x$; sinnvoller Bereich $0 \leqq x \leqq 50$.

b) Erlös: $E(18) = 7{,}2$; Kosten: $K(18) = 7$

c) Gewinn in GE bei $x = 15$ ME: $G(15) = E(15) - K(15) = 0{,}3125$

d) Das Maximum der Erlösfunktion liegt bei $x = 25$ ME und beträgt $E_{max} = 7{,}8125$ GE.

e) Gewinnfunktion $G(x) = E(x) - K(x)$ hat die Nullstellen $x_S = 10$ (Gewinnschwelle) und $x_G = 20$ (Gewinngrenze)

4 a) Erlösfunktion $E(x) = x \cdot (-0{,}2x + 20) = -0{,}2x^2 + 20x$; sinnvoller Bereich $0 \leqq x \leqq 100$.
$E(x) = -0{,}2 \cdot (x - 50)^2 + 500$. $G_{max} = 500$ GE bei einer Ausbringungsmenge $x = 50$.

b)

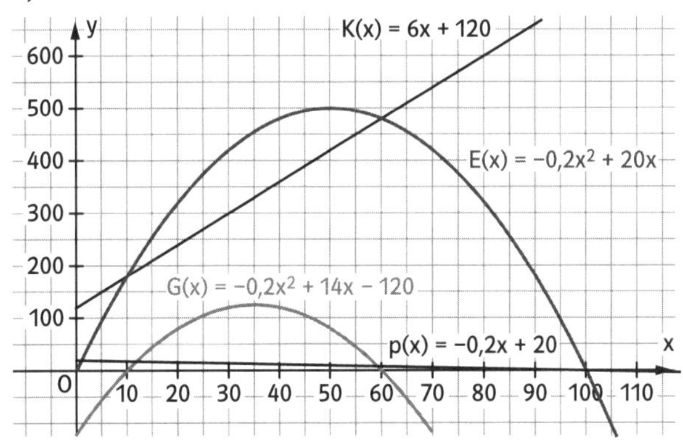

c) Gewinnschwelle $x_S = 10$; Gewinngrenze $x_G = 60$.

d) Gewinnmaximum ist $G_{max} = 125$ bei der Ausbringungsmenge $x = 35$.
$(G(x) = -0{,}2 \cdot (x - 35)^2 + 125)$

S. 89 **5** a) $p(x) = -0{,}25x + 25$. $p(x) \geqq 0$ für $0 \leqq x \leqq 100$ (sinnvoller Bereich)

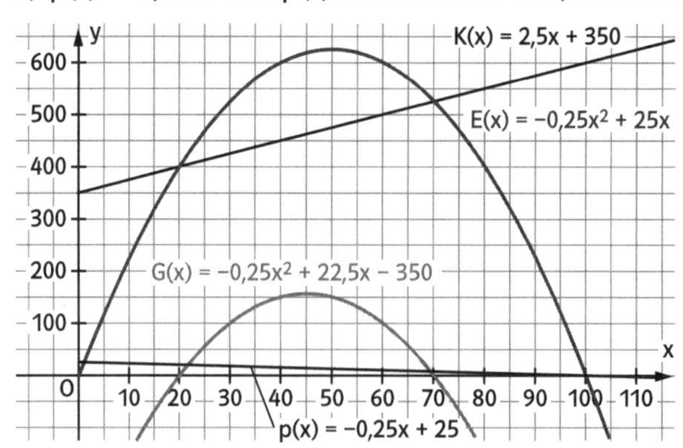

b) Zwischen 20 ME und 70 ME wird gewinnbringend produziert (Nullstellen von $G(x) = -0{,}25x^2 + 22{,}5x - 350$).

c) Maximaler Gewinn bei der Ausbringungsmenge $x = 45$ mit $G_{max} = 156{,}25$ in GE.

d) $p(45) = 13{,}75$ in GE

S. 90 **6** a) $E(x) = x \cdot (-3x + 60) = -3x^2 + 60x = -3(x - 10)^2 + 300$.
Maximaler Erlös bei der Ausbringungsmenge $x = 10$. $G_{max} = 300$ in GE.

b) Gewinnfunktion $G(x) = E(x) - K(x) = -3x^2 + 36x - 20$;
Gewinnbereich ca. $0{,}584 \leqq x \leqq 11{,}416$.

c) Da $-3x^2 + 36x - 20 = -3(x - 6)^2 + 88$ ist $G_{max} = 88$ bei $x = 6$.

d) $p(6) = 42$ in GE

e)

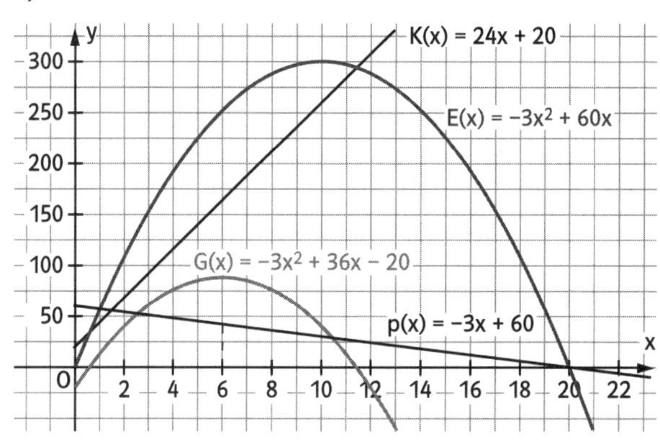

90 **7** a) $p(x) = \frac{E(x)}{x} = -0{,}01x + 1$

b)

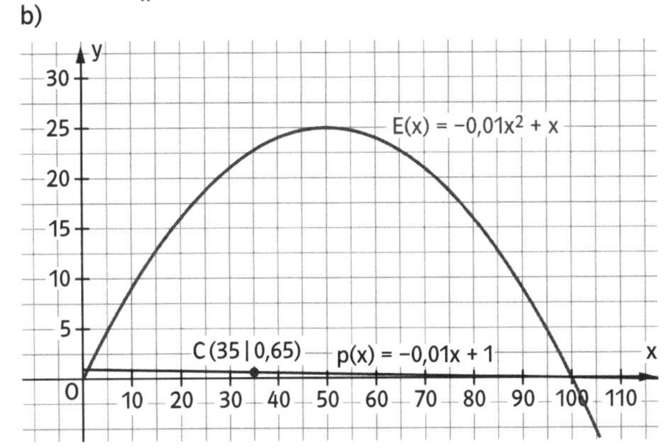

c) Sinnvoller Bereich $0 \leqq x \leqq 100$ wegen $p(x) \geqq 0$.

d) Gewinnfunktion $G(x) = E(x) - K(x) = -0{,}01x^2 + 0{,}7x + 6$ hat die Lösungen $x_S = 10$ und $x_G = 60$. Gewinnbereich ist also $10 \leqq x \leqq 60$.

e) Wegen $G(x) = -0{,}01 \cdot (x - 35)^2 + 6{,}25$ liegt bei der Ausbringungsmenge x = 35 ME der maximale Gewinn $G_{max} = 6{,}25$.

f) Da $p(35) = 0{,}65$ ist, ist C(35 | 0,65) der COURNOTsche Punkt.

8 a) Gewinn je Exemplar 5% von 3,50 € = 0,05 · 3,50 € = 0,175 €.
Gewinn bei 240 000 Exemplaren: 240 000 · 0,05 · 3,50 € = 42 000 €.
Gewinn bei 2 ct Preissenkung: 241 500 · 0,05 · 3,48 € = 42 021 €.
Gewinn bei 4 ct Preissenkung: 243 000 · 0,05 · 3,46 € = 42 039 €.
Gewinn bei x · 2 ct Preissenkung: (240 000 + x · 1500) · 0,05 · (3,50 − x · 0,02) €

b) $G(x) = (240\,000 + x \cdot 1500) \cdot 0{,}05 \cdot (3{,}50 - x \cdot 0{,}02) = (75x + 12\,000)(3{,}5 - 0{,}02x)$
$G(x) = -1{,}5x^2 + 22{,}5x + 42\,000 = -1{,}5(x - 7{,}5)^2 + \frac{336\,675}{8} = -1{,}5(x - 7{,}5)^2 + 42\,084{,}375$
Maximaler Gewinn von 42 084,38 € bei einem Verkaufspreis von 3,35 €.

9 Preis je Kalender in € sei x, Anzahl der Kalender sei y.
Dann gilt beim Einkauf: $x \cdot y = 315$
Bei Einkauf nach Jahreswechsel: $(x - 1{,}50) \cdot (y + 24) = 315$.
$y = \frac{315}{x}$ ergibt $(x - 1{,}5) \cdot \left(\frac{315}{x} + 24\right) = 315$ oder $24x - \frac{472{,}5}{x} + 279 = 315$ oder
$24x - \frac{472{,}5}{x} - 36 = 0$, also $24x^2 - 36x - 472{,}5 = 0$ mit der brauchbaren Lösung
$x = \frac{21}{4} = 5{,}25$.
Daraus ergibt sich $y = \frac{315}{5{,}25} = 60$.
Damit kaufte der Buchhändler 60 Kalender für 5,25 €.

10 Zinssatz x. Dann gilt nach einem Jahr: $2500 \cdot (1 + x)$,
nach 2 Jahren $[2500 \cdot (1 + x)] \cdot (1 + x) = 2500 \cdot (1 + x)^2$.
Es gilt also $2500 \cdot (1 + x)^2 = 2714{,}41$ oder $(1 + x)^2 = 1{,}086\,164$.
Daraus erhält man die brauchbare Lösung $x = 0{,}042$. Damit beträgt der Zinssatz 4,2%.

S. 90 **11** Zinssatz im 1. Jahr: p, Zinssatz im 2. Jahr: $p + 0{,}004$.
Kapital in € nach dem 1. Jahr: $2000 \cdot (1 + p)$
Zins in € im 2. Jahr $z = 2000 \cdot (1 + p) \cdot (p + 0{,}004) = 138{,}04$
Daraus folgt: $2000\,p^2 + 2008\,p - 130{,}04 = 0$
mit der brauchbaren Lösung $p \approx 0{,}0610 = 6{,}1\,\%$

12 a) Herstellungskosten pro Monat: $H(x) = 800\,000 + 500 \cdot x$
b) Erlös pro Monat: $E(x) = x \cdot (3300 - 2x)$ mit $100 \leqq x \leqq 900$.
c) Die Gewinnfunktion $G(x) = E(x) - H(x) = -2x^2 + 2800x - 800\,000$ hat die Nullstellen $x_S = 400$ und $x_G = 1000$.
Eine realistische Untersuchung ist nur für den Bereich $100 \leqq x \leqq 900$ sinnvoll. Damit tritt ein Gewinn im Bereich $400 \leqq x \leqq 900$ auf.
d) $G(x) = -2(x - 700)^2 + 180\,000$ hat das Maximum bei 700 Geräten; $G_{max} = 180\,000$ €.
Da bei $x = 900$ der Wert von $G(900) = 100\,000$ liegt, also kleiner ist, liegt bei $x = 700$ Stück ein Maximum vor.

S. 91 **13** a) Flächeninhalte in FE von links nach rechts: $1 \cdot 7 = 7$; $3 \cdot 5 = 15$; $4 \cdot 4 = 16$; $6 \cdot 2 = 12$.
Es gibt ein größtes Rechteck, da von 0 bis 8 die Flächeninhalte zunächst wachsen und ab 4 wieder fallen.
b) Eine Seite ist x mit $0 \leqq x \leqq 8$. Da die Gerade die Gleichung $y = -x + 8$ hat, ist also $y = -x + 8$.
Flächeninhalt $A(x) = x \cdot (8 - x) = -x^2 + 8x$.
c) Da die Funktion $A(x) = -x^2 + 8x$ eine Parabel darstellt, gilt $A(x) = -(x - 4)^2 + 16$.
Diese Parabel ist nach unten offen und hat den Scheitel $S(4\,|\,16)$. Damit ist der Flächeninhalt für die Seitenlänge $x = 4$ maximal. Er beträgt dann $A_{max} = 16$.

14 Eine Zahl ist x, die andere $x + 1$.
Produkt $x \cdot (x + 1)$; Summe: $x + (x + 1) = 2x + 1$
Gleichung: $x \cdot (x + 1) = 2x + 1 + 55$ oder $x^2 - x - 56 = 0$.
Lösungen $x_1 = -7$; $x_2 = 8$.
Die gesuchten Zahlen sind -7 und -6 oder die Zahlen 8 und 9.

15 Es werden gleichschenklig-rechtwinklige Dreiecke der Seitenlänge x (> 0) abgeschnitten. Flächeninhalt eines solchen Dreiecks ist $\frac{1}{2}x^2$. Damit werden von dem Rechteck mit dem Inhalt $4 \cdot 3 = 12$ vier Rechtecke mit dem Gesamtinhalt $4 \cdot \frac{1}{2}x^2 = 2x^2$ abgeschnitten. Es muss also gelten: $12 - 2x^2 = \frac{3}{4} \cdot 12$ oder $12 - 2x^2 = 9$.
Damit ist $2x^2 = 3$, also $x^2 = 1{,}5$ und $x = \sqrt{1{,}5} \approx 1{,}2247$.

16 a) Eine Seite ist x (> 0), die andere $x + 8$. Es ist $x \cdot (x + 8) = 209$, also $x^2 + 8x - 209 = 0$.
$x_1 = -19$ ist keine Lösung. Lösung ist $x_2 = 11$.
b) Eine Seite ist x (> 0), die andere y (> 0). Es ist $x \cdot y = 195$ und $2x + 2y = 56$.
Aus der zweiten Gleichung folgt $y = 28 - x$, die in die erste Gleichung eingesetzt wird:
$x \cdot (28 - x) = 195$ oder $-x^2 + 28x - 195 = 0$.
Daraus ergibt sich $x_1 = 13$ und $x_2 = 15$.
Zu $x_1 = 13$ erhält man $y_1 = 28 - 13 = 15$, zu $x_2 = 15$ erhält man $y_2 = 28 - 15 = 13$.
Damit sind die gesuchten Seiten 13 cm und 15 cm.

91 **17** Verzierte Flächen sind 2 Quadrate. Hat eines die Seitenlänge x, so hat das andere die Seitenlänge $2 - x$.
Insgesamt verzierte Fläche: $A(x) = x^2 + (2 - x)^2$ oder $A(x) = 2x^2 - 4x + 4$.
$A(x) = 2 \cdot (x - 1)^2 + 2$ hat Parabel als Graph mit Scheitel $S(1 | 2)$, Öffnung nach oben.
Damit ist die Fläche am kleinsten, wenn die Seitenlänge beider Quadrate je 1 m ist. Es wird dann genau die Hälfte der Fläche von $4\,m^2$ als $2\,m^2$ verziert.

18 a) Ansatz $f(x) = ax^2 + b$, da der Scheitel auf der y-Achse liegt.
$P(-5 | -7)$ und $Q(-10 | -20)$ liegen auf der Parabel, also
$f(-5) = 7$: $25a + b = -7$; $f(-10) = -20$: $100a + b = -20$
Daraus $75a = -13$, also $a = -\frac{13}{75} \approx -0{,}17333$; $b = -\frac{8}{3} \approx -2{,}6667$.
Gesuchte Funktion: $f(x) = -\frac{13}{75}x^2 - \frac{8}{3}$.
b) Scheitelpunkt ist $S\left(0 | -\frac{8}{3}\right)$. Damit gilt für die Höhe der Brücke in m:
$h = 20 - \frac{8}{3} = 17\frac{1}{3} \approx 17{,}33$.

19 Weg des Schalls von S schräg bis zum Meeresboden s in Meter:
$s = 1500\,\frac{m}{s} \cdot 0{,}1\,s = 150\,m$.
Wassertiefe x in Meter. Es gilt nach dem Satz des Pythagoras:
$x^2 + 12{,}5^2 = s^2$ mit $s = 150$, also $x^2 = 150^2 - 12{,}5^2$, $x^2 = 22\,343{,}75$.
Wegen $x > 0$ ist $x \approx 149{,}478$.
Wassertiefe in Metern ca. 149,5 m.

20 Eigengeschwindigkeit des Flugzeugs in $\frac{km}{h}$: x; Geschwindigkeit mit Wind: $x + 60$;
Geschwindigkeit gegen Wind: $x - 60$.
Zeit für 625 km mit Strömung: $t_1 = \frac{625}{x + 60}$; Zeit für 625 km gegen Strömung: $t_2 = \frac{625}{x - 60}$.

Die Zeitdifferenz ist $27\,min = \frac{27}{60}h = \frac{9}{20}h = 0{,}45\,h$, d.h. $t_1 + 0{,}45 = t_2$. Gleichung:

$$\frac{625}{x + 60} + 0{,}45 = \frac{625}{x - 60} \qquad | (x + 60) \cdot (x - 60)$$

$$625(x - 60) + 0{,}45(x^2 - 3600) = 625(x + 60)$$

$$-37\,500 + 0{,}45x^2 - 1620 = 37\,500$$

$$0{,}45x^2 = 76\,620; \quad x^2 = \frac{510\,800}{3} \approx 170\,266{,}67;$$

also $x_1 = 412{,}63$ ($x_2 = -412{,}63$ nicht sinnvoll).

Eigengeschwindigkeit ist also $413\,\frac{km}{h}$.

9 Potenzfunktionen

S. 92 **1** a) $V = x^3$. Bei Verdopplung der Kantenlänge ist $V_2 = (2x)^3 = 8x^3 = 8 \cdot V$. Es tritt eine Verachtfachung des Volumens ein. Bei Halbierung der Kantenlänge beträgt V entsprechend ein Achtel des ursprünglichen Volumens.
b) $O = 6x^2$. Bei Verdopplung der Kantenlänge ist $O_2 = 6 \cdot (2x)^2 = 6 \cdot 4x^2 = 4 \cdot 6x^2 = 4 \cdot O$. Es tritt eine Vervierfachung der Oberfläche ein. Bei Halbierung der Kantenlänge ist O ein Viertel der ursprünglichen Oberfläche.

S. 94 **2** a) b) c) d) e)

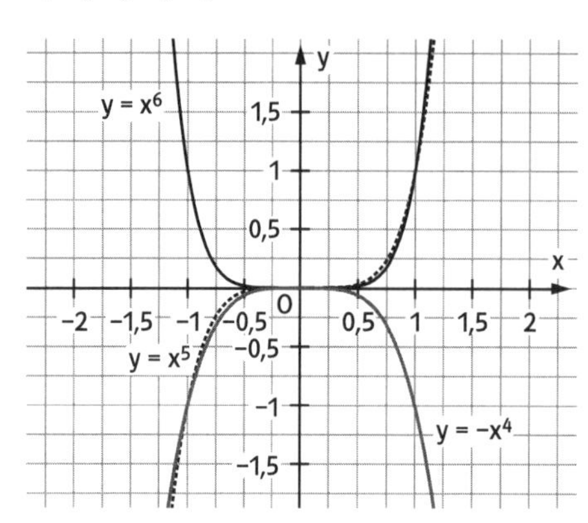

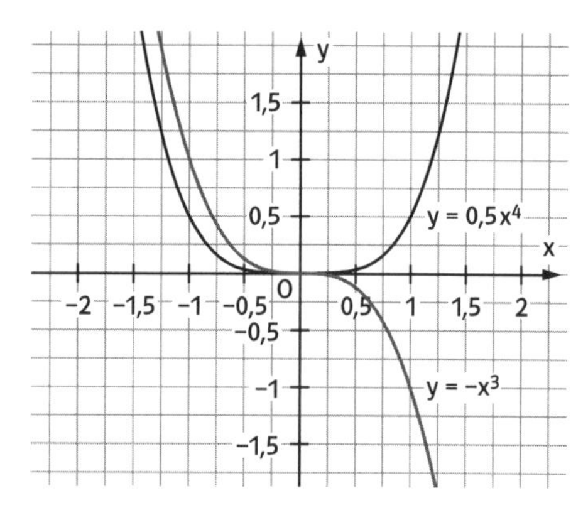

3 a) Mögliche Beispiele: $f(x) = x^8$; $G(x) = 0{,}1x^4$; $h(x) = 5x^{102}$
b) $f(x) = x^5$; $G(x) = 0{,}1x^3$; $h(x) = x^{101}$
c) $f(x) = -x^5$; $G(x) = -0{,}1x^3$; $h(x) = -x^{101}$
d) $f(x) = -x^8$; $G(x) = -0{,}1x^4$; $h(x) = -5x^{102}$

4 a) Da $2^3 = 8$ ist, ist $f(x) = x^3$ die zugehörige Funktion.
b) Da $\left(-\frac{1}{2}\right)^3 = -\frac{1}{8}$ ist, gilt $f(x) = x^3$.
c) Da $2^6 = 64$ ist, gilt $f(x) = x^6$.
d) Da $1^n = 1$ ist, gilt $f(x) = x^n$, d.h. $P(1|1)$ liegt auf dem Graphen jeder Potenzfunktion.
e) Da $(-1{,}5)^4 = 5{,}0625$ ist, gilt $f(x) = x^4$.

5 a) $x^4 = 16$, also $x_1 = -2$; $x_2 = 2$. Probe: $(-2)^4 = 16$; $2^4 = 16$
b) $x^7 = -2$, also $x_1 = -2^{\frac{1}{7}} = -\sqrt[7]{2}$. Probe: $\left(-2^{\frac{1}{7}}\right)^7 = -2$
c) $x^8 = -2{,}5$; keine Lösung
d) $x^8 = 2{,}5$; also $x_1 = -2{,}5^{\frac{1}{8}} = -\sqrt[8]{2{,}5}$; $x_2 = 2{,}5^{\frac{1}{8}} = \sqrt[8]{2{,}5}$
e) $x^7 = -13$, also $x_1 = -13^{\frac{1}{7}} = -\sqrt[7]{13}$
f) $x^{12} = \frac{1600}{11}$, also $x_1 = -\left(\frac{1600}{11}\right)^{\frac{1}{12}} = -\sqrt[12]{\frac{1600}{11}}$; $x_2 = \left(\frac{1600}{11}\right)^{\frac{1}{12}} = \sqrt[12]{\frac{1600}{11}}$
g) $x^7 = 0$, also $x_1 = 0$
h) $x^{100} = \frac{100}{3}$; also $x_1 = -\left(\frac{100}{3}\right)^{\frac{1}{100}} = -\sqrt[100]{\frac{100}{3}}$; $x_2 = \left(\frac{100}{3}\right)^{\frac{1}{100}} =-\sqrt[100]{\frac{100}{3}}$
i) $x^2 = 1$; also $x_1 = -1$; $x_2 = 1$
j) $x^1 = -0{,}34$; also $x_1 = -0{,}34$

94 **6** a) Die Gleichung $x^5 = 3$ hat genau eine Lösung $x_1 \approx 1{,}2457$

```
F1 F2 Algebra | F3 Calc | F4 Andere | F5 PrgEA | F6 Lösch

■ Löse(x^5 = 3, x)                x = 3^(1/5)
■ approx(x = 3^(1/5))             x = 1.24573093962
approx(Antw(1))
MAIN            BOG AUTO          FKT 2/30
```

b) $x_1 \approx -1{,}12479$; $x_2 \approx 1{,}12479$

c) $x_1 \approx -0{,}93690$

d) $x_1 \approx 0{,}81855$

e) $x_1 = \frac{1}{4}$

f) $x_1 \approx -5{,}47723$; $x_2 \approx 5{,}47723$

g) $x_1 = 0$

h) $x_1 \approx -1{,}07152$; $x_2 \approx 1{,}07152$

i) $x_1 = -0{,}5$; $x_2 \approx 0{,}5$

j) keine Lösung

7 a) $x_1 = \frac{1}{6} \approx 0{,}16667$ (Fig. 1)

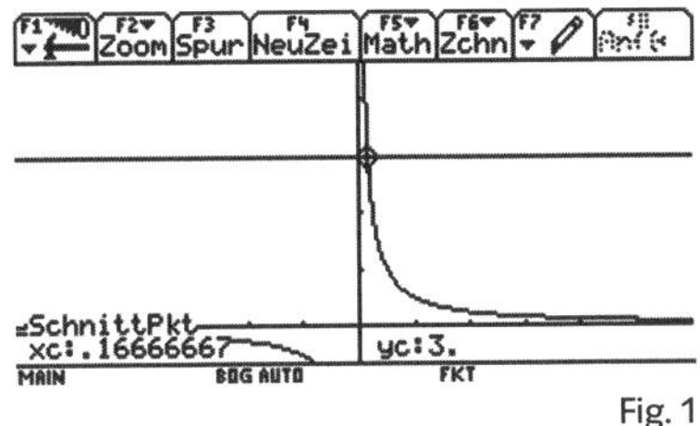

Fig. 1

b) $x_1 = -2$ (Fig. 2)

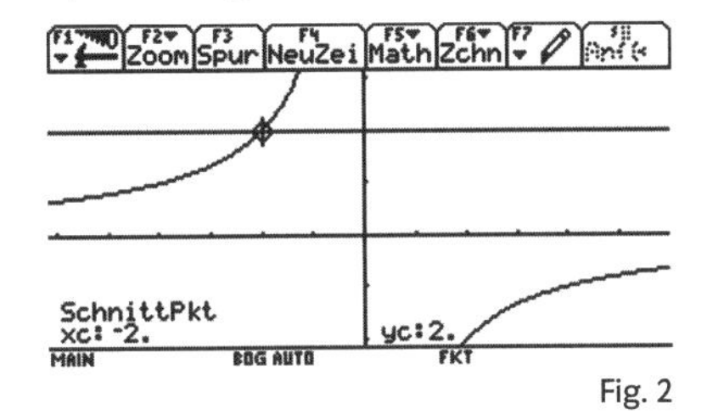

Fig. 2

c) $x_1 = -\frac{2\sqrt{3}}{5} \approx -0{,}69282$

$x_2 = \frac{2\sqrt{3}}{5} \approx 0{,}69282$ (Fig. 3)

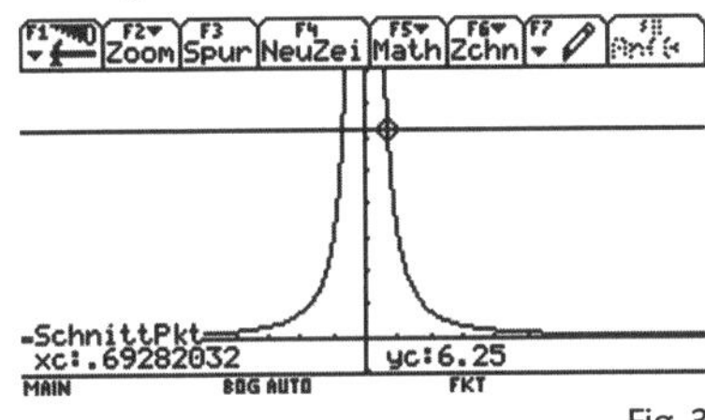

Fig. 3

d) $x_1 = -0{,}5$; $x_2 = 0{,}5$ (Fig. 4)

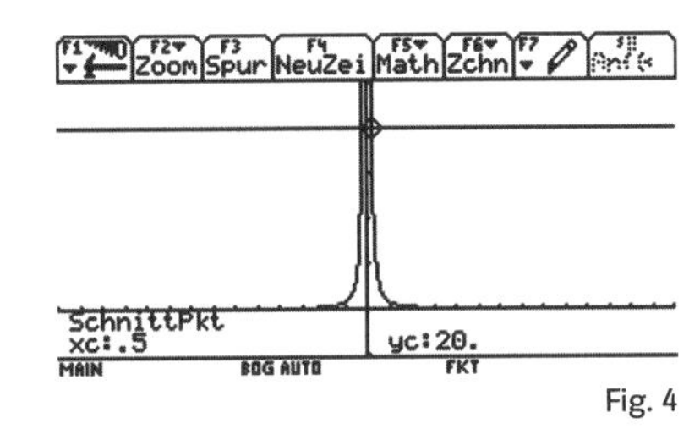

Fig. 4

e) $x = 4000$ (Fig. 5)

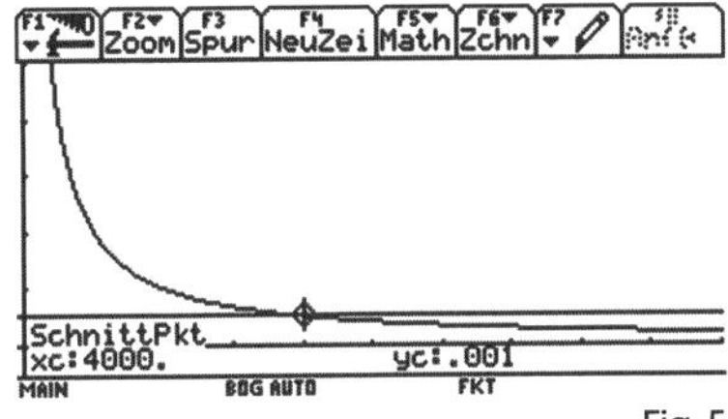

Fig. 5

f) $x_1 = -10$; $x_2 = 10$ (Fig. 6)

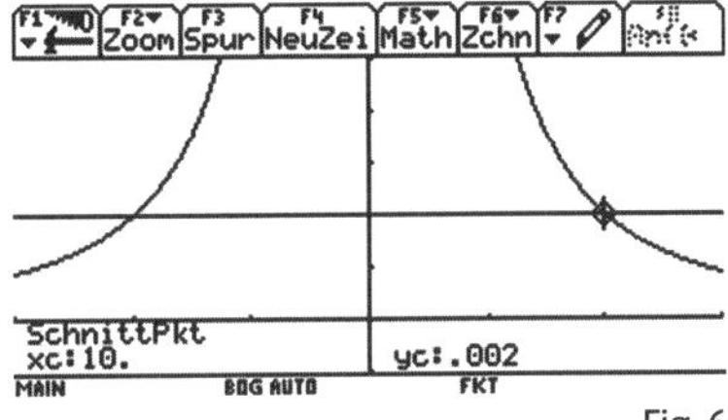

Fig. 6

10 Einführung ganzrationaler Funktionen – Symmetrie

S. 95 **1** a) Die Funktion s(x) entsteht durch Bildung der Summe von f(x) und g(x), d(x) durch Bildung der Differenz $f(x) - g(x)$ und p(x) durch Bildung des Produkts $f(x) \cdot g(x)$.
b) $s(2{,}4) = 16{,}224$; $d(2{,}4) = 11{,}424$; $p(2{,}4) = 33{,}1776$
$f(2{,}4) = 13{,}824$; $g(2{,}4) = 2{,}4$.
$s(2{,}4) = 13{,}824 + 2{,}4 = 16{,}224$; $d(2{,}4) = 13{,}824 - 2{,}4 = 11{,}424$;
$p(2{,}4) = 13{,}824 \cdot 2{,}4 = 33{,}1776$.
c) $f(1) = 1$; $s(1) = 2$; Abweichung $\frac{2-1}{2} = \frac{1}{2} = 0{,}5 = 50\,\%$
$f(10) = 1000$; $s(10) = 1010$; Abweichung $\frac{1010 - 1000}{1010} = \frac{10}{1010} = \frac{1}{101} = 0{,}99\,\%$
$f(100) = 1\,000\,000$; $s(100) = 1\,000\,100$;
Abweichung $\frac{1\,000\,100 - 1\,000\,000}{1\,000\,100} = \frac{100}{1\,000\,100} = \frac{1}{10\,001} = 0{,}0099\,\%$

S. 97 **2** a) Zusammengesetzt aus den Funktionen $g_1(x) = 3x^4$ und $g_2(x) = x$ durch Summenbildung.
Koeffizienten: $a_4 = 3$; $a_3 = a_2 = 0$; $a_1 = 1$; $a_0 = 0$
b) Zusammengesetzt aus den Funktionen $g_1(x) = 10x^{10}$, $g_2(x) = 9x^9$ und $g_3(x) = -2x^2$ durch Summenbildung.
Koeffizienten: $a_{10} = 10$; $a_9 = 9$; $a_8 = a_7 = \ldots a_3 = 0$; $a_2 = -2$; $a_1 = a_0 = 0$
c) Zusammengesetzt aus den Funktionen $g_1(x) = -0{,}07x^5$, $g_2(x) = 4x$ und $g_3(x) = 0{,}5$ durch Summenbildung.
Koeffizienten: $a_5 = -0{,}07$; $a_4 = a_3 = a_2 = 0$; $a_1 = 4$; $a_0 = 0{,}5$

3 a) Der Graph ist punktsymmetrisch zum Ursprung.
Es genügt also eine vereinfachte Wertetafel. Graph in Fig. 1.

x	0	0,5	1	1,5	2
$x^3 - x$	0	0,375	0	1,875	6

b) Parabel $f(x) = (x + 1)^2 - 1$ mit dem Scheitel $S(-1\,|\,-1)$. Graph in Fig. 1.

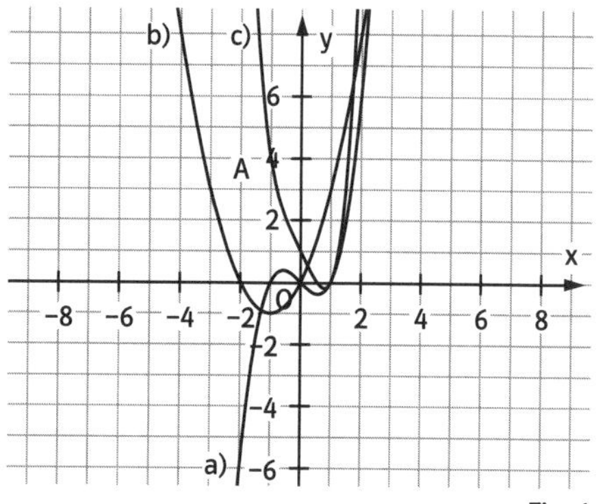

Fig. 1

c) Keine Symmetrie. Graph in Fig. 1.

x	−2	−1,5	−1	−0,5	0	0,5	1	1,5	2
$x^4 - 2x + 1$	21	9,0625	4	2,0625	1	0,0625	0	3,0625	13

d) Gerade mit der Steigung 0,5 und dem y-Achsenabschnitt 1.
Graph in Fig. 1, nächste Seite.

97 **3** e) Keine Symmetrie. Graph in Fig. 1.

x	−2	−1,5	−1	−0,5	0	0,5	1	1,5	2
$0{,}5x^3 + 3$	−1	1,3125	2,5	2,9375	3	3,0625	3,5	4,6875	7

f) $f(x) = (x - 1)^2$; Normalparabel mit dem Scheitel S(1 | 0); Graph in Fig. 1.

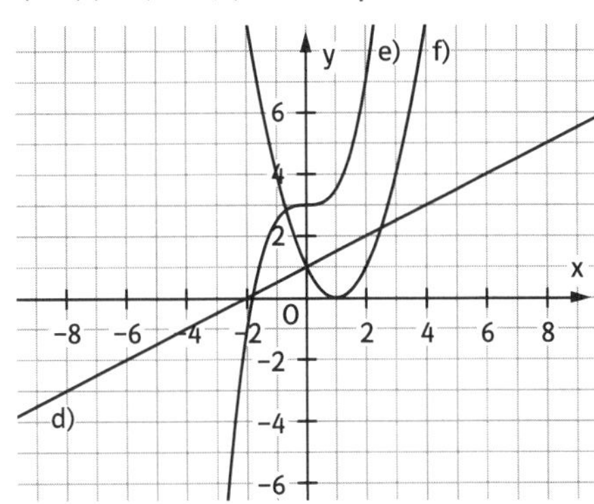

Fig. 1

4 a) Ganzrational; Grad 5; Graph verläuft „von links oben nach rechts unten", also $f(x) \to +\infty$ für $x \to -\infty$ und $f(x) \to -\infty$ für $x \to +\infty$
b) Ganzrational; Grad 3; Graph verläuft „von links oben nach rechts unten", also $f(x) \to +\infty$ für $x \to -\infty$ und $f(x) \to -\infty$ für $x \to +\infty$
c) Keine ganzrationale Funktion
d) Ganzrational; Grad 5; Graph verläuft „von links unten nach rechts oben", also $f(x) \to -\infty$ für $x \to -\infty$ und $f(x) \to +\infty$ für $x \to +\infty$
e) Ganzrational; Grad 0; Graph verläuft parallel zur x-Achse; $f(x) \to 1$ für $x \to \pm\infty$.
f) Ganzrational; Grad 1; Graph verläuft „von links oben nach rechts unten", also $f(x) \to +\infty$ für $x \to -\infty$ und $f(x) \to -\infty$ für $x \to +\infty$.

5 a) Gerade Funktion; Graph verläuft „von links unten nach rechts unten", also $f(x) \to -\infty$ für $x \to -\infty$ und $f(x) \to -\infty$ für $x \to +\infty$.
b) Weder gerade noch ungerade Funktion; Graph verläuft „von links unten nach rechts oben", also $f(x) \to -\infty$ für $x \to -\infty$ und $f(x) \to +\infty$ für $x \to +\infty$.
c) Ungerade Funktion ($f(x) = 2x^3 - 0{,}6x^5$); Graph verläuft „von links oben nach rechts unten", also $f(x) \to +\infty$ für $x \to -\infty$ und $f(x) \to -\infty$ für $x \to +\infty$.
d) Weder gerade noch ungerade Funktion ($f(x) = x^2 - 3x + 2$); Graph verläuft „von links oben nach rechts oben", also $f(x) \to +\infty$ für $x \to -\infty$ und $f(x) \to +\infty$ für $x \to +\infty$.
e) Gerade Funktion ($f(x) = 9x^4 - 6x^2 + 1$); Graph verläuft „von links oben nach rechts oben", also $f(x) \to +\infty$ für $x \to -\infty$ und $f(x) \to +\infty$ für $x \to +\infty$.
f) Weder gerade noch ungerade Funktion ($f(x) = x^4 - 2x^3 + x^2$); Graph verläuft „von links unten nach rechts unten", also $f(x) \to -\infty$ für $x \to -\infty$ und $f(x) \to -\infty$ für $x \to +\infty$.

S. 97 **6** a)

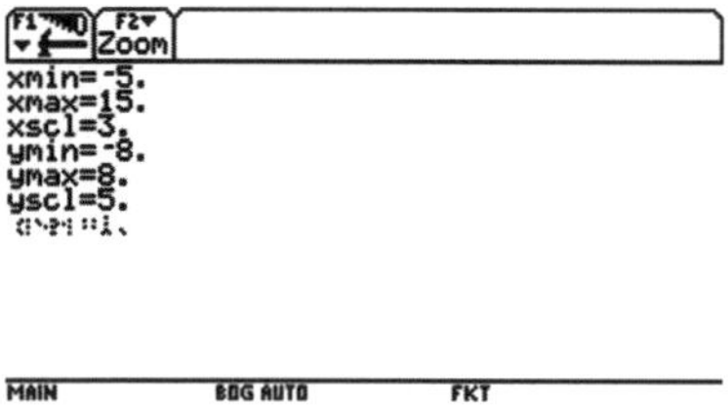
F1 F2
Zoom
xmin=-5.
xmax=15.
xscl=3.
ymin=-8.
ymax=8.
yscl=5.
MAIN
BOG AUTO
FKT

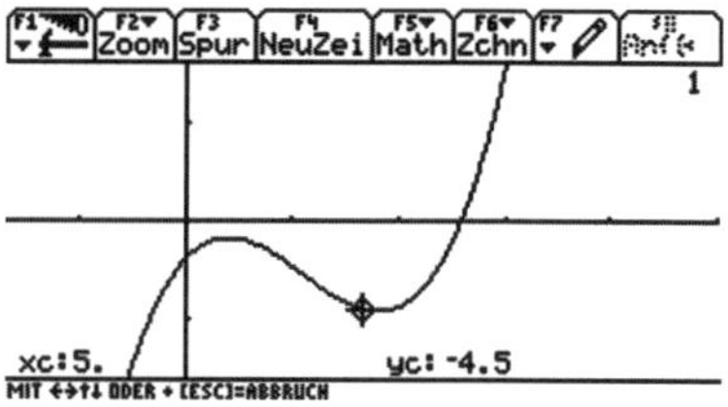
Zoom
Spur
NeuZei
Math
Zchn
1
xc:5.
yc:-4.5

b)

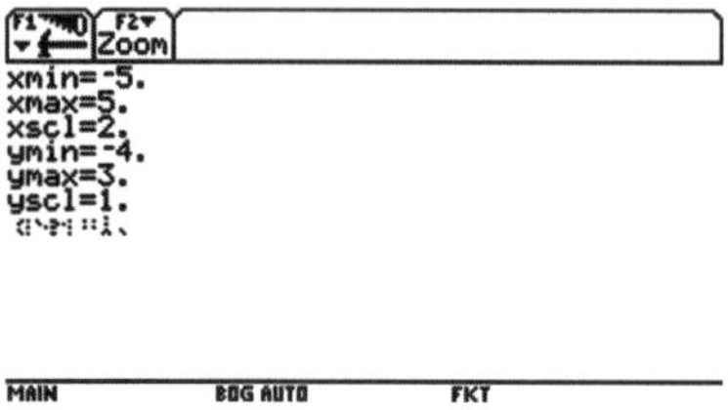
Zoom
xmin=-5.
xmax=5.
xscl=2.
ymin=-4.
ymax=3.
yscl=1.
MAIN
BOG AUTO
FKT

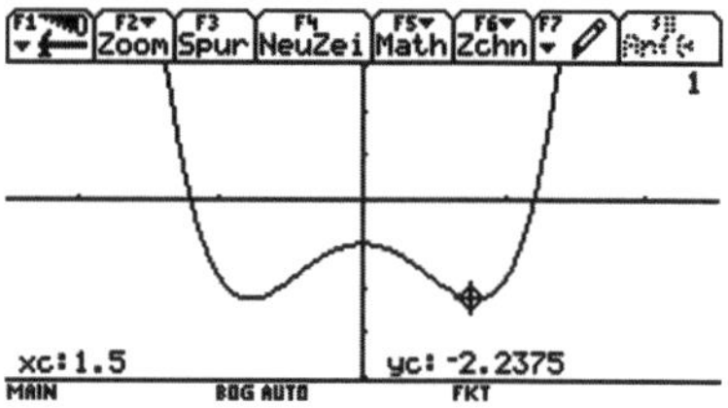
Zoom
Spur
NeuZei
Math
Zchn
1
xc:1.5
yc:-2.2375
MAIN
BOG AUTO
FKT

c)

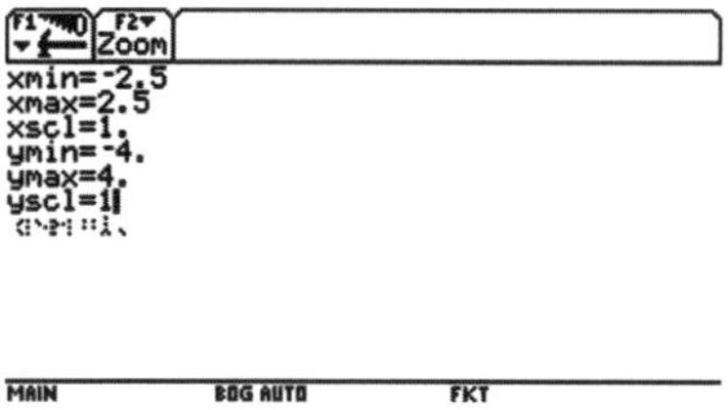
Zoom
xmin=-2.5
xmax=2.5
xscl=1.
ymin=-4.
ymax=4.
yscl=1
MAIN
BOG AUTO
FKT

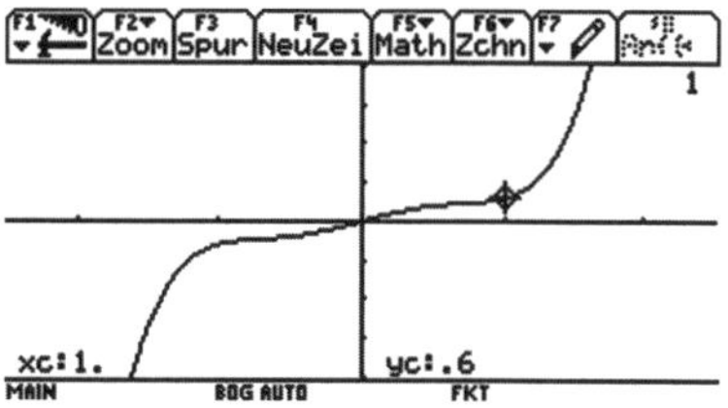
Zoom
Spur
NeuZei
Math
Zchn
1
xc:1.
yc:.6
MAIN
BOG AUTO
FKT

7 a) Da eine Konstante c als $c \cdot 1$ oder $c \cdot x^0$ geschrieben werden kann, enthält der Term dann eine gerade Potenz von x, nämlich x^0. Damit kann keine ungerade Funktion vorliegen.
b) Die Funktion $f(x) = 0$ ist sowohl gerade als auch ungerade,
da $f(-x) = f(x) = -f(x)$ ist.

8 a) Wahr: Alle Geraden durch 0, z. B. $y = 2x$
b) Wahr: Jede Parallele zur x-Achse, z. B. $y = 2$
c) Falsch, wenn man die Graphen von quadratischen Funktionen meint, sonst richtig: $f(x) = x^3$.
d) Wahr: Alle Parabeln mit dem Scheitel auf der y-Achse, z. B. $f(x) = x^2 - 3$

11 *Nullstellen ganzrationaler Funktionen*

S. 98 **1** a) Der Term nimmt den Wert 0 an für $x_1 = 2$; $x_2 = -1$ und $x_3 = 5$.
b) Nach dem Satz vom Nullprodukt ist $x_1 = 3$ und $4x^2 - 8x - 5 = 0$ mit den Lösungen $x_2 = -\frac{1}{2}$ und $x_3 = \frac{5}{2}$.

101 **2** a) $x_1 = \frac{1}{2}$; $x_2 = 2$
b) $t_1 = -\frac{1}{2} = -0,5$; $t_2 = \frac{3}{2} = 1,5$
c) $x_1 = 3$
d) $x_1 = 0$; $x_2 = -0,5$
e) $t_1 = 0$; $t_2 = \frac{\sqrt{3}}{2} \approx 0,86603$
f) $u_1 = 0$; $u_2 = -3$; $u_3 = 3$

3 a) Setze $z = x^2$: $z^2 - 13z + 36 = 0$ hat Lösungen $z_1 = 4$ und $z_2 = 9$; also $x^2 = 4$ und $x^2 = 9$. Damit ergeben sich die Nullstellen $x_1 = -2$; $x_2 = 2$; $x_3 = -3$; $x_4 = 3$.
b) $x_1 = -\frac{3}{2}$; $x_2 = \frac{3}{2}$; $x_3 = -\frac{1}{2}$; $x_4 = \frac{1}{2}$
c) $t_1 = -0,75$; $t_2 = 0,75$
d) 0; −2; 2
e) −2; 3
f) −1; −4; 1

4 a) $x^2 + 5x - 2$
b) $2x^2 - 6x + 3$
c) $x^2 - 3x - 2$
d) $x^3 - 4x - 1$

5 a) Nullstelle $x_1 = 1$ (geraten); $\frac{f(x)}{(x-1)} = x^2 - 5x + 6$ hat Nullstellen $x_2 = 2$; $x_3 = 3$
b) Nullstelle $x_1 = -1$ (geraten); $\frac{f(x)}{(x+1)} = x^2 - 4$ hat Nullstellen $x_2 = -2$; $x_3 = 2$
c) Nullstelle $x_1 = -2$ (Zeichnung); $\frac{f(x)}{(x+2)} = 4x^2 - 8x + 3$ hat Nullstellen $x_2 = \frac{1}{2}$; $x_3 = \frac{3}{2}$
d) Nullstelle $x_1 = 3$ (Zeichnung); $\frac{f(x)}{(x-3)} = 4x^2 + 4x + 1$ hat Nullstelle $x_2 = -\frac{1}{2}$
e) Nullstelle $x_1 = 1$ (geraten); $\frac{f(x)}{(x-1)} = 4x^2 + 4x + 1$ hat Nullstelle $x_2 = -\frac{1}{2}$
f) Nullstelle $x_1 = -1$ (Zeichnung); $\frac{f(x)}{(x+1)} = 25x^2 - 10x + 1$ hat Nullstelle $x_2 = 0,2$

6 a) $f(x) = (x-1)\cdot(x-2) = x^2 - 3x + 2$
b) $f(x) = (x+9)\cdot(x-9)\cdot(x+7) = x^3 + 7x^2 - 81x - 567$
c) $f(x) = (x-1)\cdot(x-2)\cdot(x-3)\cdot(x-4) = (x^2 - 3x + 2)\cdot(x^2 - 7x + 12)$
$= x^4 - 10x^3 + 35x^2 - 50x + 24$
d) $f(x) = (x+2)\cdot(x-2)\cdot(x+3)\cdot(x-3) = x^4 - 13x^2 + 36$
e) $f(x) = (x+1)\cdot(x+2)\cdot(x-3)\cdot(x-4) = x^4 - 4x^3 - 7x^2 + 22x + 24$

7 a) $x_1 \approx -1,1856$
b) $x_1 \approx 2,1482$; $x_2 \approx -1,9057$
c) $x_1 \approx -2,6592$; $x_2 \approx 1,2919$; $x_3 \approx 2,0964$

8 a) $x^3 - 3x^2 - 6x + 9 = 1$ oder $x^3 - 3x^2 - 6x + 8 = 0$;
$(x^3 - 3x^2 - 6x + 8):(x-1) = x^2 - 2x - 8$ mit den Lösungen $x_2 = -2$; $x_3 = 4$.
b) $x^3 - 3,9x^2 + 2,6x = -2,4$ oder $x^3 - 3,9x^2 + 2,6x + 2,4 = 0$;
$(x^3 - 3,9x^2 + 2,6x + 2,4):(x-2) = x^2 - 1,9x - 1,2$ mit den Lösungen $x_2 = -0,5$; $x_3 = 2,4$.

9 a) $x_1 \approx 4,010934964$
b) $x_1 \approx 0,3423065033$; $x_2 \approx 1,382454141$

10 a) $b(x) = 50 - 0,06\cdot x$; $b(0) = 50$, d.h. 50 Liter werden anfangs angezeigt.
$b(x) = 25$ oder $50 - 0,06x = 25$ oder $0,06x = 25$; also $x \approx 416,7$.
Nach rund 417 km sind noch 25 Liter im Tank.

S. 101 **10** b) $b(x) = 0$: $50 - 0{,}06 \cdot x = 0$ ergibt 833,33. Der Tank ist nach rund 833 km leer.
Obige Funktion ist nur im Bereich $0 \leqq x \leqq 833\frac{1}{3}$ gültig.

11 a) $f(t) = 0{,}1t^3 - 2{,}5t + 100$;
Gewicht in kg bei Beginn der Kur: $f(0) = 100$.
Gewicht in kg bei Beendigung der Kur: $f(3) = 95{,}2$.
b) $f(t) = 100$; also $0{,}1t^3 - 2{,}5t = 0$ ergibt $t = 0$; $t = 5$ und $t = -5$. Es kommen nur Lösungen mit $t \geqq 0$ in Frage. Damit hat der Mann nach 5 Monaten sein altes Gewicht von 100 kg wieder erreicht.

12 a) $f(t) = -0{,}1t^3 + 0{,}7t^2 - 1{,}9t + 40$; $f(t) = 40$ ergibt $-0{,}1t^3 + 0{,}7t^2 - 1{,}9t = 0$, einzige Lösung $t = 0$. Der Patient hatte bei Einlieferung 40 °C Fieber.
b) $f(1) = 38{,}7$ °C
c) $f(2) = 38{,}2$ °C

12 Schnittpunkte von Graphen

S. 102 **1** a) Aus $K(x) = E(x)$ erhält man $1{,}5x^2 - 9x + 7{,}5 = 0$ mit $x_S = 1$ und $x_G = 5$.
b) $G(x) = E(x) - K(x) = -1{,}5x^2 + 9x - 7{,}5 = 0$ erhält man ebenfalls $x_S = 1$ und $x_G = 5$.

S. 103 **2** a) $S_1(1\,|\,1)$; $S_2(2\,|\,4)$
b) $S_1(-1\,|\,-2)$; $S_2(2\,|\,16)$; $S_3(2{,}5\,|\,31{,}25)$
c) $S_1(-1\,|\,1)$; $S_2(0{,}5\,|\,-1{,}25)$; $S_3(2\,|\,10)$
d) $S_1\left(\frac{1}{20} - \frac{\sqrt{941}}{20}\,\middle|\,47\right) \approx S_1(-1{,}4838\,|\,47)$; $S_2\left(\frac{1}{20} + \frac{\sqrt{941}}{20}\,\middle|\,47\right) \approx S_2(1{,}5838\,|\,47)$

3 a) $S_1(-2{,}4\,|\,-2{,}7648)$; $S_2(1{,}2\,|\,0{,}3456)$
b) kein Schnittpunkt
c) $S_1(-0{,}890\,23\,|\,-1{,}815\,29)$; $S_2(1{,}171\,99\,|\,-1{,}562\,19)$; $S_3(2{,}280\,23\,|\,7{,}575\,65)$
d) $S_1(-1\,|\,2)$; $S_2(1{,}040\,24\,|\,2)$.

4 a) $f(x) = x^2$; $g(x) = x + 1$
$x_1 \approx -0{,}61803$; $x_2 \approx 1{,}61803$

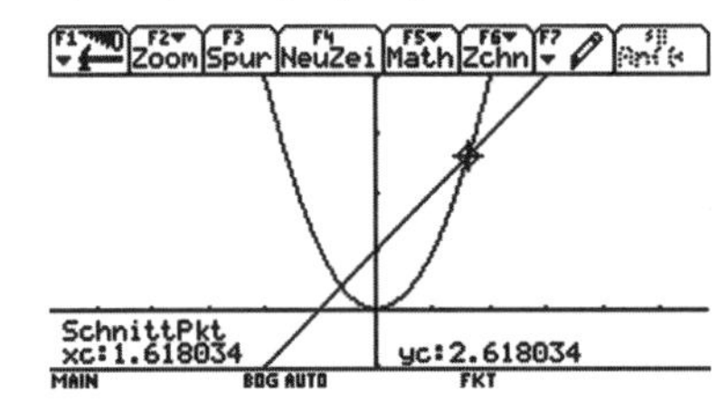

b) $f(x) = x^3$; $g(x) = 2x - 0{,}5$
$x_1 \approx -1{,}52569$; $x_2 \approx 0{,}25865$

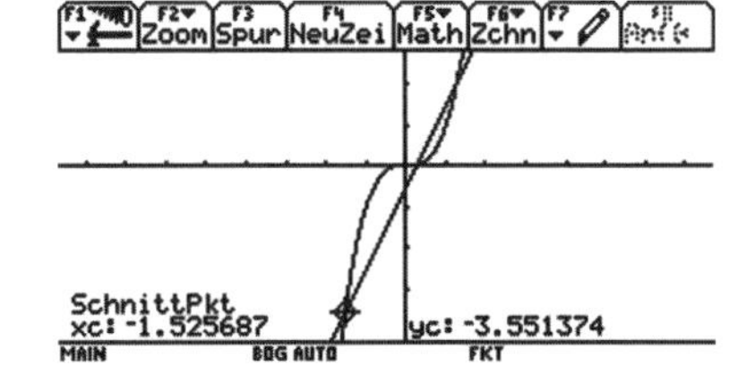

103 **4** c) $f(x) = x^4$; $g(x) = 2x - 1$

$x_1 \approx 0{,}54369$; $x_2 = 1$

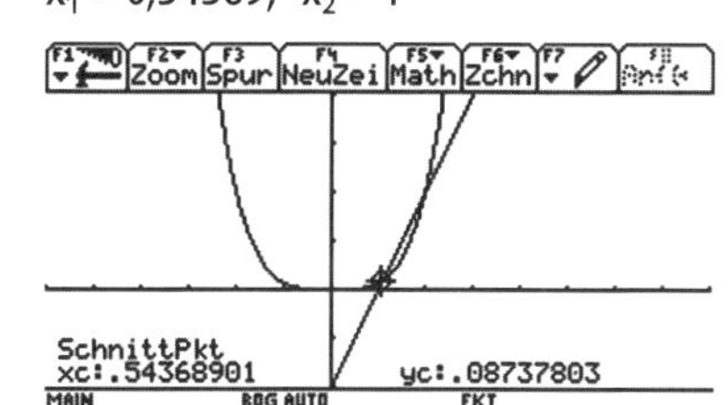

d) $f(x) = x^4$; $g(x) = -x - 1$

keine Lösung

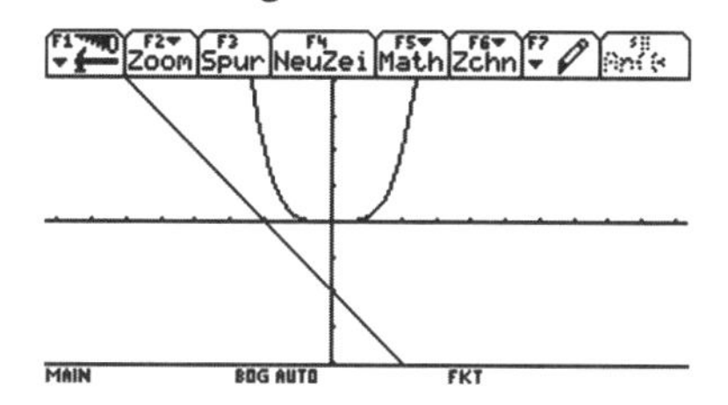

5 a) $f(x) = g(x)$: $0{,}0005x^2 - 0{,}06x + 8 = 0{,}0012x^2 - 0{,}18x + 12$

oder $0{,}0007x^2 - 0{,}12x + 4 = 0$.

$x_1 \approx 45{,}3$; $x_2 \approx 126{,}1$

Das zu g gehörige Auto verbraucht zwischen $45{,}3\,\frac{km}{h}$ und $126{,}1\,\frac{km}{h}$ weniger Kraftstoff als das zu f gehörige Auto.

b) $g(x) - f(x) = 1$ oder $g(x) - f(x) - 1 = 0$ ergibt

$0{,}0012x^2 - 0{,}18x + 12 - (0{,}0005x^2 - 0{,}06x + 8) - 1 = 0$

oder $0{,}0007x^2 - 0{,}12x + 3 = 0$ mit

$x_1 \approx 30{,}4$; $x_2 \approx 141{,}0$ $\left(\text{in } \frac{km}{h}\right)$.

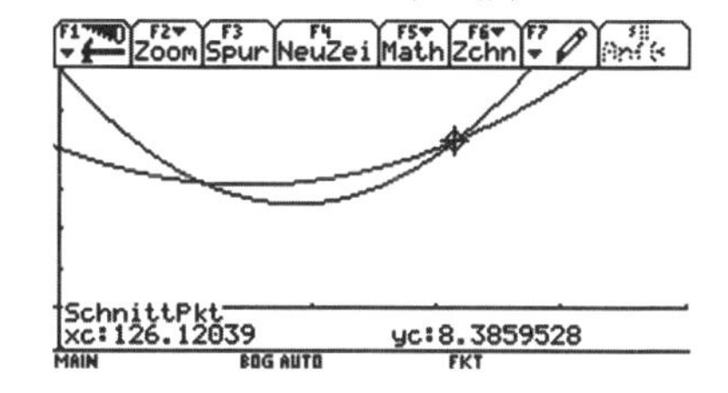

■ Löse(7.ᴇ-4·x² - .12·x + 3 = 0, x)
x = 30.385952197 or x = 141.042619232
Löse(0.0007x^2-0.12x+3=0,x)
MAIN BOG AUTO FKT 1/30

13 Bestimmung von Funktionstermen

104 **1** Zum linken Bild gibt es keine Funktion, da B und C auf einer Parallelen zur y-Achse liegen.

Zum rechten Bild gibt es eine solche z. B. $f(x) = 0{,}5(x - 2)(x - 1)(x + 1)$.

105 **2** a) Gerade: $m = \frac{2 - 3}{-1 - (-2)} = \frac{-1}{1} = -1$; $y - 3 = -1 \cdot (x - (-2))$,

also $y = -x + 1$: $f(x) = -x + 1$

b) Gerade: $m = \frac{34 - 100}{100 - 1} = \frac{-66}{99} = -\frac{2}{3}$; $y - 100 = -\frac{2}{3} \cdot (x - 1)$,

also $y = -\frac{2}{3}x + 100\frac{2}{3}$: $f(x) = -\frac{2}{3}x + \frac{302}{3}$

S. 105 **2** c) Parabel; Ansatz $f(x) = ax^2 + bx + c$

(1) $f(-2) = 3$: $4 \cdot a - 2 \cdot b + c = 3$

(2) $f(-1) = 2$: $a - b + c = 2$

(3) $f(0) = 0$: $c = 0$

$f(x) = -0{,}5x^2 - 2{,}5x$

d) Parabel; Ansatz $f(x) = ax^2 + bx + c$

(1) $f(1) = 3$: $a + b + c = 3$

(2) $f(2) = 2$: $4 \cdot a + 2 \cdot b + c = 2$

(3) $f(3) = 4$: $9 \cdot a + 3 \cdot b + c = 4$

$f(x) = 1{,}5x^2 - 5{,}5x + 7$

e) Ansatz: $f(x) = ax^3 + bx^2 + cx + d$

(1) $f(0) = 1$: $d = 1$

(2) $f(1) = 0$: $a + b + c + d = 0$

(3) $f(-1) = 4$: $-a + b - c + d = 4$

(4) $f(2) = -5$: $8 \cdot a + 4 \cdot b + 2 \cdot c + d = -5$

$f(x) = -x^3 + x^2 - x + 1$

f) Ansatz: $f(x) = ax^3 + bx^2 + cx + d$

(1) $f(0) = -1$: $d = -1$

(2) $f(1) = 1$: $a + b + c + d = 1$

(3) $f(-1) = -7$: $-a + b - c + d = -7$

(4) $f(2) = 17$: $8 \cdot a + 4 \cdot b + 2 \cdot c + d = 17$

$f(x) = 3x^3 - 2x^2 + x - 1$

3 a) Ansatz: $f(x) = (x - 3) \cdot (ax^2 + bx + c)$

(1) $f(0) = 2$: $-3 \cdot c = 2$

(2) $f(2) = 2$: $-4 \cdot a - 2 \cdot b - c = 2$

(3) $f(-1) = 2$: $-4 \cdot a + 4 \cdot b - 4 \cdot c = 2$

$f(x) = (x - 3) \cdot \left(-\frac{1}{6}x^2 - \frac{1}{3}x - \frac{2}{3}\right) = -\frac{1}{6}x^3 + \frac{1}{6}x^2 + \frac{1}{3}x + 2$

b) Ansatz: $f(x) = (x - 2) \cdot (ax^2 + bx + c)$

(1) $f(0) = -4$: $-2 \cdot c = -4$

(2) $f(-1) = -2$: $-3 \cdot a + 3 \cdot b - 3 \cdot c = -2$

(3) $f(-3) = -4$: $-45 \cdot a + 15 \cdot b - 5 \cdot c = -4$

$f(x) = (x - 2)\left(\frac{7}{15}x^2 + \frac{9}{5}x + 2\right) = \frac{7}{15}x^3 + \frac{13}{15}x^2 - \frac{8}{5}x - 4$

4 a) Berechnung mit dem CAS wie in Beispiel 2 des Lehrbuches:

$f(x) = \frac{28}{15}x^3 - \frac{34}{5}x^2 + \frac{128}{15}x - \frac{9}{5}$ (exakt) oder $f(x) = 1{,}86667x^3 - 6{,}8x^2 + 8{,}53333x - 1{,}8$

Graph:

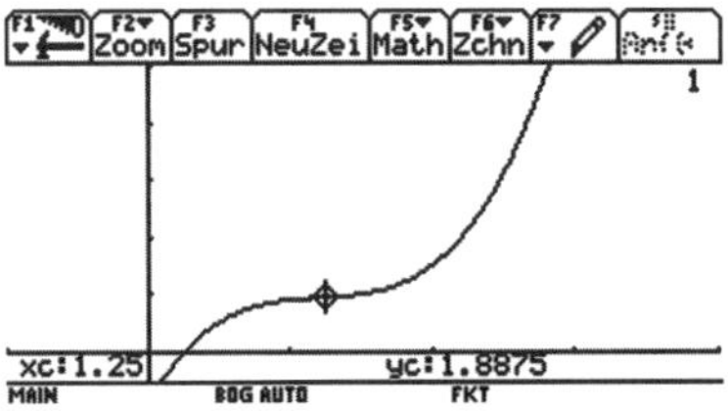

F1 F2 Zoom F3 Spur F4 NeuZei F5 Math F6 Zchn F7

xc:1.25 yc:1.8875

MAIN BOG AUTO FKT

b) Bei 75 Minuten = 1,25 Stunden Training benötigt er ca. 1,9 Liter, bei 2,5 Stunden 6,2 Liter. Dies zeigt, dass die Modellierung nicht über zwei Stunden hinaus sinnvoll sein kann.

14 Funktionen aus der Betriebswirtschaft

106 **1** a) $g(x) = 1{,}65 \cdot x$; x in kg; g(x) in €
Graph in Fig. 1.
b) $h(x) = 1{,}00 \cdot x$; x in kg; g(x) in €
Graph in Fig. 1

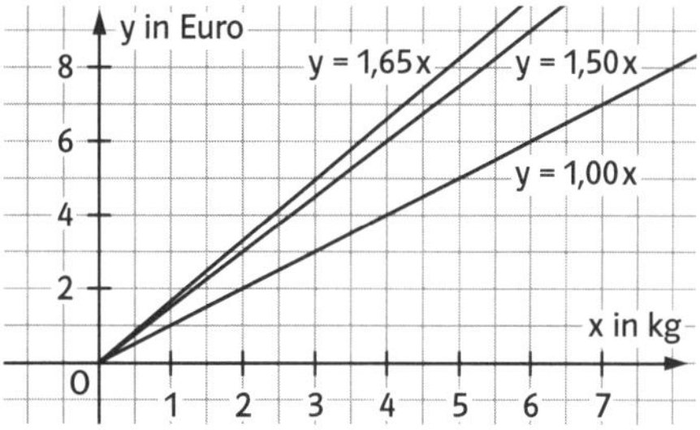

Fig. 1

109 **2** a) $K(10) \approx 7$; $K(24) \approx 14$; $K(4) \approx 4$.
Kosten für 10 000 Stück ca. 700 €,
für 24 000 Stück ca. 1400 €,
für 4000 Stück ca. 400 €.
b) $K(x) = 10$ ergibt $x \approx 20$; $K(x) = 20$ ergibt $x \approx 28$; $K(x) = 27{,}5$ ergibt $x \approx 31$.
Damit erhält man für 1000 € ca. 20 000 Knöpfe, für 2000 € ca. 28 000 und für 2750 € ca. 31 000 Stück.
c) $f(0) \approx 1{,}5$. Fixkosten ca. 150 €.
d) $E(x) = x = 1 \cdot x$.
1 hat die Einheit $\frac{100\,€}{1000\text{ Stück}} = 0{,}1\frac{€}{\text{Stück}}$, d.h., das Stück kostet 10 ct.
e) Die Gewinnschwelle liegt bei 4 ME, die Gewinngrenze bei knapp 33,5 ME; Gewinnzone $4 \leqq x \leqq 33{,}5$.
f) Maximaler Gewinn bei ca. $x = 22$.

110 **3** a) Fig. 2
b) $E(x) = K(x)$ ergibt $x = 5$.
Damit ist $E(x) \leqq K(x)$ für $x \leqq 5$.

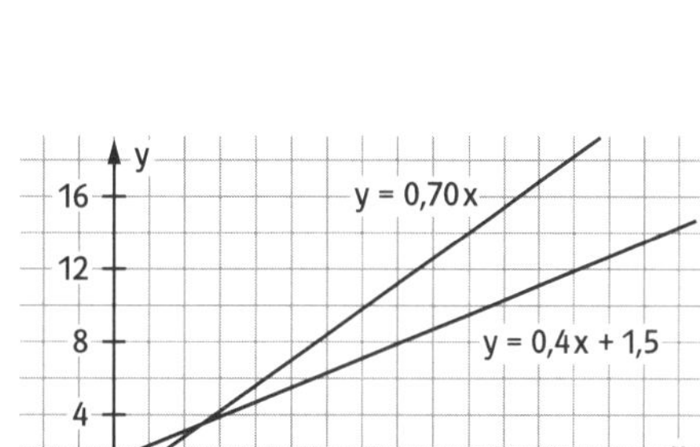

Fig. 2

4 a) Fig. 3; Fixkosten $K(0) = 2$.
b) Gewinnzone ist $2 \leqq x \leqq 8$.
Rechnung:
$K(x) = E(x)$;
$\frac{1}{8}x^2 + \frac{1}{2}x + 2 = 1{,}75x$ oder
$\frac{1}{8}x^2 - \frac{5}{4}x + 2 = 0$ mit $x_1 = 2$; $x_2 = 8$
also Lösungen.

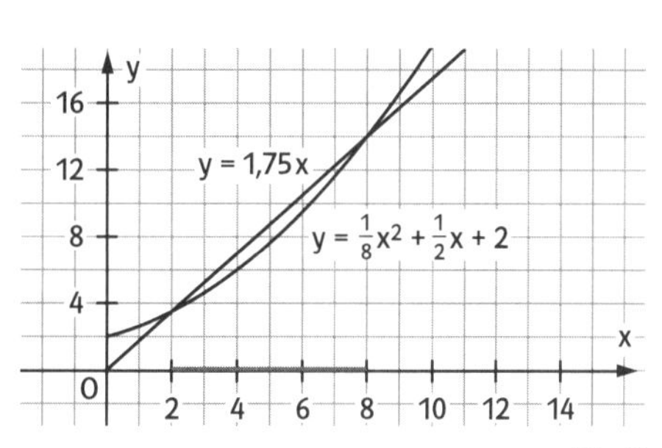

Fig. 3

S. 110 **5** a) $K(x) = \frac{1}{64}x^3 + \frac{7}{32}x^2 + \frac{1}{8}x + 1$

x	0	1	2	3	4	5	6	7	8
f(x)	1,00	1,36	2,25	3,77	6,00	9,05	13,00	17,95	24,00

Variable Kosten: $K_v(x) = \frac{1}{64}x^3 + \frac{7}{32}x^2 + \frac{1}{8}x$

Graph Fig. 1.

b) Graph von $E(x) = 3x$ in Fig. 1

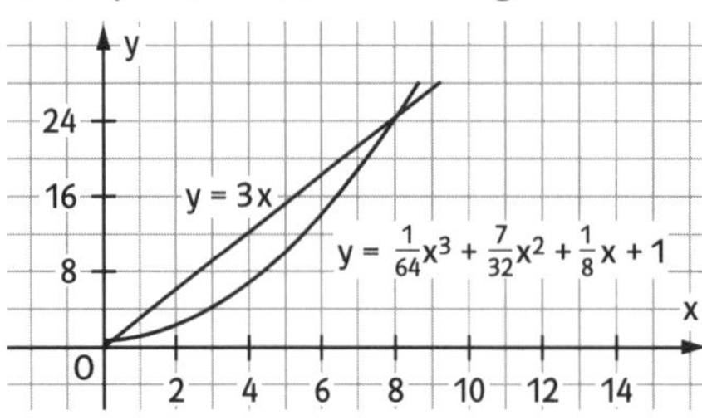

Fig. 1

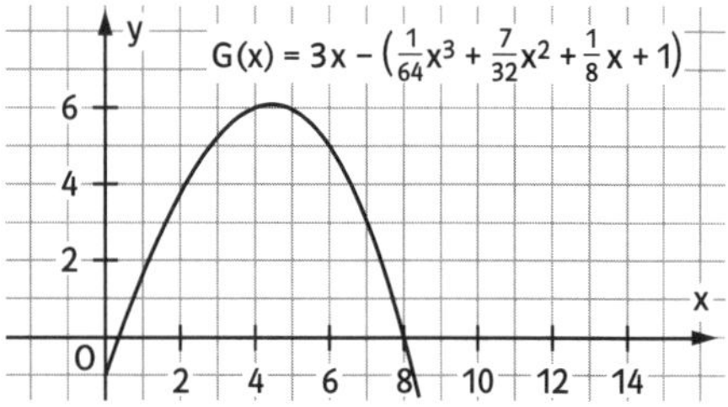

$G(x) = 3x - \left(\frac{1}{64}x^3 + \frac{7}{32}x^2 + \frac{1}{8}x + 1\right)$

Fig. 2

c) Fig. 2 zeigt die Gewinnfunktion. Der Gewinn ist am höchsten bei Produktion der Menge $x \approx 4{,}5$.

$G(4{,}5) \approx 6{,}1$ (Fig. 2)

d) Stückkostenfunktion

$S(x) = \frac{K(x)}{x} = \frac{1}{64}x^2 + \frac{7}{32}x + \frac{1}{8} + \frac{1}{x}$;

Graph in Fig. 3

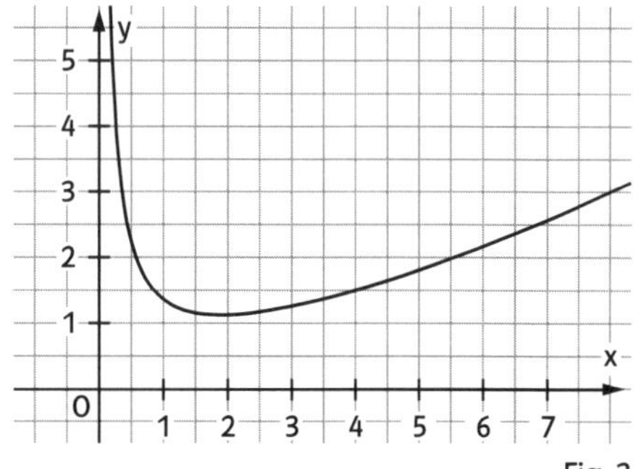

Fig. 3

6 Ansatz: $K(x) = ax^2 + bx + c$

(1) $f(0) = 6$: $c = 6$

(2) $f(1) = 7$: $a + b + 6 = 7$; $a + b = 1$

(3) $f(5) = 15$: $25a + 5b + 6 = 15$; $5a + b = \frac{9}{5}$; $4a = 0{,}8$; $a = 0{,}2$; $b = 0{,}8$

Gesuchte Kostenfunktion $K(x) = 0{,}2x^2 + 0{,}8x + 6$

7 a) Es genügt zu zeigen, dass K die angegebenen Werte annimmt:

$K(0) = 102$; $K(1) = 130$; $K(2) = 144$; $K(4) = 154$. Die Fixkosten betragen 102 GE.

b) $K_v(1) = 28$; $K_v(2) = 42$; $K_v(10) = 370$.

c) Da $K(3) = 150$ ist, ist $E(3)$ ebenfalls 150. Da für 3 ME der Preis 150 GE beträgt, ist der Preis für 1 ME entsprechend 50 GE. Erlösfunktion $E(x) = 50x$.

110 **7** d) Graphen

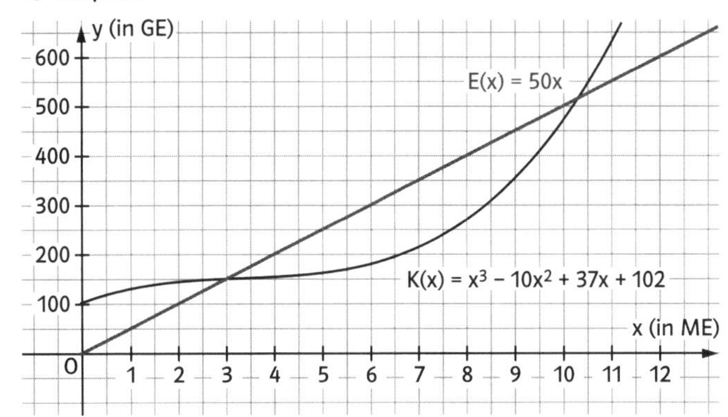

e) $G(x) = E(x) - K(x) = -x^3 + 10x^2 + 13x - 102$

f) Gewinnschwelle ist $x_S = 3$.

$G(x):(x-3) = (-x^3 + 10x^2 + 13x - 102):(x-3) = -x^2 + 7x + 34$

Gewinngrenze ist damit $x_G = \frac{7}{2} + \frac{\sqrt{185}}{2} \approx 10{,}30$.

8 a) Ansatz: $K_v(x) = ax^3 + bx^2 + cx$ mit

$K_v(4) = 64a + 16b + 4c = 24$ oder $16a + 4b + c = 6$

$K_v(10) = 1000a + 100b + 10c = 30$ oder $100a + 10b + c = 3$

$K_v(20) = 8000a + 400b + 20c = 120$ oder $400a + 20b + c = 6$

Daraus erhält man $a = 0{,}05$; $b = -1{,}2$; $c = 10$.

Kostenfunktion $K(x) = 0{,}05x^3 - 1{,}2x^2 + 10x + 156$.

b) Erlösfunktion ist $E(x) = x \cdot (-1{,}25x + 50)$,

also $E(x) = -1{,}25x^2 + 50x = -1{,}25(x-20)^2 + 500$.

Das Erlösmaximum liegt bei x = 20 ME und beträgt 500 GE.

c) Graphen von Kosten- und Erlösfunktion:

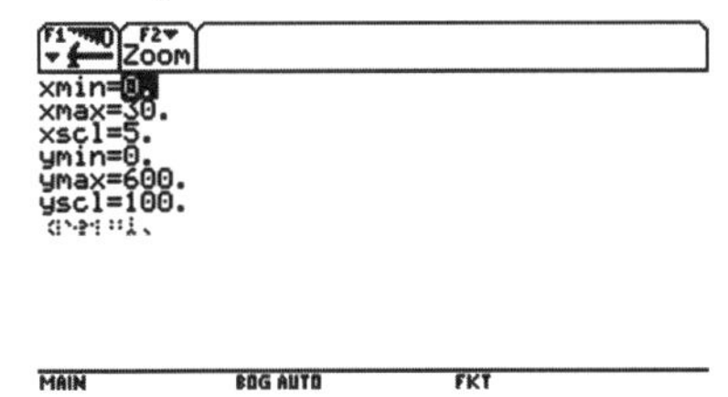

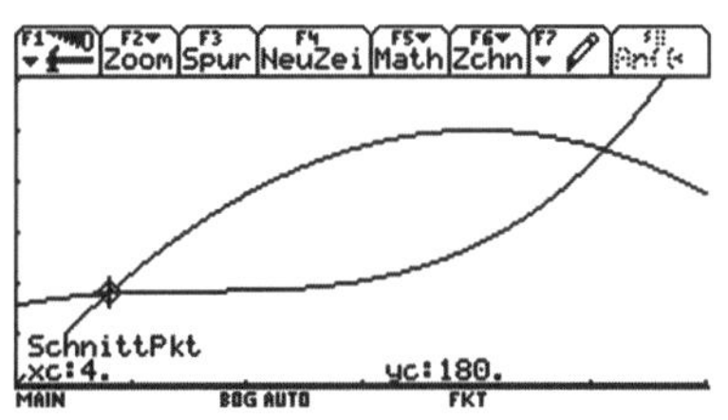

d) Da $K(4) = E(4) = 180$ ist, ist $E(4\,|\,180)$ der Break-Even-Point. In diesem Punkt sind Kosten und Erlös gleich hoch. Es sind 180 GE zu investieren, erst danach stellt sich ein Gewinn ein. Dazu ist es aber notwendig, dass die produzierten Mengen auch verkauft werden.

S. 110 **8** e) Gewinnfunktion $G(x) = E(x) - K(x) = -0{,}05x^3 - 0{,}05x^2 + 40x - 156$
Der fett gezeichnete Graph ist der Graph der Gewinnfunktion.

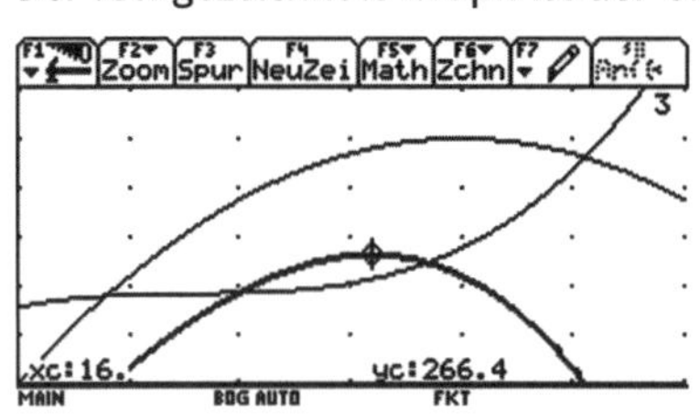

f) $G(x) = -0{,}05x^3 - 0{,}05x^2 + 40x - 156$ hat die Nullstelle $x_S = 4$ (Gewinnschwelle, Break-Even-Point). Damit gilt nach Polynomdivision:

$$
\begin{array}{l}
(-0{,}05x^3 - 0{,}05x^2 + 40x - 156) : (x - 4) = -0{,}05x^2 - 0{,}25x + 39 \\
\underline{-(-0{,}05x^3 + 0{,}2x^2)} \\
\qquad -0{,}25x^2 + 40x \\
\qquad \underline{-(-0{,}25x^2 + \quad x)} \\
\qquad\qquad 39x - 156 \\
\qquad\qquad \underline{-(39x - 156)} \\
\qquad\qquad\qquad 0
\end{array}
$$

$-0{,}05x^2 - 0{,}25x + 39 = 0$ hat die brauchbare Lösung $x_1 = -\frac{5}{2} + \frac{\sqrt{3145}}{2} \approx 25{,}54$.
Gewinnzone $4 \leqq x \leqq 25{,}5$.

g) Der maximale Gewinn liegt etwa bei einer Ausbringungsmenge von 16 ME. Er beträgt ca. 266 GE. Damit beträgt der Gewinn pro ME ca. $\frac{266}{16}$ GE $\approx 16{,}6$ GE.

15 Vermischte Aufgaben

S. 111 **1**
a) −1; 1; 4
b) $S(0\,|-1{,}25)$
c) $-2{,}05 \leqq f(x) \leqq 0$ (oder $[-2{,}05;\ 0]$)
d) $f(2) \approx -0{,}5$
e) $f(x) = -1$ für $x_1 \approx -0{,}8$; $x_2 \approx 0{,}15$
f) $f(x) = -0{,}5$ für $x_1 \approx -0{,}9$; $x_2 \approx 0{,}35$; $x_3 \approx 2$; $x_4 \approx 2{,}6$
g) $f(-0{,}5) \approx -2{,}05$

2
a) Ja
b) Nein (2 Menschen können gleiche Namen haben)
c) Ja

3
a) $K_1 : f(x) = \frac{3}{4}x$; $K_2 : g(x) = -2x + 1$; $K_3 : h(x) = -\frac{2}{3}x - 2$
b) $K_1 : f(x) = \frac{3}{4}x$; $K_2 : g(x) = -\frac{4}{3}x + 2$; $K_3 : h(x) = -2$
c) $K_1 : f(x) = x^2$; $K_2 : g(x) = (x + 3)^2 - 3 = x^2 + 6x + 6$;
$K_3 : f(x) = -(x - 4)^2 + 1 = -x^2 + 8x - 15$

111 **4** a) $y = -7x + 10$ b) $y = -3x - 10$ c) $y = -2x$ d) $y = -0{,}6x - 7{,}4$
e) $y = -7$ f) $x = 1$ g) $y = 9$ h) $x = -7$

5 a) Gerade PQ: $y = -\frac{3}{2}x + \frac{5}{2}$;
Gerade QR: $y = \frac{2}{3}x - 4$;
Gerade RS: $y = -\frac{3}{2}x - 4$;
Gerade SP: $y = \frac{2}{3}x + \frac{1}{3}$
b) Diagonale PR: $y = 5x - 4$;
Diagonale QS: $y = -\frac{1}{5}x - \frac{7}{5}$.
Schnittpunkt $T\left(\frac{1}{2} \middle| -\frac{3}{2}\right)$.
Die Diagonalen schneiden unter 90°,
da $\left(-\frac{1}{5}\right) \cdot 5 = -1$ ist.

6 a) $y = -\frac{3}{2}x + \frac{5}{2}$
b) Gerade senkrecht zu PQ durch $O(0|0)$
mit PQ zum Schnitt bringen: $y = \frac{2}{3}x$.
$-\frac{3}{2}x + \frac{5}{2} = \frac{2}{3}x \quad |\cdot 6$
ergibt $-9x + 15 = 4x$ oder $13x = 15$;
damit $x = \frac{15}{13}$; $y = \frac{2}{3} \cdot \frac{15}{13} = \frac{10}{13}$. $S\left(\frac{15}{13} \middle| \frac{10}{13}\right)$.

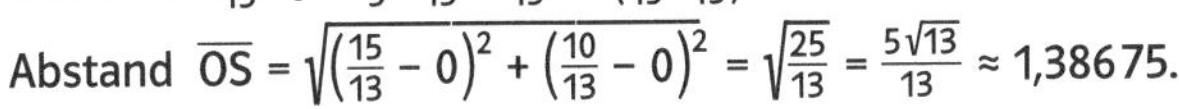

Abstand $\overline{OS} = \sqrt{\left(\frac{15}{13} - 0\right)^2 + \left(\frac{10}{13} - 0\right)^2} = \sqrt{\frac{25}{13}} = \frac{5\sqrt{13}}{13} \approx 1{,}38675$.

7 a) $f(x) = (x - 1)^2 - 1$; $S(1|-1)$
b) $f(x) = 2\left(x + \frac{3}{4}\right)^2 - \frac{25}{8}$; $S\left(-\frac{3}{4} \middle| -\frac{25}{8}\right)$
c) $f(x) = 0{,}25(x - 16)^2 - 65$; $S(16|-65)$

8 a) $x_1 = -3$; $x_2 = 3$ b) $t_1 = -1$; $t_2 = 100$ c) $x_1 = 0$; $x_2 = -3$

112 **9** a) b) c) d) e)

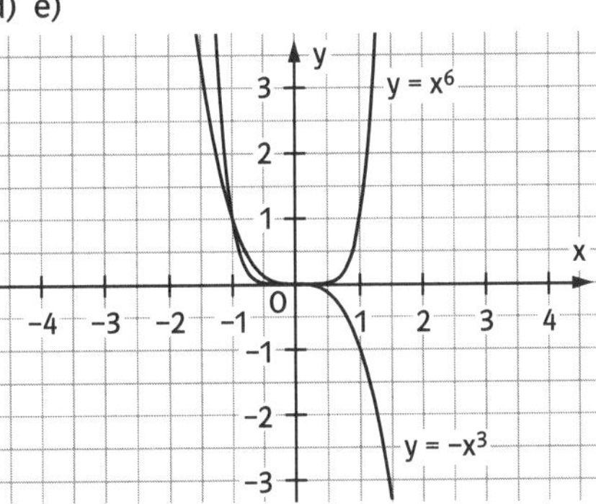

10 a) Graph punktsymmetrisch zu O
b) Graph weder punktsymmetrisch zu O, noch achsensymmetrisch zur y-Achse
c) Graph achsensymmetrisch zur y-Achse

S. 112 **11** a) $f(0{,}5) = 0$; $\frac{f(x)}{x - 0{,}5} = 2(x^2 + 6x - 7)$. Nullstellen $x_1 = 0{,}5$; $x_2 = 1$; $x_3 = -7$.
b) $f(-3) = 0$ und $f(0{,}5) = 0$; $\frac{f(x)}{x - 0{,}5} = 2(x^2 + 4x + 3)$; $\frac{f(x)}{x + 3} = 2x^3 + x - 1$;
Nullstellen: $x_1 = 0{,}5$; $x_2 = -3$; $x_3 = -1$

c) $f(-5) = 0$; $\frac{f(x)}{x + 5} = -x^4 + 1$; Nullstellen: $x_1 = -5$; $x_2 = -1$; $x_3 = 1$.

12 a) -2 ist doppelte Nullstelle, 4 ist einfache Nullstelle. Damit ist $f(x) = a(x + 2)^2(x - 4)$.
Bestimmung von a: $f(2) = -4$, also $a \cdot (2 + 2)^2 \cdot (2 - 4) = -4$, also $-32a = -4$;
$a = \frac{1}{8} = 0{,}125$.
$f(x) = 0{,}125(x + 2)^2(x - 4)$.
b) $f(x) = 0{,}125 \cdot (x^2 + 4x + 4)(x - 4) = 0{,}125 \cdot (x^3 + 4x - 16x + 16) = 0{,}125x^3 - 1{,}5x + 2$.
c) 3 Nullstellen; Schnittpunkt mit der y-Achse $T(0\,|\,-1)$

Aufgabe am Rand:
$f(x) = a \cdot (x - 5)(x - 4)(x - 3)(x - 2)(x - 1)x(x + 1)(x + 2)(x + 3)(x + 4)(x + 5)$

13 a) f ist eine gerade Funktion; -4 und 4 sind doppelte Nullstellen; $f(-4) = 0$; $f(4) = 0$;
$f(0) = 4$.
b) $f(x) = k(x^2 - a)^2$;
$f(0) = 4$, also $k \cdot (-a)^2 = 4$ oder $ka^2 = 4$
$f(4) = 0$, also $k(16 - a)^2 = 0$ oder $(16 - a)^2 = 0$ oder $16 - a = 0$, also $a = 16$;
eingesetzt in $ka^2 = 4$ ergibt sich: $k \cdot 256 = 4$, also $k = \frac{1}{64}$.
$f(x) = \frac{1}{64}(x^2 - 16)^2 = 0{,}015\,625 \cdot (x^2 - 16)^2$
c) Da $f(0) = 4$ ist, muss der Graph nach unten verschoben werden um einen Wert zwischen 0 und 4.
Die Funktion $G(x) = \frac{1}{64}(x^2 - 16)^2 - a$ mit $0 < a < 4$ hat stets vier Nullstellen.

14 a) K_2: Grad 6; Koeffizient positiv; K_1: Grad 5; Koeffizient positiv
b) K_2: Grad 4 oder 6 (da keine Parabel); Koeffizient negativ; K_1: Grad 3; Koeffizient negativ
c) K_1: Grad 3; Koeffizient negativ; K_2: Grad 4; Koeffizient negativ

15 a) Graph ist achsensymmetrisch zur y-Achse.
b) Schnittpunkte mit der x-Achse $S_1(-3\,|\,0)$, $S_2(3\,|\,0)$; Schnittpunkt mit der y-Achse $T(0\,|\,-1{,}125)$.
c) Der Graph strebt jeweils gegen $+\infty$, d.h. er verläuft „von links oben nach rechts oben“
d) Graph rechts.

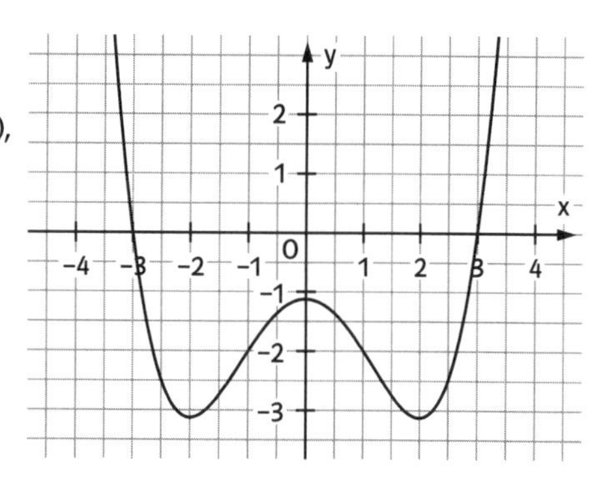

113 **16** a) $S_1(0{,}5\,|\,0)$; $S_2(-1\,|\,-1{,}5)$; $S_3(1\,|\,0{,}5)$

b) $S_1(0{,}5\,|\,4{,}5)$; $S_2(-4\,|\,-36)$; $S_3(2\,|\,18)$

c) $S_1(-5\,|\,0)$; $S_2(0\,|\,0)$; $S_3\left(4\frac{1}{3}\,\middle|\,\frac{1456}{135}\right) \approx S_3(4{,}333\,|\,10{,}785)$

d) $S_1(0\,|\,0)$; $S_2(1\,|\,25)$; $S_3(4\,|\,640)$

17 a) Wertetafel und Graph:

x	0	2	4	6	8	10	12	14	16	18	20	22
K(x)	0,0	9,8	15,7	18,7	19,8	20,0	20,2	21,3	24,3	30,2	40,0	54,6

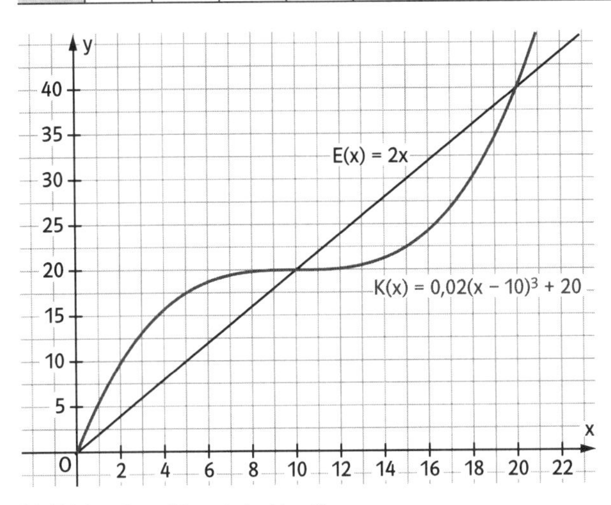

b) $E(x) = 2x$ (Graph in Fig. 1)

c) Gewinn ab der Stückzahl 10 und bis zur Stückzahl 20.
Maximaler Gewinn bei ca. 16 ME in Höhe von ca. 8 GE.

18 a) $f(x) = 1{,}25x^3 - 7{,}5x^2 + 20x + 20$
Graph mit dem CAS:

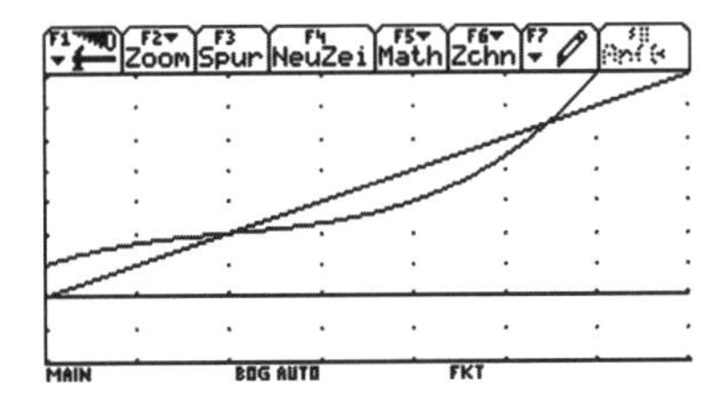

S. 113 **18** b) Gewinnschwelle: $x_1 = 2$ bei einer Einnahme von 40 GE
Gewinngrenze: $x_2 = 2 + 2\sqrt{3} \approx 5{,}464$ bei einer Einnahme von ca. 109,3 GE

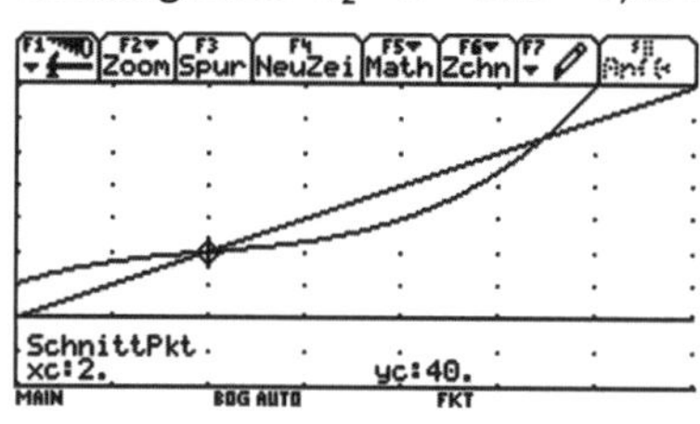

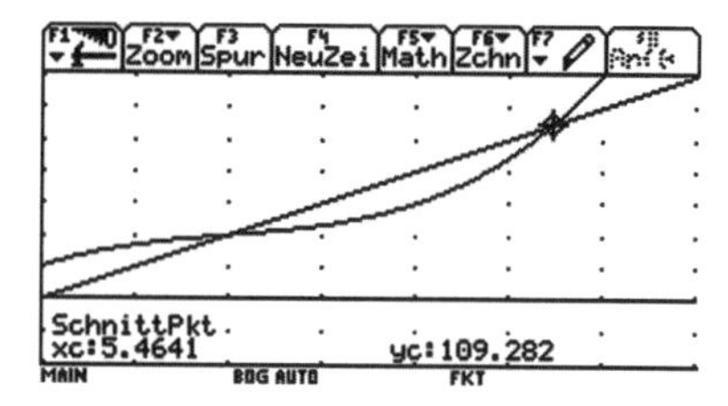

c) $E(x) = 75$ ergibt $20x = 75$, also $x = 3{,}75$.
$K(3{,}75) \approx 55{,}45$; Gewinn in GE: $E(3{,}75) - K(3{,}75) \approx 19{,}55$

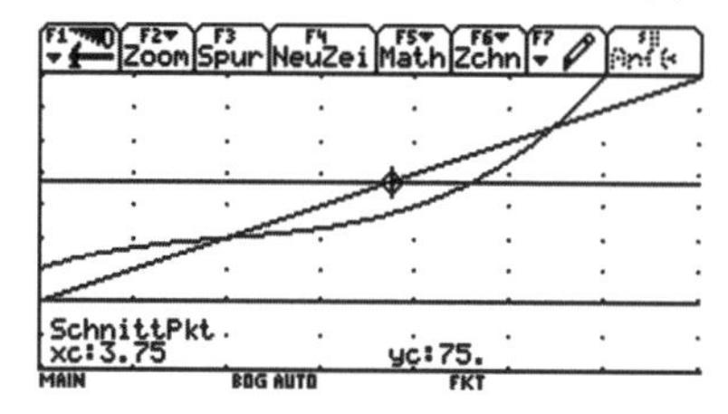

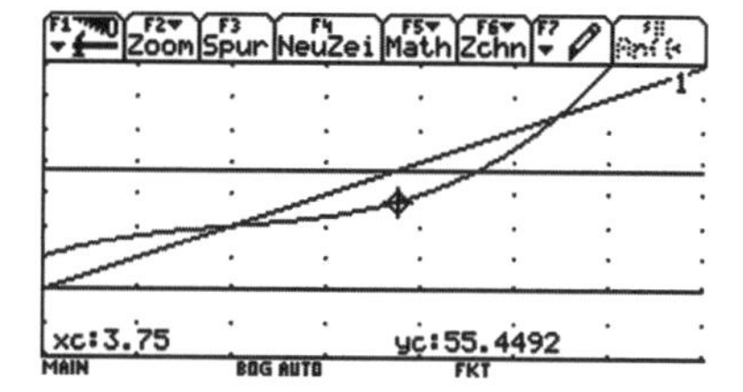

d) Gewinnfunktion G: $G(x) = E(x) - K(x) = -1{,}25x^3 + 7{,}5x^2 - 20$;
Maximaler Gewinn in GE bei ca. $x = 4$. Er beträgt ca. 20 GE.

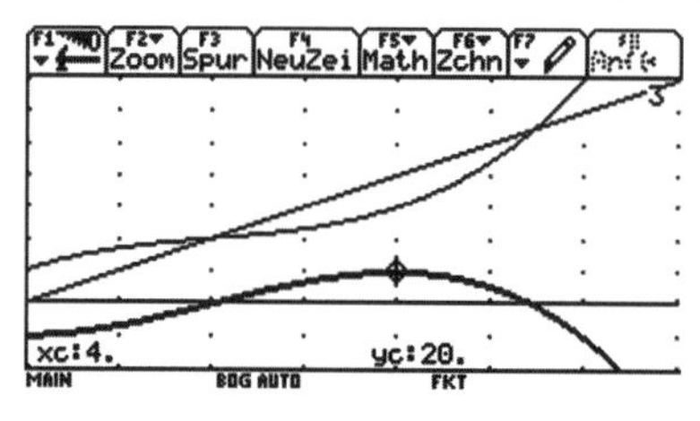

e) Stückkostenfunktion $S = \frac{K(x)}{x} = 1{,}25x^2 - 7{,}5x + 20 + \frac{20}{x}$

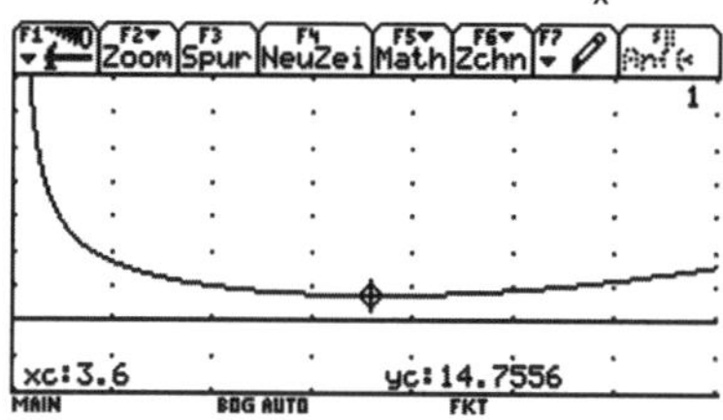

f) Die Stückkosten sind etwa bei $x = 3{,}6$ am geringsten mit ca. 14,76 GE.

113 **19** a) Lösung mit dem CAS; Fenster und Graph.

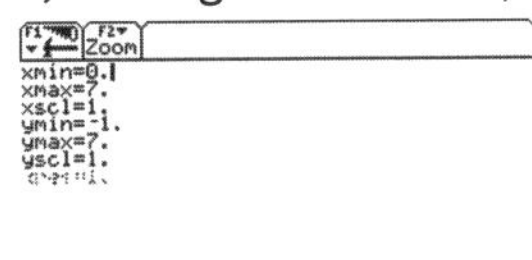

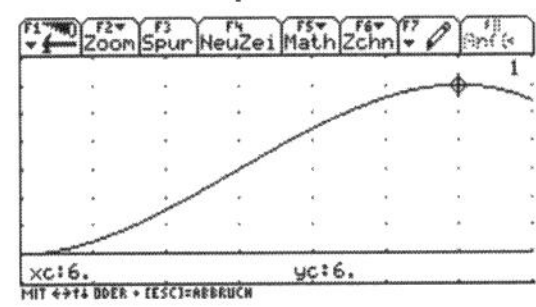

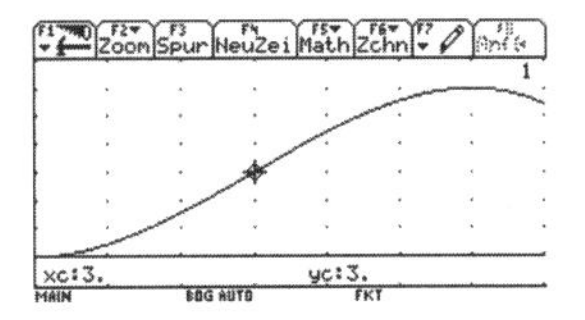

b) 6 km nach 6 Minuten; 3 km nach 3 Minuten.

c) 5 km nach 4,445 Minuten
= 4 Minuten + 0,445 · 60 Sekunden
≈ 4 Minuten 27 Sekunden

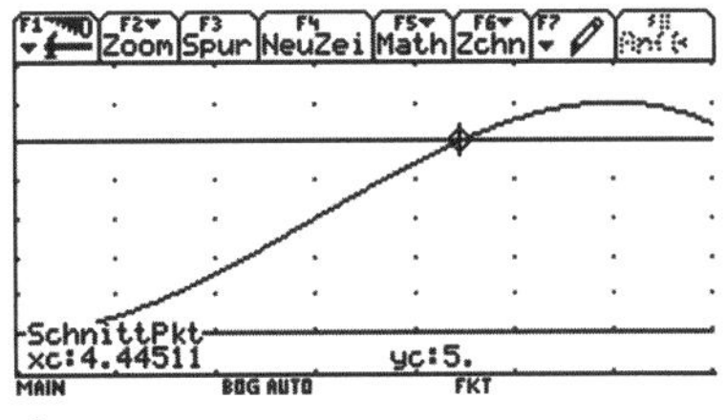

d) Die Geschwindigkeit nimmt ab; sie geht gegen 0.

e) Der Graph ist am steilsten etwa bei $t = 3$, d.h., der Wagen hat nach drei Minuten die größte Geschwindigkeit.

20 a) Linkes Gefäß: $y = 6t + 3$; rechtes Gefäß: $y = 7t + 2$
(y: jeweilige Wasserhöhe in dm;
t Zeit in Minuten).

b) Graph rechts

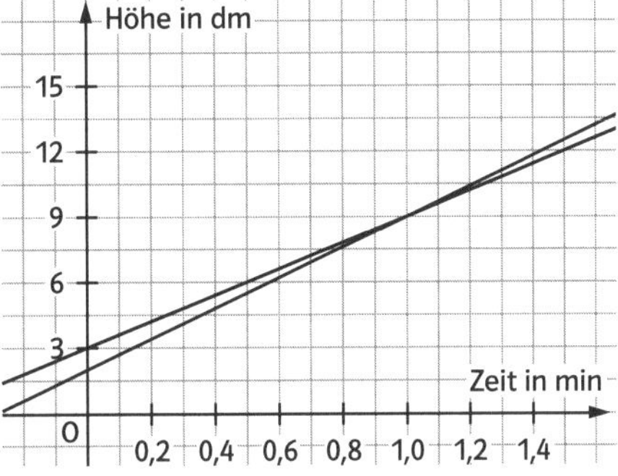

c) Da $6t + 3 = 7t + 2$ den Wert $t = 1$ ergibt, wäre nach 1 Minute der Wasserstand in beiden Gefäßen gleich hoch und zwar 9 dm.
Da das Gefäß aber nur 8,5 dm hoch ist, ist die Frage mit „nein" zu beantworten, d.h. der Wasserspiegel von Gefäß 2 erreicht nicht die Höhe von Gefäß 1, bevor es überläuft.

IV Einführung in die Differenzialrechnung

1 Änderungsrate und Steigung

S. 120 **1** Ein Tachometer misst z. B. in dem Zeitintervall von einer Sekunde die jeweils zurückgelegte Strecke und berechnet daraus die Durchschnittsgeschwindigkeit. Diese wird am Tachometer dann angezeigt.

2 a) Die in [1; 2] (in Sekunden) zurückgelegte Strecke (in Metern) ist $4 - 1 = 3$, also ist $\bar{v} = 3\frac{m}{s}$.
b) Die in [1; 3] zurückgelegte Strecke ist $9 - 1 = 8$, also ist $\bar{v} = \frac{8\,m}{2\,s} = 4\frac{m}{s}$.
c) Die in [1,75; 2,25] zurückgelegte Strecke ist ca. $5 - 3$, also ist $\bar{v} = \frac{2\,m}{0{,}5\,s} = 4\frac{m}{s}$.
Dies dürfte der Geschwindigkeit in der 2. Sekunde sehr nahe kommen.

S. 122 **3** Für $t_0 = 1$ ist $s(t_0) = 4$

Zeit t	0	0,5	0,9	0,99	0,999	...	1,001	1,01	1,1	1,5	2
$\frac{s(t)-4}{t-1}$	4,0	6,0	7,60	7,960	7,9960	...	8,0040	8,040	8,40	10,0	12,0

Der Tabelle entnimmt man, dass für $t \to 1$ gilt: $\frac{s(t)-4}{t-1} \to 8$.
Die momentane Geschwindigkeit zur Zeit 1 beträgt 8.

Für $t_0 = 2$ ist $s(t_0) = 16$.

Zeit t	1	1,5	1,9	1,99	1,999	...	2,001	2,01	2,1	2,5	3
$\frac{s(t)-16}{t-2}$	12	14	15,6	15,96	15,996	...	16,004	16,04	16,4	18	20

Der Tabelle entnimmt man, dass für $t \to 2$ gilt: $\frac{s(t)-16}{t-2} \to 16$.
Die momentane Geschwindigkeit zur Zeit 2 beträgt 16.

Für $t_0 = 3$ ist $s(t_0) = 36$.

Zeit t	2	2,5	2,9	2,99	2,999	...	3,001	3,01	3,1	3,5	4
$\frac{s(t)-36}{t-3}$	20	22	23,6	23,96	23,996	...	24,004	24,04	24,4	26	28

Der Tabelle entnimmt man, dass für $t \to 3$ gilt: $\frac{s(t)-36}{t-3} \to 24$.
Die momentane Geschwindigkeit zur Zeit 3 beträgt 24.

4 a) Für $t_0 = 3$ ist $s(t_0) = 51$.

Zeit t	2	2,5	2,9	2,99	2,999	...	3,001	3,01	3,1	3,5	4
$\frac{s(t)-51}{t-3}$	15	14,5	14,1	14,01	14,001	...	13,999	13,99	13,9	13,5	13

Der Tabelle entnimmt man, dass für $t \to 3$ gilt: $\frac{s(t)-51}{t-3} \to 14$.
Die momentane Geschwindigkeit zur Zeit 3 s beträgt $14\frac{m}{s} = 50{,}4\frac{km}{h}$.

122 **4** b) Für $t_0 = 5$ ist $s(t_0) = 75$.

Zeit t	4	4,5	4,9	4,99	4,999	...	5,001	5,01	5,1	5,5	6
$\frac{s(t)-75}{t-5}$	11	10,5	10,1	10,01	10,001	...	9,999	9,99	9,9	9,5	9

Der Tabelle entnimmt man, dass für $t \to 5$ gilt: $\frac{s(t)-75}{t-5} \to 10$.
Die momentane Geschwindigkeit zur Zeit 5 s beträgt $10\,\frac{m}{s} = 36\,\frac{km}{h}$.

c) Für $t_0 = 8$ ist $s(t_0) = 96$.

Zeit t	7	7,5	7,9	7,99	7,999	...	8,001	8,01	8,1	8,5	9
$\frac{s(t)-96}{t-8}$	5	4,5	4,1	4,01	4,001	...	3,999	3,99	3,9	3,5	3

Der Tabelle entnimmt man, dass für $t \to 8$ gilt: $\frac{s(t)-96}{t-8} \to 4$.
Die momentane Geschwindigkeit zur Zeit 8 s beträgt $4\,\frac{m}{s} = 14{,}4\,\frac{km}{h}$.

d) Für $t_0 = 10$ ist $s(t_0) = 100$.

Zeit t	9	9,5	9,9	9,99	9,999	...	10,001	10,01	10,1	10,5	11
$\frac{s(t)-100}{t-10}$	1	0,5	0,1	0,01	0,001	...	−0,001	−0,01	−0,1	−0,5	−1

Der Tabelle entnimmt man, dass für $t \to 10$ gilt: $\frac{s(t)-100}{t-10} \to 0$.
Die momentane Geschwindigkeit zur Zeit 10 s beträgt $0\,\frac{m}{s} = 0\,\frac{km}{h}$.

5 Für $x_0 = 3$ ist $G(3) = 2{,}5$.

Menge x	2,9	2,99	2,999	2,9999	...	3,0001	3,001	3,01	3,1
$\frac{G(x)-2{,}5}{x-3}$	0,6410	0,6266	0,6252	0,6250	...	0,6250	0,6248	0,6234	0,6098

Der Tabelle entnimmt man, dass für $x \to 3$ gilt $\frac{G(x)-2{,}5}{x-3} \to 0{,}6250$.
Die momentane Zunahme der Kosten bei 3 ME beträgt $0{,}6250\,\frac{GE}{ME}$, d.h., bei Produktion von 3 ME steigen die Kosten für eine zusätzliche ME um 0,6250 GE.

Für $x_0 = 8$ ist $G(8) = \frac{35}{9} \approx 3{,}8889$.

Menge x	7,9	7,99	7,999	7,9999	...	8,0001	8,001	8,01	8,1
$\frac{G(x)-\frac{35}{9}}{x-8}$	0,12484	0,12359	0,12347	0,12346	...	0,12346	0,12344	0,12332	0,12210

Der Tabelle entnimmt man, dass für $x \to 8$ gilt $\frac{G(x)-\frac{35}{9}}{x-8} \to 0{,}12346$.
Die momentane Zunahme der Kosten bei 8 ME beträgt ca. $0{,}12346\,\frac{GE}{ME}$, d.h., bei Produktion von 8 ME steigen die Kosten für eine zusätzliche ME um 0,12346 GE.

2 Ableiten, Ableitungsfunktion

S. 123 **1** a) Graph rechts

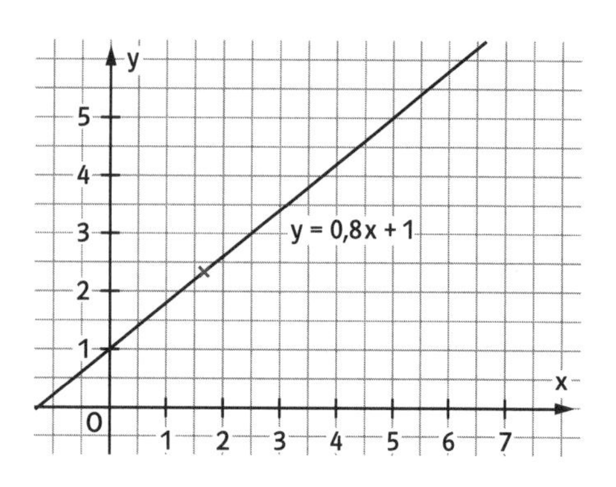

b) $\frac{f(1) - f(2)}{1 - 2} = \frac{1{,}8 - 2{,}6}{1 - 2} = \frac{-0{,}8}{-1} = 0{,}8;$

$\frac{f(4) - f(2)}{4 - 2} = \frac{4{,}2 - 2{,}6}{4 - 2} = \frac{1{,}6}{2} = 0{,}8;$

$\frac{f(2{,}1) - f(2)}{2{,}1 - 2} = \frac{2{,}68 - 2{,}6}{0{,}1} = \frac{0{,}08}{0{,}1} = 0{,}8;$

$\frac{f(2{,}01) - f(2)}{2{,}01 - 2} = \frac{2{,}608 - 2{,}6}{0{,}01} = \frac{0{,}008}{0{,}01} = 0{,}8$

c) Die Werte sind gleich.
Lokale Änderungsrate für den x-Wert 2 ist offensichtlich 0,8, also die Steigung der Geraden.

S. 126 **2** $f'(x) = 4x - 3$ $\quad(f'(x) = 6x^2 + 4)$

a) $f(0) = 0;\ f'(0) = -3$ $\quad(f(0) = 0;\ f'(0) = 4)$

b) $f(1) = -1;\ f'(1) = 1$ $\quad(f(1) = 6;\ f'(1) = 10)$

c) $f(-1) = 5;\ f'(-1) = -7$ $\quad(f(-1) = -6;\ f'(-1) = 10)$

d) $f(2) = 2;\ f'(2) = 5$ $\quad(f(2) = 24;\ f'(2) = 28)$

e) $f(a) = 2a^2 - 3a;\ f'(a) = 4a - 3$ $\quad(f(a) = 2a^3 + 4a;\ f'(a) = 6a^2 + 4)$

3 a) $f(x) = x^2;\ f'(x) = 2x$

x_0	$\frac{1}{4}$	1	2,25	3	25
$f'(x_0)$	$\frac{1}{2}$	2	4,5	6	50

b) $g(x) = x^3;\ g'(x) = 3x^2$

x_0	$\frac{1}{4}$	1	2,25	3	25
$g'(x_0)$	$\frac{3}{16}$	3	15,1875	27	1875

$h(x) = \frac{1}{x};\ h'(x) = -\frac{1}{x^2}$

x_0	$\frac{1}{4}$	1	2,25	3	25
$h'(x_0)$	−16	−1	$-\frac{16}{81} \approx -0{,}19753$	$-\frac{1}{9}$	$-\frac{1}{625}$

$k(x) = x;\ k'(x) = 1$

x_0	$\frac{1}{4}$	1	2,25	3	25
$k'(x_0)$	1	1	1	1	1

4 $f(x) = \frac{1}{4}x^2 - 2;\ f'(x) = \frac{1}{2}x$

a) $f'(-2) = -1$

b) $f'(x) = -8$: $\frac{1}{2}x = -8$ ergibt $x_0 = -16$.

c) $f'(x) = \frac{1}{2}x = 0$ für $x = 0$. In $P(0\,|\,-2)$ ist die Steigung 0.

d) $f'(x) = \frac{1}{2}x = 1\,000\,000$ ergibt $x = 2\,000\,000$; $Q(2\,000\,000\,|\,1\,000\,000)$

126 **5** a) $f'(x) > 0$ für alle x.
b) $f'(x) = 0$ für $x_1 \approx -2{,}25$ und für $x_2 \approx 2{,}25$; $f'(x) > 0$ für $x < -2{,}25$ und für $x > 2{,}25$; $f'(x) < 0$ für $-2{,}25 < x < 2{,}25$
c) $f'(x) = 0$ für $x_1 \approx -2{,}1$, $x_2 = 0$ und $x_3 \approx 2{,}8$; $f'(x) > 0$ für $-2{,}1 < x < 0$ und für $x > 2{,}8$; $f'(x) < 0$ für $x < -2{,}1$ und für $0 < x < 2{,}8$

6 a) $f'(x) = 4x^3$ b) $f'(x) = 6x^5$ c) $f'(x) = 9x^8$ d) $f'(x) = 12x^{11}$
e) $f'(x) = 70x^{34}$ f) $f'(x) = -x^{-6}$ g) $f'(x) = -\frac{1}{2}x^{-8}$ h) $f'(x) = -0{,}1x^{-11}$
i) $f'(x) = -\frac{8}{x^9}$ j) $f'(x) = 9x^8$ k) $f'(x) = -\frac{39}{x^{40}}$ l) $f'(x) = 100x^{99}$

7 a) $f'(x) = 4x^3 = 4$; also $x_0 = 1$: $P(1|1)$
b) $f'(x) = 3x^2 = 12$; also $x_1 = -2$; $x_2 = 2$: $P_1(-2|-8)$; $P_2(2|8)$
c) $f'(x) = 100x^{99} = \frac{100}{2^{99}}$; also $x_0 = \frac{1}{2}$: $P_0\left(\frac{1}{2}\middle|\frac{1}{2^{100}}\right)$
d) $f'(x) = 0$; 1 ist nicht möglich; es gibt keinen entsprechenden Punkt, was anschaulich klar ist.
e) $f'(x) = 6x^5 = 18750$; also $x^5 = 3125$; damit $x_0 = 5$: $P_0(5|15625)$
f) $f'(x) = 7x^6 = 448$; also $x^6 = 64$; damit $x_0 = 2$: $P_0(2|128)$

8 a) $G(x) = 0{,}05x^2 + x$ mit $0 \leqq x \leqq 25$; $G'(x) = 0{,}1x + 1$; $G'(12) = 2{,}2$.
b) $G'(x) = 3$ oder $0{,}1x + 1 = 3$ ergibt $x = 20$.

9 a) $f'(x) = 0{,}02x - 0{,}1$; $f'(x) = 0$ ergibt $0{,}02x - 0{,}1 = 0$, also $x = 5$.
b) $f'(x) = 2{,}5\,\% = 0{,}025$ ergibt $0{,}02x - 0{,}1 = 0{,}025$, also $x = 6{,}25$.
Bedeutung: Die Straße steigt bei Kilometer 6,25 leicht an.
c) $f'(x) = 10\,\% = 0{,}1$ ergibt $0{,}02x - 0{,}1 = 0{,}1$, also $x = 10$;
$f'(x) = -10\,\% = -0{,}1$ ergibt $0{,}02x - 0{,}1 = -0{,}1$, also $x = 0$.
Damit hat die Straße bei Kilometer 10 eine Steigung von 10 %, bei Kilometer 0 ein Gefälle von 10 %.

10 a) An der Stelle, an welcher der Graph einen Extremwert hat (Scheitel), hat die Ableitungsfunktion eine Nullstelle.

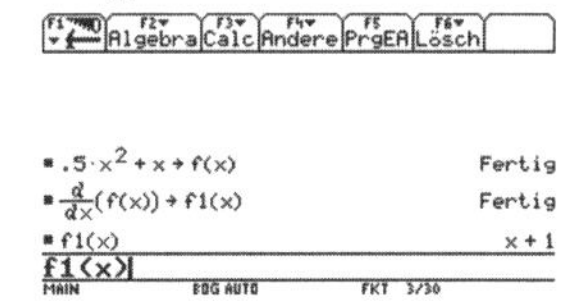

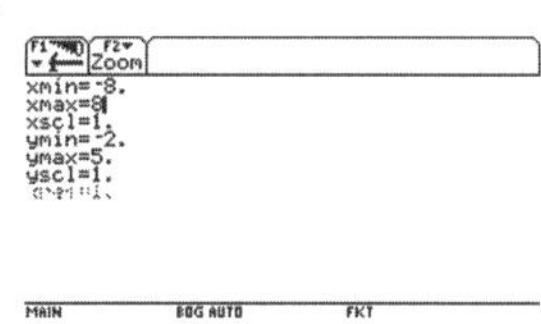

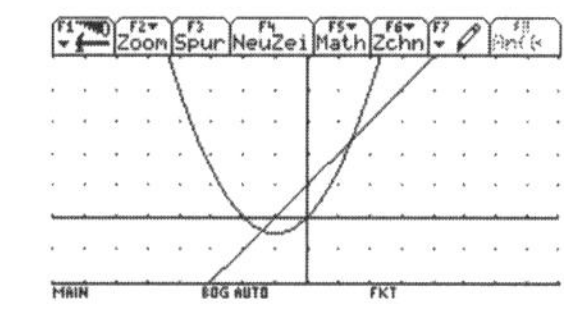

b) In den Bereichen mit positiver Steigung verläuft der Graph von f′ oberhalb der x-Achse, in Bereichen mit negativer Steigung verläuft er unterhalb der x-Achse.

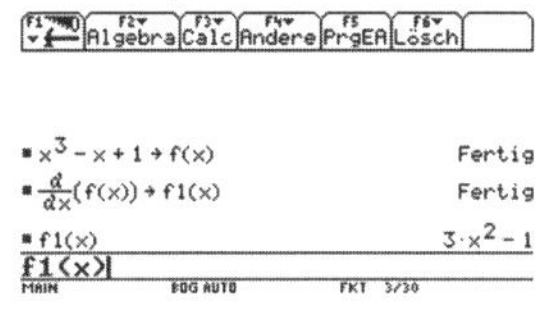

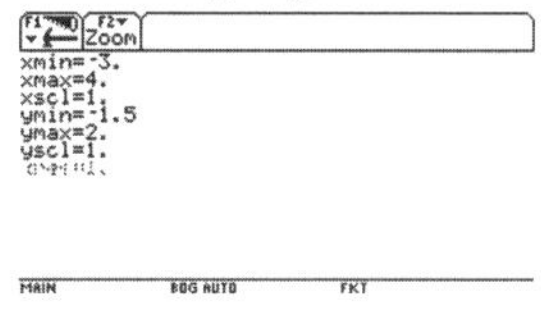

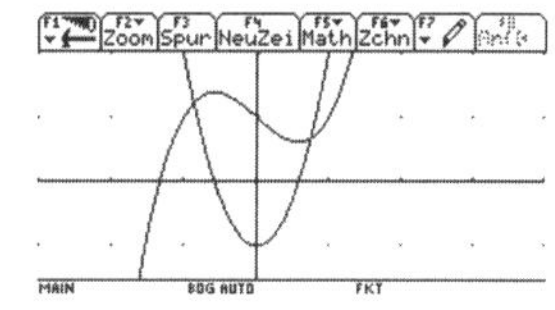

S. 126 **10** c) Obwohl es so aussieht (wegen des sehr großen y-Bereichs), als verlaufe der Graph von f im Nullpunkt waagerecht, ist dies nicht der Fall. Die Ableitung an der Stelle 0 hat nämlich denn Wert 1. Der Graph von f steigt also dort.

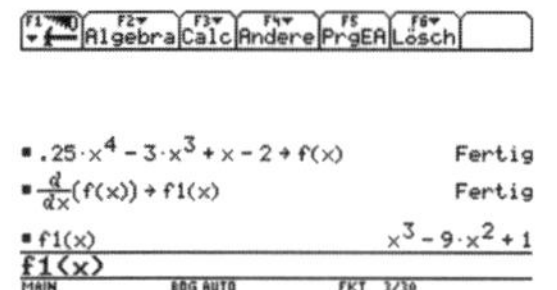

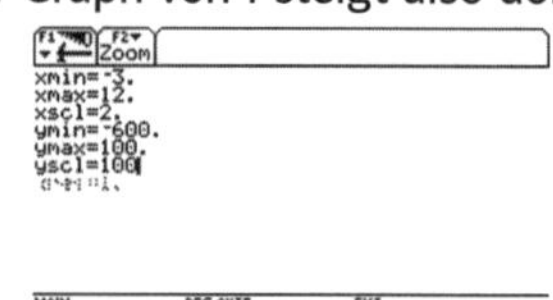

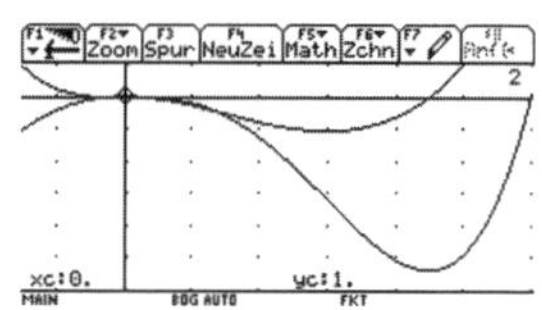

3 Tangente und Normale

S. 127 **1** a) $f'(x) = 2x$; $f'(-2) = 4$; also $m = -4$

g: $y = -4(x + 2) + 4$ oder $y = -4x - 4$

b) $x^2 = -4x - 4$ oder $x^2 + 4x + 4 = 0$;
damit gilt $(x + 2)^2 = 0$ also $x_0 = -2$.
Damit ist der einzige gemeinsame Punkt zwischen Gerade und Graph der Punkt $P_0(-2|4)$.

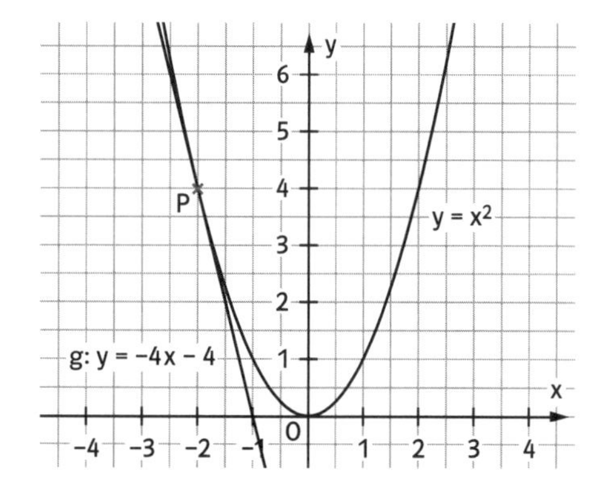

S. 130 **2** Funktion (1)

a) $f(0) = 1$; $f'(0) = 0$

b) $x_1 = -1$; $x_2 = 0$; $x_3 = 2$

c) $S_1(0{,}95\,|\,0)$, $f'(0{,}95) \approx -2$;
$S_2(2{,}65\,|\,0)$, $f'(2{,}65) \approx 6$

d) $y = 0{,}6$

e) $f'(x) > 0$ für $-1 < x < 0$ und für $x > 2$

Funktion (2)

$f(0) = 0$; $f'(0) \approx 1{,}25$

$x_1 = -2$; $x_2 = 1$; $x_3 = 3$

$S_1(0\,|\,0)$, $f'(0) \approx 1{,}25$; $S_2(2{,}2\,|\,0)$,
$f'(2{,}2) \approx -0{,}8$; $S_3(3{,}6\,|\,0)$, $f'(3{,}6) \approx 1{,}7$

$y - (-1{,}5) = 1{,}6 \cdot (x - (-1))$; $y = 1{,}6x + 0{,}1$

$f'(x) > 0$ für $-2 < x < 1$ und für $x > 3$

3 a) $f(x) = \frac{1}{2}x^2$; $f'(x) = x$; $f'(2) = 2$.

t: $y - 2 = 2(x - 2)$; $y = 2x - 2$; n: $y - 2 = -\frac{1}{2}(x - 2)$; $y = -\frac{1}{2}x + 3$

b) $f(x) = x^2 - x$; $f'(x) = 2x - 1$; $f'(-2) = -5$.

t: $y - 6 = -5(x - (-2))$; $y = -5x - 4$; n: $y - 6 = \frac{1}{5}(x + 2)$; $y = \frac{1}{5}x + 6{,}4$

c) $f(x) = 2x - \frac{1}{4}x^2$; $f'(x) = 2 - \frac{1}{2}x$; $f'(2) = 1$.

t: $y - 3 = x - 2$; $y = x + 1$; n: $y - 3 = -1(x - 2)$; $y = -x + 5$

130 **4** $f(x) = \frac{1}{16}(-x^4 + 6x^2 + 27)$; $f'(x) = \frac{1}{16}(-4x^3 + 12x) = \frac{1}{4}(-x^3 + 3x)$

a) $f(-1) = 2$; $f'(-1) = -\frac{1}{2}$: Tangente t: $y - 2 = -\frac{1}{2}(x + 1)$; $y = -\frac{1}{2}x + \frac{3}{2}$;
Normale n: $y - 2 = 2 \cdot (x + 1)$; $y = 2x + 4$

b) Da der Graph von f achsensymmetrisch zur y-Achse ist, hat die Tangente in $B(1|2)$ die Steigung $\frac{1}{2}$. Damit lauten die zugehörigen Gleichungen: t: $y = \frac{1}{2}x + \frac{3}{2}$ und n: $y = -2x + 4$.

5 a) $m_N = \frac{1}{4}$; $B(-2|4)$; n: $y - 4 = \frac{1}{4}(x + 2)$,
also $y = \frac{1}{4}x + \frac{9}{2}$

b) $x^2 = \frac{1}{4}x + \frac{9}{2}$ ergibt $x^2 - \frac{1}{4}x - \frac{9}{2} = 0$
mit $x_1 = -2$ (x-Wert von B) und $x_2 = 2{,}25$;
$f(2{,}25) = \frac{81}{16} = 5{,}0625$, also $S(2{,}25 | 5{,}0625)$.

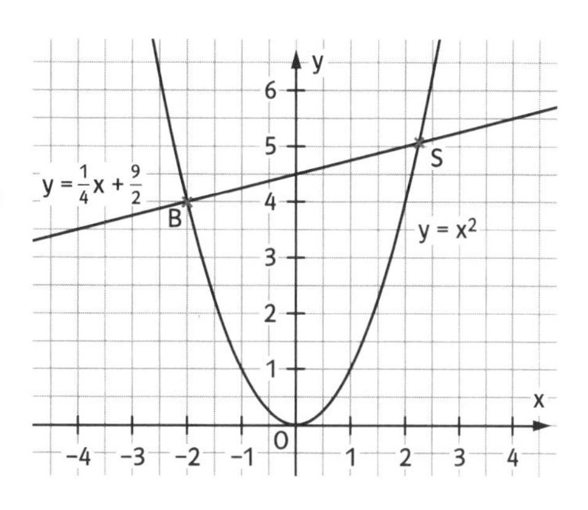

6 a) $f'(1) = -2$; Tangente: $y = -2x + 3$

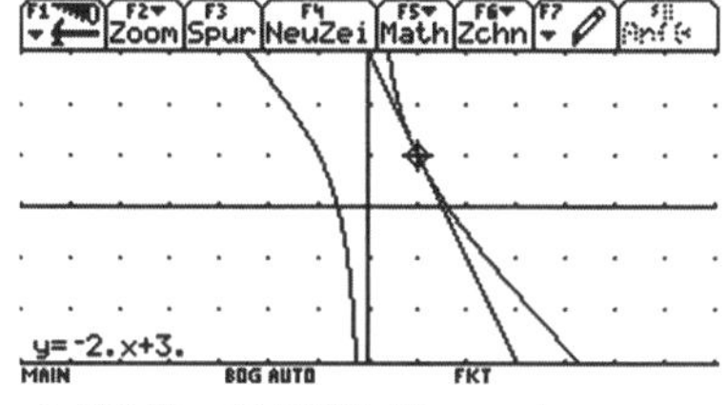

b) $f'(7) \approx 11{,}7649$; Tangente:
$y = -11{,}7649x - 82{,}3543$

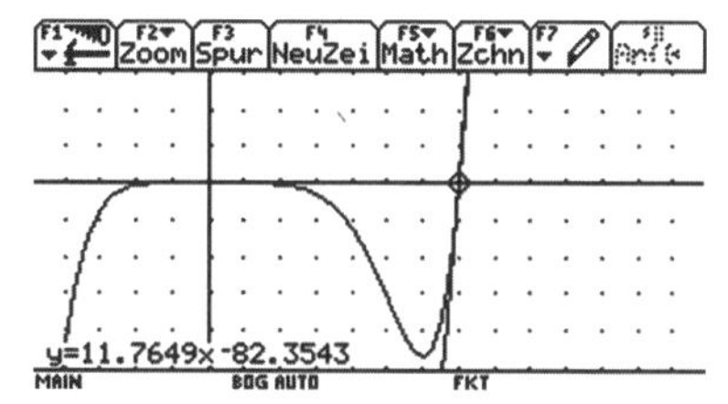

c) $f'(1{,}5) \approx 11{,}7000$; Tangente:
$y = 11{,}7000x - 15{,}1875$

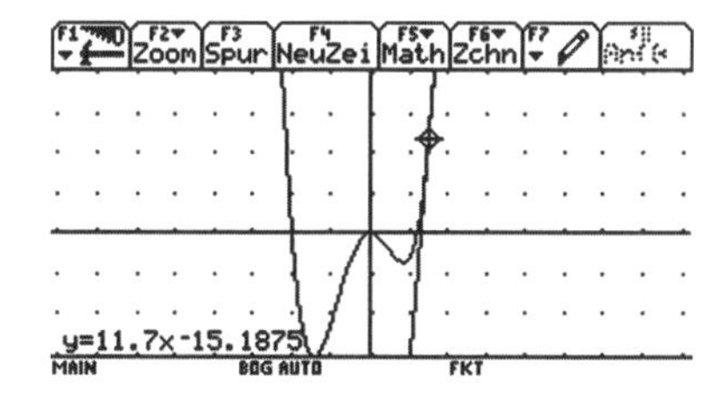

d) $f'(-1) = 0$; Tangente: $y = -4$

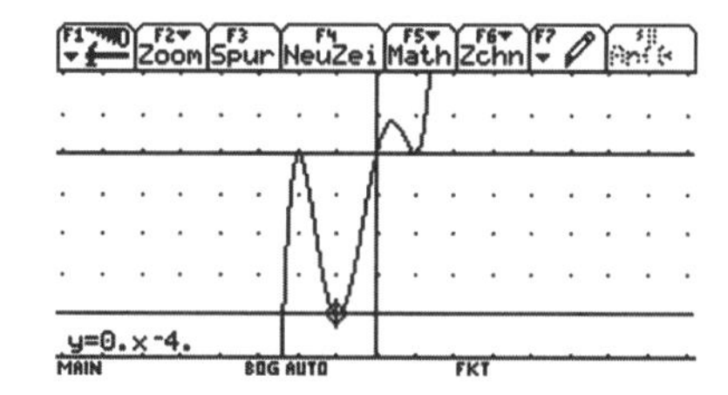

7 $f(x) = x^2$; $f'(x) = 2x$; Bedingung: $f'(x) = 1$, also $2x = 1$; $x_0 = \frac{1}{2}$.
Da $f\left(\frac{1}{2}\right) = \frac{1}{4}$ ist, ergibt sich als Berührpunkt $B\left(\frac{1}{2} \middle| \frac{1}{4}\right)$.

S. 130 **8** a) $f(x) = x^4$; $f'(x) = 4x^3$; $4x^3 = \frac{1}{2}$ ergibt $x^3 = \frac{1}{8}$, also $x_0 = \frac{1}{2}$.
Da $f\left(\frac{1}{2}\right) = \frac{1}{16}$ ist, ergibt sich $P\left(\frac{1}{2} \middle| \frac{1}{16}\right)$.
b) $f(x) = x^8$; $f'(x) = 8x^7$; $8x^7 = -\frac{1}{16}$ ergibt $x^7 = -\frac{1}{128}$, also $x_0 = -\left(\frac{1}{128}\right)^{\frac{1}{7}} = -\sqrt[7]{\frac{1}{128}} = -\frac{1}{2}$.
Da $f\left(-\frac{1}{2}\right) = \frac{1}{256}$ ist, ergibt sich $P\left(-\frac{1}{2} \middle| \frac{1}{256}\right)$.
c) $f(x) = x^3$; $f'(x) = 3x^2$; $3x^2 = 12$ ergibt $x^2 = 4$, also $x_1 = -2$; $x_2 = 2$.
Da $f(-2) = -8$ und $f(2) = 8$ ist ergeben sich die Punkte $P_1(-2|-8)$ und $P_2(2|8)$.

Aufgabenstellung am Rand z.B. zu 8a): In welchem Punkt ist die Tangente an den Graphen von f parallel zur Geraden mit der Gleichung $y = \frac{1}{2}x + 4$.

9 Berührpunkt $B\left(x_0 \middle| -\frac{1}{2}x_0^3 + \frac{3}{2}x + 2\right)$. $f'(x) = -\frac{3}{2}x_0^2 + \frac{3}{2}$.
Bedingung: Steigung von PB = $f'(x_0)$: (*) $\frac{-\frac{1}{2}x_0^3 + \frac{3}{2}x_0 + 2 - 5}{x_0 - 2} = -\frac{3}{2}x_0^2 + \frac{3}{2}$ $\quad | 2 \cdot (x_0 - 2)$
$-x^3 + 3 \cdot x - 6 = -3 \cdot x^3 + 6 \cdot x^2 + 3 \cdot x - 6$ oder $2x^3 - 6x^2 = 2x^2 \cdot (x - 3) = 0$ mit den Lösungen $x_1 = 0$ und $x_2 = 3$.
Da $f(0) = 2$ und $f(3) = -7$ ist, gibt es zwei Berührpunkte $B_1(0|2)$ und $B_2(3|-7)$.
Tangente in B_1: $y = 1{,}5x + 2$, Tangente in B_2: $y = -12x + 29$.
Die Gleichung (*) kann man auch mit dem CAS sehr einfach lösen, indem man die linke und rechte Seite als Funktion auffasst und die Schnittstellen ihrer Graphen berechnet.

10 Berührpunkt $B\left(x_0 \middle| \frac{1}{8}x_0^3 \cdot (x_0 + 4)\right)$; $f'(x) = \frac{1}{2}x_0^3 + \frac{3}{2}x_0^2$
Bedingung: Steigung von PB = $f'(x_0)$: (*) $\frac{\frac{1}{8}x_0^3 \cdot (x_0 + 4) - 6}{x_0 - 2} = \frac{1}{2}x_0^3 + \frac{3}{2}x_0^2$ $\quad | 2 \cdot (x_0 - 2)$
$\frac{1}{4}x_0^4 + x_0^3 - 12 = x_0^4 + x_0^3 - 6x_0^2$ oder $\frac{3}{4}x_0^4 - 6x_0^2 + 12 = 0$ mit $x_1 = -2$, $x_2 = 2$
Da $f(-2) = -2$ und $f(2) = 6$ ist, gibt es zwei Berührpunkte $B_1(-2|-2)$ und $B_2(2|6) = P$.
Tangente in B_1: $y = 2x + 2$, Tangente in B_2: $y = 10x - 14$.
Die Gleichung (*) kann man auch mit dem CAS sehr einfach lösen!

4 *Monotonie – höhere Ableitungen*

S. 131 **1** a) Der Graph von Fig. 1 ist der beste, da das Vermögen stark ansteigt. Der Graph von Fig. 2 fällt mit wachsenden x-Werten, in Fig. 3 bleiben die Funktionswerte gleich.
In Fig. 1 ist $f'(x) \geqq 0$ für alle x , in Fig. 2 ist $f'(x) \leqq 0$ für alle x, in Fig. 3 ist $f'(x) = 0$ für alle x der Definitionsmenge.
In Fig. 1 gilt für alle x mit $x_1 < x_2$: $f(x_1) \leqq f(x_2)$; in Fig. 2 gilt für alle x mit $x_1 < x_2$: $f(x_1) \geqq f(x_2)$; in Fig. 3 gilt für alle x mit $x_1 < x_2$: $f(x_1) = f(x_2)$;

132 **2** a) Der Graph wächst monoton. Bei 8 ct je Minute erhält man den Graphen bei kontinuierlicher Abrechnung:

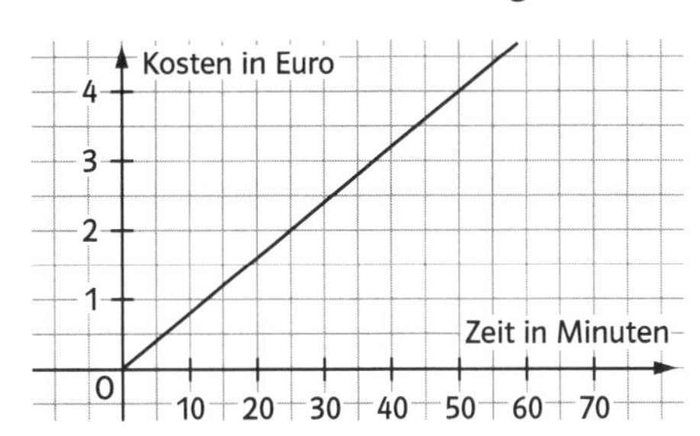

bei Abrechnung auf volle Minuten:

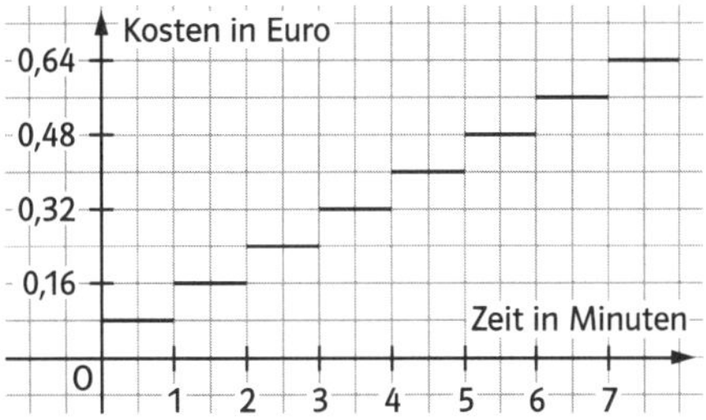

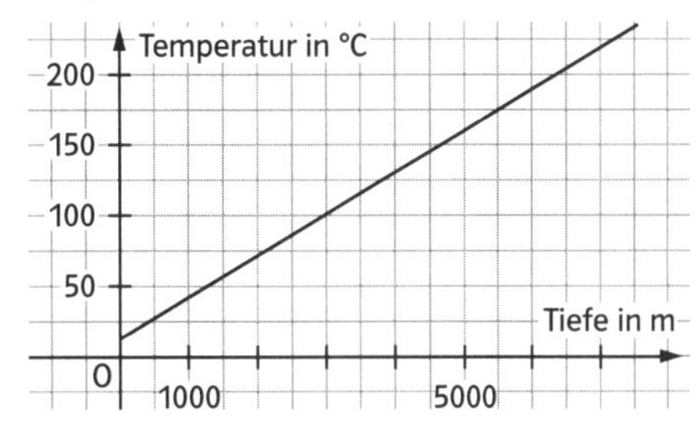

b) Der Graph fällt monoton wegen der Inflation.

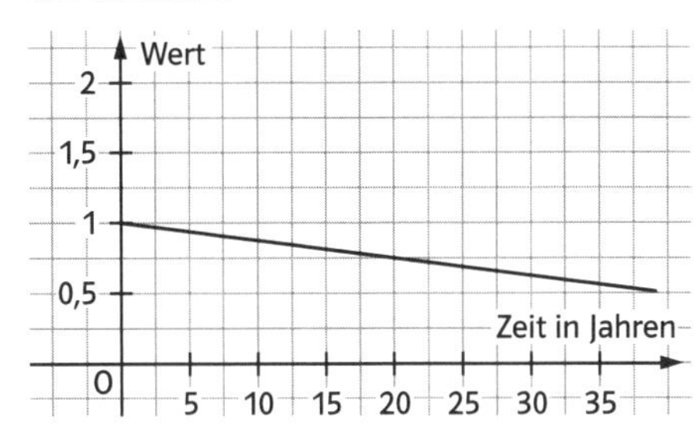

c) Der Graph wächst monoton.
Möglicher Verlauf:

3 a) f steigt monoton in [−4; −3] und in [3; 4], f fällt monoton in [−3; 3].
$f'(x) = 0$ für $x_1 = -3$, $x_2 = 0$ und $x_3 = 3$.
b) f steigt monoton in [0; 1] und in [4; 5], f fällt monoton in [−1; 0] und in [1; 4].
$f'(x) = 0$ für $x_1 = 0$, $x_2 = 1$ und $x_3 = 4$.
c) f steigt monoton in [−3; −1], in [0; 2] und in [4; 4,6], f fällt monoton in [−3,6; −3], in [−1; 0] und in [2; 4].
$f'(x) = 0$ für $x_1 = -3$, $x_2 = -1$, $x_3 = 0$, $x_4 = 2$ und $x_5 = 4$.

4 a) f fällt monoton in]−∞; 0], f steigt monoton in [0; ∞[.
b) f fällt monoton in]−∞; 0], f steigt monoton in [0; ∞[.
c) f steigt monoton in]−∞; ∞[.
d) f steigt monoton in]−∞; ∞[.
e) f fällt monoton in]−∞; ∞[.

5 a) $f'(x) = 2x - 2$;
Graph von f′ in Fig. 1.
f fällt monoton in [−2; 1];
f steigt monoton in [1; 4].

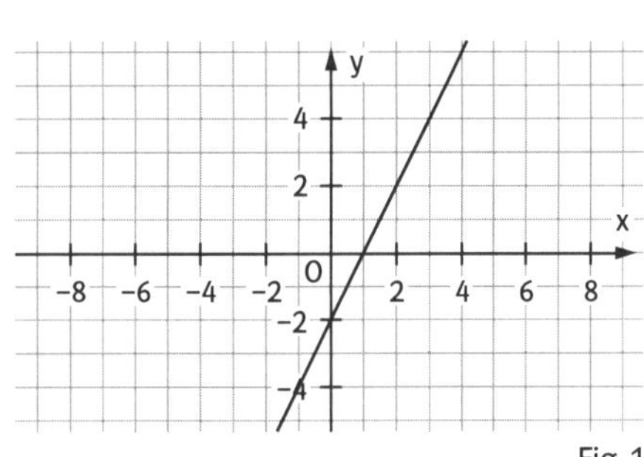

Fig. 1

S. 132 **5** b) $f'(x) = 3x^2 - 3$;
Graph von f′ in Fig. 1.
f fällt monoton in [−1; 1];
f steigt monoton in [−2; −1] und in [1; 2].

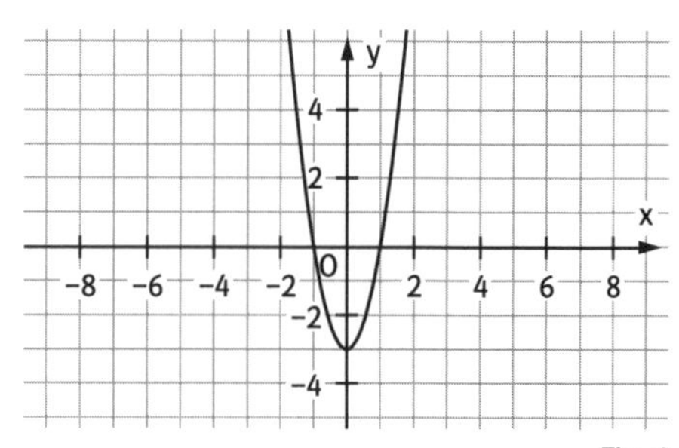

Fig. 1

c) $f'(x) = x^3 - 1$;
Graph von f′ in Fig. 2.
f fällt monoton in [−2; 1];
f steigt monoton in [1; 2].

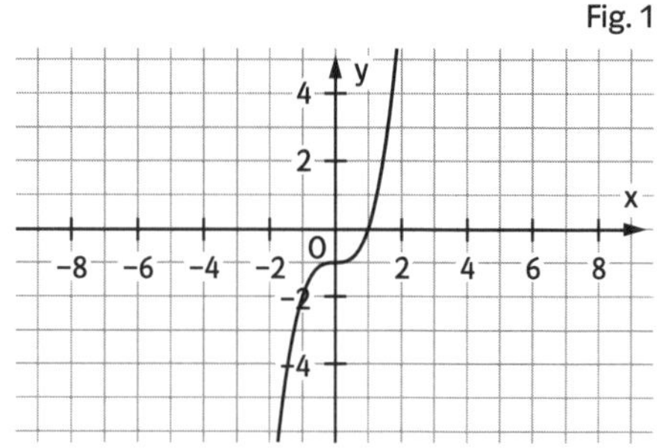

Fig. 2

6 a) $f(x) = x^4$; $f'(x) = 4x^3$; $f''(x) = 12x^2$; $f'''(x) = 24x$; $f^{(4)}(x) = 24$; $f^{(5)}(x) = 0$
b) $f(x) = x^5 + x^3 + x + 1$; $f'(x) = 5x^4 + 3x^2 + 1$; $f''(x) = 20x^3 + 6x$; $f'''(x) = 60x^2 + 6$;
$f^{(4)}(x) = 120x$; $f^{(5)}(x) = 120$; $f^{(6)}(x) = 0$
c) $f(x) = \frac{1}{120}x^5 + \frac{1}{24}x^4 + \frac{1}{6}x^3 + \frac{1}{2}x^2 + x$; $f'(x) = \frac{1}{24}x^4 + \frac{1}{6}x^3 + \frac{1}{2}x^2 + x + 1$;
$f''(x) = \frac{1}{6}x^3 + \frac{1}{2}x^2 + x + 1$; $f'''(x) = \frac{1}{2}x^2 + x + 1$; $f^{(4)}(x) = x + 1$; $f^{(5)}(x) = 1$; $f^{(6)}(x) = 0$

5 *Extremwerte*

S. 133 **1** a) Nach ca. 23,5 km wurde eine erste maximale Höhe von ca. 930 m erreicht, dann ging es bergab bis zu einem tiefsten Punkt nach etwa 27 km mit einer Meereshöhe von ca. 790 m. Der nächste höchste Punkt wurde nach ca. 33 km mit 957 m erreicht; dieser war auch insgesamt der absolut höchste Punkt. Der in diesem Diagramm tiefste Punkt wurde nach ca. 39 km erreicht mit etwa 785 m Meereshöhe.
b) In der Umgebung eines höchsten Punktes geht es links und rechts davon bergab, d.h. die umliegenden Punkte liegen tiefer. In der Umgebung eines tiefsten Punktes geht es links und rechts davon bergauf, d.h. die umliegenden Punkte liegen höher.
c) Wie schon in a) beschrieben, liegt der absolut höchste Punkt bei 33 km mit 957 m Meereshöhe. Der im Diagramm absolut tiefste Punkt liegt bei ca. 39 km und hat etwa 785 m Meereshöhe.

136 **2** a) Extremstellen: $x_1 = 0$; $x_2 = 2$; $x_3 = 4$; $x_4 = 6$; $x_5 = 7$
Hochpunkte: $H_1(0\,|\,1{,}75)$; $H_2(4\,|\,1{,}5)$; $H_3(7\,|\,0{,}5)$
Tiefpunkte: $T_1(2\,|\,-0{,}75)$; $T_2(6\,|\,-0{,}5)$
Lokale Maxima sind $f(0) = 1{,}75$; $f(4) = 1{,}5$ und $f(7) = 0{,}5$.
Lokale Minima sind $f(2) = -0{,}75$; $f(6) = -0{,}5$.
Globales Maximum ist $f(0) = 1{,}75$, globales Minimum ist $f(2) = -0{,}75$.
b) Extremstellen: $x_1 = 0$; $x_2 = 0{,}5$; $x_3 = 1{,}5$; $x_4 = 2{,}5$; $x_5 = 3{,}5$; $x_6 = 4{,}5$; $x_7 = 5{,}5$; $x_8 = 6{,}5$.
Hochpunkte: $H_1(0{,}5\,|\,1{,}5)$; $H_2(2{,}5\,|\,1)$; $H_3(4{,}5\,|\,1{,}5)$; $H_4(6{,}5\,|\,2)$
Tiefpunkte: $T_1(0\,|\,0)$; $T_2(1{,}5\,|\,-1{,}5)$; $T_3(3{,}5\,|\,-1)$; $T_4(5{,}5\,|\,-1{,}5)$
Lokale Maxima sind $f(0{,}5) = 1{,}5$; $f(2{,}5) = 1$; $f(4{,}5) = 1{,}5$ und $f(6{,}5) = 2$.
Lokale Minima sind $f(0) = 0$; $f(1{,}5) = -1{,}5$; $f(3{,}5) = -1$ und $f(5{,}5) = -1{,}5$.
Globales Maximum ist $f(6{,}5) = 2$, globales Minimum ist $f(1{,}5) = f(5{,}5) = -1{,}5$.

3 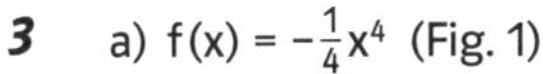
a) $f(x) = -\frac{1}{4}x^4$ (Fig. 1)
b) $f(x) = x^3 - 3x$ (Fig. 1)
c) $f(x) = x^3 - 3x$ (Fig. 1)

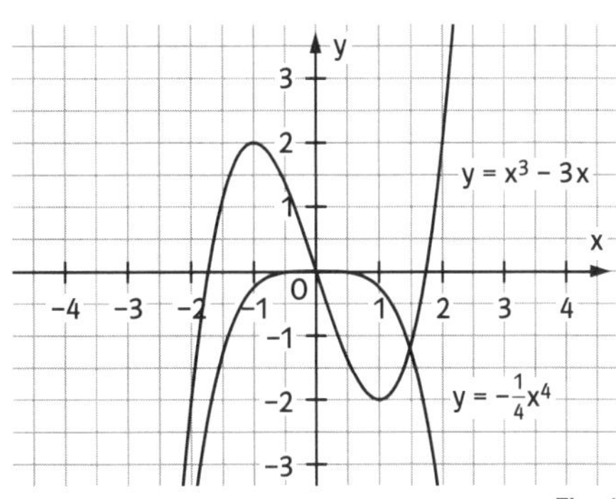

Fig. 1

4 a) $f(x) = 5x^2 - 4x - 3$; $f'(x) = 10x - 4$; $f''(x) = 10$
$f'(x) = 0$ ergibt $10x - 4 = 0$, also $x = 0{,}4$. Wegen $f''(0{,}4) = 10 > 0$ liegt ein Minimum vor. $f(0{,}4) = -3{,}8$, also Scheitel $S(0{,}4\,|\,-3{,}8)$.
b) $f(x) = -4x^2 - 9x + 7$; $f'(x) = -8x - 9$; $f''(x) = -8$.
$f'(x) = 0$ ergibt $-8x - 9 = 0$, also $x = -\frac{9}{8}$. Wegen $f''\left(-\frac{9}{8}\right) = -8 < 0$ liegt ein Maximum vor. $f'\left(-\frac{9}{8}\right) = \frac{193}{16}$, also Scheitel $S\left(-\frac{9}{8}\,\middle|\,\frac{193}{16}\right)$.

c) $f(x) = -0{,}125x^2 + 12x - 3$; $f'(x) = -0{,}25x + 12$; $f''(x) = -0{,}25$.
$f'(x) = 0$ ergibt $-0{,}25x + 12 = 0$, also $x = 48$. Wegen $f''(48) = -0{,}25 < 0$ liegt ein Maximum vor. $f(48) = 285$, also Scheitel $S(48\,|\,285)$.
d) $f(x) = 0{,}1x^2 - 2x + 45$; $f'(x) = 0{,}2x - 2$; $f''(x) = 0{,}2$.
$f'(x) = 0$ ergibt $0{,}2x - 2 = 0$, also $x = 10$. Wegen $f''(10) = 0{,}2 > 0$ liegt ein Minimum vor. $f(10) = 35$, also Scheitel $S(10\,|\,35)$.
e) $f(x) = 100x^2 + 10x + 100$; $f'(x) = 200x + 10$; $f''(x) = 200$.
$f'(x) = 0$ ergibt $200x + 10 = 0$, also $x = -0{,}05$. Wegen $f''(-0{,}05) = 200 > 0$ liegt ein Minimum vor.
$f(-0{,}05) = 99{,}75$, also Scheitel $S(-0{,}05\,|\,99{,}75)$.
f) $f(x) = 0{,}001x^2$ hat Scheitel $O(0|0)$. Rechnung: $f'(x) = 0{,}002x$; $f''(x) = 0{,}002$.
$f'(x) = 0$ ergibt $x = 0$. Wegen $f''(0) = 0{,}002 > 0$ liegt ein Minimum vor.
$f(0) = 0$, also Scheitel $S(0\,|\,0)$.

S. 136 **5** a) $f(x) = x^3 - 3x$; $f'(x) = 3x^2 - 3$; $f''(x) = 6x$.
$f'(x) = 0$ ergibt $3x^2 - 3 = 0$, also $x^2 = 1$.
Damit $x_1 = -1$ und $x_2 = 1$.
Wegen $f''(-1) = -6 < 0$ liegt ein
Maximum vor: $f(-1) = 2$: $H(-1|2)$
Wegen $f''(1) = 6 > 0$ liegt ein
Minimum vor: $f(1) = -2$: $T(1|-2)$

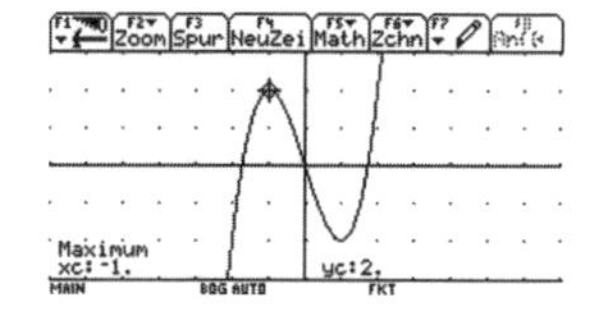

b) $f(x) = 12x - x^3$; $f'(x) = -3x^2 + 12$; $f''(x) = -6x$.
$f'(x) = 0$ ergibt $-3x^2 + 12 = 0$, also $x^2 = 4$.
Damit $x_1 = -2$ und $x_2 = 2$.
Wegen $f''(-2) = 12 > 0$ liegt ein
Minimum vor: $f(-2) = -16$: $T(-2|-16)$.
Wegen $f''(2) = -12 < 0$ liegt ein
Maximum vor: $f(2) = 16$: $H(2|16)$.

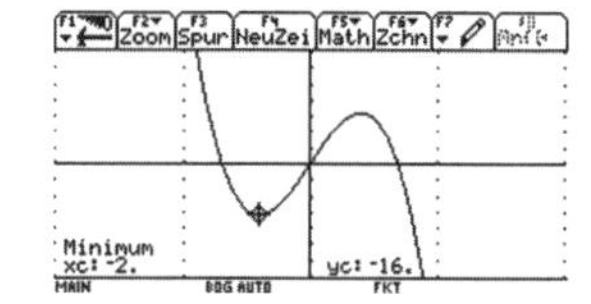

c) $f(x) = x^3 - 3x^2 - 9x$; $f'(x) = 3x^2 - 6x - 9$;
$f''(x) = 6x - 6$.
$f'(x) = 0$ ergibt $3x^2 - 6x - 9 = 0$, also $x_1 = -1$ und $x_2 = 3$.
Wegen $f''(-1) = -12 < 0$ liegt ein
Maximum vor: $f(-1) = 5$: $H(-1|5)$.
Wegen $f''(3) = 12 > 0$ liegt ein
Minimum vor: $f(3) = -27$: $T(3|-27)$.

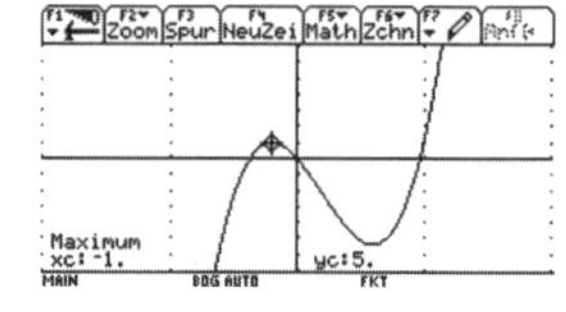

d) $f(x) = -2x^3 + 6x^2$; $f'(x) = -6x^2 + 12x$;
$f''(x) = -12x + 12$.
$f'(x) = 0$ ergibt $-6x^2 + 12x = 0$, also $x_1 = 0$ und $x_2 = 2$.
Wegen $f''(0) = 12 > 0$ liegt ein
Minimum vor: $f(0) = 0$: $T(0|0)$.
Wegen $f''(2) = -12 < 0$ liegt ein
Maximum vor: $f(2) = 8$: $H(2|8)$.

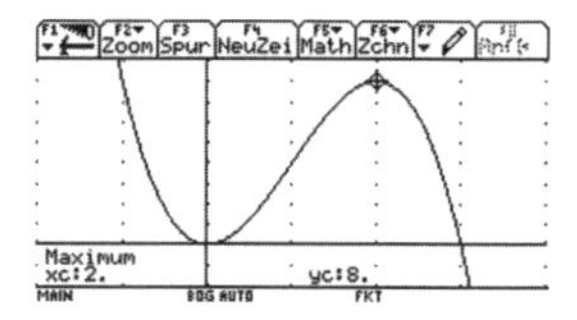

e) $f(x) = x^3 + 3x^2 + 3$; $f'(x) = 3x^2 + 6x$;
$f''(x) = 6x + 6$.
$f'(x) = 0$ ergibt $3x^2 + 6x = 0$, also $x_1 = 0$ und $x_2 = -2$.
Wegen $f''(0) = 6 > 0$ liegt ein
Minimum vor: $f(0) = 3$: $T(0|3)$.
Wegen $f''(-2) = -6 < 0$ liegt ein
Maximum vor: $f(-2) = 7$: $H(-2|7)$.

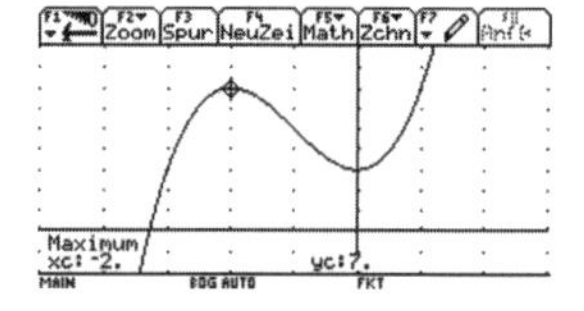

f) $f(x) = x^3 - 3$; $f'(x) = 3x^2$; $f''(x) = 6x$
$f'(x) = 0$ ergibt $3x^2 = 0$, also $x_1 = 0$ (doppelte Nullstelle)
Wegen $f''(0) = 0$ ist keine Entscheidung möglich.
Da $f'(x) > 0$ ist für alle x in der Nähe von $x_1 = 0$,
liegt kein Vorzeichenwechsel von $f'(x)$ bei $x_1 = 0$ vor,
d.h. $f(x)$ steigt monoton.
Damit liegt in $x_1 = 0$ kein Extrempunkt vor.

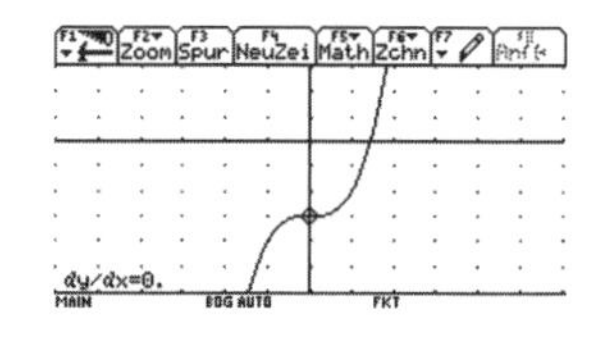

136 **6** a) $E(x) = -10x^2 + 120x$; $E'(x) = -20x + 120$; $E''(x) = -20$
Maximum für $E'(x) = 0$, also $x = 6$. $E_{max} = E(6) = 360$.
$G(x) = -x^3 + 2x^2 + 60x - 98$; $G'(x) = -3x^2 + 4x + 60$; $G''(x) = -6x + 4$
Maximum für $G'(x) = 0$, also $-3x^2 + 4x + 60 = 0$
mit der brauchbaren Lösung $x = \frac{2}{3}(1 + \sqrt{46}) \approx 5{,}1882$.
Wegen $G''(5{,}1882) \approx -27{,}129 < 0$ liegt ein Maximum des Gewinns vor;
$G_{max} = G(5{,}1882) \approx 127{,}4739$.
b) $K(x) = E(x) - G(x) = x^3 - 12x^2 + 60x + 98$; $K'(x) = 3x^2 - 24x + 60 = 0$ hat keine Lösung. Der Graph von K hat somit kein relatives Extremum.

7 a) $K(x) = 0{,}02x^3 - 1{,}8x^2 + 62x + 350$ mit $0 \leqq x \leqq 90$.
Mit $E(x) = 50{,}375x$ erhält man $G(x) = -0{,}02x^3 + 1{,}8x^2 - 11{,}625x - 350$
$G'(x) = -0{,}06x^2 + 3{,}6x - 11{,}625$; $G''(x) = -0{,}12x + 3{,}6$.
$G'(x) = 0$ ergibt $x_1 = 30 - \frac{5}{2}\sqrt{113} \approx 3{,}4246$ und $x_2 = 30 + \frac{5}{2}\sqrt{113} \approx 56{,}5754$.
Wegen $G''(3{,}4246) > 0$ und $G''(56{,}5754) < 0$ liegt das Gewinnmaximum bei einer Ausbringungsmenge von ca. 56,5754 ME.
Das Gewinnmaximum beträgt dann $G(56{,}5754) \approx 1132{,}00$ GE.
b) Grenzkostenfunktion ist $K'(x) = 0{,}06x^2 - 3{,}6x + 62$;
Aus $K''(x) = 0{,}12x - 3{,}6 = 0$ und $K'''(x) = 0{,}12 > 0$
ergibt sich das Minimum für $x = 30$ und beträgt $K'_{max} = K'(30) = 8$.

8 (2) stellt ist Graph der Funktion f;
(3) ist Graph ihrer Ableitung, da f steigt, also $f'(x) \geqq 0$ ist, für $x \leqq 0$ und $x \geqq 2$. Auch ist $f'(2) = 0$.
(1) ist Graph der 2. Ableitung, da f′ fällt, also $f''(x) \leqq 0$ ist, für $x \leqq 1$, und da f′ steigt, also $f''(x) \geqq 0$ ist, für $x \geqq 1$. Auch ist $f''(1) = 0$.

6 *Wendepunkte von Graphen*

137 **1** a) Da sich der Fahrer bei der vorletzten Stange nach links neigen und auch fahren muss, spricht man von einer Linkskurve. Bei der letzten Stange neigt sich der Fahrer nach rechts; man spricht man von einer Rechtskurve.
b) Ja, beim Übergang von der Rechts- in die Linkskurve darf er nicht geneigt fahren.
c)

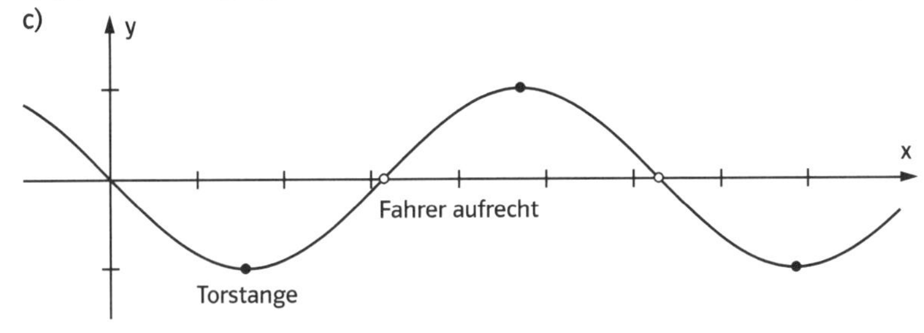

S. 139 **2** a) Linkskrümmung in]−2; 1[und in]4; ∞[; Rechtsskrümmung in]−∞; −2[und in]1; 4[.
$W_1(-2\,|\,2)$; $W_2(1\,|\,0{,}4)$; $W_3(4\,|\,-1)$
b) Linkskrümmung in]−∞; 0[und in]2; ∞[; Rechtsskrümmung in]0; 2[.
$W_1(0\,|\,-3)$; $W_2(2\,|\,0)$
c) Linkskrümmung in]−∞; 2[,]4; 6[und in]8; ∞[; Rechtsskrümmung in]2; 4[und in]6; 8[. $W_1(2\,|\,1)$; $W_2(4\,|\,1{,}5)$; $W_3(6\,|\,3)$; $W_4(8\,|\,0)$
d) Linkskrümmung in]−2; 0[und in]2; 4[; Rechtsskrümmung in]−3; −2[und in]0; 2[.
$W_1(-2\,|\,0)$, $W_2(0\,|\,0)$ und $W_3(2\,|\,0)$
e) Linkskrümmung in]−3; −2,5[,]−1,5; −0,5[,]0,5; 1,5[und in]2,5; 3,5[; Rechtsskrümmung in]−2,5; −1,5[,]−0,5; 0,5[,]1,5; 2,5[und in]3; 5; 4[. $W_1(-2{,}5\,|\,0{,}5)$, $W_2(-1{,}5\,|\,0{,}5)$, $W_3(-0{,}5\,|\,0{,}5)$, $W_4(0{,}5\,|\,0{,}5)$, $W_5(1{,}5\,|\,0{,}5)$, $W_6(2{,}5\,|\,0{,}5)$ und $W_7(3{,}5\,|\,0{,}5)$
f) Linkskrümmung in]−3; −2,5[,]−2; −1,5[,]−1; −0,5[,]0; 0,5[,]1; 1,5[,]2; 2,5[;]3; 3,5[; Rechtsskrümmung in]−3,5; −3[,]−2,5; −2[,]−1,5; −1[,]−0,5; 0[,]0,5; 1[,]1,5; 2[;]2,5; 3[.
$W_1(-2{,}5\,|\,-1{,}5)$, $W_2(-2\,|\,-1{,}5)$, $W_3(-1{,}5\,|\,-1{,}5)$, …, $W_{13}(3{,}5\,|\,-1{,}5)$

Randspalte: Ob eine Links- oder Rechtskrümmung vorliegt, hängt auch von der Fahrtrichtung ab.

3 a) $f(x) = 4 + 2x - x^2$; $f'(x) = 2 - 2x$; $f''(x) = -2$
Kein Wendepunkt wegen $f''(x) = -2 < 0$ Rechtskurve.
b) $f(x) = x^3 - x$; $f'(x) = 3x^2 - 1$; $f''(x) = 6x$; $f'''(x) = 6$
$6x = 0$; also $x_1 = 0$; $f''(0) = 0$ und $f'''(0) = 6 \neq 0$ ergibt Wendepunkt $W(0\,|\,0)$;
$x < 0$ Rechtskurve: $x > 0$ Linkskurve
c) $f(x) = x^3 + 6x$; $f'(x) = 3x^2 + 6$; $f''(x) = 6x$; $f'''(x) = 6$
$6x = 0$; also $x_1 = 0$; $f''(0) = 0$ und $f'''(0) = 6 \neq 0$ ergibt Wendepunkt $W(0\,|\,0)$;
$x < 0$ Rechtskurve; $x > 0$ Linkskurve
d) $f(x) = x^4 + x^2$; $f'(x) = 4x^3 + 2x$; $f''(x) = 12x^2 + 2$
$12x^2 + 2 > 0$; also kein Wendepunkt; Linkskurve.
e) $f(x) = x^4 - 6x^2$; $f'(x) = 4x^3 - 12x$; $f''(x) = 12x^2 - 12$; $f'''(x) = 24x$
$12x^2 - 12 = 0$; also $x^2 = 1$ ergibt $x_1 = -1$ und $x_2 = 1$. Wegen $f'''(\pm 1) \neq 0$ liegen die Wendepunkte $W_1(-1\,|\,-5)$ und $W_2(1\,|\,-5)$ vor. Damit ist der Graph für $x < -1$ eine Linkskurve, in $-1 < x < 1$ eine Rechtskurve und für $x > 1$ wieder eine Linkskurve.
f) $f(x) = \frac{1}{3}x^6 - 20x^2$; $f'(x) = 2x^5 - 40x$; $f''(x) = 10x^4 - 40$; $f'''(x) = 40x^3$
$f''(x) = 10x^4 - 40 = 0$ ergibt $x_1 = -\sqrt{2}$ und $x_2 = \sqrt{2}$. Wegen $f'''(\pm\sqrt{2}) \neq 0$ liegen die Wendepunkte $W_1\left(-\sqrt{2}\,\middle|\,-\frac{112}{3}\right) \approx W_1(-1{,}414\,|\,-37{,}333)$ und $W_2\left(\sqrt{2}\,\middle|\,-\frac{112}{3}\right)$ vor.
Damit ist der Graph für $x < -\sqrt{2}$ eine Linkskurve, in $-\sqrt{2} < x < \sqrt{2}$ eine Rechtskurve und für $x > \sqrt{2}$ wieder eine Linkskurve.
g) $f(x) = x^5 - x^4 + x^3$; $f'(x) = 5x^4 - 4x^3 + 3x^2$; $f''(x) = 20x^3 - 12x^2 + 6x$;
$f'''(x) = 60x^2 - 24x + 6$
$f''(x) = 20x^3 - 12x^2 + 6x = 0$ ergibt nur $x_0 = 0$. Damit ist wegen $f'''(0) = 6 \neq 0$ der einzige Wendepunkt $W(0\,|\,0)$. Der Graph ist für $x < 0$ eine Rechtskurve, für $x > 0$ eine Linkskurve.

139 **3** h) $f(x) = x^3\left(\frac{1}{20}x^2 + \frac{1}{4}x + \frac{1}{3}\right)$; $f'(x) = \frac{1}{4}x^4 + x^3 + x^2$; $f''(x) = x^3 + 3x^2 + 2x$;
$f'''(x) = 3x^2 + 6x + 2$
$f''(x) = x^3 + 3x^2 + 2x = 0$ ergibt $x_1 = -2$; $x_2 = -1$ und $x_3 = 0$. Wegen $f'''(-2) = 2 \neq 0$; $f'''(-1) = -1 \neq 0$ und $f'''(0) = 2 \neq 0$ liegen die Wendepunkte $W_1\left(-2\,|\,-\frac{4}{15}\right)$, $W_2\left(-1\,|\,-\frac{2}{15}\right)$ und $W_3(0\,|\,0)$ vor.
Der Graph ist für $x < -2$ eine Rechtskurve, in $(-2; -1)$ eine Linkskurve, in $(-1; 0)$ eine Rechtskurve und für $x > 0$ eine Linkskurve
i) $f(x) = \frac{3}{10}x^5 - 4x^3 + 10$; $f'(x) = \frac{3}{2}x^4 - 12x^2$; $f''(x) = 6x^3 - 24x$; $f'''(x) = 18x^2 - 24$
$f''(x) = 6x^3 - 24x = 0$ ergibt $x_1 = -2$; $x_2 = 2$ und $x_3 = 0$. Wegen $f'''(\pm 2) = 48 \neq 0$ und $f'''(0) = -24 \neq 0$ liegen die Wendepunkte $W_1(-2\,|\,32{,}4)$, $W_2(2\,|\,-12{,}4)$ und $W_3(0\,|\,10)$ vor.
Der Graph ist für $x < -2$ eine Rechtskurve, in $(-2; 0)$ eine Linkskurve, in $(0; 2)$ eine Rechtskurve und für $x > 2$ eine Linkskurve.

zu a)

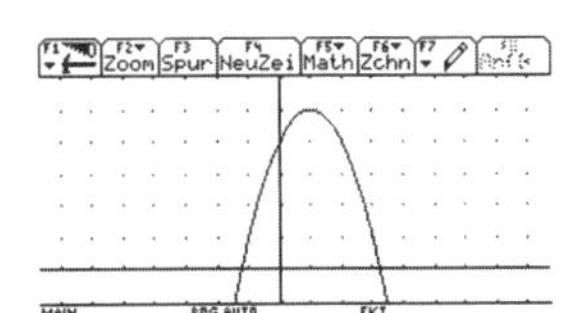

zu b)

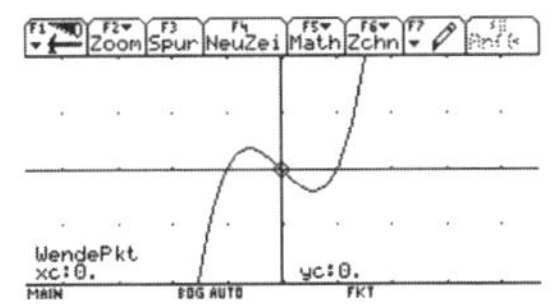

zu c)

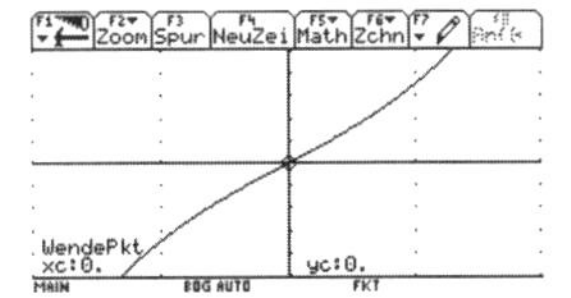

zu d)

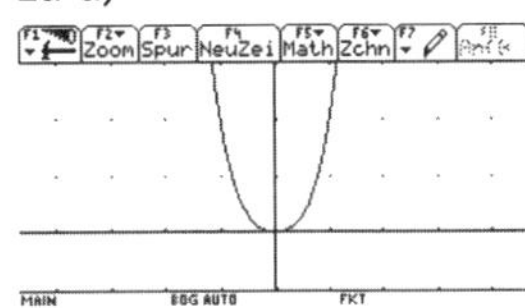

zu e)

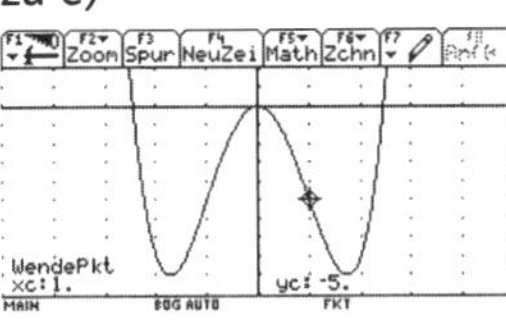

zu f)

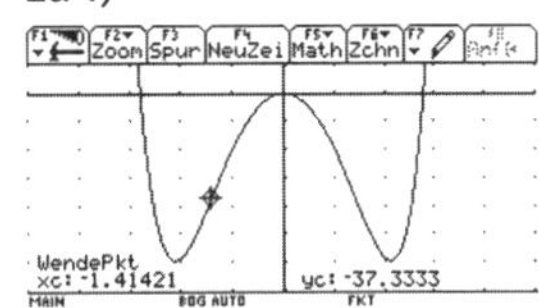

zu g)

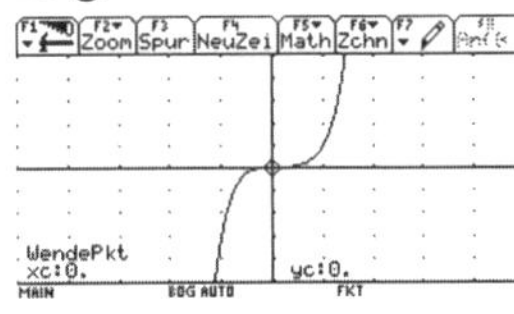

zu h)

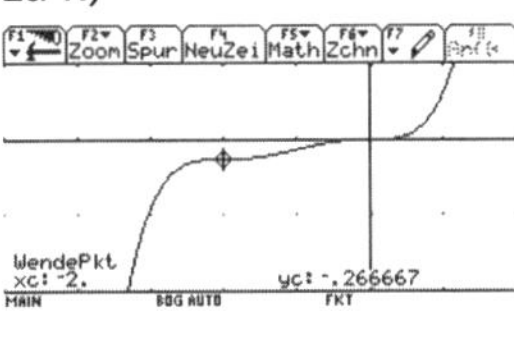

zu i)

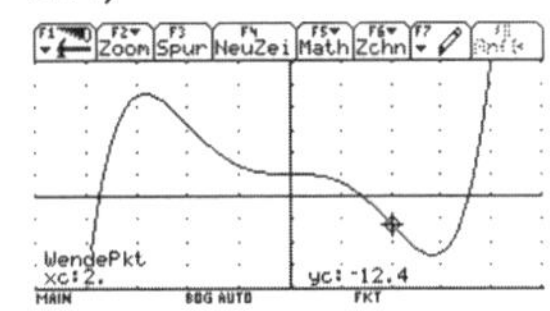

4 a) $f(x) = x^3 - 6x^2 + 20$; $f'(x) = 3x^2 - 12x$; $f''(x) = 6x - 12$; $f'''(x) = 6$
$f''(x) = 6x - 12 = 0$ ergibt $x_0 = 2$. Wegen $f'''(2) = 6 \neq 0$ ist $W(2\,|\,4)$ Wendepunkt;
Steigung in W: $f'(2) = -12$; Gleichung der Wendetangente: $y = -12(x - 2) + 4$ oder $y = -12x + 28$
b) $f(x) = 2x^3 + x^4$; $f'(x) = 6x^2 + 4x^3$; $f''(x) = 12x + 12x^2$; $f'''(x) = 12 + 24x$.
$f''(x) = 12x + 12x^2 = 0$ ergibt $x_1 = -1$ und $x_2 = 0$. Wegen $f'''(-1) = -12 \neq 0$ und $f'''(0) = 12 \neq 0$ sind $W_1(-1\,|\,-1)$ und $W_2(0\,|\,0)$ Wendepunkte.
Steigung in W_1: $f'(-1) = 2$; Gleichung der Wendetangente: $y = 2(x + 1) - 1$ oder $y = 2x + 1$; Steigung in W_2: $f'(0) = 0$; Gleichung der Wendetangente: $y = 0$.
c) $f(x) = \frac{1}{2}x^4 - x^3 + \frac{1}{2}$; $f'(x) = 2x^3 - 3x^2$; $f''(x) = 6x^2 - 6x$; $f'''(x) = 12x - 6$.
$f''(x) = 6x^2 - 6x = 0$ ergibt $x_1 = 1$ und $x_2 = 0$. Wegen $f'''(1) = 6 \neq 0$ und $f'''(0) = -6 \neq 0$ sind $W_1(1\,|\,0)$ und $W_2\left(0\,|\,\frac{1}{2}\right)$ Wendepunkte.

S. 139 **4** Steigung in W_1: $f'(1) = -1$; Gleichung der Wendetangente: $y = -1(x - 1)$ oder $y = -x + 1$; Steigung in W_2: $f'(0) = 0$; Gleichung der Wendetangente: $y = \frac{1}{2}$.

5 $f(x) = ax^2 + bx + c$; $f'(x) = 2ax + b$; $f''(x) = 2a$.
Ist $a > 0$, so ist $f''(x) = 2a > 0$ für alle $x \in \mathbb{R}$;
damit ist der Graph von f überall linksgekrümmt.
Ist $a < 0$, so ist $f''(x) = 2a < 0$ für alle $x \in \mathbb{R}$;
damit ist der Graph von f überall rechtsgekrümmt.

6 a) Graph

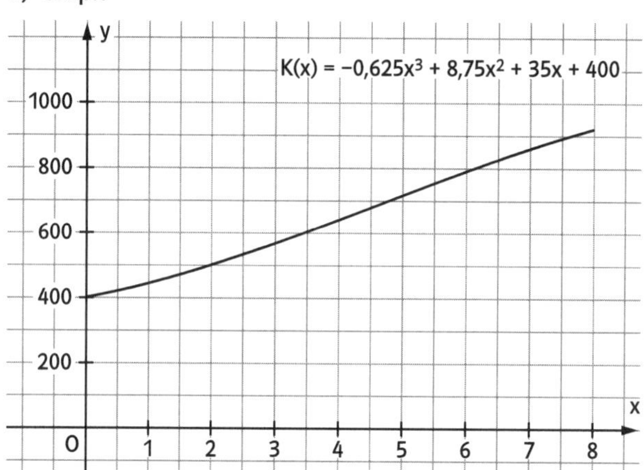

b) $K'(x) = -1{,}875x^2 + 17{,}5x + 35$; $K''(x) = -3{,}75x + 17{,}5$.
Aus $K''(x) = 0$ folgt $x = \frac{14}{3} \approx 4{,}667$.
Damit verhält sich die Kostenfunktion progressiv für $0 < x < 4{,}667$
und degressiv für $4{,}667 < x < 8$.
Im progressiven Bereich nehmen die Kosten pro ME mit steigender Produktion zu, im degressiven Bereich nehmen sie entsprechend ab.
c) Grenzkosten $K'(x) = -1{,}875x^2 + 17{,}5x + 35$; $K''(x) = -3{,}75x + 17{,}5$.
Aus $K''(x) = 0$ folgt $x = \frac{14}{3} \approx 4{,}667$. Wegen $K'''\left(\frac{14}{3}\right) = -3{,}75 < 0$ liegt für 4,667 ME in diesem Fall ein Maximum der Grenzkosten vor.
Die Stelle 4,667 ME ist identisch mit der Wendestelle der Kostenfunktion.

139 **7** a) $f(x) = -x^4$
b) $f(x) = (x-2)^3$
c) $f(x) = x^3 - 3x$
Graphen rechts

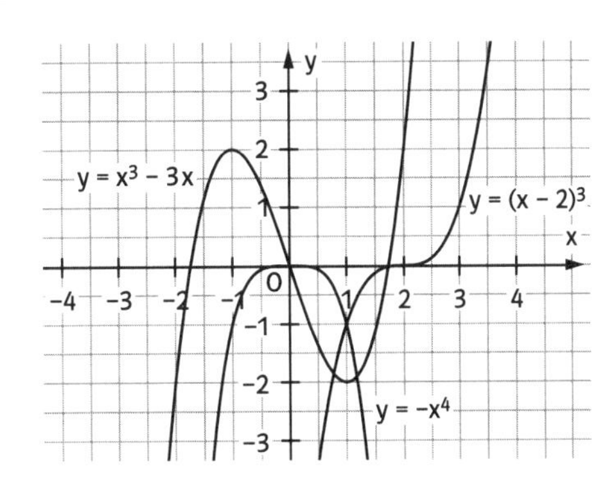

7 *Extremwertaufgaben*

140 **1** a) $U(x) = 4 \cdot x$ b) $U(x) = (x + \frac{2}{3}x) \cdot 2$
c) Da $x \cdot y = 20$ ist ergibt sich $y = \frac{20}{x}$ und damit $U(x) = \left(x + \frac{20}{x}\right) \cdot 2$

142 **2** a) Eine Kante der Grundfläche der Schachtel ist $16 - 2x$, ihre ist Höhe x. Damit gilt für das Volumen
$V(x) = (16 - 2x)^2 \cdot x = 4x^3 - 64x^2 + 256x$ mit $0 < x < 8$.
$V'(x) = 12x^2 - 128x + 256$; $V''(x) = 24x - 128$.
$V'(x) = 0$ ergibt $x_1 = \frac{8}{3}$ ($x_2 = 8$ entfällt).
Wegen $V''\left(\frac{8}{3}\right) = -64 < 0$ liegt für $x = \frac{8}{3}$ ein Maximum vor, das wegen $V(0) = V(8) = 0$ auch ein absolutes Maximum ist.
Man wähle $x \approx 2{,}67$ cm.
b) $V(x) = (s - 2x)^2 \cdot x = 4x^3 - 4sx^2 + s^2x$ mit $0 < x < \frac{1}{2}s$.
$V'(x) = 12x^2 - 8sx + s^2$; $V''(x) = 24x - 8s$.
$V'(x) = 0$ ergibt $x_1 = \frac{1}{6}s$ ($x_2 = \frac{1}{2}s$ entfällt).
Wegen $V''\left(\frac{1}{6}s\right) = -4s < 0$ liegt für $x = \frac{1}{6}s$ ein Maximum vor, das wegen $V(0) = V\left(\frac{1}{2}s\right) = 0$ auch ein absolutes Maximum ist.

x x 16 cm 16 cm

3 a) $V(x) = (16 - 2x)(10 - 2x)x = 4x^3 - 52x^2 + 160x$ mit $0 < x < 5$;
$V'(x) = 12x^2 - 104x + 160$; $V''(x) = 24x - 104$.
$V'(x) = 0$ ergibt die Lösung $x = 2$. Da $V''(2) = -56 < 0$ ist, liegt ein lokales Maximum vor.
Wegen $V(0) = V(5) = 0$ ist das lokale Maximum auch ein absolutes Maximum.
b) $V(x) = (2s - 2x)(s - 2x)x = 4x^3 - 6sx^2 + 2s^2x$ mit $0 < x < \frac{1}{2}s$;
$V'(x) = 12x^2 - 12sx + 2s^2$; $V''(x) = 24x - 12s$.
$V'(x) = 0$ ergibt die Lösung $x = 0{,}2113248654 \cdot s$. Da $V''(x) = -6{,}928 \cdot s < 0$ ist, liegt ein lokales Maximum vor.
Wegen $V(0) = V\left(\frac{1}{2}s\right) = 0$ ist das lokale Maximum auch ein absolutes Maximum.

S. 142 4 a) $f(x) = x \cdot (12 - x)$, $x_{max} = 6$ $(f(x) = x^2 + (12 - x)^2;\ x_{min} = 6)$
b) $f(x) = x \cdot (x + 1)$; $\left(-\frac{1}{2};\ \frac{1}{2}\right), \left((-1;\ 1), \left(-\frac{d}{2};\ \frac{d}{2}\right)\right)$
c) $f(x) = x + \frac{1}{x}$; Minimum ist 2 für $x = 1$.

5 $A = 2xy + \frac{1}{2}x^2\pi = 3$; nach y aufgelöst: $y = \frac{3}{2x} - \frac{\pi}{4}x$.
$U = \pi x + 2x + 2y$ oder $U(x) = \pi x + 2x + 2 \cdot \left(\frac{3}{2x} - \frac{\pi}{4}x\right)$,
ausmultipliziert: $U(x) = \frac{\pi + 4}{2} \cdot x + \frac{3}{x}$ mit $0 < x < \infty$.
$U'(x) = \frac{\pi + 4}{2} - \frac{3}{x^2}$; $U''(x) = \frac{6}{x^3}$.
Aus $U'(x) = \frac{\pi + 4}{2} - \frac{3}{x^2} = 0$ erhält man $x = \frac{\sqrt{6}}{\sqrt{\pi + 4}} \approx 0{,}91660$.
Wegen $U''\frac{\sqrt{6}}{\sqrt{\pi + 4}} > 0$ liegt ein lokales Minimum vor. Dies ist ein absolutes Minimum, da $U(x) \to \infty$ für $x \to 0$ und $x \to \infty$. Es ist $y \approx 0{,}91660 = x$.
Damit sind Radius x und Höhe y gleich groß.

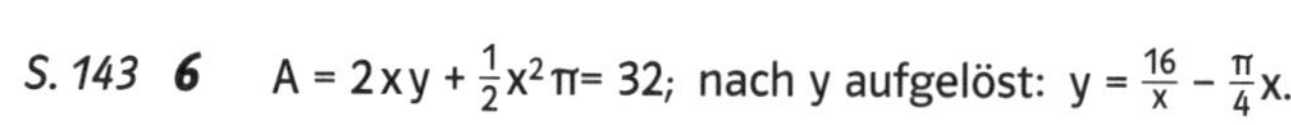
S. 143 6 $A = 2xy + \frac{1}{2}x^2\pi = 32$; nach y aufgelöst: $y = \frac{16}{x} - \frac{\pi}{4}x$.
$U = \pi x + 2x + 2y$ oder $U(x) = \pi x + 2x + 2 \cdot \left(\frac{16}{x} - \frac{\pi}{4}x\right)$, ausmultipliziert:
$U(x) = \frac{\pi + 4}{2} \cdot x + \frac{32}{x}$ mit $0 < x < \infty$. $U'(x) = \frac{\pi + 4}{2} - \frac{32}{x^2}$; $U''(x) = \frac{64}{x^3}$.
Aus $U'(x) = \frac{\pi + 4}{2} - \frac{32}{x^2} = 0$ erhält man $x = \frac{8}{\sqrt{\pi + 4}} \approx 2{,}99359 \approx 3{,}0$.
Wegen $U''\left(\frac{8}{\sqrt{\pi + 4}}\right) > 0$ liegt ein lokales Minimum vor. Dies ist ein absolutes Minimum, da $U(x) \to \infty$ für $x \to 0$ und $x \to \infty$.

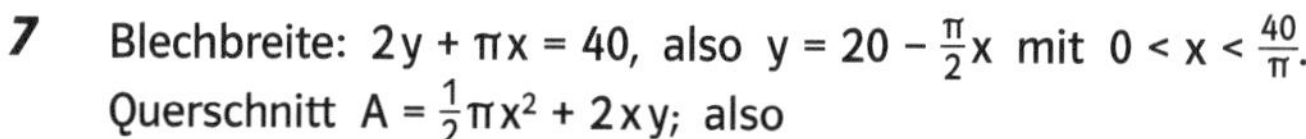
7 Blechbreite: $2y + \pi x = 40$, also $y = 20 - \frac{\pi}{2}x$ mit $0 < x < \frac{40}{\pi}$.
Querschnitt $A = \frac{1}{2}\pi x^2 + 2xy$; also
$A(x) = \frac{1}{2}\pi x^2 + 2x\left(20 - \frac{\pi}{2}x\right) = 40x - \frac{\pi}{2}x^2$ mit $0 \leqq x \leqq \frac{80}{\pi}$.
$A'(x) = 40 - \pi x$; $A''(x) = -\pi$.
Aus $A'(x) = 0$ erhält man $x = \frac{40}{\pi} \approx 12{,}732$.
Dies ist wegen $A''\left(\frac{40}{\pi}\right) = -\pi < 0$ ein lokales Maximum.
Es ist $y = 20 - \frac{\pi}{2} \cdot \frac{40}{\pi} = 0$. Damit hat die runde Dachrinne mit Radius $x = \frac{40}{\pi} \approx 12{,}7$ die größte Querschnittsfläche, nämlich
$A_{max} = \frac{1}{2}\pi \cdot \left(\frac{40}{\pi}\right)^2 = \frac{800}{\pi} \approx 255$.

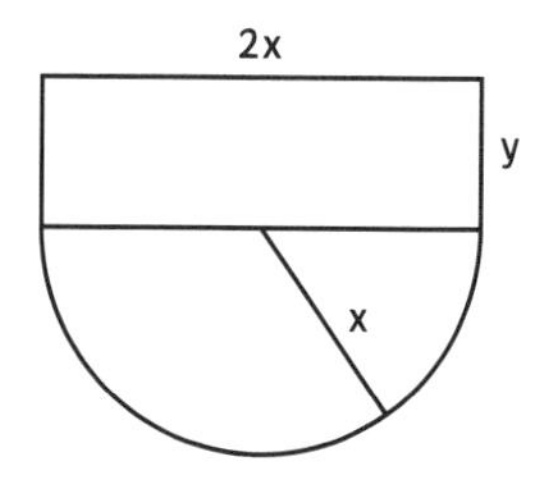

8 a) $s(x) = 1{,}5x^2 - 2x + 4$; $s'(x) = 3x - 2$; $s''(x) = 3$.
$s'(x) = 0$ ergibt $x = \frac{2}{3}$ mit $s''\left(\frac{2}{3}\right) = 3 > 0$. Damit liegt ein lokales Minimum vor, nämlich $s\left(\frac{2}{3}\right) = \frac{10}{3}$.
Wegen $s(0) = 4$ und $s(4) = 20$ ist $s\left(\frac{2}{3}\right) = \frac{10}{3}$ das absolute Minimum und $s(4) = 20$ das absolute Maximum.

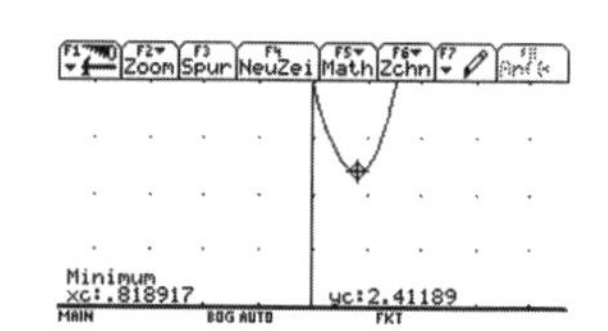

b) $d(x) = -0{,}5x^2 + 2x$; $d'(x) = -x + 2$; $d''(x) = -1 > 0$.
$d'(x) = 0$ ergibt $x = 2$ mit $d''(2) = -1 < 0$. Damit liegt ein lokales Maximum vor, nämlich $d(2) = 2$.
Wegen $d(0) = d(4) = 0$ ist das absolute Maximum $d(2) = 2$ und das absolute Minimum $d(0) = d(4) = 0$.

143 **8** c) $p(x) = (0{,}5x^2 + 2) \cdot (x^2 - 2x + 2)$; lokales Minimum $p(0{,}81892) \approx 2{,}41189$.
Wegen $p(0) = 4$ und $p(4) = 100$ ist das lokale Minimum auch absolutes Minimum und $p(4)$ ist absolutes Maximum.

9 Bedingung: $A = x \cdot y$. Nebenbedingung:
Da der Untertan 6 km pro Stunde zurücklegen kann, gilt $2x + 2y = 6$ oder $y = 3 - x$.
Zielfunktion: $A(x) = x(3 - x) = -x^2 + 3x$ mit $0 < x < 3$.
Aus $A'(x) = -2x + 3$ und $A''(X) = -2$ ergibt sich die lokale Maximalstelle $x = 1{,}5$ mit dem zugehörigen $y = 1{,}5$.
Da $A(0) = A(3) = 0$ ist, liegt eine absolute Maximalstelle vor.

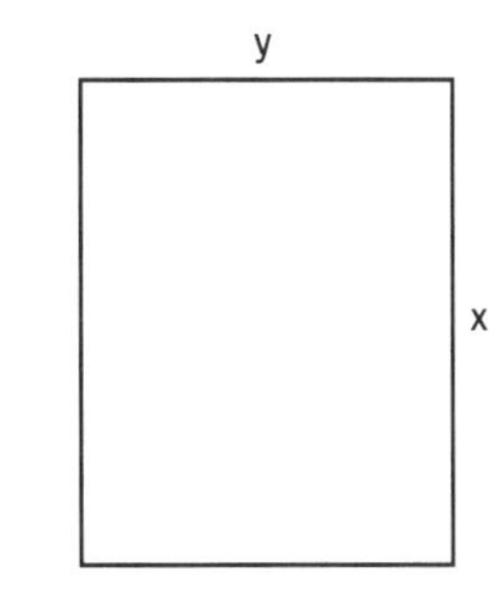

Der Untertan sollte ein quadratisches Stück Land mit den Seitenlängen 1,5 km umlaufen. Sein Grundsruck hat dann einen maximalen Flächeninhalt von $1{,}5\,\text{km} \times 1{,}5\,\text{km} = 2{,}25\,\text{km}^2$.

10 a) $A(u) = 2u(-u^2 + 9) = -2u^3 + 18u$; $A'(u) = -6u^2 + 18$; $A''(u) = -12u$.
$A'(u) = -6u^2 + 18 = 0$ ergibt wegen $0 \leqq u \leqq 3$: $u = \sqrt{3}$. Wegen $A''(\sqrt{3}) < 0$ liegt ein lokales Maximum vor, das wegen $A(0) = A(3) = 0$ auch ein absolutes Maximum ist.
$A_{max} = 12\sqrt{3}$.
$U(u) = 2(2u - u^2 + 9) = -2u^2 + 4u + 18$; $U'(u) = -4u + 4$; $U''(u) = -4$.
$U'(u) = -4u + 4 = 0$ ergibt $u = 1$.
Wegen $U''(1) = -4 < 0$ liegt ein lokales Maximum vor:
$U_{max} = U(1) = 20$, das wegen $U(0) = 18$ und $U(3) = 12$ auch ein absolutes Maximum ist.

11 a) Mit dem Durchmesser x (in cm) gilt: $V = \frac{\pi}{4}x^2 h = 2$; also $h = \frac{8}{\pi x^2}$ mit $x > 0$.
Nahtlinie: $M = \pi x + h$; also $M(x) = \pi x + \frac{8}{\pi x^2}$; $M'(x) = \pi - \frac{16}{\pi x^3}$; $M''(x) = \frac{48}{\pi x^4} > 0$.
$M'(x) = \pi - \frac{16}{\pi x^3} = 0$ ergibt $x = \left(\frac{16}{\pi^2}\right)^{\frac{1}{3}} \approx 1{,}175$. Wegen $M''(x) > 0$ liegt ein lokales Minimum vor, das wegen $M(x) \to \infty$ für $x \to 0$ und für $x \to \infty$ ein absolutes Minimum ist.
$h = (2\pi)^{\frac{1}{3}} \approx 1{,}845$. Bei absolut kürzester Schweißnaht muss der Durchmesser des Topfes ca. 11,7 cm, seine Höhe 18,5 cm sein.
b) $O = \frac{\pi}{4}x^2 + \pi x h$ mit $h = \frac{8}{\pi x^2}$ mit $x > 0$; also $O(x) = \frac{\pi}{4}x^2 + \frac{8}{x}$; $O'(x) = \frac{\pi}{2}x - \frac{8}{x^2}$;
$O''(x) = \frac{\pi}{2} + \frac{16}{x^3}$.
$O'(x) = \frac{\pi}{2}x - \frac{8}{x^2} = 0$ ergibt $x = \left(\frac{16}{\pi}\right)^{\frac{1}{3}} \approx 1{,}721$. Wegen $O''(x) > 0$ liegt ein lokales Minimum vor, das wegen $O(x) \to \infty$ für $x \to 0$ und für $x \to \infty$ ein absolutes Minimum ist.
$h = \left(\frac{2}{\pi}\right)^{\frac{1}{3}} \approx 0{,}860$. Radius $r = \frac{x}{2} = 0{,}860$. Damit liegt dann ein minimaler Materialverbrauch vor, wenn Grundkreisradius und Höhe übereinstimmen und jeweils etwa 8,6 cm lang sind.

S. 143 **12** $O(x) = 2\pi x^2 + 2\pi x \cdot h$ (x in dm; O(x) in dm²)
mit der Nebenbedingung $\pi x^2 \cdot h = 1$, also $h = \frac{1}{\pi x^2}$.
$O(x) = 2\pi x^2 + 2\pi x \cdot \frac{1}{\pi x^2}$ oder $O(x) = 2\pi x^2 + \frac{2}{x}$ mit $0 < x < \infty$.
Rechnerische Lösung: $O'(x) = 4\pi x - \frac{2}{x^2}$; $O''(x) = 4\pi + \frac{4}{x^3}$.
$O'(x) = 4\pi x - \frac{2}{x^2} = 0$ ergibt $x^3 = \frac{1}{2\pi}$, also $x = \left(\frac{1}{2\pi}\right)^{\frac{1}{3}} \approx 0{,}542$.
Wegen $O''\left(\left(\frac{1}{2\pi}\right)^{\frac{1}{3}}\right) > 0$ liegt ein lokales Minimum vor.
Dies ist ein absolutes Maximum, da $O(x) \to \infty$ für $x \to 0$ und für $x \to \infty$.
Es ist $h = \frac{1}{\pi\left(\left(\frac{1}{2\pi}\right)^{\frac{1}{3}}\right)^2} \approx 1{,}084$.

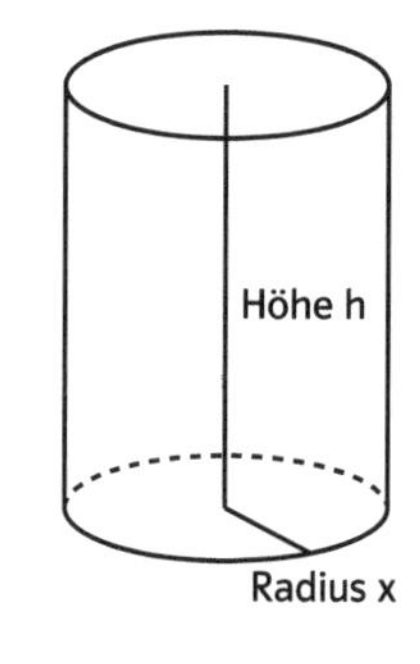

Die 1-Liter-Dose mit dem geringsten Materialverbrauch hat den selben Durchmesser wie die Höhe $h \approx 10{,}8$ cm. Materialverbrauch ca. 554 cm² Blech.
Lösung mit dem CAS:

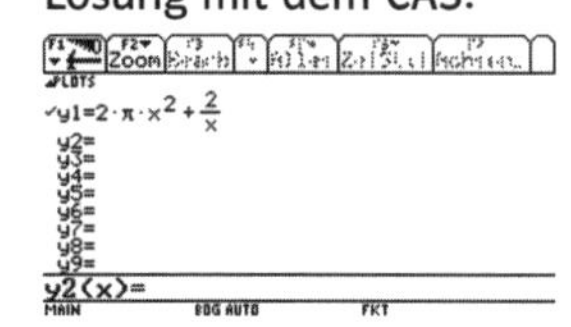

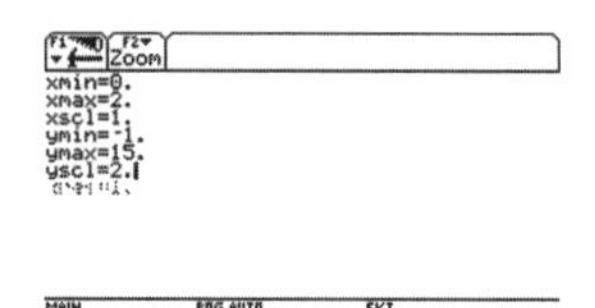

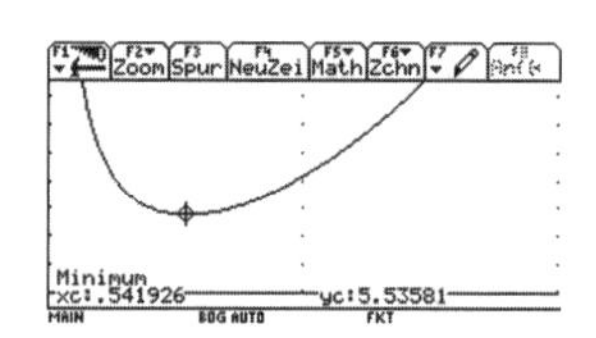

13 a) Abstand d von A(u | v) zu P(1 | 2):
$d = \sqrt{(u-1)^2 + (v-2)^2}$ mit der Nebenbedingung, dass A auf der Parabel liegt: $v = u^2$.
Damit ist
$d(u) = \sqrt{(u-1)^2 + (u^2-2)^2}$.
Bestimmung des Minimums mit dem CAS.
Gesuchter Punkt A(1,3660 | 1,8660)

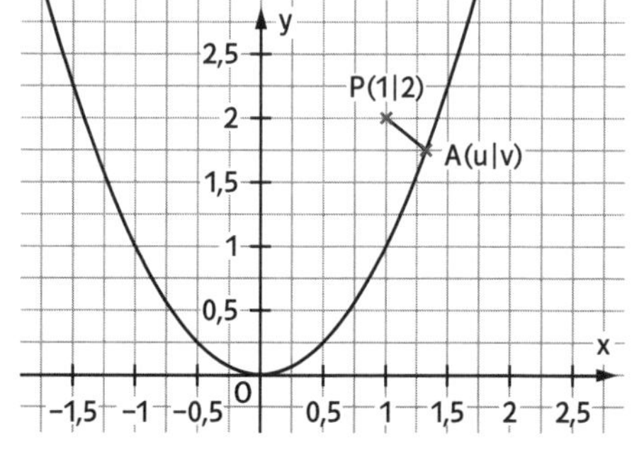

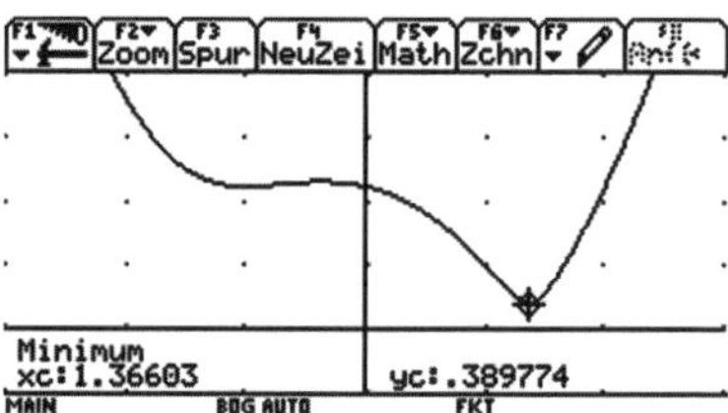

b) $d(u) = \sqrt{u^2 + (-2u^2 + 4)^2}$
Die Punkte $A_1(-1{,}3693 \mid 0{,}25)$ und $A_2(1{,}3693 \mid 0{,}25)$ der Parabel $y = -2x^2 + 4$ haben von P(0 | 0) den kleinsten Abstand.

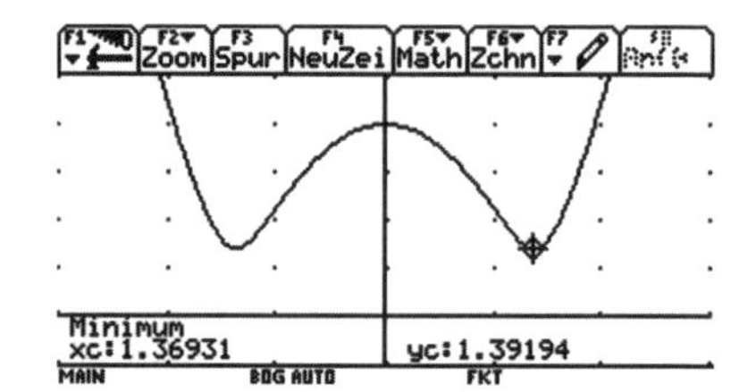

8 Extremwerte in der Betriebswirtschaft

144 **1** a) Graphen nebenstehend.
$G(x) = x - (0{,}1x^2 + 1)$.
Es wird Gewinn erzielt für alle x mit $G(x) > 0$.
$G(x) = 0$ für $x_1 = 5 - \sqrt{15} \approx 1{,}127$ und $x_2 = 5 + \sqrt{15} \approx 8{,}873$.
Gewinnzone ist $1{,}127 < x < 8{,}873$.
b) $G'(x) = -0{,}2x + 1$; $G''(x) = -0{,}2$.
$G'(x) = 0$ liefert $x = 5$. $G''(5) < 0$.
Damit wird für $x = 5$ [ME] ein maximaler Gewinn erzielt, nämlich $G(5) = 1{,}5$ [GE].

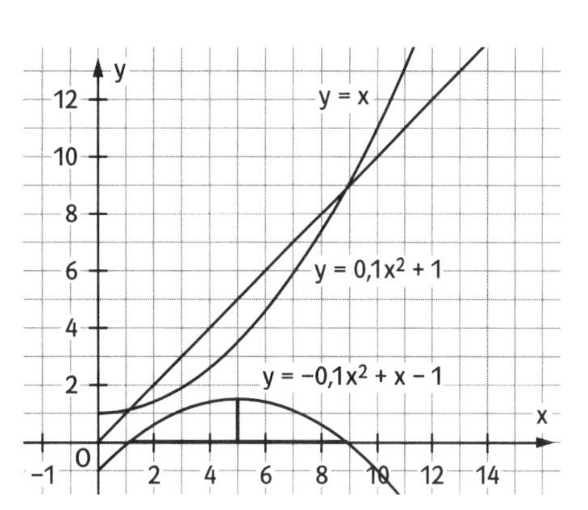

147 **2** a) Siehe Graph rechts
b) $G(x) = 0{,}6x - 0{,}05x^2 - 1 = 0$ ergibt $x_1 = 2$ und $x_2 = 10$.
Nutzenschwelle ist also $x_1 = 2$,
Nutzengrenze ist $x_2 = 10$.
c) $G'(x) = 0{,}6 - 0{,}1x$; $G''(x) = -0{,}1 < 0$.
$G'(x) = 0{,}6 - 0{,}1x = 0$ ergibt $x_3 = 6$.
$G(6) = 0{,}8$.
Maximaler Gewinn wird bei Produktion von 6 ME mit 0,8 GE erreicht.

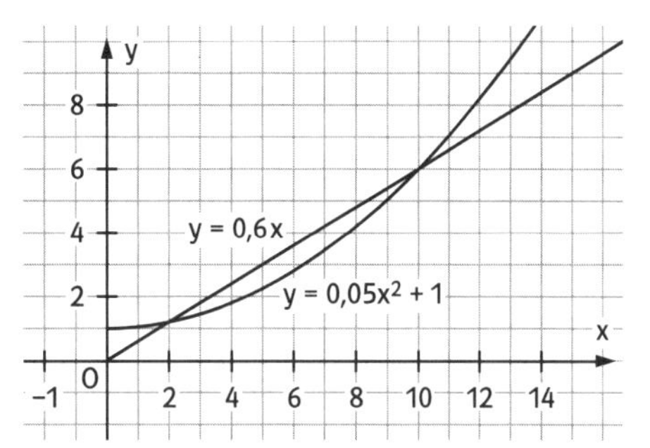

148 **3** a) Graphen von K und E rechts.
b) Grenzkostenfunktion:
$K'(x) = 0{,}1x + 0{,}03$
Graph rechts
c) Fixkostenfunktion $K_f(x) = 1{,}1$;
Variable Kostenfunktion
$K_v(x) = 0{,}05x^2 + 0{,}03x$
Graphen rechts
d) Stückkostenfunktion:
$k(x) = \frac{K(x)}{x} = 0{,}05x + 0{,}03 + \frac{1{,}1}{x}$.
Variable Stückkostenfunktion:
$k_v(x) = \frac{K_v(x)}{x} = 0{,}05x + 0{,}03$.
Minimum der Stückkostenfunktion ist $f(4{,}6) \approx 0{,}5$.
Genaueres Ablesen ist mit dem CAS durch Vergrößerung des Ausschnitts möglich:
$f(4{,}690\,42) \approx 0{,}499\,04$.

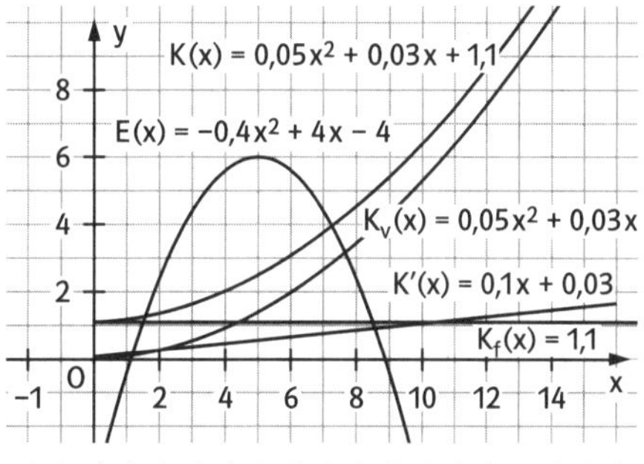

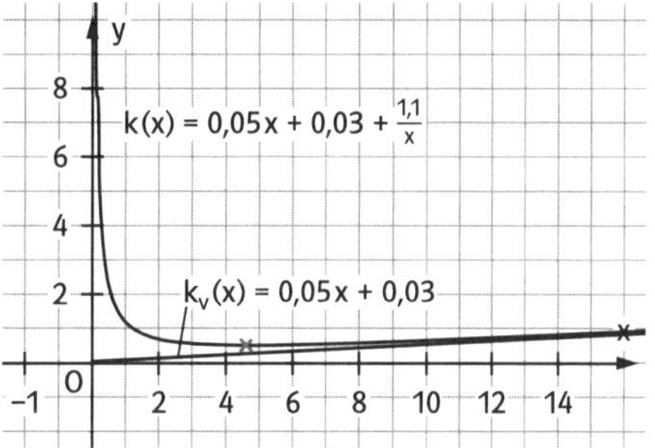

S. 148 **4** Arbeit mit dem CAS

a)

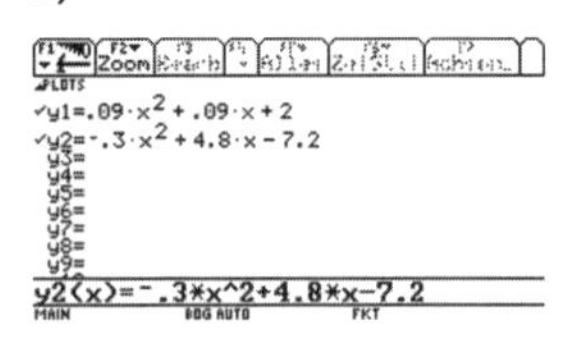

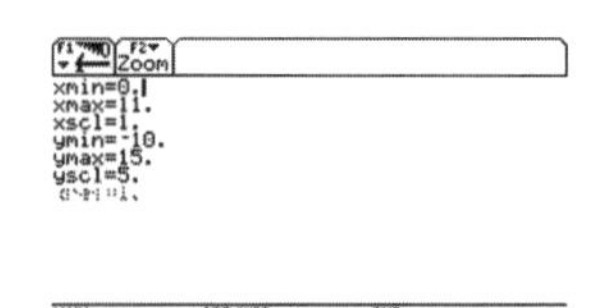

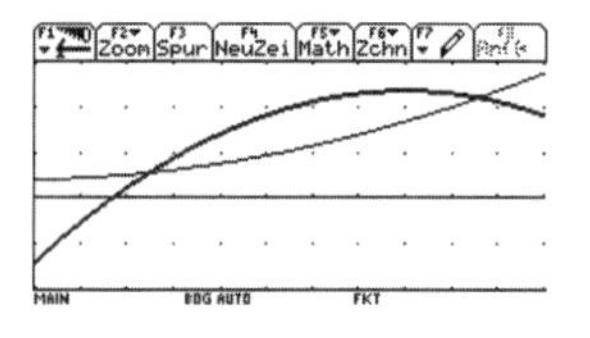

b) Gewinnschwelle $x_1 \approx 2{,}45$; Gewinngrenze $x_2 \approx 9{,}63$. Gewinnzone: $2{,}45 < x < 9{,}63$

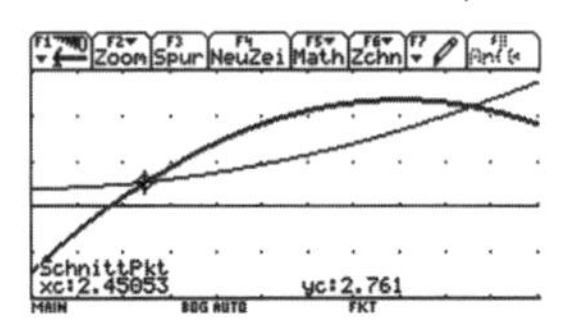

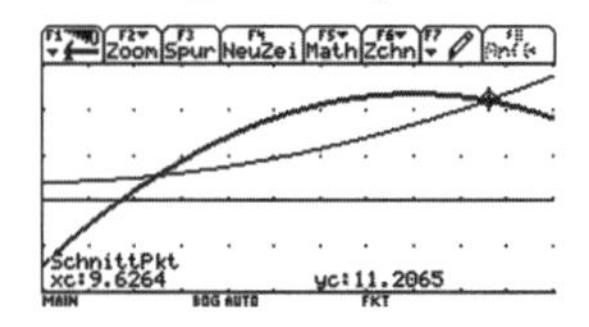

c) Gewinnmaximum von 5,02 GE bei etwa 6,04 ME.

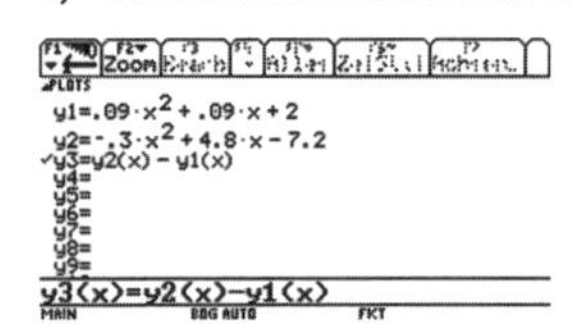

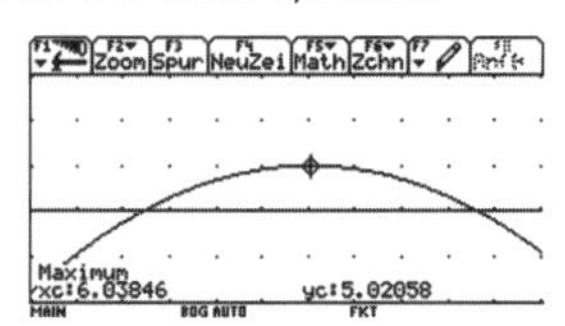

d) Grenzkostenfunktion $K'(x) = 0{,}18x + 0{,}09$.

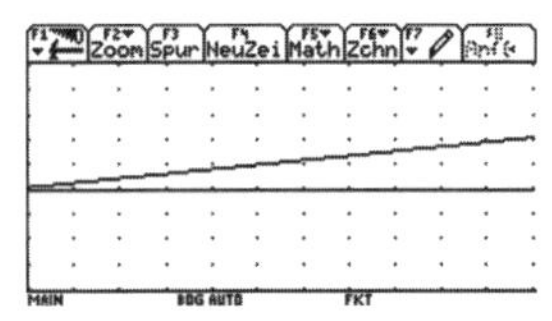

Betriebsoptimum bei $x \approx 4{,}7$:

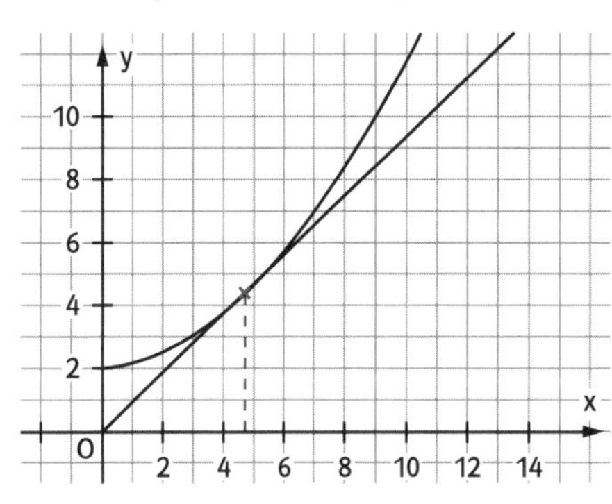

Exakte Berechnung des Betriebsoptimums:

$k(x) = \frac{K(x)}{x} = 0{,}09x + 0{,}09 + \frac{2}{x}$ mit $K'(x) = 0{,}18x + 0{,}09$ schneiden: $k(x) = K'(x)$

ergibt $\frac{2}{x} - 0{,}09x = 0$, also $x^2 = \frac{200}{9}$. Damit $x = \frac{10}{3}\sqrt{2} \approx 4{,}714045$.

e) Da die durchschnittlichen variablen Kosten $k_v(x) = \frac{K_v(x)}{x} = \frac{0{,}09x^2 + 0{,}09x}{x} = 0{,}09x + 0{,}09$ als lineare Funktion kein Minimum aufweisen, gibt es kein Betriebsminimum.

148 **5** a) Variable Stückkosten $k_v(x) = \frac{K_v(x)}{x} = 0{,}0125\,x^2 - 0{,}0875\,x + 0{,}525$; $k_v' = 0{,}025\,x - 0{,}0875$;
$k_v''(x) = 0{,}025 > 0$. $k_v' = 0$ oder $0{,}025\,x - 0{,}0875 = 0$ ergibt $x = 3{,}5$. $k_v(3{,}5) = 0{,}371875$.
Das Minimum der variablen Stückkosten liegt bei $x = 3{,}5\,\text{ME}$ und beträgt
$k_v(3{,}5) \approx 0{,}372\,\frac{\text{GE}}{\text{ME}}$. Es heißt auch Betriebsminimum oder kurzfristige Preisuntergrenze.
b) $K_v(x) = 0{,}0125\,x^3 - 0{,}0875\,x^2 + 0{,}525\,x$; variable Grenzkosten:
$K_v'(x) = 0{,}0375\,x^2 - 0{,}175\,x + 0{,}525$.
$K_v'(x)$ gibt die lokale Erhöhung der variablen Stückkosten an, wenn die Produktionsmenge um eine Mengeneinheit erhöht wird.
c) $E(x) = 1{,}25\,x$, $K(x) = 0{,}0125\,x^3 - 0{,}0875\,x^2 + 0{,}525\,x + 3$.
Damit $G(x) = E(x) - K(x) = -0{,}0125\,x^3 + 0{,}0875\,x^2 + 0{,}725\,x - 3$;
Nullstellen von $G(x)$ ergeben die Gewinnzone: $3{,}4167 \leqq x \leqq 10{,}3621$.
Maximaler Gewinn bei $x \approx 7{,}3111\,\text{ME}$ mit $2{,}0927\,\text{GE}$.

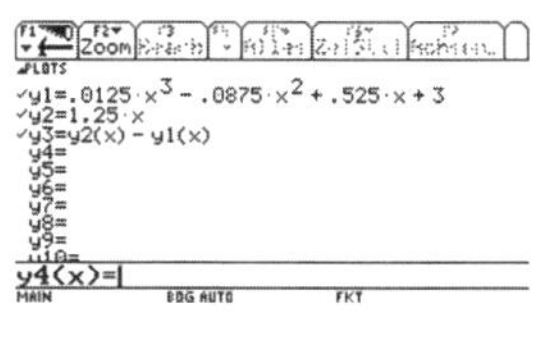

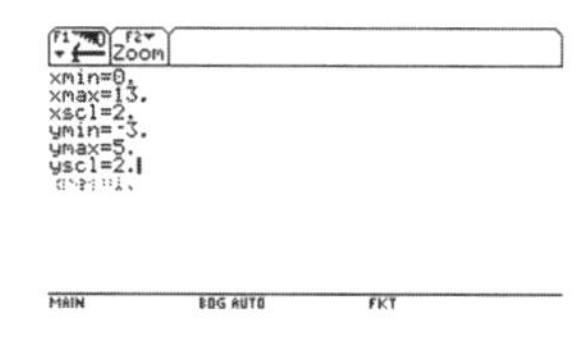

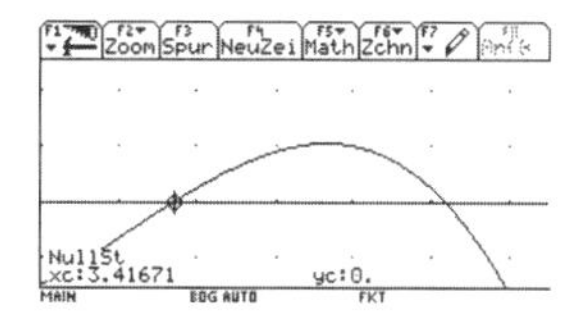

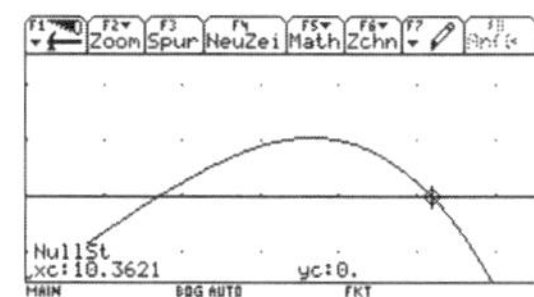

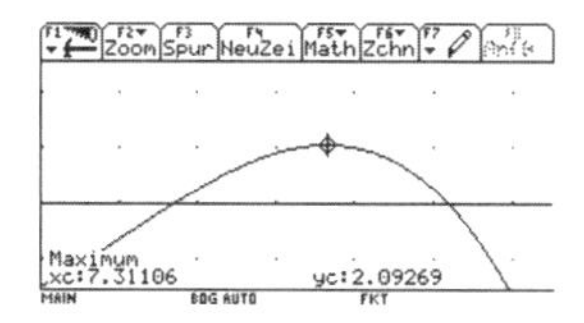

d) $K^*(x) = 0{,}0125\,x^3 - 0{,}0875\,x^2 + 0{,}525\,x + 2$. Damit wird $G^*(x) = E(x) - K^*(x)$ um den Wert 1 für jedes x größer und es kommt damit zu einer Vergrößerung der Gewinnzone.
Es ist $G^*(x) = -0{,}0125\,x^3 + 0{,}0875\,x^2 + 0{,}725\,x - 2$
mit der Gewinnzone $2{,}3234 \leqq x \leqq 10{,}9600$.

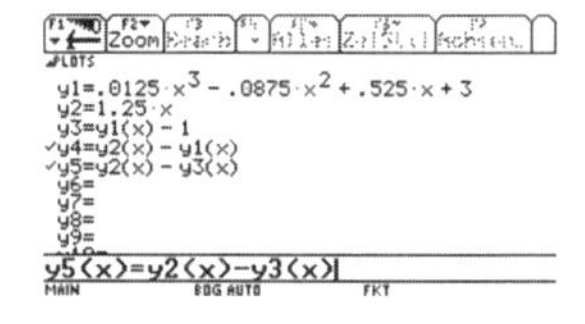

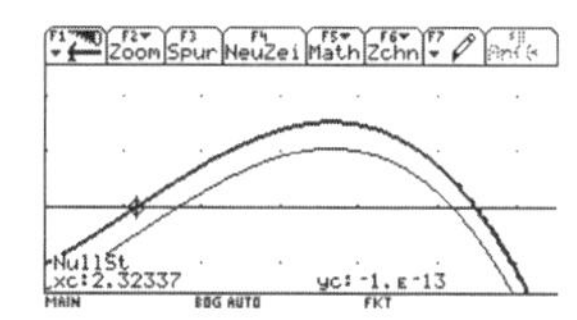

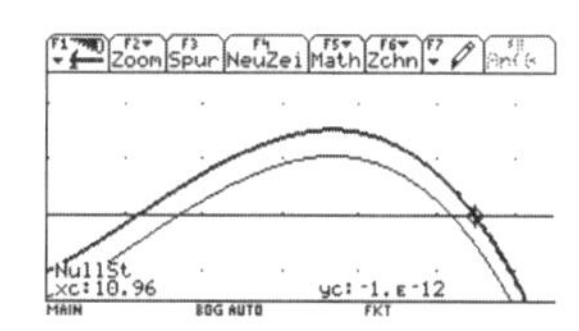

e) Maximaler Gewinn bei G^*: Maximaler Gewinn bei $x \approx 7{,}3111$ ME mit 3,0927 GE.
Da der Graph von G^* gegenüber dem von G nur um 1 in positive y-Richtung verschoben wurde, bleibt das Maximum an der Stelle $x \approx 7{,}3111$ ME und beträgt dann
2,0927 GE + 1 GE = 3,0927 GE.

6 a) Erlösfunktion ist $E(x) = a\,x^2 + b\,x + c$; $E'(x) = 2\,a\,x + b$
$E(0) = 0$: $c = 0$
$E(12) = 0$: $144\,a + 12\,b = 0$ oder $12\,a + b = 0$, also $b = -12\,a$
$E'(x) = 0$: $2\,a\,x - 12\,a = 0$ ergibt $x = 6$ mit $E(6) = 432$,
also $36\,a - 12\,a \cdot 6 = 432$ oder $-36\,a = 432$: $a = -12$.
$b = -12 \cdot (-12) = 144$.
$E(x) = -12\,x^2 + 144\,x$.

S. 148 **6** b)

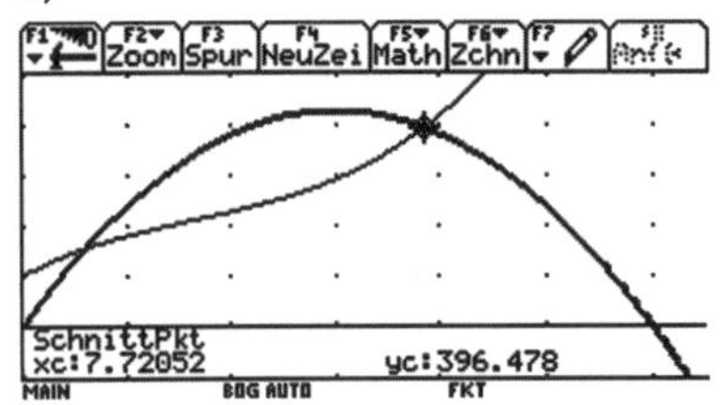

c) Die Grenzkostenfunktion $K'(x) = 3x^2 - 20x + 56$, $0 \leqq x \leqq 10$, gibt die lokale Kostenerhöhung an, wenn die Produktionsmenge um eine Mengeneinheit erhöht wird.

d) $k(x) = \frac{K(x)}{x} = x^2 - 10x + 56 + \frac{100}{x}$, $0 < x \leqq 10$.

Das Minimum von k(x) wird ermittelt mit dem CAS als Minimum des Graphen von k

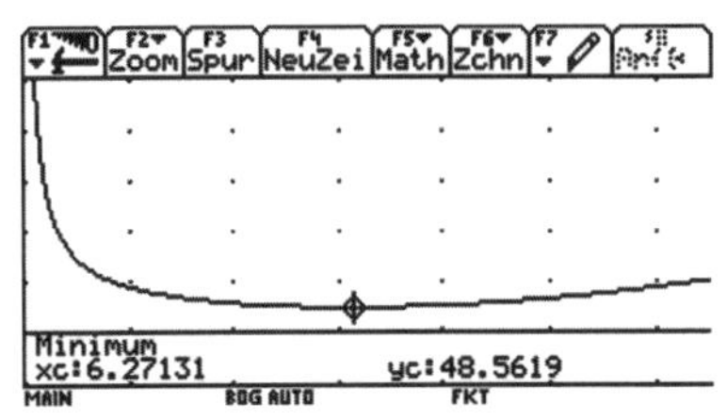

oder als Schnitt der Grenzkosten und der Stückkostenkurve:

Es ist $x_0 \approx 6{,}2713$; $k(x_0) \approx 48{,}5619$

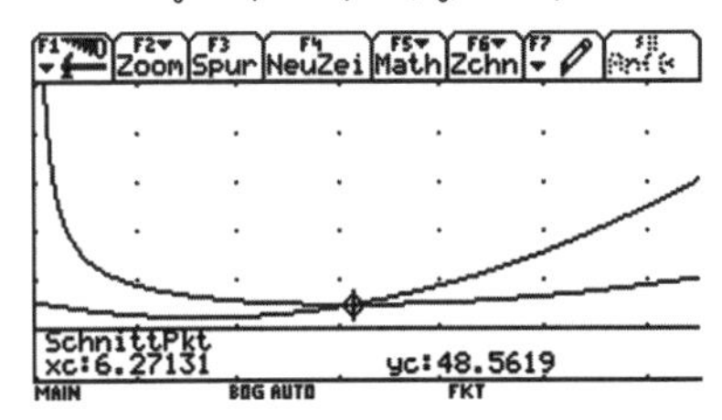

e) $G(x) = E(x) - K(x) = -x^3 - 2x^2 + 88x - 100$; $G'(x) = -3x^2 - 4x + 88$; $G''(x) = -6x - 4$.

$G'(x) = 0$ ergibt $x_0 = -\frac{2}{3} + \frac{2}{3}\sqrt{67} \approx 4{,}7902$.

Wegen $G''(4{,}7902) < 0$ liegt ein Maximum vor.

$G(4{,}7902) \approx 165{,}7296$ ist das Gewinnmaximum.

$E(4{,}7902) \approx 414{,}4376$.

Preis pro ME: $p = \frac{E(4{,}7902)}{4{,}7902} \approx 86{,}5178$ in GE.

f) Kostenfunktion

$K^*(x) = x^3 - 10x^2 + 56x + 50$; $E^*(x) = 60x$.

Gewinnfunktion

$G^*(x) = -x^3 + 10x^2 + 4x - 50$.

Bestimmung des Gewinnmaximums mit dem CAS.

Der Produzent kann damit seinen maximalen Gewinn nicht halten. Er verringert sich um ca. 40,5 GE auf 125 GE.

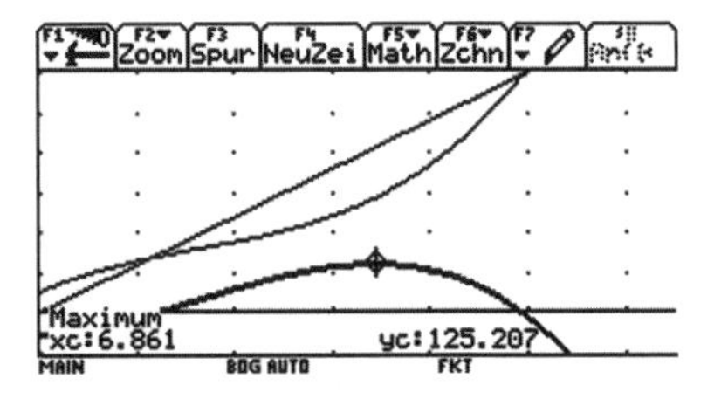

149 7 a) $E(x) = 15x$; $K(x) = x^3 - 6x^2 + 14x + 18$

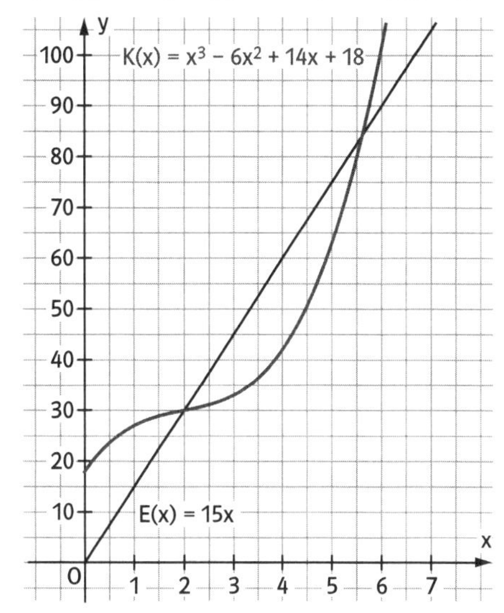

b) $K'(x) = 3x^2 - 12x + 14$; $K''(x) = 6x - 12$; $K'''(x) = 6$.
Da $K''(x) = 0$ den Wert $x = 2$ ergibt und $K'''(x) = 6 \neq 0$ ist, ist die Stelle 2 Wendestelle.
Im Bereich $0 < x < 2$ ist K degressiv, in $2 < x < 6$ progressiv.
c) $K'(x) = 3x^2 - 12x + 14$; $K'(x)$ gibt die lokale Erhöhung der Kosten pro Stück an, wenn die Produktionsmenge um eine Mengeneinheit erhöht wird.
d) Das Minimum der Grenzkosten ergibt sich aus $K''(x) = 6x - 12 = 0$ und $K'''(x) = 6 > 0$ zu $x = 2$; es ist $K'(2) = 2$.
e) $G(x) = -x^3 + 6x^2 + x - 18$; $G'(x) = -3x^2 + 12x + 1$; $G''(x) = -6x + 12$
$G'(x) = -3x^2 + 12x + 1 = 0$ ergibt $x_{1/2} = 2 \pm \frac{1}{3}\sqrt{39}$.
Nur $x_1 = 2 + \frac{1}{3}\sqrt{39} \approx 4{,}08167$ ist eine brauchbare Lösung. Wegen $G''(4{,}08167) < 0$ liegt bei der Ausbringungsmenge 4,08 ME das Gewinnmaximum. Es beträgt 18,04 GE.
f) $k_v(x) = \frac{K_v(x)}{x} = x^2 - 6x + 14$; $k_v'(x) = 2x - 6$; $k_v''(x) = 2 > 0$
Betriebsminimum ist $x = 3$ in ME; kurzfristige Preisuntergrenze ist $k_v(3) = 5$ in GE.

8 a) $K(2) = 24$. Aus $E(x) = k \cdot x$ folgt damit wegen $E(2) = K(2)$: $24 = k \cdot 2$, also $k = 12$.
Erlösfunktion ist $E(x) = 12x$.
b) Gewinnfunktion G ist $G(x) = -0{,}125x^3 + x^2 + 8{,}5x - 20$;
$G(x) = 0$ hat die Lösung $x_S = 2$ (nach a)). Polynomdivision von $G(x)$ durch $(x - 2)$ ergibt:
$\frac{G(x)}{x-2} = -0{,}125x^2 + 0{,}75x + 10$ mit den Nullstellen $x_1 = 3 - \sqrt{89} < 0$ (unbrauchbar) und
$x_2 = 3 + \sqrt{89} \approx 12{,}43398$. $x_2 \approx 12{,}43$ ist somit die gesuchte Gewinngrenze.

S. 149 **8** c) Stückkostenfunktion $k(x) = \frac{K(x)}{x} = 0{,}125x^2 - x + 3{,}5 + \frac{20}{x}$.

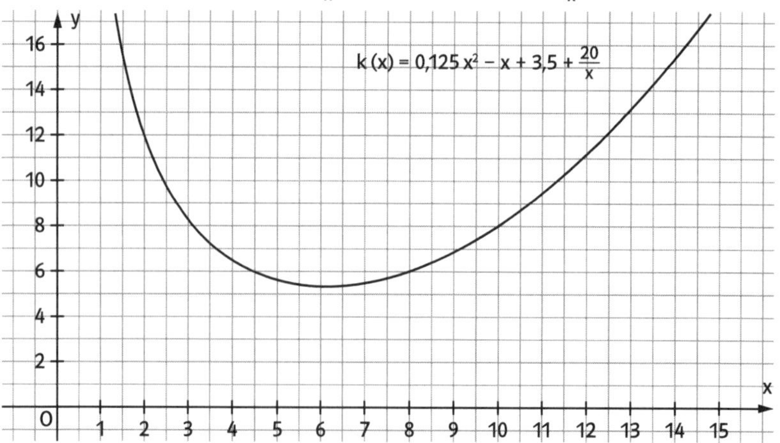

d) $k_v(x) = 0{,}125x^2 - x + 3{,}5$; $k_v'(x) = 0{,}25x - 1$; $k_v''(x) = 0{,}25 > 0$.
Aus $k_v'(x) = 0{,}25x - 1 = 0$ folgt $x = 4$. Dies ist wegen $k_v''(4) = 0{,}25 > 0$ eine Minimumstelle. Das Betriebsminimum ist 4 ME.

e) Man legt vom Nullpunkt aus die Tangente an den Graphen der Kostenfunktion. Der x-Wert des Berührpunktes ist das Betriebsoptimum. Es liegt etwa bei 6,2 ME.

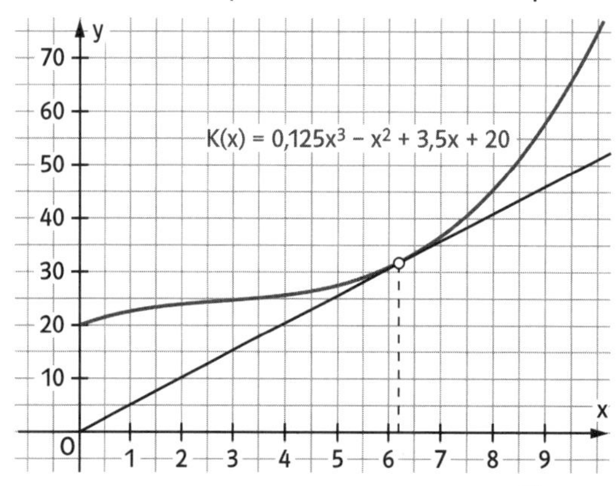

f) Minimum von $k(x) = 0{,}125x^2 - x + 3{,}5 + \frac{20}{x}$ mit dem CAS. Das Betriebsoptimum liegt bei der Ausbringungsmenge 6,13 ME.

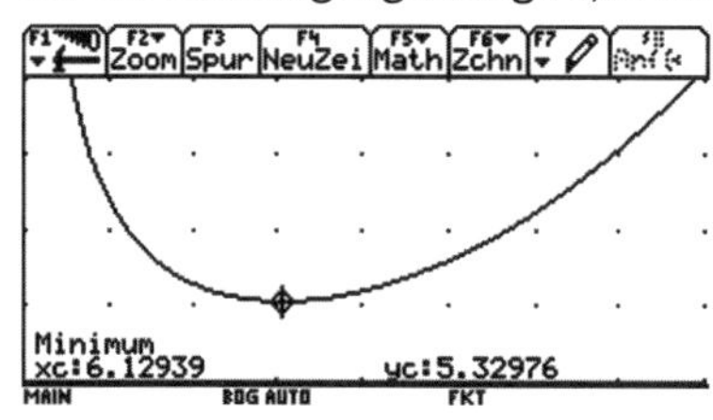

g) Grenzkosten: $K'(x) = 0{,}375x^2 - 2x + 3{,}5$; $K''(x) = 0{,}75x - 2$; $K'''(x) = 0{,}75 > 0$
Aus $K''(x) = 0{,}75x - 2 = 0$ folgt $x = \frac{8}{3} \approx 2{,}67$; dies ist wegen $K'''\left(\frac{8}{3}\right) = 0{,}75 > 0$ eine Minimumstelle. Minimum der Grenzkosten: $K'\left(\frac{8}{3}\right) = \frac{5}{6} \approx 0{,}83$ GE.

149 **9** a) Druckfehler in der 1. Auflage: Es muss heißen $p(x) = -0{,}2x + \mathbf{4}$
$p(x) = -0{,}2x + 4$ hat die Nullstelle $x = 20$.
Ökonomisch sinnvoller Bereich $0 < x < 20$
b) $E(x) = x(-0{,}2x + 4) = -0{,}2x^2 + 4x$ mit $0 \leqq x \leqq 20$.
$E'(x) = -0{,}4x + 4 = 0$ für $x = 10$.
Maximaler Erlös bei 10 ME: $E_{max} = E(10) = 20$ GE.
Zugehöriger Stückpreis ist $\frac{20\text{ GE}}{10} = 2$ GE.
c) $G(x) = -\frac{13}{1200}x^3 + \frac{7}{400}x^2 + \frac{301}{120}x - 5$.
Da $G(2) = 0$ und $G(15) = 0$ ist die Gewinnzone $2 \leqq x \leqq 15$.
d) Aus $G'(x) = -\frac{13}{400}x^2 + \frac{7}{200}x + \frac{301}{120} = 0$ ergibt sich die einzige brauchbare Lösung
$x_{max} = \frac{7}{13} + \frac{1}{39}\sqrt{117831} \approx 9{,}34013 \approx 9{,}34$.
Aus $G''(x) = -\frac{13}{200}x + \frac{7}{200}$ ergibt sich $G''(x_{max}) < 0$.
Damit liegt bei der Ausbringungsmenge $x_{max} \approx 9{,}34$ das Gewinnmaximum mit
$G_{max} = G(x_{max}) \approx 11{,}12767 \approx 11{,}13$. Zugehöriger Stückpreis: $p(9{,}34) \approx 2{,}132$ GE.
e) Graphen

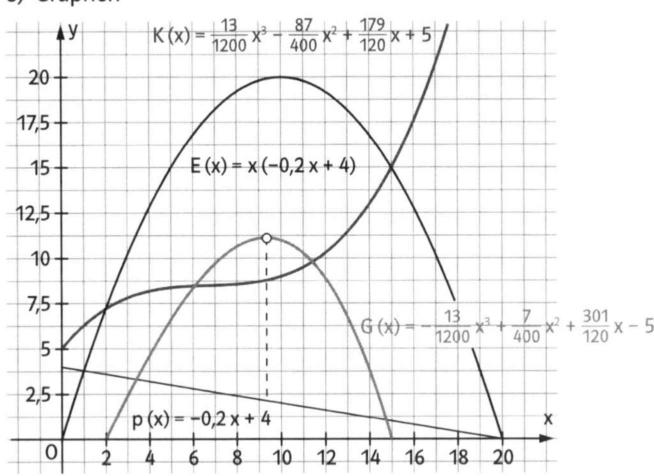

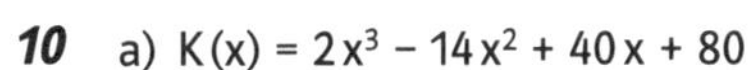
10 a) $K(x) = 2x^3 - 14x^2 + 40x + 80$
Graph in Fig. 1
b) Erlösfunktion $E(x) = 60x$
Graph in Fig. 1
c) $K(2) = E(2) = 120$
d) $G(x) = -2x^3 + 14x^2 + 20x - 80$
hat die Lösung $x = 2$ (Break-Even-Point).
Polynomdivision ergibt:
$G(x):(x - 2) = -2x^2 + 10x + 40$.
$-2x^2 + 10x + 40 = 0$ hat genau eine brauchbare Lösung, nämlich die Gewinngrenze
$x_G = \frac{5}{2} + \frac{\sqrt{105}}{2} \approx 7{,}62348 \approx 7{,}62$

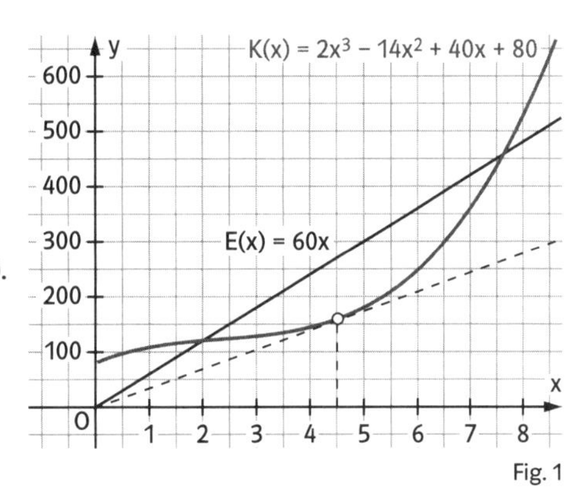

Fig. 1

S. 149 **10** e) Betriebsoptimum ist etwa 4,5 ME.
Zeichnung in Fig. 1, S. 103
f) Grenzkostenfunktion $K'(x) = 6x^2 - 28x + 40$;
Stückkostenfunktion $k(x) = 2x^2 - 14x + 40 + \frac{80}{x}$
Schnittpunkt beider Graphen ergibt das Betriebsoptimum (Fig. 1.)

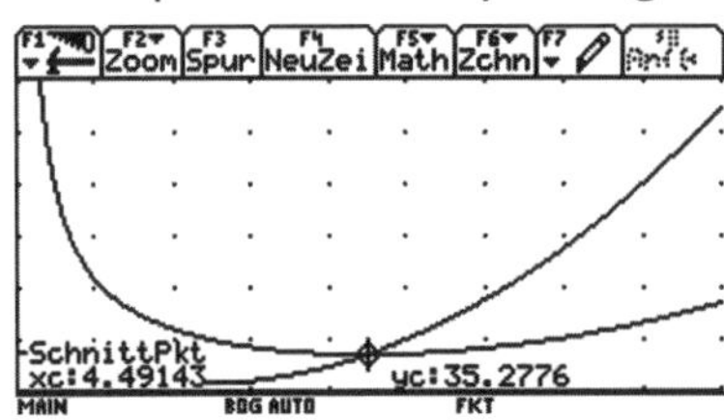

Fig. 1

g) Stückkosten im Betriebsoptimum ca. 35,28 GE.
h) Variable Stückkosten: $k_v(x) = 2x^2 - 14x + 40$
$k_v'(x) = 4x - 14$; $k_v''(x) = 4 > 0$.
Das Minimum der variablen Stückkosten liegt bei $x = 3{,}5$ und beträgt $k_v(3{,}5) = 15{,}5$.

9 Bestimmung einer ganzrationalen Funktion

S. 150 **1** a) Der Graph einer ganzrationalen Funktion 2. Grades. (Wurfparabel)
b) Aus den gegebenen Bedingungen bestimmt man zuerst die Gleichung der ganzrationalen Funktion 2. Grades. Um den höchsten Punkt der Flugbahn zu bestimmen, berechnet man anschließend den Scheitelpunkt der Wurfparabel.
Bedingungen an die gesuchte Funktion f mit $f(x) = ax^2 + bx + c$:
$f(0) = 1{,}5$; $f(19{,}5) = 0$ und $f'(19{,}5) = -\frac{\sqrt{3}}{3}$.
Lineares Gleichungssystem:
$380{,}25a + 19{,}5b = -1{,}5$
$39a + b = -\frac{\sqrt{3}}{3}$.
Damit: $f(x) = -0{,}0257x^2 + 0{,}4235x + 1{,}5$ mit dem Scheitelpunkt $S(8{,}24 \mid 3{,}24)$.
Die maximale Höhe beträgt etwa 3,24 m.

S. 152 **2** a) (1) $f(1) = 2$: $a + b + c + d = 2$; (2) $f(0) = 1$: $d = 1$
b) $f'(x) = 3ax^2 + 2bx + c$; (1) $f'(1) = 3$: $3a + 2b + c = 3$
c) (1) $f'(0) = 0$: $c = 0$
d) (1) $f(0) = 2$: $d = 2$; (2) $f'(0) = 0$: $c = 0$
e) (1) $f(1) = 2$: $a + b + c + d = 2$; (2) $f'(1) = 4$: $3a + 2b + c = 4$
f) $f''(x) = 6ax + 2b$; (1) $f(0) = 2$: $d = 2$; (2) $f''(0) = 0$: $2b = 0$; (3) $f'(0) = 1$: $c = 1$
g) (1) $f(1) = -1$: $a + b + c + d = -1$; (2) $f''(1) = 0$: $6a + 2b = 0$;
(3) $f'(1) = 0$: $3a + 2b + c = 0$

152 **3** $f(x) = ax^2 + bx + c$; $f'(x) = 2ax + b$

(1) $f(0) = 0$: $c = 0$

(2) $f(2) = -3$: $4a + 2b + c = -3$; $4a + 2b = -3$

(3) $f'(2) = -4$: $4a + b = -4$; $4a + b = -4$:

$(4a + 2b) - (4a + b) = -3 - (-4)$;

also $b = 1$.

In (3): $4a + 1 = -4$; also $a = -\frac{5}{4} = -1{,}25$.

$f(x) = -1{,}25x^2 + x$

4 $f(x) = ax^2 + bx + c$; $f'(x) = 2ax + b$

(1) $f(4) = 0$: $16a + 4b + c = 0$

(2) $f(-4) = 0$: $16a - 4b + c = 0$

(3) $f'(4) = \tan(45°) = 1$: $8a + b = 1$

$a = \frac{1}{8} = 0{,}125$; $b = 0$; $c = -2$

$f(x) = 0{,}125x^2 - 2$

5 $f(x) = ax^3 + bx^2 + cx + d$; $f'(x) = 3ax^2 + 2bx + c$; $f''(x) = 6ax + 2b$

(1) $f(-1) = 0$: $-a + b - c + d = 0$

(2) $f'(-1) = 0$: $3a - 2b + c = 0$

(3) $f(0) = -1$: $d = -1$

(4) $f'(0) = 0$: $c = 0$

Daraus $a = 2$; $b = 3$; $c = 0$; $d = -1$: $f(x) = 2x^3 + 3x^2 - 1$;

Kontrolle: $f'(x) = 6x^2 + 6x$; $f''(x) = 12x + 6$.

(1) $f(-1) = -2 + 3 - 1 = 0$;

(2) $f'(-1) = 6 - 6 = 0$

(3) $f(0) = -1$

(4) $f'(0) = 0$ und $f''(0) = 6 > 0$, also ist $T(0|-1)$ auch wirklich Tiefpunkt. Kontrolle mit dem CAS (rechts).

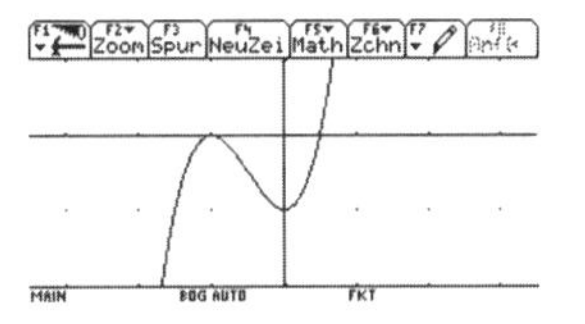

6 $f(x) = ax^3 + bx^2 + cx + d$; $f'(x) = 3ax^2 + 2bx + c$; $f''(x) = 6ax + 2b$

(1) $f(-1) = 0$: $-a + b - c + d = 0$

(2) $f'(-1) = 0$: $3a - 2b + c = 0$

(3) $f''(-1) = 0$: $-6a + 2b = 0$

(4) $f'(1) = 12$: $3a + 2b + c = 12$

Daraus $a = 1$; $b = 3$; $c = 3$; $d = 1$: $f(x) = x^3 + 3x^2 + 3x + 1$

7 a) $f(x) = ax^3 + bx^2 + cx + d$; $f'(x) = 3ax2 + 2bx + c$; $f''(x) = 6ax + 2b$

(1) $f(-1) = 0$: $-a + b - c + d = 0$

(2) $f(0) = -4$: $d = -4$

(3) $f''(1) = 0$: $6a + 2b = 0$

(4) $f(1) = -2$: $a + b + c + d = -2$

Daraus $a = -1$; $b = 3$; $c = 0$; $d = -4$: $f(x) = -x^3 + 3x^2 - 4$

b) $f(x) = x^3 - ax^2 + bx + c$; $f'(x) = 3x^2 - 2ax + b$; $f''(x) = 6x - 2a$

(1) $f(2) = 3$: $8 - 4a + 2b + c = 3$

(2) $f''(2) = 0$: $12 - 2a = 0$; also $a = 6$

(3) $f'(2) = 0$: $12 - 4a + b = 0$ oder $12 - 24 + b = 0$, also $b = 12$

zusammen mit (1): $8 - 24 + 24 + c = 3$, also $c = -5$: $f(x) = x^3 - 6x^2 + 12x - 5$

S. 152 **8** Da ein Wendepunkt existiert und der Graph von g symmetrisch zur y-Achse ist, muss $f(x)$ mindestens den Grad 4 haben.

Ansatz: $G(x) = ax^4 + bx^2 + c$; $g'(x) = 4ax^3 + 2bx$; $g''(x) = 12ax^2 + 2b$; $g'''(x) = 24ax$; $g^{(4)}(x) = 24a$

(1) $g(0) = 3$: $c = 3$

(2) $g''(1) = 0$: $12a + 2b = 0$

(3) $g^{(4)}(x) = 12$: $24a = 12$; also $a = 0{,}5$

also $a = 0{,}5$; $b = -3$; $c = 3$: $g(x) = 0{,}5x^4 - 3x^2 + 3$

9 a) Graph ist symmetrisch zur y-Achse und hat 3 Extremwerte, also

Ansatz: $f(x) = ax^4 + bx^2 + c$; $f'(x) = 4ax^3 + 2bx$

$f(0) = 2$: $c = 2$

$f(2) = 0$: $16a + 4b + c = 0$, also $16a + 4b = -2$

$f'(2) = 0$: $32a + 4b = 0$

$a = \frac{1}{8} = 0{,}125$; $b = -1$; $c = 2$: $f(x) = 0{,}125x^4 - x^2 + 2$

b) Graph ist punktsymmetrisch zum Ursprung und hat 2 Extremwerte, also Ansatz:

$f(x) = ax^3 + bx$; $f'(x) = 3ax^2 + b$

$f(1{,}5) = -2$: $3{,}375a + 1{,}5b = -2$

$f'(1{,}5) = 0$: $6{,}75a + b = 0$; also $b = -6{,}75a$

$a = \frac{8}{27}$; $b = -2$: $f(x) = \frac{8}{27}x^3 - 2x$

10 Bestimmung von Kostenfunktionen

S. 153 **1** Kostenfunktion: $K(x) = ax^2 + bx + c$; Erlösfunktion: $E(x) = m \cdot x$

Da $E(x)$ durch O und $P(2\,|\,5)$ verläuft, ist $m = \frac{5}{2} = 2{,}5$. $E(x) = 2{,}5x$

(1) $K(0) = 3$: $c = 3$

(2) $K(2) = 5$: $4a + 2b + c = 5$, also $4a + 2b = 2$

(3) $K(8) = E(8)$: $64a + 8b + c = 2{,}5 \cdot 8$, also $64a + 8b = 17$

Damit $K(x) = \frac{3}{16}x^2 + \frac{5}{8}x + 3$.

S. 154 **2** $K(x) = ax^2 + bx + c$; $K'(x) = 2ax + b$; $E(x) = dx^2 + ex + f$; $E'(x) = 2dx + e$

(1) $K(0) = 5$: $c = 5$

(2) $K'(15) = 0{,}3$: $30a + b = 0{,}3$

(3) $K(10) = 6$: $100a + 10b + c = 6$; $100a + 10b + 5 = 6$; $10a + b = 0{,}1$.

$(30a + b) - (10a + b) = 0{,}3 - 0{,}1$; also $20a = 0{,}2$; $a = 0{,}01$ in (2): $b = 0$.

Damit ist $K(x) = 0{,}01x^2 + 5$.

(1) $E(0) = 0$: $f = 0$

(2) $E(10) = 20$: $100d + 10e + f = 20$; $100d + 10e = 20$; $10d + e = 2$

(3) $E'(15) = 0$: $30d + e = 0$; $30d + e = 0$

$(30d + e) - (10d + e) = 0 - 2$; also $20d = -2$; $d = -0{,}1$ in (2): $e = 3$.

Damit ist $E(x) = -0{,}1x^2 + 3x$.

154 3 a) Ansatz: $K(x) = ax^3 + bx^2 + cx + d$; $K_V(x) = ax^3 + bx^2 + cx$; $K'(x) = 3ax^2 + 2bx + c$;
$K''(x) = 6ax + 2b$

(1) $K(1) = 90$: $\quad a + b + c + d = 90$
(2) $K_V(2) = 56$: $\quad 8a + 4b + 2c = 56$
(3) $K'(1) = 27$: $\quad 3a + 2b + c = 27$
(4) $K''\left(\frac{8}{3}\right) = 0$: $\quad 16a + 2b = 0$

Daraus mit dem CAS: $a = 1$; $b = -8$; $c = 40$; $d = 57$.
$K(x) = x^3 - 8x^2 + 40x + 57$.

b) $E(x) = 90x$; Graph in Fig. 1 und 2

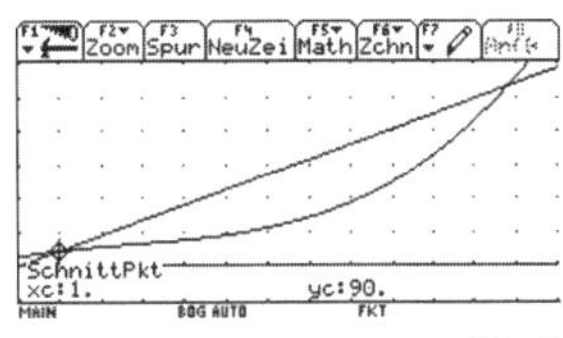

Fig. 1

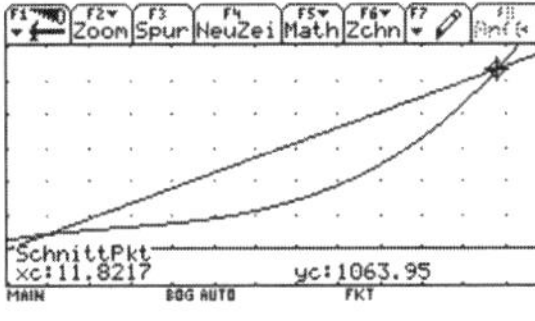

Fig. 2

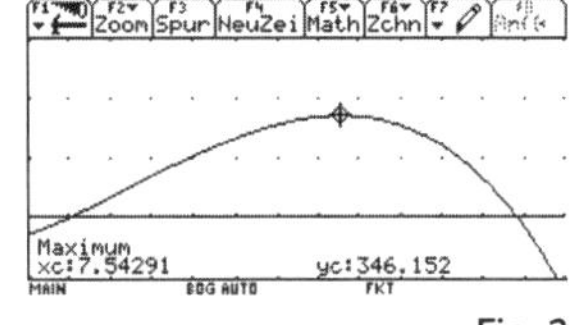

Fig. 3

Nutzenschwelle bei 1 Turbine; Nutzengrenze bei knapp 12 Turbinen.

c) $G(x) = E(x) - K(x) = -x^3 + 8x^2 + 50x - 57$ (Fig. 3)

Maximum des Gewinns von ca. 346 GE bei der Herstellung von ca. 7 bis 8 Turbinen.

d) Stückkosten: $k(x) = x^2 - 8x + 40 + \frac{57}{x}$; Grenzkosten: $K'(x) = 3x^2 - 16x + 40$;
variable Stückkosten: $k_V(x) = x^2 - 8x + 40$

Anzahl	1	2	3	4	5	6	7
Stückkosten	90,00	56,50	44,00	38,25	36,40	37,50	41,14
Grenzkosten	27,00	20,00	19,00	24,00	35,00	52,00	75,00
variable Stückkosten	33,00	28,00	25,00	24,00	25,00	28,00	33,00

Anzahl	8	9	10	11	12	13
Stückkosten	47,13	55,33	65,70	78,18	92,75	109,38
Grenzkosten	104,00	139,00	180,00	227,00	280,00	339,00
variable Stückkosten	40,00	49,00	60,00	73,00	88,00	105,00

Die Grenzkosten liegen unter den Stückkosten bis zu etwa 5 Turbinen.

e) Die Tangente von 0 aus an den Graphen der Kostenfunktion berührt etwa bei $x = 5,1$ (Fig. 4). Damit liegt das Betriebsoptimum bei ca. 5 Turbinen. Die zugehörigen Kosten liegen bei knapp 200 GE.

f) $k_v(x) = x^2 - 8x + 40$; $k_v'(x) = 2x - 8$;
$k_v''(x) = 2 > 0$

Das Betriebsminimum liegt also bei 4 Turbinen.
Die kurzfristige Preisuntergrenze ist $k_v(4) = 24$ GE/Turbine.

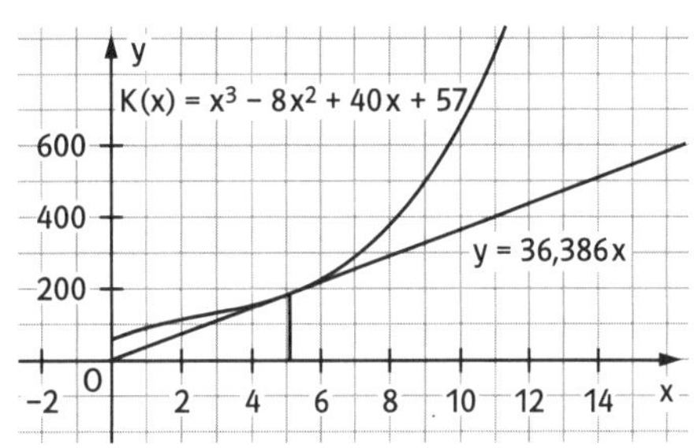

Fig. 4

S. 154 **4** a) $K(x) = ax^3 + bx^2 + cx + d$; $K'(x) = 3ax^2 + 2bx + c$; $k(x) = ax^2 + bx + c + \frac{d}{x}$.

(1) $K(0) = 16$: $\quad c = 16$

(2) $K(4) = 48$: $\quad 64a + 16b + 4c + d = 48$

(3) $K'(2) = 4$: $\quad 12a + 4b + c = 4$

(4) $k(3) = \frac{37}{3}$: $\quad 9a + 3b + c + \frac{d}{3} = \frac{37}{3}$

Mit dem CAS erhält man: $a = 1$; $b = -6$; $c = 16$; $d = 16$, also

$K(x) = x^3 - 6x^2 + 16x + 16$.

b) $k(x) = x^2 - 6x + 16 + \frac{16}{x}$; Graphen in Fig. 1.

Das Betriebsoptimum liegt bei ca. 3,6 ME.

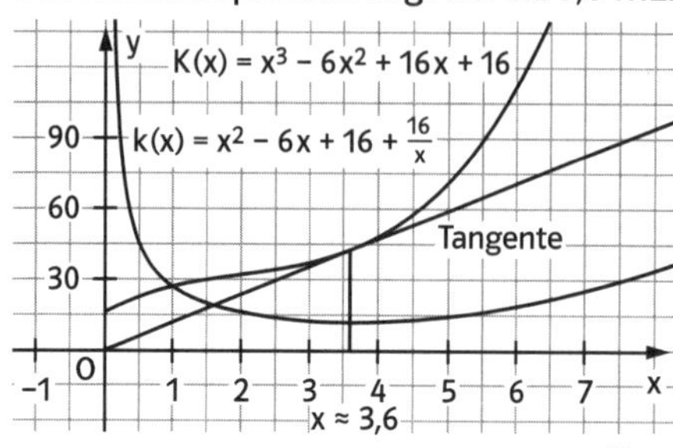

Fig. 1

c) Berechnung des Betriebsoptimums als Minimum der Stückkostenfunktion $k(x) = x^2 - 6x + 16 + \frac{16}{x}$ mit dem CAS:

```
F1 F2 Algebra | F3 Calc | F4 Andere | F5 PrgEA | F6 Lösch

■ x^2 - 6·x + 16 + 16/x → k(x)          Fertig
■ d/dx(k(x)) → k1(x)                    Fertig
■ Löse(k1(x) = 0, x)                x = 3.61289
■ k(3.61289)                            11.8042
k(3.61289)
MAIN        BOG AUTO        FKT 4/30
```

Das Betriebsoptimum liegt bei 3,61 ME; die langfristige Preisuntergrenze beträgt 11,80 GE/ME.

5 a) Da die Fixkosten $K(0) = 5$ GE betragen, ergeben sich die variablen Kosten für 30 t Mehl zu $18 - 5 = 13$ in GE.

b) $K(x) = \frac{3}{2800}x^3 - \frac{29}{525}x^2 + \frac{473}{420}x + 5$

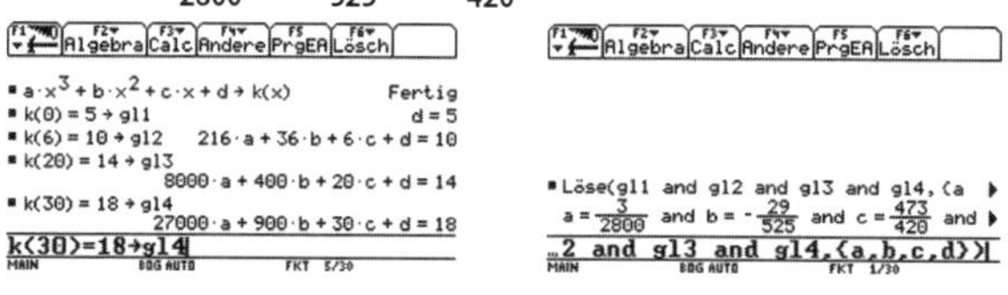

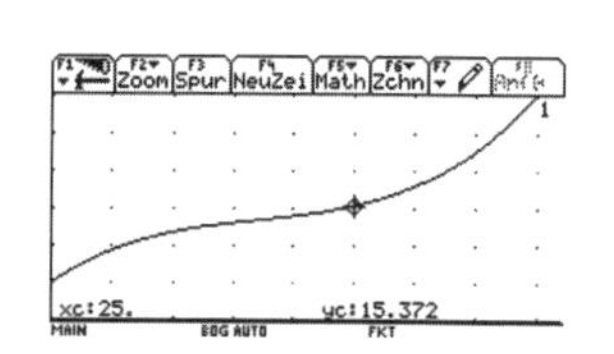

c) $K(25) \approx 15{,}4$ GE, $K(40) \approx 30{,}2$ GE.

11 Anwendungen aus Alltag und Technik

155 **1** Man bestimmt den Wert x, für den f(x) minimal wird.
$f(x) = 0{,}0017x^2 - 0{,}18x + 10{,}2$ mit $x \geqq 30$. $f'(x) = 0{,}0034x - 0{,}18$; $f''(x) = 0{,}0034 > 0$.
Aus $f'(x) = 0$ ergibt sich $x \approx 52{,}94$ mit $f(52{,}94) \approx 5{,}44$, d.h. bei ca. $53\,\frac{km}{h}$ verbraucht das Fahrzeug am wenigsten Kraftstoff, nämlich rund 5,4 Liter.

156 **2** a) $F(0) = 39$
b) Höchste Temperatur nach 24 Stunden mit 39,9°.

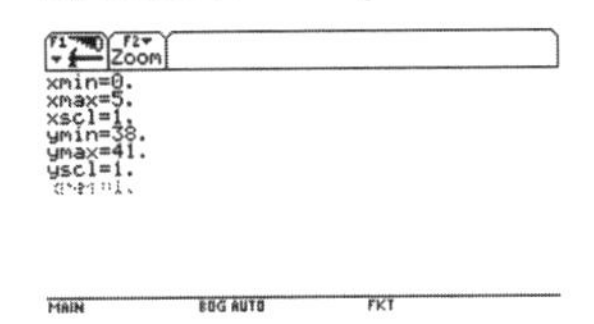

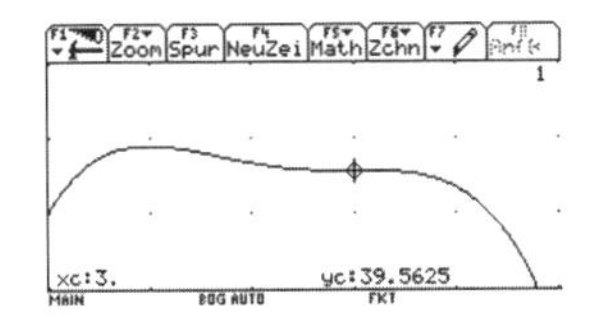

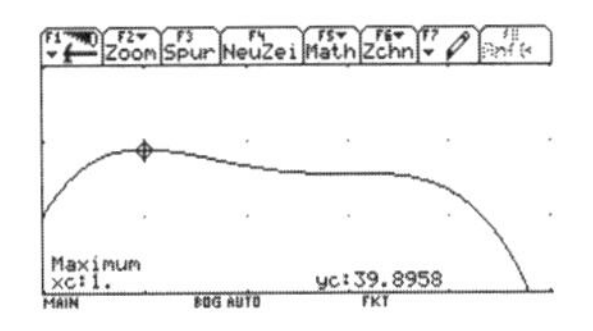

c) Nach 24 Stunden fällt die Temperatur langsam ab, vom 2. auf den 3. Tag verlangsamt sich die Temperaturabnahme, ehe nach dem 3. Tag die Temperatur zunehmend stark abfällt.
d) $F(5) \approx 37{,}2°$.

3 a) $T(t) = -\frac{1}{300}(t^3 - 36t^2 + 324t - 5700)$; $T'(t) = -\frac{1}{300}(3t^2 - 72t + 324)$;
$T''(t) = -\frac{1}{300}(6t - 72)$; $T'''(t) = -\frac{1}{50}$
$T''(t) = -\frac{1}{300}(6t - 72) = 0$ ergibt $t = 12$.
Wegen $T'''(12) = \frac{1}{50} \neq 0$ liegt ein Wendepunkt vor.
$T'(12) = -\frac{1}{300}(3 \cdot 12^2 - 72 \cdot 12 + 324) = 0{,}36$.
Bei $t = 12$ ist die Temperaturzunahme am stärksten; sie beträgt $0{,}36\,\frac{°C}{h}$.
b) Das Minimum liegt bei $t_1 = 6$, also um 6.00 Uhr, mit 16,12 °C, das Maximum bei $t_2 = 18$, also um 18.00 Uhr, mit 19,00 °C. Damit beträgt die Temperaturdifferenz ca. 2,9 °C.
c) Bestimmung mit dem CAS: Man bringt den Graphen der Funktion T mit der Geraden $y = 18$ zum Schnitt und erhält drei Werte, nämlich $t_1 \approx 1{,}04$; $t_2 \approx 13{,}24$; $t_3 \approx 21{,}72$. Damit werden 18 °C erreicht etwa um 1.02 Uhr, um 13.14 Uhr und um 21.43 Uhr.

157 **4** a) Ansatz: $f(x) = ax^3 + bx^2 + cx + d$; $f'(x) = 3ax^2 + 2bx + c$.

I. $f(0) = 19$:	$d = 19$
II. $f(6) = 17{,}8$:	$216a + 36b + 6c + d = 17{,}8$
III. $f'(6) = 0$:	$108a + 12b + c = 0$
IV. $f'(17) = 0$:	$867a + 34b + c = 0$

Mit dem CAS erhält man die Lösungen: $a = -\frac{1}{675}$; $b = \frac{23}{450}$; $c = -\frac{34}{75}$; $d = 19$.
$f(x) = -\frac{1}{675}x^3 + \frac{23}{450}x^2 - \frac{34}{75}x + 19$
b) $f'(x) = -\frac{1}{225}x^2 + \frac{23}{225}x - \frac{34}{75}$; $f''(x) = -\frac{2}{225}x + \frac{23}{225}$; $f'''(x) = -\frac{2}{225} < 0$
Die Temperatur steigt am stärksten, wenn $f'(x) = -\frac{1}{255}x^2 + \frac{23}{255}x - \frac{34}{75}$ ein Maximum annimmt:

S. 157 **4** $f''(x) = -\frac{2}{255}x + \frac{23}{255} = 0$ für $x = 11{,}5$; da $f'''(11{,}5) = -\frac{2}{255} < 0$ ist, liegt ein Maximum vor.
Stärkste Temperaturzunahme um 11.30 Uhr.
c) $f'(22) = -\frac{16}{45} \approx 0{,}36$, d.h. um 22 Uhr fällt die Temperatur um ca. 0,36 °C je Stunde.

5 a) $f'(0) = 0$; $f(0) = 0$; $f(5) = 1$; $f'(5) = 0$
Ansatz: $f(x) = ax^3 + bx^2 + cx + d$;
$f(x) = -\frac{2}{125}x^3 + \frac{3}{25}x^2$;
b) $f(4) = \frac{112}{125} = 0{,}896 > 0{,}7$
Die Platte wird überdeckt.

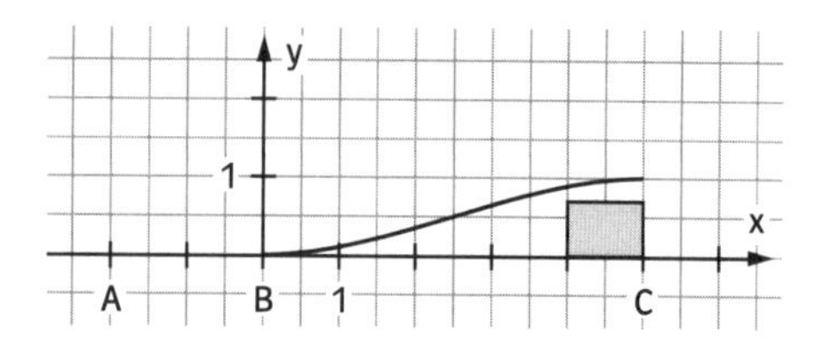

6 a) Koordinatensystem wie Figur rechts.
Ansatz: $f(x) = ax^2 + b$. Bedingungen:
$f\left(\frac{5}{2}\right) = 0$ (Punkt A); $f\left(\frac{2{,}5}{2}\right) = 2{,}2$ (Punkt B).
Gleichungen: $a \cdot \frac{25}{4} + b = 0$; $a \cdot \frac{25}{16} + b = 2{,}2$;
also $a \approx -0{,}469$, $b \approx 2{,}933$.
$f(x) = -0{,}469x^2 + 2{,}933$.
b) $f(0) = 2{,}933$.
Mindesthöhe des Kellers: 2,933 m.
c) $f'(x) = 0{,}938x$, also $f'(-2{,}5) = 2{,}345$;
$\tan(\alpha) = 2{,}345$; $\alpha \approx 66{,}9°$

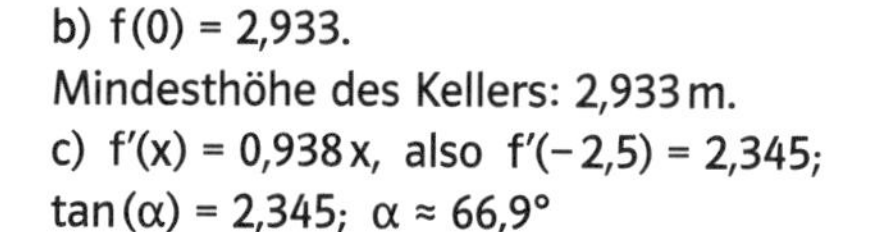

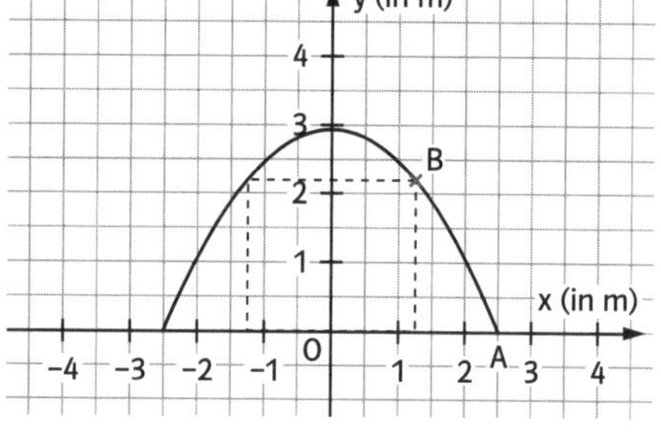

d) Da $f(2) = 1{,}057$ ist, geht der Kasten gerade noch durch das Tor, wenn man ihn auf der 5 m x 4 m-Fläche liegend durch das Tor schiebt.

7 $V = \frac{40 - 3x}{2}(20 - 2x) \cdot x = 3x^3 - 70x^2 + 400x$ mit $0 \leqq x \leqq 10$.
Aus $V'(x) = 9x^2 - 140x + 400 = 0$ erhält man die einzige Lösung $x = \frac{70 - 10\sqrt{13}}{9} \approx 3{,}77$.
Aus $V''(x) = 18x - 140$ erkennt man, dass wegen $V''(3{,}77) < 0$ ein relatives Maximum vorliegt.
Da $V(0) = V(10) = 0$ ist, liegt ein absolutes Maximum vor. Das Schachtesvolumen wird also maximal, wenn Quadrate der Länge 3,77 cm herausgeschnitten werden.
Die Maße der Schachtel sind $a \approx 14{,}3$ cm; $b \approx 12{,}5$ cm; $c \approx 3{,}8$ cm. $V \approx 674\,\text{cm}^3$.

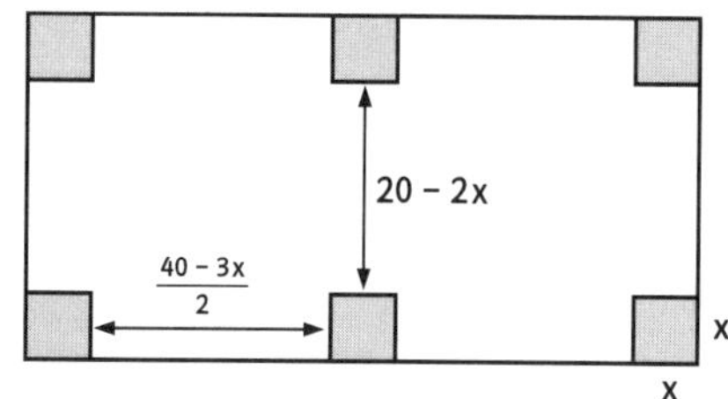

8 a) Änderungsrate in den ersten 6 Monaten: $m = \frac{88 - 1{,}5}{6 - 0} = 14{,}4$.
Damit nimmt ein Ferkel durchschnittlich pro Monat 14,4 kg zu.
b) Berechnungen mit dem CAS: $f(x) = 0{,}069x^4 - 1{,}335x^3 + 7{,}150x^2 + 4{,}742x + 1{,}500$

```
F1  F2 Algebra  F3 Calc  F4 Andere  F5 PrgEA  F6 Lösch
■ a·x^4 + b·x^3 + c·x^2 + d·x + e → f(x)      Fertig
■ f(0) = 1.5 → gl1                             e = 1.5
■ f(2) = 30 → gl2
                16·a + 8·b + 4·c + 2·d + e = 30
■ f(4) = 67 → gl3
              256·a + 64·b + 16·c + 4·d + e = 67
■ f(5) = 80 → gl4
             625·a + 125·b + 25·c + 5·d + e = 80
f(6)=88→gl5
MAIN           DEG AUTO            FKT 5/30
```

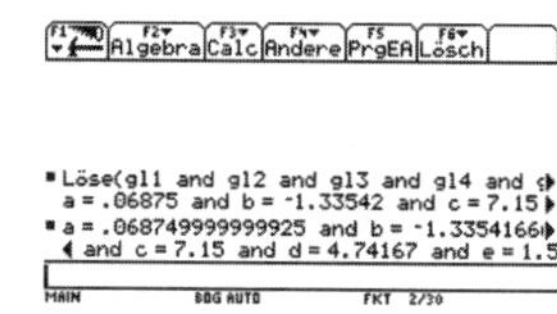

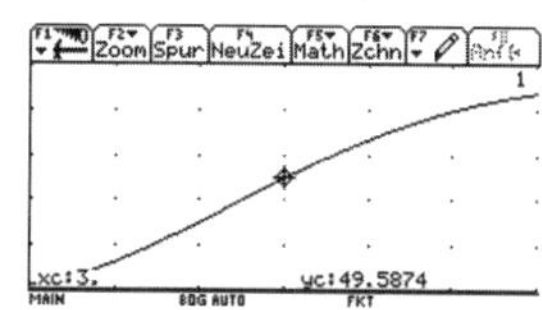

157 **8** c) Gewicht nach einem Monat: 12,1 kg, also Gewichtszunahme 10,6 kg.
d) $f(4) - f(3) = 67{,}092 - 49{,}62 = 17{,}472 \approx 17{,}5$;
$f(5) - f(4) = 80{,}21 - 67{,}092 = 13{,}118 \approx 13{,}1$.
Damit ist die Gewichtszunahme zwischen dem 3. und 4. Monat erheblich größer als die zwischen dem 4. und 5. Monat.
e) Momentane Änderungsrate ist $f'(x)$. $f'(x)$ ist maximal in x_0, wenn $f''(x_0) = 0$ und $f'''(x_0) < 0$ ist. Das Maximum von $f'(x)$ wird mit dem CAS bestimmt. Damit nimmt das Ferkel nach ca. $2\frac{1}{3}$ Monaten ≈ 70 Tagen am stärksten zu, nämlich fast 20 kg pro Monat.

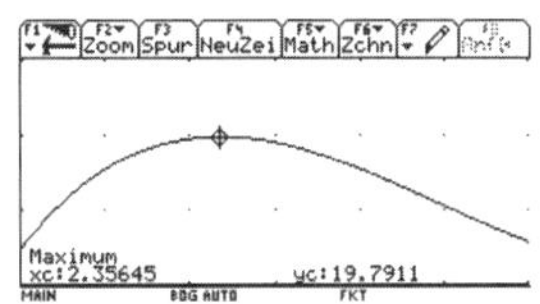

!2 Das NEWTON-Verfahren zur Berechnung von Nullstellen

158 **1** a) Gleichung der Geraden durch P_1 und P_2: $y + 0{,}194 = 1{,}83(x - 0{,}6)$; mit $y = 0$ folgt:
$x_1 = 0{,}6 + \frac{0{,}194}{1{,}83} \approx 0{,}706$.
b) Man könnte in P_2 die Tangente an den Graphen zeichnen und den x-Wert des Schnittpunktes dieser Tangente mit der x-Achse als Näherungswert für die Nullstelle ansehen.
$f'(x) = 3x^2 + \frac{1}{2}x$; $f'(0{,}8) = 3 \cdot 0{,}8^2 + \frac{1}{2} \cdot 0{,}8 = 2{,}32$;
Gleichung der Tangente: $y - 0{,}172 = 2{,}32(x - 0{,}8)$; mit $y = 0$ folgt: $x_1 \approx 0{,}726$.

160 **2** a) 0,453 40 b) −1,341 29 c) −1,236 51
d) 1,510 44 e) −0,453 40 f) −0,907 12; 0,907 12

3 a) −1,532 09; −0,347 30; 1,879 39
b) −2,532 09; −1,347 30; 0,879 39
c) −1,331 52; −0,520 77; 0,420 19; 3,432 10

4 a) $K(x) = 2{,}5x^3 - 15x^2 + cx + d$.
Mit $K(0) = d = 100$ und $K(4) = 4c + d - 80 = 200$ erhält man $4c + 100 - 80 = 200$ oder $4c = 180$, also $c = 45$; damit ist $K(x) = 2{,}5x^3 - 15x^2 + 45x + 100$.
b) $k(x) = \frac{K(x)}{x} = 2{,}5x^2 - 15x + 45 + \frac{100}{x}$ mit $k'(x) = 5x - 15 - \frac{100}{x^2}$ und $k''(x) = 5 + \frac{200}{x^3}$
Es ist eine Lösung von $k'(x) = 5x - 15 - \frac{100}{x^2} = 0$ zu ermitteln.
Es ist $k'(4) = 20 - 15 - \frac{100}{16} = -\frac{5}{4} < 0$ und $k'(5) = 25 - 15 - \frac{100}{25} = 6 > 0$
Damit liegt eine Nullstelle zwischen 4 und 5.
Wählt man $x_0 = 4{,}5$ als Anfangswert, so ergibt sich aus $x_1 = x_0 - \frac{5x_0 - 15 - \frac{100}{x_0^2}}{5 + \frac{200}{x_0^3}}$ der Reihe nach: $x_1 = 4{,}1429$; $x_2 = 4{,}1572$; $x_3 = 4{,}1572$.
Damit ist wegen $k''(4{,}1572) > 0$ das Betriebsoptimum 4,157 ME.

S. 160 **4** c) In der 1. Auflage fehlt die Angabe der Erlösfunktion $E(x) = 100x$,
$G(x) = -2{,}5x^3 + 15x^2 + 55x - 100$; $G'(x) = -7{,}5x^2 + 30x + 55$; $G''(x) = -15x + 30$.
Aus $G'(x) = 0$ erhält man $x_{1/2} = 2 \pm \frac{\sqrt{102}}{3}$. Nur die positve Lösung $2 + \frac{\sqrt{102}}{3} \approx 5{,}3665$ kommt als Lösung in Frage.
Wegen $G''(5{,}3665) < 0$ liegt bei der Ausbringungsmenge $x = 5{,}37$ ein Gewinnmaximum vor. Es beträgt $G_{max} = G(5{,}3665) \approx 240{,}77$ GE.
Berechnung nach NEWTON:
Wegen $G'(5) = 17{,}5$ und $G'(6) = -35$ liegt eine Nullstelle zwischen 5 und 6.
Wählt man $x_0 = 5{,}5$ als Anfangswert, so ergibt sich aus
$x_1 = x_0 - \frac{-7{,}5x_0^2 + 30x_0 + 55}{-15x_0 + 30}$ der Reihe nach: $x_1 = 5{,}3690$; $x_2 = 5{,}3665$; $x_3 = 5{,}3665$.
d) $K^*(x) = 2{,}5x^3 - 15x^2 + 45x + 50$;
$k^*(x) = \frac{K^*(x)}{x} = 2{,}5x^2 - 15x + 45 + \frac{50}{x}$; $k^{*\prime}(x) = 5x - 15 - \frac{50}{x^2}$; $k^{*\prime\prime}(x) = 5 + \frac{100}{x^3}$.
Es ist eine Lösung von $k^{*\prime}(x) = 5x - 15 - \frac{50}{x^2} = 0$ zu ermitteln.
Es ist $k^{*\prime}(3) = -\frac{50}{9} < 0$ und $k'(4) = \frac{15}{8} > 0$
Damit liegt eine Nullstelle zwischen 3 und 4.
Wählt man $x_0 = 3{,}5$ als Anfangswert, so ergibt sich aus $x_1 = x_0 - \frac{5x_0 - 15 - \frac{50}{x_0^2}}{5 + \frac{100}{x_0^3}}$ der Reihe nach: $x_1 = 3{,}7157$; $x_2 = 3{,}7219$; $x_3 = 3{,}7219$.
Damit ist wegen $k''(3{,}7219) > 0$ das Betriebsoptimum 3,722 ME.
$G(x) = -2{,}5x^3 + 15x^2 + 55x - 50$; $G'(x) = -7{,}5x^2 + 30x + 55$; $G''(x) = -15x + 30$.
Aus $G'(x) = 0$ erhält man $x_{1;2} = 2 \pm \frac{\sqrt{102}}{3}$. Nur die positve Lösung $2 + \frac{\sqrt{102}}{3} \approx 5{,}3665$ kommt als Lösung in Frage.
Wegen $G''(5{,}3665) < 0$ liegt bei der Ausbringungsmenge $x = 5{,}37$ ein Gewinnmaximum vor. Es beträgt $G_{max} = G(5{,}3665) \approx 290{,}77$ GE.
Berechnung nach NEWTON wie bei 4c).

13 Vermischte Aufgaben

S. 161 **1** a) $f'(x) = 1{,}5x^2 + 6x$; $f''(x) = 3x + 6$; $f'''(x) = 3$; $f'(-2) = -6$; $f''(-2) = 0$; $f'''(-2) = 3$
b) $g'(x) = 5 - 16x^3$; $g''(x) = -48x^2$; $g'''(x) = -96x$; $g'(-2) = 133$; $g''(-2) = -192$; $g'''(-2) = 192$
c) $f'(x) = 8x + 12 = 4(2x + 3)$; $f''(x) = 8$; $f'''(x) = 0$; $f'(-2) = -4$; $f''(-2) = 8$; $f'''(-2) = 0$
d) $f'(x) = 3x^2 + \frac{4}{x^2}$; $f''(x) = 6x - \frac{8}{x^3}$; $f'''(x) = 6 + \frac{24}{x^4}$; $f'(-2) = 13$; $f''(-2) = -11$; $f'''(-2) = 7{,}5$
e) $g'(x) = 5 + 25x^4 - 5x^{-6}$; $g''(x) = 100x^3 + 30x^{-7}$; $g'''(x) = 300x^2 - 210x^{-8}$;
$g'''(x) = -96x$;
$g'(-2) = 404{,}921875$; $g''(-2) = -800{,}23435$; $g'''(-2) = 1199{,}1769688$
f) $f'(x) = 3x^2 - 6x + 1$; $f''(x) = 6x - 6$; $f'''(x) = 6$; $f'(-2) = 25$; $f''(-2) = -18$; $f'''(-2) = 6$

161 **2** a) $f'(x) = 3x^2 - x$; $P(-1|-1{,}5)$; $m = f'(-1) = 4$; t: $y = 4x + 2{,}5$; n: $y = -0{,}25x - 1{,}75$
b) $f'(x) = 2x + 2$; $P(2|8)$; $m = f'(2) = 6$; t: $y = 6x - 4$; n: $y = -\frac{1}{6}x + \frac{25}{3}$
c) $f'(x) = 3x^2 + 4x$; $P(-2|0)$; $m = f'(-2) = 4$; t: $y = 4x + 8$; n: $y = -\frac{1}{4}x - \frac{1}{2}$

3 a) Positive Steigungen in A, B, D, negative in C, F, G
b) Größte Steigung in A, kleinste Steigung in G
c) Positive Steigung für $-0{,}3 < x < 0{,}75$; $2{,}9 < x < 5$ und $7{,}3 < x < 8{,}4$;
negative Steigung in $0{,}75 < x < 2{,}9$ und in $5 < x < 7{,}3$
d) Steigung ist 0 in E und H.

4 a) Es sind die Punkte B und G.
b) Die Steigungen sind etwa gleich, nämlich etwa 0,5.
c) A und H d) C und F
e) Diese Punkte sind in Fig. 1 und Fig. 2 Extrempunkte. Dies gilt aber nicht allgemein, da z.B. für den Graphen von f mit $f(x) = x^3$ ebenfalls gilt $f'(0) = 0$, dort aber kein Extrempunkt vorliegt.

5 a) $h'(x_0)$ hat das Vorzeichen von $\frac{h(x) - h(x_0)}{x - x_0}$, d.h. ist z.B. $x > x_0$, so muss $h(x) \leqq h(x_0)$ sein, da das Wasser nicht bergauf fließen kann. Damit ist $h'(x_0) \leqq 0$ für jede Stelle x_0.
$h'(x)$ hat die Einheit $\frac{m}{km}$.
b) Flüsse mit extremem h′ sind Flüsse mit großem Gefälle, also Bergbäche, der Blaue Nil, der Inn oder der Rhein um den Rheinfall bei Schaffhausen. Solche Flüsse eignen sich besonders zur Energiegewinnung.

6 a) $G'(t) < 0$, da das Gewicht während des Verbrennungsvorgangs abnimmt.
b) $G'(t) = 0$, da keine Veränderung des Gewichts mehr erfolgt.
c) $G'(t)$ beginnt mit $G'(0) = 0$. Die Funktion fällt bis zu einem gewissen Zeitpunkt und steigt dann wieder bis zum Ende des Feuers zum Zeitpunkt t_0.
Dort ist dann $G(t_0) = G'(t_0) = 0$.

Graph:

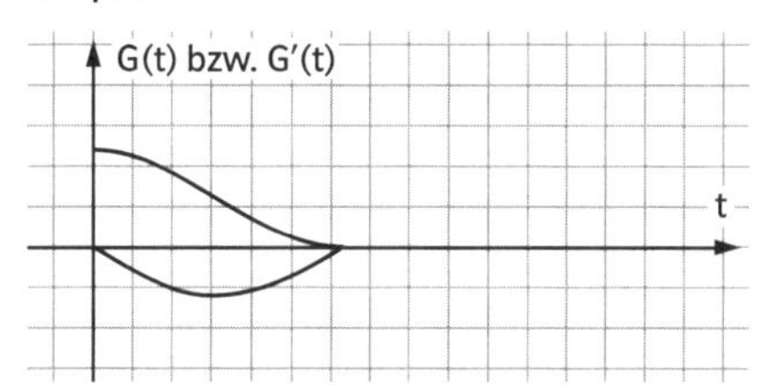

162 **7** Berührpunkt sei $B\left(x_0 \middle| \frac{1}{4}x_0^4\right)$. $f'(x_0) = x_0^3$.
Da Tangente durch $P(1|0)$ verläuft, muss für die Steigung der Tangente in B gelten:
$\frac{\frac{1}{4}x_0^4 - 0}{x_0 - 1} = x_0^3$, also $\frac{1}{4}x_0^4 = x_0^4 - x_0^3$ oder $\frac{3}{4}x_0^4 - x_0^3 = \frac{1}{4}x_0^3(3x - 4) = 0$, also $x_1 = 0$; $x_2 = \frac{4}{3}$.
Mit $f(0) = 0$ und $f\left(\frac{4}{3}\right) = \frac{64}{81}$ sind $B_1(0|0)$ und $B_2\left(\frac{4}{3}\middle|\frac{64}{81}\right)$ die gesuchten Punkte.

8 a) $f(x) = \frac{2}{3}x^3 - 8x - 1$; $f'(x) = 2x^2 - 8$; $f''(x) = 4x$.
$f'(x) = 0$ für $x_1 = -2$ und $x_2 = 2$. Wegen $f''(-2) < 0$ liegt an der Stelle -2 ein relatives Maximum $f(-2) = \frac{29}{3}$ vor. Wegen $f''(2) > 0$ liegt an der Stelle 2 ein relatives Minimum $f(2) = -\frac{35}{3}$ vor.

S. 162 **8** b) $f(x) = \frac{1}{6}x^6 - 8x^2 - 3$; $f'(x) = x^5 - 16x$; $f''(x) = 5x^4 - 16$.
$f'(x) = 0$ für $x_0 = 0$; $x_1 = -2$ und $x_2 = 2$. Wegen $f''(\pm 2) > 0$ liegt an den Stellen -2 und 2 je ein relatives Minimum $f(\pm 2) = -\frac{73}{3}$ vor. Wegen $f''(x) < 0$ liegt an der Stelle 0 ein relatives Maximum $f(0) = -3$ vor.
c) $f(x) = \frac{1}{8}x^4 - \frac{9}{4}x^2 + 4$; $f'(x) = \frac{1}{2}x^3 - \frac{9}{2}x$; $f''(x) = \frac{3}{2}x^2 - \frac{9}{2}$
$f'(x) = 0$ für $x_0 = 0$; $x_1 = -3$ und $x_2 = 3$. Wegen $f''(0) < 0$ liegt an der Stelle 0 ein relatives Maximum $f(0) = 4$ vor. Wegen $f''(\pm 3) > 0$ liegt an den Stellen -3 und 3 je ein relatives Minimum $f(\pm 3) = -\frac{49}{8}$ vor.

9 a) $f(x) = x^4 - 4x^3$; $f'(x) = 4x^3 - 12x^2$; $f''(x) = 12x^2 - 24x$; $f'''(x) = 24x - 24$
Es ist $f(0) = 0$; $f''(0) = 0$ und $f'''(0) = -24 \neq 0$ und $f'(0) = 0$.
Damit ist $O(0\,|\,0)$ Wendepunkt mit waagerechter Tangente.
b) $g(x) = x^4 - 4x^3 + 2x$; $g'(x) = 4x^3 - 12x^2 + 2$; $g''(x) = 12x^2 - 24x$; $g'''(x) = 24x - 24$.
Es ist $g(0) = 0$; $g''(0) = 0$ und $g'''(0) = -24 \neq 0$. Damit ist $O(0|0)$ Wendepunkt.
Wegen $g'(0) = 2$ hat die Wendetangente die Steigung 2.

10 a) $f(x) = x^3 - 7{,}5x^2 + 5x$; $f'(x) = 3x^2 - 15x + 5$; $f''(x) = 6x - 15$; $f'''(x) = 6 \neq 0$
$W\left(\frac{5}{2}\,|\,-\frac{75}{4}\right)$; Rechtskurve für $x < \frac{5}{2}$; Linkskurve für $x > \frac{5}{2}$.
b) $f(x) = \frac{1}{12}x^3 - \frac{7}{12}x^2 + 2$; $f'(x) = \frac{1}{4}x^2 - \frac{7}{6}x$; $f''(x) = \frac{1}{2}x - \frac{7}{6}$; $f'''(x) = \frac{1}{2} \neq 0$
$W\left(\frac{7}{3}\,|\,-\frac{19}{162}\right)$; Rechtskurve für $x < \frac{7}{3}$; Linkskurve für $x > \frac{7}{3}$.
c) $f(x) = \frac{1}{20}x^5 - \frac{1}{6}x^3 - 2x + 3$; $f'(x) = \frac{1}{4}x^4 - \frac{1}{2}x^2 - 2$; $f''(x) = x^3 - x$; $f'''(x) = 3x^2 - 1$
$W_1(0\,|\,3)$; $W_2\left(1\,|\,\frac{53}{60}\right)$; $W_3\left(-1\,|\,\frac{307}{60}\right)$;
Rechtskurve für $x < -1$; Linkskurve für $-1 < x < 0$; Rechtskurve für $0 < x < 1$; Linkskurve für $x > 1$.

11 a) falsch, da bei $x = 6$ ein Tiefpunkt vorliegt; daher ist $f''(6) > 0$.
b) falsch, da die Steigung bei $x = 4$ negativ ist.
c) falsch; da zwar $f(0) = 0$ und $f'(0) = 0$, aber $f''(0)$ ebenfalls 0 ist (in O liegt ein Wendepunkt vor).
d) wahr; dies sind die Intervalle $]-5{,}5;\ 3[$, $]0;\ 2[$ und $]5;\ 6{,}3[$.
e) falsch; da $O(0\,|\,0)$ kein Extrempunkt ist, gibt es nur 3 lokale Extrempunkte.
f) wahr, da der Graph dort rechtsgekrümmt ist.
g) wahr, da $f(6) \approx -2{,}5 > -3{,}9 \approx f(-4)$ ist.
h) wahr; diese liegen bei $x_1 \approx -3$; $x_2 \approx 0$; $x_3 \approx 2$; $x_4 \approx 5{,}2$.
i) wahr, da dort $f'(x) \geqq 0$ ist.

12 Ansatz: $f(x) = ax^5 + bx^3 + cx$; $f'(x) = 5ax^4 + 3bx^2 + c$; $f''(x) = 10ax^3 + 6bx$;
$f'''(x) = 30ax^2 + 6b$
(1) $f(-1) = 1$: $\quad -a - b - c = 1$
(2) $f''(-1) = 0$: $\quad -20a - 6b = 0$
(3) $f'(-1) = 3$: $\quad 5a + 3b + c = 3$
$f(x) = -\frac{3}{2}x^5 + 5x^3 - \frac{9}{2}x$

162 **13** a) $f(x) = -\frac{1}{2}x^2 + 2x - 2$; $f'(x) = -x + 2$.

b) $f'(x) = 2$: $-x + 2 = 2$ ergibt $x = 0$; $f(0) = -2$. Punkt $B(0|-2)$.

c) Es muss für den Berührpunkt $B\left(x\,|-\frac{1}{2}x^2 + 2x - 2\right)$ gelten:

$\frac{-\frac{1}{2}x^2 + 2x - 2 - 0}{x - 0} = -x + 2$ oder $-\frac{1}{2}x^2 + 2x - 2 = -x^2 + 2x$, also $\frac{1}{2}x^2 = 2$; $x_1 = -2$; $x_2 = 2$

Da $f(-2) = -8$ und $f(2) = 0$ ist, sind $B_1(2|0)$ und $B_2(-2|-8)$ die Berührpunkte.

d) Es muss für den Berührpunkt $B\left(x\,|-\frac{1}{2}x^2 + 2x - 2\right)$ gelten:

$\frac{\left(-\frac{1}{2}x^2 + 2x - 2\right) - 16}{x - 0} = -x + 2$ oder $-\frac{1}{2}x^2 + 2x - 18 = -x^2 + 2x$, also $\frac{1}{2}x^2 = 18$; $x_1 = -6$; $x_2 = 6$

Da $f(-6) = -32$ und $f(6) = -8$ ist, sind $B_1(6|-8)$ und $B_2(-6|-32)$ die Berührpunkte.

Tangente durch $B_1(6|-8)$: $m = f'(6) = -4$: $y = -4x + 16$.

Tangente durch $B_2(-6|-32)$: $m = f'(-6) = 8$: $y = 8x + 16$.

14 Seitenlängen x und y mit $x + y = 25$; $y = 25 - x$

$A = x \cdot y$, also $A(x) = x \cdot (25 - x) = 25x - x^2$

$A'(x) = 25 - 2x$; $A''(x) = -2 < 0$

Maximaler Inhalt bei $x = \frac{25}{2}$, $y = \frac{25}{2}$ (in Metern).

15 a) $x \cdot y = 8$, also $y = \frac{8}{x}$;

$S(x) = x + \frac{8}{x}$; $S'(x) = 1 - \frac{8}{x^2}$; $S''(x) = \frac{16}{x^3}$.

Extremum für $x_0 = \sqrt{8} \approx 2{,}82843$. Minimum, da $S''(\sqrt{8}) > 0$ ist. $y_0 = \frac{8}{x_0} = \frac{8}{\sqrt{8}} = \sqrt{8}$.

b) $x + y = 10$, also $y = 10 - x$;

$P(x) = x \cdot (10 - x) = 10x - x^2$; $P'(x) = 10 - 2x$; $P''(x) = -2 < 0$

Extremwert für $x_0 = 5$. Maximum, da $P''(5) = -2 < 0$ ist. $y_0 = 10 - x_0 = 5$.

Aus der Betriebswirtschaft

63 **16** a) $K(x) = 60x + 0{,}8x^2 + 2000$

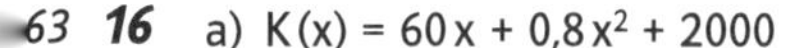

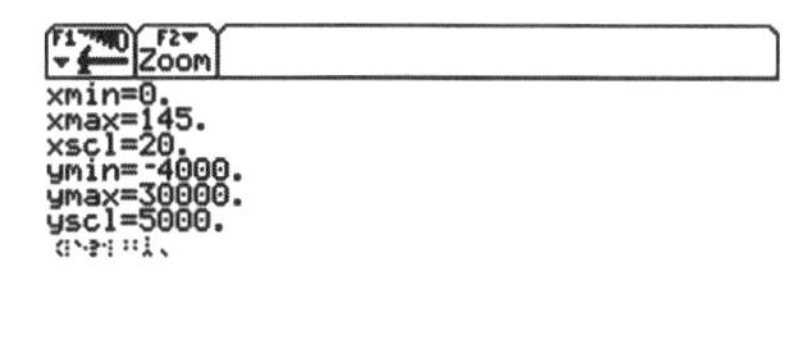

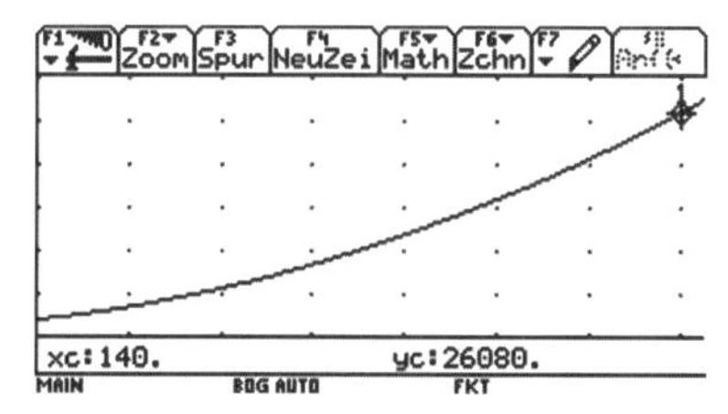

b) $G(x) = E(x) - K(x)$ mit $E(x) = 180x$: $G(x) = 180x - 60x - 0{,}8x^2 - 2000$,

also $G(x) = 120x - 0{,}8x^2 - 2000$.

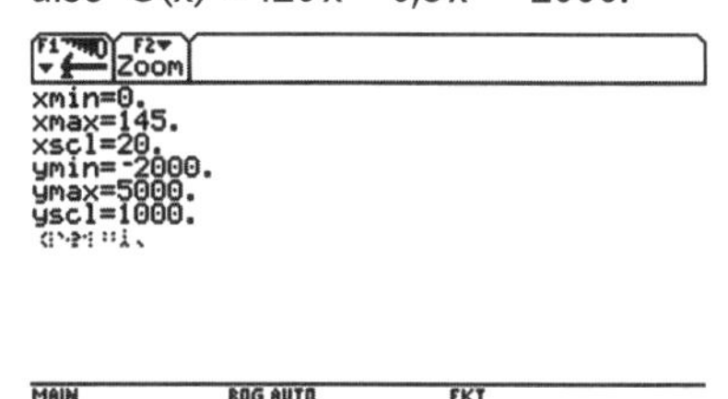

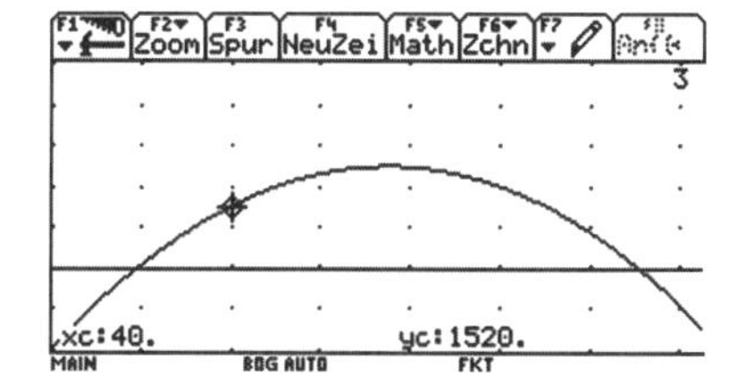

S. 163 **16** c) Gewinnbereich zwischen 19,1 und 130,9 Geräten pro Woche.
Maximaler Gewinn von 2500 GE bei 75 Geräten.

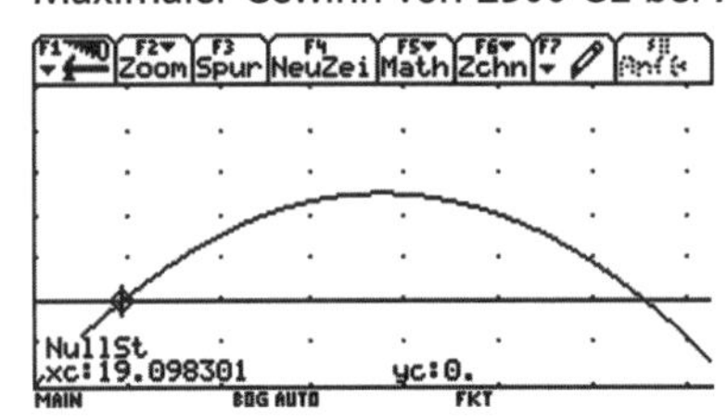

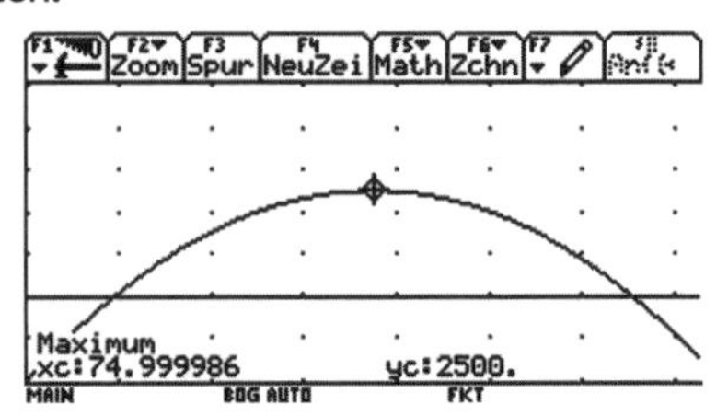

d) Kein Gewinn mehr, wenn K(x) und E(x) nur einen Punkt gemeinsam haben, d.h. gesucht wird eine Tangente von 0 an den Graphen von K: $\frac{0,8x^2 + 60x + 2000 - 0}{x - 0} = 1,6x + 60$.
Man erhält die Lösung: $x = 50$ ($x = -50$ ist unbrauchbar). Berührpunkt ist B(50 | 7000).
Damit ist die Gerade mit der Steigung der Geraden OB, also $m = \frac{7000}{50} = 140$ die Erlösgerade, für die kein Gewinn mehr erzielt wird.
Die Firma macht also bei einem Preis von 140 € pro Gerät keinen Gewinn mehr.

17 a)

x	0	50	100	150	200	250	300	350	400
K(x)	5000	7275	8800	9725	10200	10375	10400	10425	10600

x	450	500	550	600	650	700	750	800
K(x)	11075	12000	13525	15800	18975	23200	28625	35400

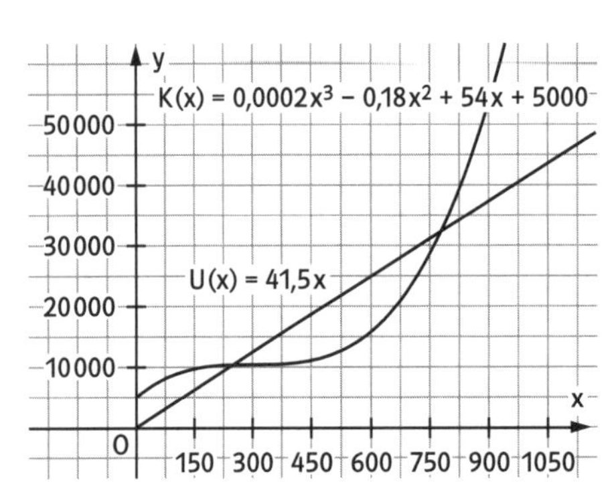

b) $K(x) = 0,0002x^3 - 0,18x^2 + 54x + 5000$; $K'(x) = 0,0006x^2 - 0,36x + 54 = 0$;
$K''(x) = 0,0012x - 0,36$; $K'''(x) = 0,0012$.
$K'(x) = 0$ ergibt $x_1 = 300$ mit $K''(300) = 0$. Da $K'''(300) = 0,0012 \neq 0$ ist, liegt bei $x_1 = 300$ kein Extrempunkt vor, sondern ein Wendepunkte mit waagerechter Tangente.
Damit gibt es weder ein Kostenminimum noch ein Kostenmaximum.
c) Aus b) ergibt sich der Wendepunkt W(300 | 10400) (K(300) aus Wertetafel!). Bis zu einer Stückzahl von 300 ME sinken die Grenzkosten, danach nehmen sie wieder zu.

163 **17** d) Stückkostenfunktion $k(x) = \frac{K(x)}{x} = 0{,}0002x^2 - 0{,}18x + 54 + \frac{5000}{x}$.
$k'(x) = 0{,}0004x - 0{,}18 - \frac{5000}{x^2}$; $k''(x) = 0{,}0004 + \frac{10\,000}{x^3}$.
Wegen $k'(500) = 0$ und $k''(500) = 0{,}00048 > 0$ liegt das Stückkostenminimum bei $x = 500$.
Die langfristige Preisuntergrenze ist $k(500) = 24$ (in GE).
e) $G(x) = -0{,}0002x^3 + 0{,}18x^2 - 12{,}5x - 5000$;
Gewinnzone zwischen 250 ME und 778,5 ME.
Gewinnmaximum bei $x \approx 563$ ME; es beträgt $G(563) \approx 9326$ GE.

18 a) $K(x) = ax^3 + bx^2 + cx + d$
$K(0) = 21\frac{1}{3}$: $\quad d = 21\frac{1}{3} = \frac{64}{3}$
$K(2) = 31$: $\quad 8a + 4b + 2c + d = 31$
$K(5) = 24\frac{1}{4}$: $\quad 125a + 25b + 5c + d = 24\frac{1}{4}$
$K(8) = 40$: $\quad 512a + 64b + 8c + d = 40$
Daraus: $K(x) = \frac{1}{3}x^3 - \frac{15}{4}x^2 + 11x + \frac{64}{3}$
b) Grenzkostenfunktion: $K'(x) = x^2 - 7{,}5x + 11$;
Erlösfunktion:
$E(x) = K(x) + G(x) = \frac{1}{3}x^3 - \frac{15}{4}x^2 + 11x + \frac{64}{3} + \left(-\frac{1}{3}x^3 + \frac{15}{4}x^2 - 6x - \frac{64}{3}\right) = 5x$
c) $K'(x) = x^2 - 7{,}5x + 11$; $K''(x) = 2x - 7{,}5$.
$K'(x) = 0$: $x_1 = 2$; $x_2 = 5{,}5$.
$K''(2) = -3{,}5 < 0$ und $K(2) = 31$; also lokales Kostenmaximum bei $x = 2$ ME in Höhe von 31 GE.
$K''(5{,}5) = 3{,}5 > 0$ und $K(5{,}5) = 23{,}85$; also lokales Kostenminimum bei $x = 5{,}5$ ME in Höhe von 23,85 GE.

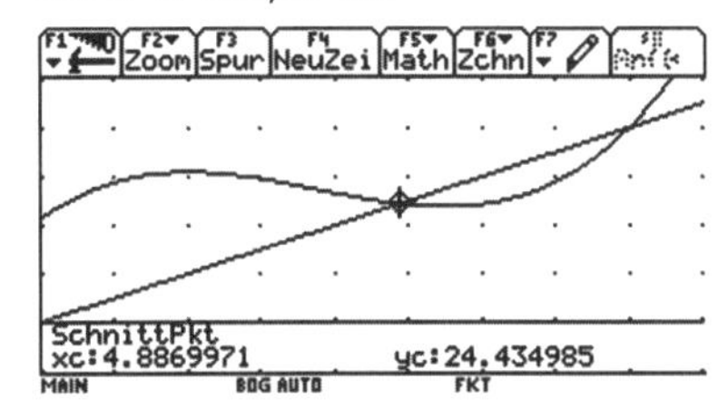

d) Es ist $E(8) = K(8) = 40$; 8 ME ist also Gewinngrenze, also $E(x) = 5x$.
Gewinnschwelle z.B. mit CAS: 4,887 ME. Gewinnzone zwischen ca. 4,9 und 8 ME.
e) Maximaler Gewinn (mit dem CAS) von 6,58498 GE bei 6,59 ME.

19 a) $K(x) = 0{,}0008x^3 - 0{,}9x^2 + 264x + 21600$;
$K(101) - K(100) \approx 39\,907{,}3408 - 39\,800 = 107{,}34$.
$K'(100) = 108$
Die Werte sind beinahe gleich. Dies ist klar, da $K'(100)$ die (lokale) Erhöhung der Kosten pro Stück bei der Produktionszahl 100 angibt.

S. 163 **19** b) $E(x) = 73x$; Gewinnzone zwischen 463,7 und 768,7 ME.

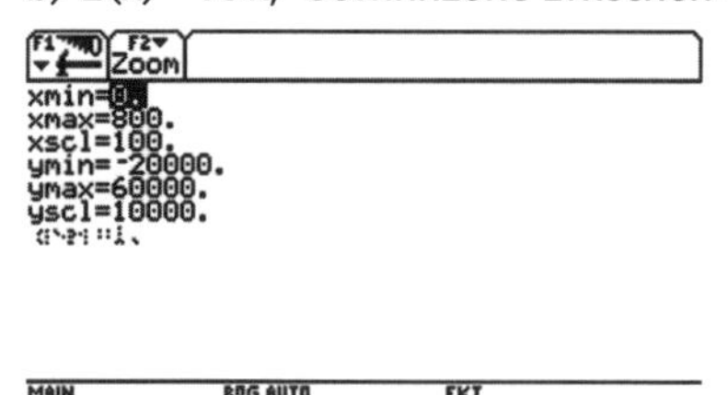

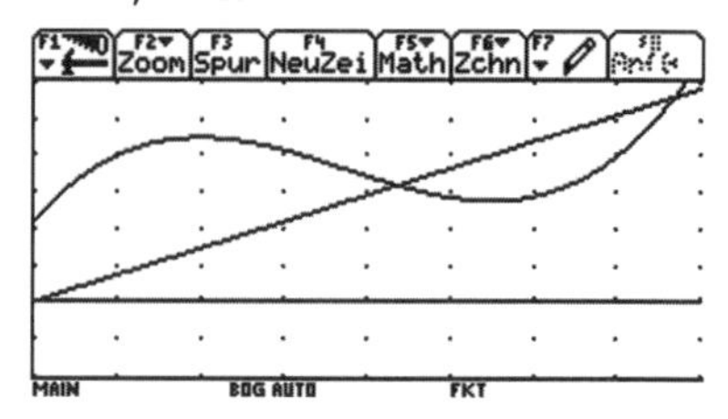

c) Das Betriebsoptimum ist das Minimum der Stückkostenfunktion
$k(x) = 0{,}0008x^2 - 0{,}9x + 264 + \frac{21600}{x}$.
Es liegt bei 600 ME und beträgt $48 \cdot 600 = 28800$ GE.

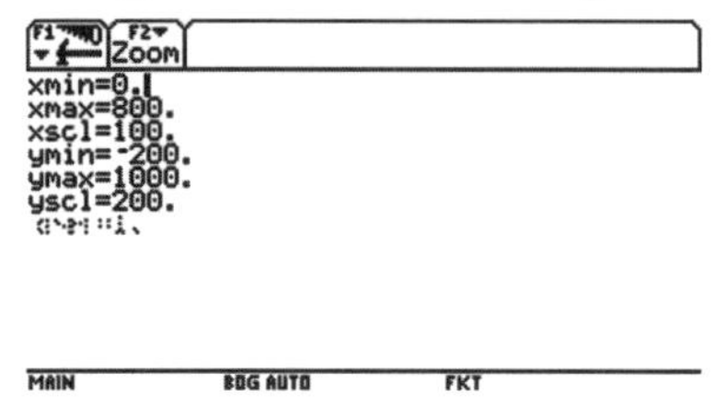

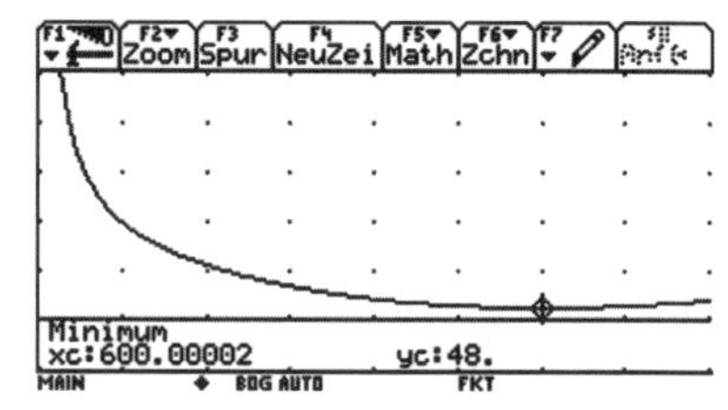

V Gebrochenrationale Funktionen

1 Potenzfunktionen mit negativen Exponenten

170 **1** a) Mögliche Tabelle:

Anzahl der 1-€-Münzen	1	2	3	4	5	6	7
Überstand des Lineals in cm	12	10	8,7	7,7	7	6,4	5,8

b) Liniendiagramm mit dem CAS:

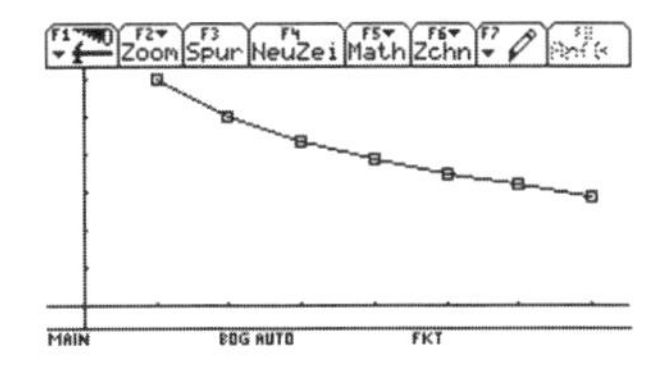

Der Überstand wird mit zunehmender Münzenzahl kürzer und geht gegen 0.

171 **2** a) $f(x) = \frac{2}{x^3}$; Definitionslücke ist $x = 0$; damit $D = \mathbb{R}\setminus\{0\}$.
Der Graph hat die waagerechte Asymptote $y = 0$ und die senkrechte Asymptote $x = 0$. Er verläuft im 3. und im 1. Quadranten (Fig. 1).
b) $f(x) = 0{,}01 \cdot \cdot \frac{1}{x^6}$; Definitionslücke ist $x = 0$; damit $D = \mathbb{R}\setminus\{0\}$.
Der Graph hat die waagerechte Asymptote $y = 0$ und die senkrechte Asymptote $x = 0$. Er verläuft im 2. und im 1. Quadranten (Fig. 1).
c) $f(x) = 0{,}001 \cdot x^{-5}$; Definitionslücke ist $x = 0$; damit $D = \mathbb{R}\setminus\{0\}$.
Der Graph hat die waagerechte Asymptote $y = 0$ und die senkrechte Asymptote $x = 0$. Er verläuft im 3. und im 1. Quadranten (Fig. 2).
d) $f(x) = 10^{-4} \cdot x^{-4}$; Definitionslücke ist $x = 0$; damit $D = \mathbb{R}\setminus\{0\}$.
Der Graph hat die waagerechte Asymptote $y = 0$ und die senkrechte Asymptote $x = 0$. Er verläuft im 2. und im 1. Quadranten (Fig. 2).

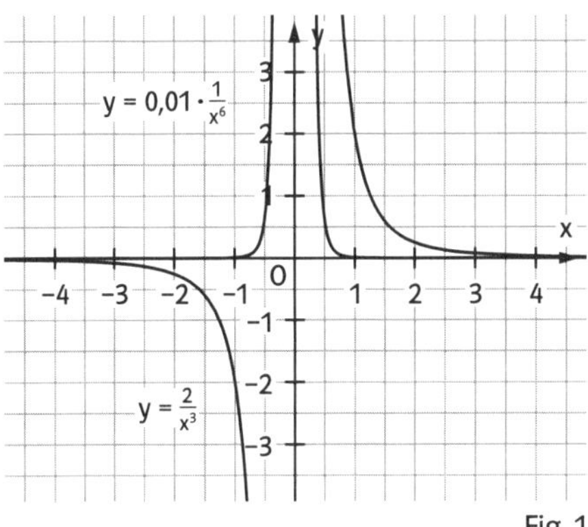

Fig. 1

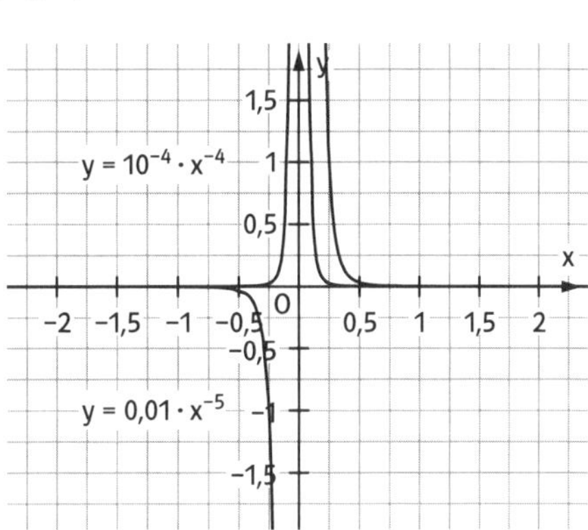

Fig. 2

S. 171 **3** a) $f(x) = \frac{1}{2x}$. Definitionslücke ist $x = 0$.
Für $x < 0$ und $x \to 0$ gilt: $f(x) \to -\infty$;
für $x > 0$ und $x \to 0$ gilt: $f(x) \to \infty$.
Senkrechte Asymptote $x = 0$;
waagerechte Asymptote $y = 0$.
Graph rechts.

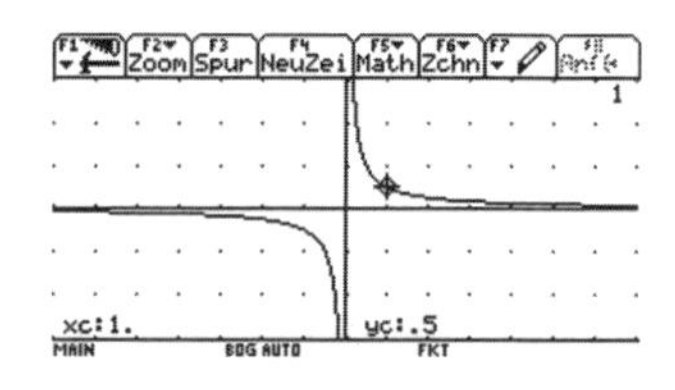

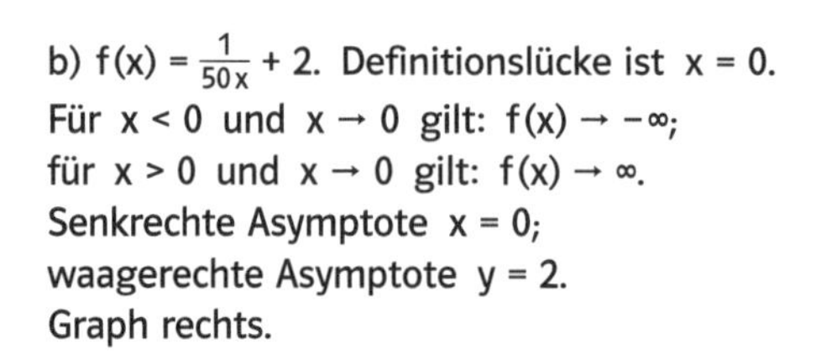
b) $f(x) = \frac{1}{50x} + 2$. Definitionslücke ist $x = 0$.
Für $x < 0$ und $x \to 0$ gilt: $f(x) \to -\infty$;
für $x > 0$ und $x \to 0$ gilt: $f(x) \to \infty$.
Senkrechte Asymptote $x = 0$;
waagerechte Asymptote $y = 2$.
Graph rechts.

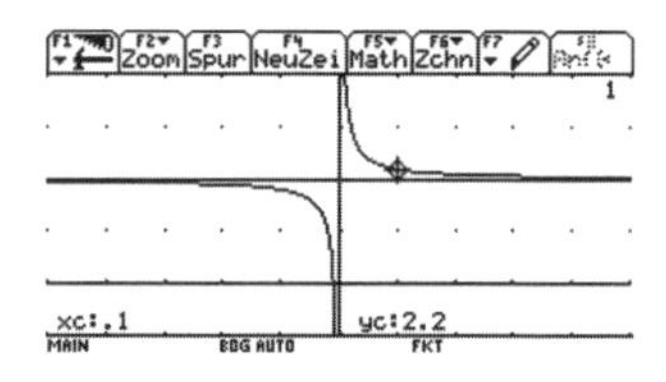

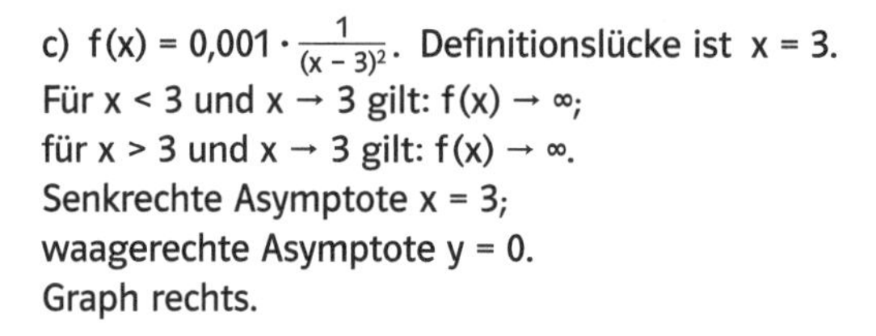
c) $f(x) = 0{,}001 \cdot \frac{1}{(x-3)^2}$. Definitionslücke ist $x = 3$.
Für $x < 3$ und $x \to 3$ gilt: $f(x) \to \infty$;
für $x > 3$ und $x \to 3$ gilt: $f(x) \to \infty$.
Senkrechte Asymptote $x = 3$;
waagerechte Asymptote $y = 0$.
Graph rechts.

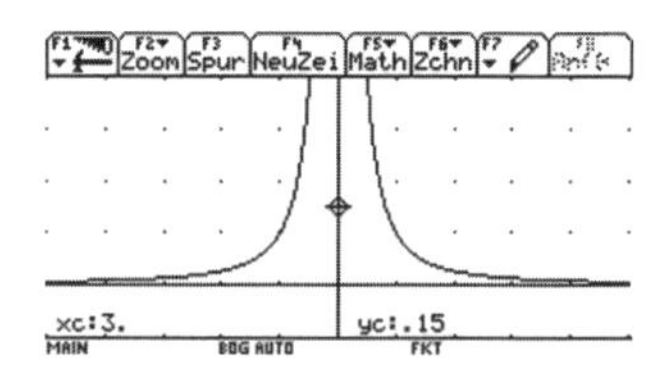

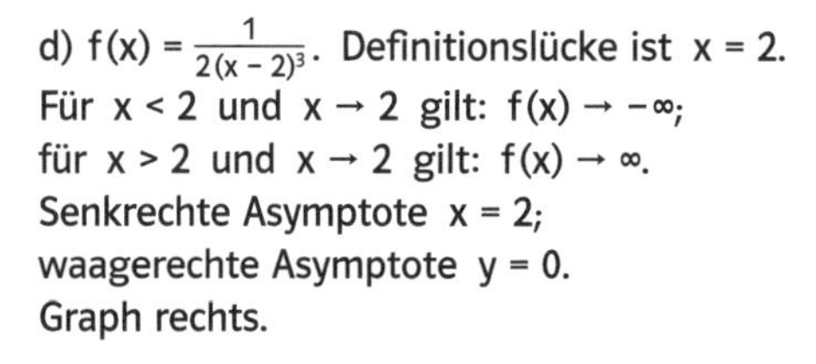
d) $f(x) = \frac{1}{2(x-2)^3}$. Definitionslücke ist $x = 2$.
Für $x < 2$ und $x \to 2$ gilt: $f(x) \to -\infty$;
für $x > 2$ und $x \to 2$ gilt: $f(x) \to \infty$.
Senkrechte Asymptote $x = 2$;
waagerechte Asymptote $y = 0$.
Graph rechts.

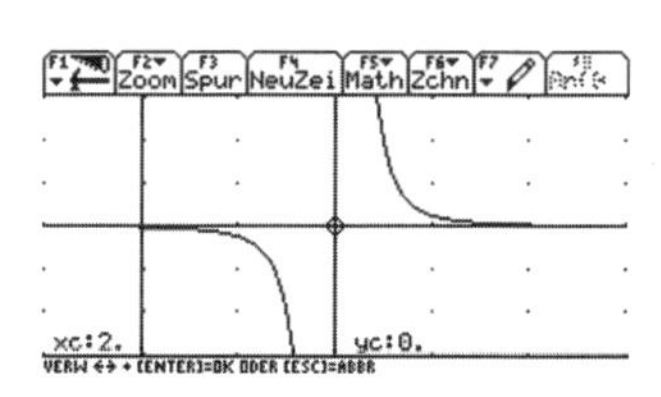

e) $f(x) = 0{,}1(x+1)^{-1} = \frac{0{,}1}{x+1}$. Definitionslücke ist $x = -1$.
Für $x < -1$ und $x \to -1$ gilt: $f(x) \to -\infty$;
für $x > -1$ und $x \to -1$ gilt: $f(x) \to \infty$.
Senkrechte Asymptote $x = -1$;
waagerechte Asymptote $y = 0$.
Graph rechts.

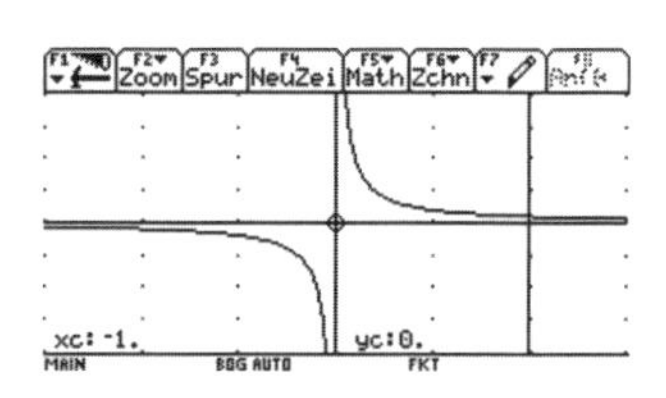

f) $f(x) = \frac{2}{(x+1{,}5)} - 3$. Definitionslücke ist $x = -1{,}5$.
Für $x < -1{,}5$ und $x \to -1{,}5$ gilt: $f(x) \to -\infty$;
für $x > -1{,}5$ und $x \to -1{,}5$ gilt: $f(x) \to \infty$.
Senkrechte Asymptote $x = -1{,}5$;
waagerechte Asymptote $y = -3$.
Graph rechts.

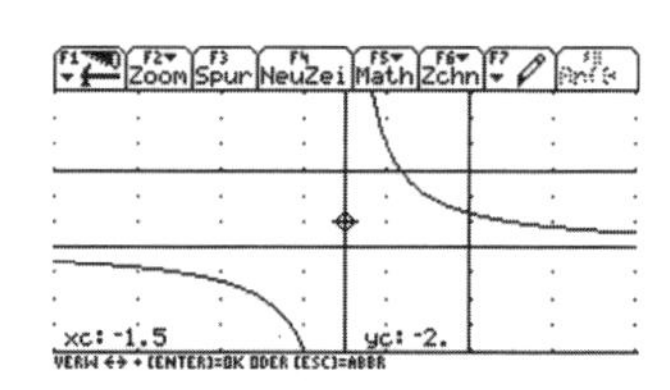

171 **3** g) $f(x) = 3(x+3)^{-3} - 3 = \frac{3}{(x+3)^3} - 3$.
Definitionslücke ist $x = -3$.
Für $x < -3$ und $x \to -3$ gilt: $f(x) \to -\infty$;
für $x > -3$ und $x \to -3$ gilt: $f(x) \to \infty$.
Senkrechte Asymptote $x = -3$;
waagerechte Asymptote $y = -3$.
Graph rechts.

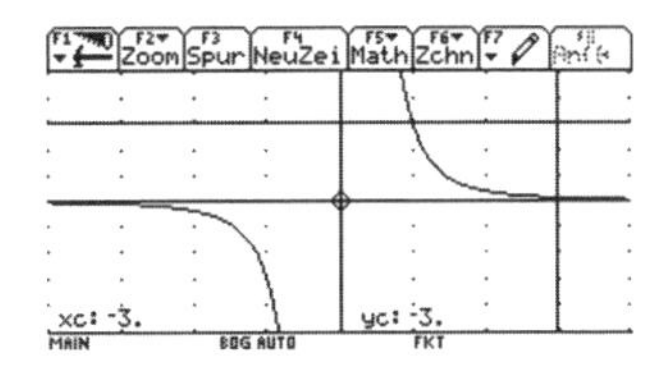

h) $f(x) = \frac{4}{(x-4)^4} + \frac{1}{4}$. Definitionslücke ist $x = 4$.
Für $x < 4$ und $x \to 4$ gilt: $f(x) \to \infty$;
für $x > 4$ und $x \to 4$ gilt: $f(x) \to \infty$.
Senkrechte Asymptote $x = 4$;
waagerechte Asymptote $y = \frac{1}{4}$.
Graph rechts.

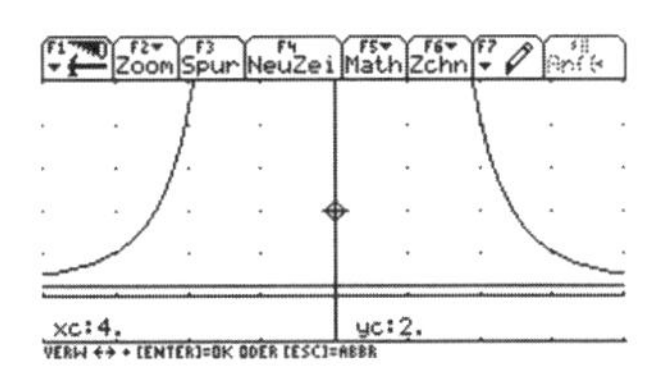

2 *Eigenschaften gebrochenrationaler Funktionen*

172 **1** a) Kosten in €: $f(x) = 400 + 3{,}50 \cdot x$.
Graph rechts.

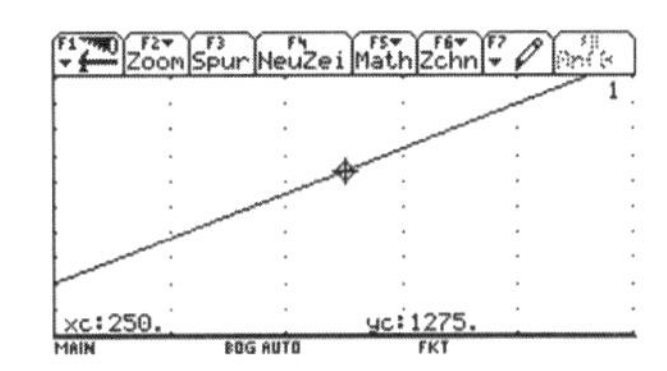

b) Durchschnittliche Kosten:
$g(x) = \frac{400 + 3{,}5x}{x} = \frac{400}{x} + 3{,}5$
Graph rechts.

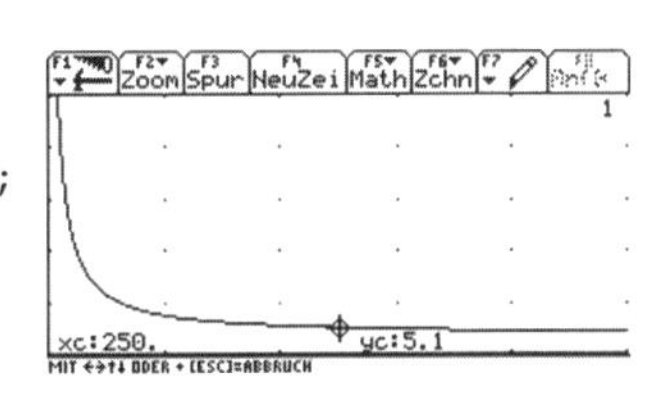

c) Die Funktion g ist eine gebrochenrationale Funktion; f ist eine ganzrationale Funktion.
Während f auf ganz $\mathbb{R}$ definiert ist, hat g in $x = 0$ eine Definitionslücke.

173 **2** (1) gehört zu c), da z. B. $f(0) = \frac{1}{3}$ nur für c) zutrifft.
(2) gehört zu b), da z. B. $g(0) = 0$ ist.
(3) gehört damit zu a) oder da z. B. $y = -1$ waagerechte Asymptote ist.

3 a) $f(x) = \frac{-2}{x-4}$; $D = \mathbb{R}\setminus\{4\}$; Polstelle ist $x = 4$.
Schnittpunkt mit der y-Achse $T(0\,|\,f(0)) = T(0\,|\,0{,}5)$; kein Schnittpunkt mit der x-Achse.
Senkrechte Asymptote ist $x = 4$; waagerechte Asymptote ist $y = 0$.
b) $f(x) = \frac{4}{x-2}$; $D = \mathbb{R}\setminus\{2\}$; Polstelle ist $x = 2$.
Schnittpunkt mit der y-Achse $T(0\,|\,f(0)) = T(0\,|\,-2)$; kein Schnittpunkt mit der x-Achse.
Senkrechte Asymptote ist $x = 2$; waagerechte Asymptote ist $y = 0$.

S. 173 **3** c) $f(x) = \frac{1}{(x-2)^2}$; $D = \mathbb{R}\setminus\{2\}$; Polstelle ist $x = 2$.
Schnittpunkt mit der y-Achse $T(0\,|\,f(0)) = T(0\,|\,0{,}25)$; kein Schnittpunkt mit der x-Achse. Senkrechte Asymptote ist $x = 2$; waagerechte Asymptote ist $y = 0$.
d) $f(x) = \frac{x}{x-3}$; $D = \mathbb{R}\setminus\{3\}$; Polstelle ist $x = 3$.
Schnittpunkt mit der y-Achse $T(0\,|\,f(0)) = T(0\,|\,0)$; Schnittpunkt mit der x-Achse ist $T(0\,|\,0)$. Senkrechte Asymptote ist $x = 3$; waagerechte Asymptote ist $y = 1$.
e) $f(x) = \frac{x+2}{x}$; $D = \mathbb{R}\setminus\{0\}$; Polstelle ist $x = 0$.
Kein Schnittpunkt mit der y-Achse; Schnittpunkt mit der x-Achse $S(-2\,|\,0)$
Senkrechte Asymptote ist $x = 0$; waagerechte Asymptote ist $y = 1$.
f) $f(x) = \frac{x+2}{x+4}$; $D = \mathbb{R}\setminus\{-4\}$; Polstelle ist $x = -4$.
Schnittpunkt mit der y-Achse $T(0\,|\,f(0)) = T(0\,|\,0{,}5)$; Schnittpunkt mit der x-Achse ist $S(-2\,|\,0)$. Senkrechte Asymptote ist $x = -4$; waagerechte Asymptote ist $y = 1$.
g) $f(x) = \frac{x+1}{x}$; $D = \mathbb{R}\setminus\{0\}$; Polstelle ist $x = 0$.
Kein Schnittpunkt mit der y-Achse; Schnittpunkt mit der x-Achse $S(-1\,|\,0)$
Senkrechte Asymptote ist $x = 0$; waagerechte Asymptote ist $y = 1$.
h) $f(x) = \frac{x+2}{x-4}$; $D = \mathbb{R}\setminus\{4\}$; Polstelle ist $x = 4$.
Schnittpunkt mit der y-Achse $T(0\,|\,f(0)) = T(0\,|\,-0{,}5)$; Schnittpunkt mit der x-Achse ist $S(-2\,|\,0)$. Senkrechte Asymptote ist $x = 4$; waagerechte Asymptote ist $y = 1$.
i) $f(x) = \frac{x-1}{(x-4)^2}$; $D = \mathbb{R}\setminus\{4\}$; Polstelle ist $x = 4$.
Schnittpunkt mit der y-Achse $T(0\,|\,f(0)) = T\left(0\,\middle|\,-\frac{1}{16}\right)$; Schnittpunkt mit der x-Achse ist $S(1\,|\,0)$. Senkrechte Asymptote ist $x = 4$; waagerechte Asymptote ist $y = 0$.
j) $f(x) = \frac{x^2}{2(x-3)}$; $D = \mathbb{R}\setminus\{3\}$; Polstelle ist $x = 3$.
Schnittpunkt mit der y-Achse $T(0\,|\,f(0)) = T(0\,|\,0)$; Schnittpunkt mit der x-Achse ist $T(0\,|\,0)$. Senkrechte Asymptote ist $x = 3$.
Da Polynomdivision $x^2 : (2x-6) = \frac{x}{2} + \frac{3}{2} + \frac{9}{2x-6}$;
Näherungskurve (Asymptote) für $x \to \pm\infty$: $n(x) = \frac{1}{2} \cdot x + \frac{3}{2}$.

4 a) $f(x) = x + \frac{1}{x}$; $x \in \mathbb{R}\setminus\{0\}$
senkrechte Asymptote $x = 0$;
Näherungskurve für $x \to \pm\infty$: $n(x) = x$
Graph rechts.

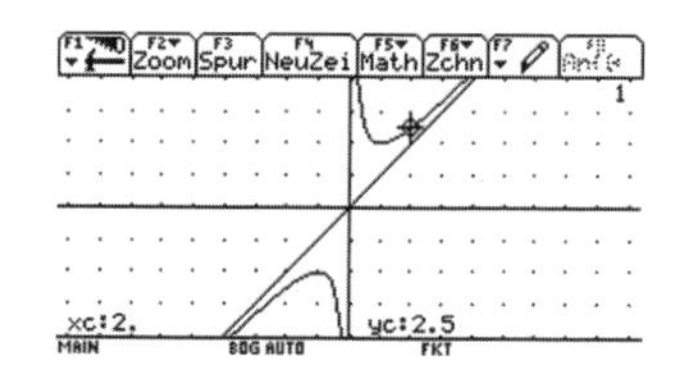

b) $f(x) = \frac{x^3+4}{x^2} = \frac{x^3}{x^2} + \frac{4}{x^2} = x + \frac{4}{x^2}$; $x \in \mathbb{R}\setminus\{0\}$
senkrechte Asymptote $x = 0$;
Näherungskurve für $x \to \pm\infty$: $n(x) = x$
Graph rechts.

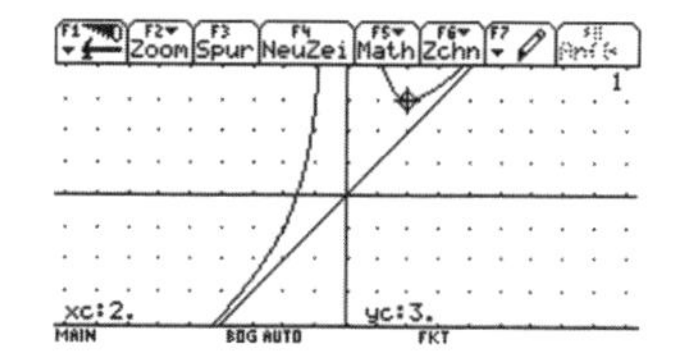

173 **4** c) $f(x) = \frac{x^2 - x}{x + 1}$; $x \in \mathbb{R}\setminus\{-1\}$

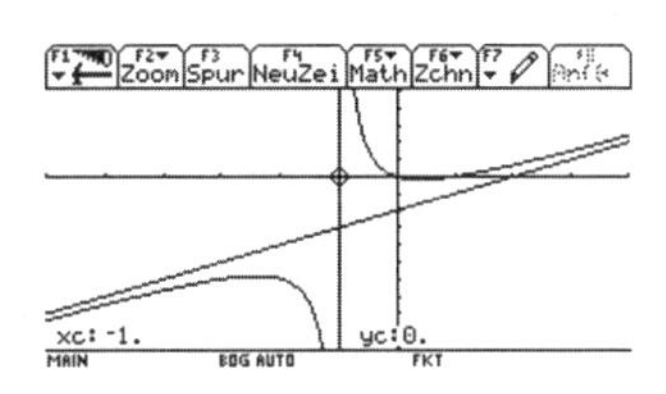

senkrechte Asymptote $x = -1$;

Da $(x^2 - x):(x + 1) = x - 2 + \frac{2}{x + 1}$

$\underline{-(x^2 + x)}$

$\quad -2x$

$\quad \underline{-(-2x - 2)}$

$\qquad 2$

Näherungskurve für $x \to \pm\infty$: $n(x) = x - 2$

Graph rechts.

d) $f(x) = \frac{2x^4 - 32}{x^2} = \frac{2x^4}{x^2} - \frac{32}{x^2}$; $x \in \mathbb{R}\setminus\{0\}$

senkrechte Asymptote $x = 0$;

Näherungskurve für $x \to \pm\infty$: $n(x) = 2x^2$

Graph rechts.

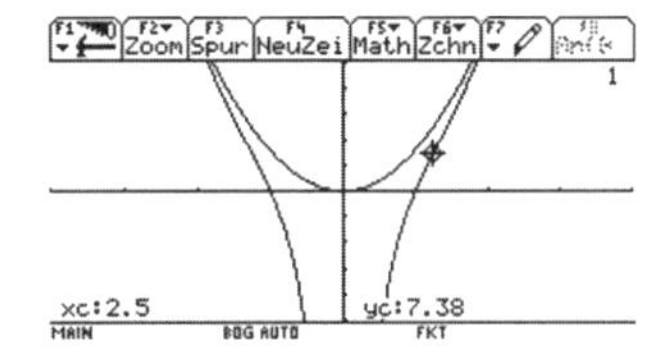

e) $f(x) = \frac{x^3 + 2x^2}{x + 4}$; $x \in \mathbb{R}\setminus\{-4\}$

senkrechte Asymptote $x = -4$;

Da $(x^3 + 2x^2):(x + 4) = x^2 - 2x + 8 - \frac{32}{x + 4}$

$\underline{-(x^3 + 4x^2)}$

$\quad -2x^2$

$\quad \underline{-(-2x^2 - 8x)}$

$\qquad 8x$

$\qquad \underline{-(8x + 32)}$

$\qquad\quad -32$

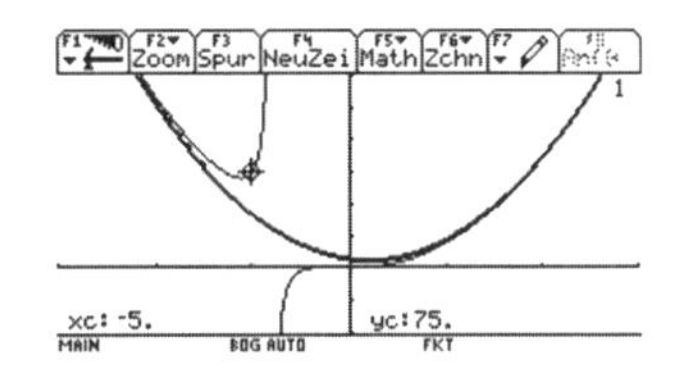

Näherungskurve für $x \to \pm\infty$: $n(x) = x^2 - 2x + 8$

Graph rechts.

3 Ableitungen und Anwendungen

174 **1** (i) Man kann die Ableitung bilden nach Umformung zu $f(x) = 0{,}5x^{-2}$.

Diese ist nach der Potenzregel $f'(x) = 0{,}5 \cdot (-2) \cdot x^{-3} = -\frac{1}{x^3}$.

Ihren Graphen kann man zeichnen. Es ist $f'(2) = -\frac{1}{8} = -0{,}125$.

(ii) Man kann mit dem CAS arbeiten (Fig. 1 bis Fig. 3).

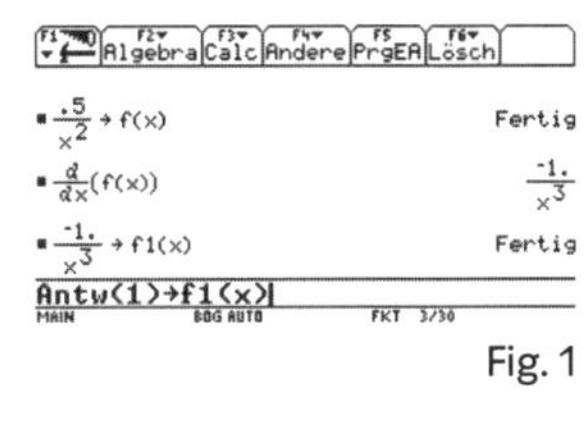

Fig. 1

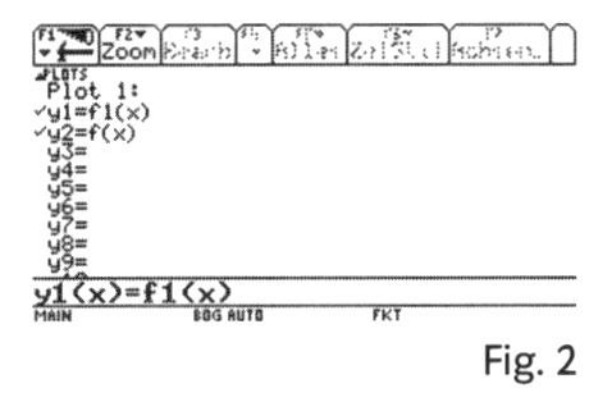

Fig. 2

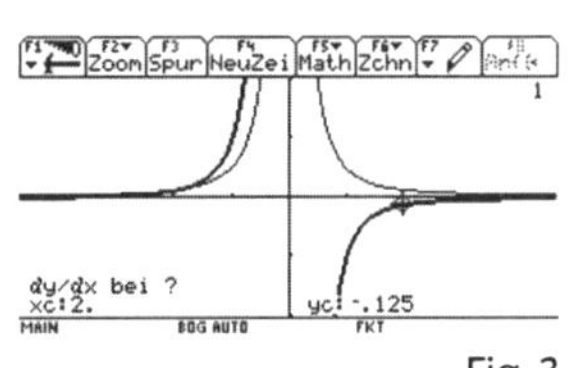

Fig. 3

S. 176 **2** a) $f(x) = \frac{x}{x-1}$; $D = \mathbb{R}\setminus\{1\}$; Graph rechts.
$x = 1$ ist Polstelle; Nullstelle $x = 0$.
Senkrechte Asymptote ist $x = 1$;
waagerechte Asymptote ist $y = 1$.
Es ist $x : (x - 1) = 1 + \frac{1}{x-1}$.
$\underline{-(x - 1)}$
1
Damit ist $f(x) = 1 + (x - 1)^{-1}$; $f'(x) = 0 - 1 \cdot (x - 1)^{-2} = -\frac{1}{(x-1)^2}$.
Da $f'(x) = 0$ nicht möglich ist (1 im Zähler), hat f keine Extremwerte.
Graph rechts.

b) $f(x) = \frac{2x+1}{x-2}$; $D = \mathbb{R}\setminus\{2\}$; Graph rechts.

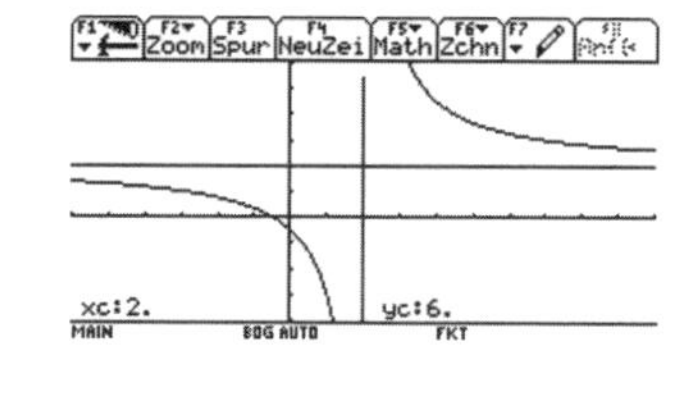

$x = 2$ ist Polstelle; Nullstelle $x = -0{,}5$
Senkrechte Asymptote ist $x = 2$;
waagerechte Asymptote ist $y = 2$.
Es ist $(2x + 1) : (x - 2) = 2 + \frac{5}{x-2}$.
$\underline{-(2x - 4)}$
5
Damit ist $f(x) = 2 + 5(x - 2)^{-1}$; $f'(x) = 0 - 5 \cdot (x - 2)^{-2} = -\frac{5}{(x-2)^2}$.
Da $f'(x) < 0$ ist für alle $x \in \mathbb{R}$, ist f in D streng monoton fallend.

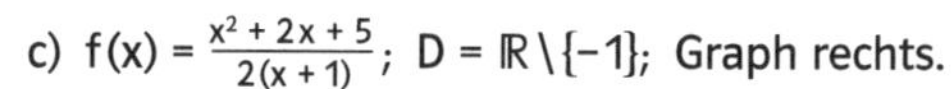

c) $f(x) = \frac{x^2 + 2x + 5}{2(x+1)}$; $D = \mathbb{R}\setminus\{-1\}$; Graph rechts.

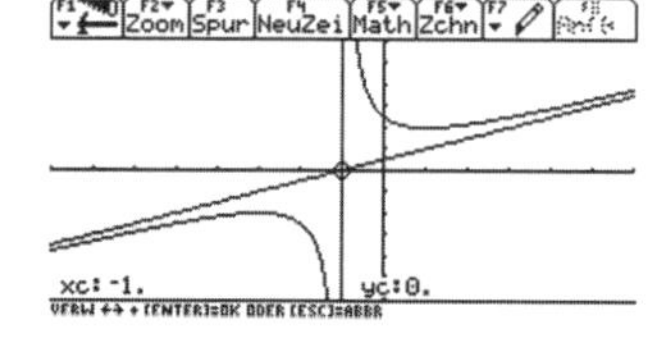

$x = -1$ ist Polstelle; keine Nullstelle
Senkrechte Asymptote ist $x = -1$.
Es ist $(x^2 + 2x + 5) : (2x + 2) = \frac{1}{2}x + \frac{1}{2} + \frac{4}{2(x+1)}$.
$\underline{-(x^2 + x)}$
$x + 5$
$\underline{-(x + 1)}$
4
Näherungsfunktion für große $|x|$: $n(x) = \frac{1}{2}x + \frac{1}{2}$
$f(x) = \frac{x^2 + 2x + 5}{2(x+1)} = \frac{1}{2}x + \frac{1}{2} + 2(x + 1)^{-1}$; $f'(x) = \frac{1}{2} - 2 \cdot (x + 1)^{-2}$; $f''(x) = 4(x + 1)^{-3} =$
$4 \cdot \frac{1}{(x+1)^3}$.
$f'(x) = 0$ ergibt: $\frac{1}{2} - \frac{2}{(x+1)^2} = \frac{(x+1)^2 - 4}{2(x+1)^2} = 0$ und damit $x_1 = -3$; $x_2 = 1$.
Wegen $f''(-3) = \frac{4}{-8} < 0$ und $f(-3) = -2$ ist $H(-3\,|\,-2)$ einziger Hochpunkt.
Wegen $f''(1) = \frac{4}{8} > 0$ und $f(1) = 2$ ist $T(1\,|\,2)$ einziger Tiefpunkt.

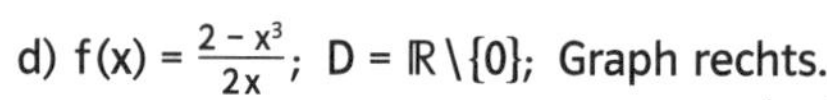

d) $f(x) = \frac{2 - x^3}{2x}$; $D = \mathbb{R}\setminus\{0\}$; Graph rechts.
$x = 0$ ist Polstelle; Nullstelle ist $x = x^{\frac{1}{3}} = \sqrt[3]{2} \approx 1{,}259\,92$
Senkrechte Asymptote ist $x = 0$.
Es ist $\frac{2 - x^3}{2x} = \frac{2}{2x} - \frac{x^3}{2x} = -\frac{1}{2}x^2 + \frac{1}{x}$.
Näherungsfunktion für große $|x|$: $n(x) = -\frac{1}{2}x^2$.
$f'(x) = -x - \frac{1}{x^2}$; $f''(x) = -1 + \frac{2}{x^3}$; $f'''(x) = -\frac{6}{x^4}$.
$f''(x) = 0$ ergibt: $x^3 = 2$ ergibt $x = 2^{\frac{1}{3}} = \sqrt[3]{2} \approx 1{,}259\,92$.
Wegen $f'''\left(2^{\frac{1}{3}}\right) \neq 0$ und $f\left(2^{\frac{1}{3}}\right) = 0$ ist $W\left(2^{\frac{1}{3}}\,|\,-0\right)$ einziger Wendepunkt.

176 **3** Graph rechts.

$A = u \cdot \frac{u}{u-2} = \frac{u^2}{u-2}$.

Der Inhalt ist eine Funktion von u.

Es ist

$$u^2 : (u-2) = u + 2 + \frac{4}{u-2}$$
$$\frac{-(u^2 - 2u)}{2u}$$
$$\frac{-(2u - 4)}{4}$$

damit ist $A(u) = u + 2 + \frac{4}{u-2}$;

$A'(u) = 1 - \frac{4}{(u-2)^2}$; $A''(u) = \frac{8}{(u-2)^3}$.

Aus $A'(u) = 1 - \frac{4}{(u-2)^2} = 0$ folgt $(u-2)^2 = 4$

also $u = 4$ ($u = 0$ entfällt wegen $u > 2$!)

Da $A''(4) = 1 > 0$ ist, liegt ein lokales Minimum vor.

$A_{min} = A(4) = 8$

Dies ist auch ein absolutes Minimum,

da $A(u) \to \infty$ sowohl für $x \to 2$ als auch für $x \to \infty$.

177 **4** a) Kostenfunktion $K(x) = 400 \cdot x + 10\,000$; Stückkostenfunktion $k(x) = 400 + \frac{10\,000}{x}$ mit $0 \leqq x \leqq 500$. $k(500) = 420$ €.

b) $k'(x) = -\frac{10\,000}{x^2} < 0$, d.h., die Stückkostenfunktion fällt monoton. Sie hat ihre Minimumstelle = Betriebsoptimum an der Kapazitätsgrenze $x_{max} = 500$.

c) $E(x) = 700x$; $G(x) = 700x - (400x + 10\,000)$, also $G(x) = 300x - 10\,000$.

d) Gewinnschwelle $G(x) = 0$ bei $x = 33\frac{1}{3} \approx 33$.

Gewinnmaximum an der Kapazitätsgrenze $x = 500$. $G_{max} = G(500) = 140\,000$.

5 a) $E(x) = k \cdot x$ und es ist $E(5) = K(5)$.

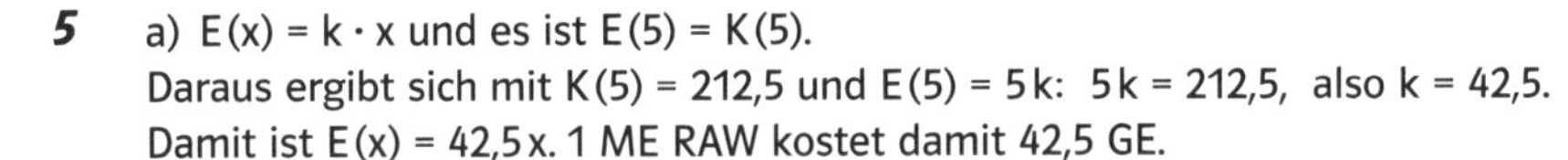

Daraus ergibt sich mit $K(5) = 212{,}5$ und $E(5) = 5k$: $5k = 212{,}5$, also $k = 42{,}5$.

Damit ist $E(x) = 42{,}5x$. 1 ME RAW kostet damit 42,5 GE.

b)

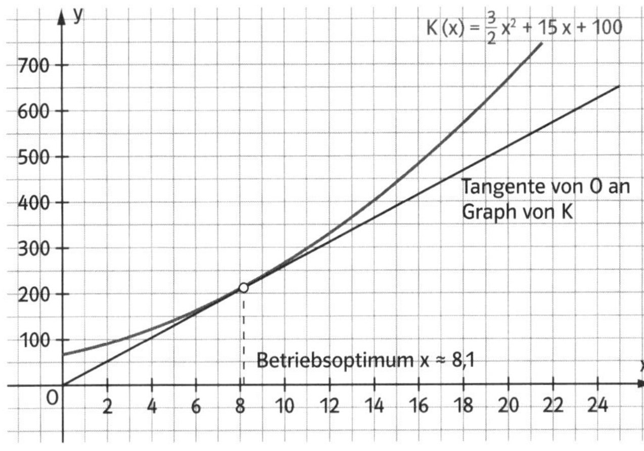

S. 177 **5** c) Stückkostenfunktion ist $k(x) = \frac{3}{2}x + 15 + \frac{100}{x}$. $k'(x) = \frac{3}{2} - \frac{100}{x^2}$; $k''(x) = \frac{200}{x^3} > 0$.
Aus $k'(x) = 0$ folgt $x^2 = \frac{200}{3}$, also $x = \frac{10}{3}\sqrt{6} \approx 8{,}165$.
Dies ist natürlich identisch mit dem in b) geometrisch gewonnenen Wert.
d) Grenzkosten: $K'(x) = 3x + 15$ zum Schnitt gebracht mit der Stückkostenfunktion k:
$\frac{3}{2}x + 15 + \frac{100}{x} = 3x + 15$ oder $\frac{3}{2}x = \frac{100}{x}$, also $x^2 = \frac{200}{3}$, also $x = \frac{10}{3}\sqrt{6} \approx 8{,}165$
(Wert von c))
e) $k_v(x) = \frac{\frac{3}{2}x^2 + 15x}{x} = \frac{3}{2}x + 15$. Dies ist eine lineare Funktion mit positiver Steigung.
Damit liegt das Betriebsminimum bei $x = 0$.

6 a) $k_v(x) = x^2 - 8x + 30$; $k_v'(x) = 2x - 8$; $k_v''(x) = 2 > 0$.
Minimum bei $x = 4$. $k_v(4) = 14$.
b) Erlös in GE: $E(4) = 30 \cdot 4 = 120$
c) Aus $G(x) = 30x - (x^3 - 8x^2 + 30x + 50) = -x^3 + 8x^2 - 50$ folgt der Stückgewinn:
$g(x) = \frac{G(x)}{x} = -x^2 + 8x - \frac{50}{x}$.

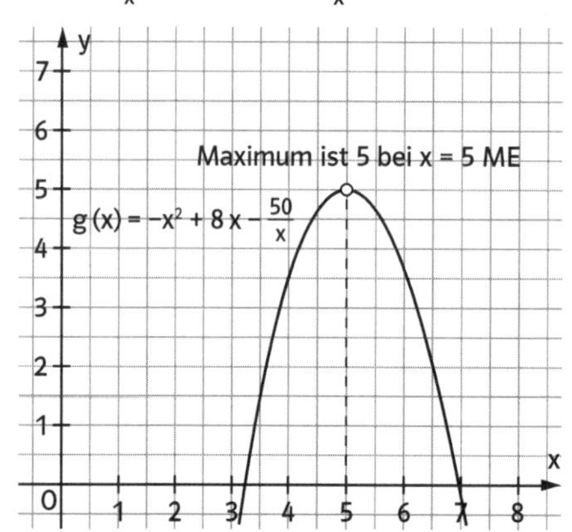

d) Neue Gesamtkostenfunktion $K^*(x) = 0{,}7(x^3 - 8x^2 + 30x) + 50$ oder
$K^*(x) = 0{,}7x^3 - 5{,}6x^2 + 21x + 50$.
Damit wird $k_v^*(x) = 0{,}7(x^2 - 8x + 30)$ mit $k_v^{*\prime}(x) = 0{,}7(2x - 4)$ und $k_v^{*\prime\prime} = 0{,}7 \cdot 2 > 0$. Damit liegt das Betriebsminimum bei der gleichen Ausbringungsmenge wie bei der Funktion $k_v(x)$, nämlich bei $x = 4$.
e) Gewinnfunktion $G(x) = 30x - (0{,}7x^3 - 5{,}6x^2 + 21x + 50) = -0{,}7x^3 + 5{,}6x^2 + 9x - 50$.
Stückgewinn: $g(x) = \frac{G(x)}{x} = -0{,}7x^2 + 5{,}6x + 9 - \frac{50}{x}$.
Das Maximum liegt bei $x \approx 5{,}28$ ME und beträgt ca. 9,58 GE.

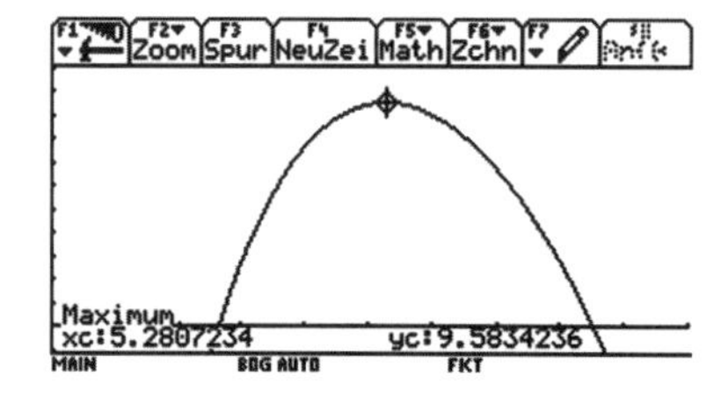

177 **7** a) $K(x) = a \cdot x^2 + b \cdot x + 1000$ mit
$K(50) = 2500a + 50b + 1000 = 1200$ und
$K(100) = 10\,000a + 100b + 1000 = 1500$
Daraus $a = 0{,}02$; $b = 3$. $K(x) = 0{,}02x^2 + 3x + 1000$. $k(x) = 0{,}02x + 3 + \frac{1000}{x}$.
Ökonomisch sinnvoll ist $p(x) > 0$, also $0 < x < 120$.
b) $E(x) = x \cdot (60 - 0{,}5x) = -0{,}5x^2 + 60x$
$G(x) = -0{,}5x^2 + 60x - (0{,}02x^2 + 3x + 1000) = -0{,}52x^2 + 57x - 1000$

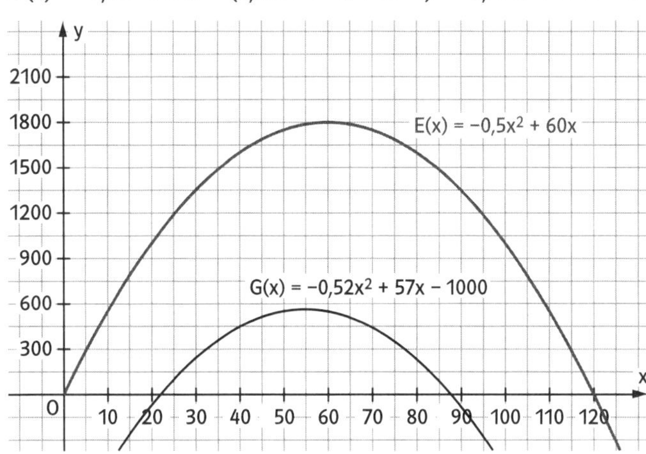

c) Stückgewinn: $g(x) = -0{,}52x + 57 - \frac{1000}{x}$; $g'(x) = -0{,}52 + \frac{1000}{x^2}$; $g''(x) = -\frac{2000}{x^3} < 0$
Aus $g'(x) = 0$ ergibt sich $x^2 = \frac{1000}{0{,}52}$, also
$x = \sqrt{\frac{1000}{0{,}52}} \approx 43{,}85$ (nur positive Lösung ist sinnvoll).
Der maximale Stückgewinn liegt bei einer Ausbringungsmenge von ca. 44 ME.
d) Kein Betriebsoptimum (rechnerisch):
$k(x) = 0{,}02x + 3 + \frac{1000}{x}$ mit $k'(x) = 0{,}02 - \frac{1000}{x^2}$.
Aus $k'(x) = 0$ erhält man $x^2 = 50000$ und damit $x = 100\sqrt{5} \approx 223{,}6$.
Diese Lösung liegt nicht mehr im ökonomisch sinnvollen Bereich.
e) $G(x) = -0{,}52x^2 + 57x - 1000$; $G'(x) = -1{,}04x + 57$ und $G''(x) = -1{,}04 < 0$ ergibt das Gewinnmaximum bei $x = \frac{57}{1{,}04} \approx 54{,}81$. Der zugehörige Preis ist $p(54{,}81) \approx 32{,}60$.
Damit ist C bestätigt. 54,81 ME gibt die Absatzmenge und 32,60 GE den Stückpreis an, bei welcher der Gewinn ein Maximum annimmt.

f) Die Gesamtkostenfunktion ist eine Parabel und hat somit keinen Wendepunkt. Rechnerischer Nachweis: $K''(x) = 0{,}04 \neq 0$. Die Wendestelle einer Funktion ist die Extremstelle der Ableitungsfunktion. Die Grenzkostenfunktion K′ besitzt somit keinen Extremwert.

4 Elastizität – Isoquanten

S. 178 **1** a) Sicher wird eine Preiserhöhung um 20 € bei einem Topf die Nachfrage stärker einbrechen lassen als die gleiche Preiserhöhung bei einer Waschmaschine.

b) Beim Topf beträgt die Preiserhöhung $\frac{20}{20} = 1 = 100\,\%$, bei der Waschmaschine hingegen nur $\frac{20}{1000} = 2\,\%$.

S. 180 **2** a) $p(x) = 1{,}50 - 0{,}001x$. Aus $p(x) = 0$ erhält man $x = 1500$.
Sinnvoller Bereich $0 \leqq x \leqq 1500$.

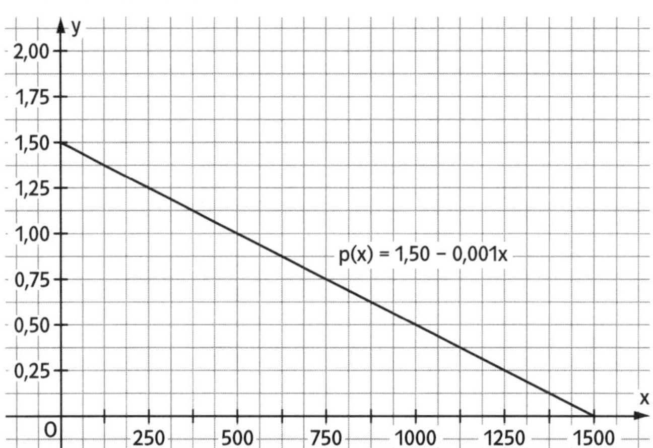

b) $p(1000) = 0{,}5$; $p(1010) = 0{,}49$. Damit ist $\frac{\Delta p}{p} = \frac{0{,}49 - 0{,}50}{0{,}50} = -\frac{0{,}01}{0{,}5} = -\frac{1}{50} \approx -0{,}02$ und $\frac{\Delta x}{x} = \frac{10}{1000} = \frac{1}{100} = 0{,}01$. Daraus folgt $e = \frac{0{,}01}{-0{,}02} = -\frac{1}{2} = -0{,}5$.

c) Es ist $e(x) = \frac{p(x)}{x} \cdot \frac{1}{p'(x)} = \frac{1{,}5 - 0{,}001x}{x \cdot (-0{,}001)} = \frac{x - 1500}{x}$.

$e(1000) = \frac{-500}{1000} = -\frac{1}{2}$; damit ist $|e(1000)| = 0{,}5$.

d) Elastische Nachfrage für $|e(x)| > 1$, also $\frac{1500 - x}{x} > 1$ oder $1500 - x > x$, d.h. $1500 > 2x$.

Damit ist für $x < 750$ die Nachfrage elastisch, für $x > 750$ unelastisch.

180 **3** a) Graph

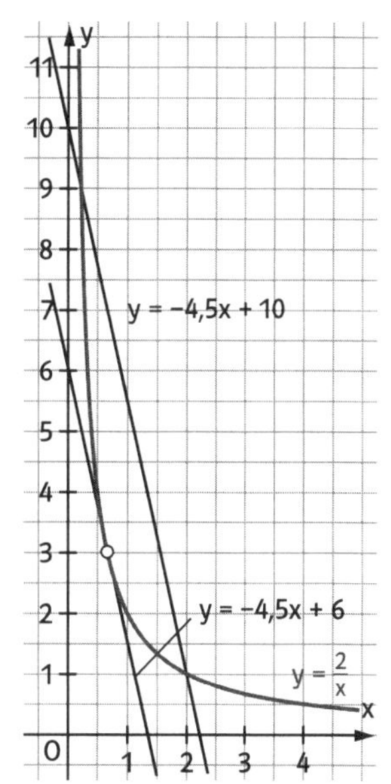

Isokostengerade: $0{,}9x + 0{,}2y = 2$ oder $y = -4{,}5x + 10$

Die dabei möglichen Kombinationen erhält man aus

$-4{,}5x + 10 = \frac{2}{x}$ oder $-4{,}5x^2 + 10x - 2 = 0$.

Man erhält $x_1 = \frac{2}{9}$ und $x_2 = 2$.

Daraus erhält man $y_1 = \frac{2}{x_1} = 9$ und $y_2 = \frac{2}{x_2} = 1$.

Für 2 GE sind demnach möglich:

(1) Einsatz von X mit $x = \frac{2}{9}$ und von Y mit $y = 9$

(2) Einsatz von X mit $x = 2$ und von Y mit $y = 1$.

b) Ableitung von $y = \frac{2}{x}$ ergibt $y' = -\frac{2}{x^2}$.

Aus $-\frac{2}{x^2} = -4{,}5$ folgt $x^2 = \frac{4}{9}$,

also $x = \frac{2}{3}$ (nur positive Lösung!); eingesetzt in $y = \frac{2}{x}$ erhält man $y = 3$.

Gerade durch $P\left(\frac{2}{3}\middle|3\right)$ mit Steigung $-4{,}5$ hat die Gleichung

$y = -4{,}5x + 6$ oder $2y + 9x = 12$ oder $0{,}9x + 0{,}2y = 1{,}2$.

Die Kosten könnten also auf 1,2 GE gesenkt werden bei einem Einsatz von X mit $\frac{2}{3}$ und einem von Y mit 3.

Exkursion: Das Ableiten von Produkten

181 **1**

a) $f(x) = x \cdot (x-1)^3$; $f'(x) = 1 \cdot (x-1)^3 + x \cdot 3(x-1)^2 = (x-1)^2 \cdot (4x-1)$

b) $f(x) = x^2 \cdot (x+5)^6$; $f'(x) = 2x \cdot (x+5)^6 + x^2 \cdot 6(x+5)^5 = 2x \cdot (4x+5) \cdot (x+5)^5$

c) $f(x) = (x-4)^4 \cdot (x+3)^3$;

$f'(x) = 4(x-4)^3(x+3)^3 + (x-4)^4 \cdot 3(x+3)^2 = 7x(x-4)^3(x+3)^2$

d) $f(x) = \frac{x-1}{x} = (x-1) \cdot x^{-1}$; $f'(x) = x^{-1} + (x-1) \cdot (-1)x^{-2} = \frac{1}{x} - \frac{x-1}{x^2} = \frac{1}{x^2}$

e) $f(x) = \frac{x}{x-1} = x \cdot (x-1)^{-1}$; $f'(x) = (x-1)^{-1} + x \cdot (-1)(x-1)^{-2} = \frac{1}{x-1} - \frac{x}{(x-1)^2} = -\frac{1}{(x-1)^2}$

f) $f(x) = \frac{x+3}{x-2} = (x+3) \cdot (x-2)^{-1}$;

$f'(x) = (x-2)^{-1} + (x+3) \cdot (-1)(x-2)^{-2} = \frac{1}{x-2} - \frac{x+3}{(x-2)^2} = -\frac{5}{(x-2)^2}$

VI Integralrechnung

1 Deutung von Flächeninhalten und Berechnungen

S. 182 **1** a) $2 \cdot 30 = 60$; $60\,m^3$
Veranschaulichung als Inhalt der linken Teilfläche zwischen Graph und x-Achse.
b) Zwischen 15 Uhr und 17 Uhr beträgt die mittlere momentane Durchflussmenge $45\frac{m^3}{h}$.
Durchgeflossene Erdölmenge: $45 \cdot 2 = 90$; $90\,m^3$
Veranschaulichung als Inhalt der mittleren Teilfläche.
c) Die geförderte Ölmenge entspricht dem Inhalt der rechten Teilfläche.

S. 185 **2** a) Zwischen 16 Uhr und 16.30 Uhr: $s_1 = \left(\frac{1}{2} \cdot 40 \cdot 0{,}5\right)\text{km} = 10\,\text{km}$
Zwischen 16.30 Uhr und 17 Uhr: $s_2 = (0{,}5 \cdot 40)\,\text{km} = 20\,\text{km}$
Zwischen 17 Uhr und 17.30 Uhr: $s_3 = \left(\frac{40+10}{2} \cdot 0{,}5\right)\text{km} = 12{,}5\,\text{km}$
Zwischen 17.30 Uhr und 18 Uhr: $s_4 = \left(\frac{1}{2} \cdot 10 \cdot 0{,}5\right)\text{km} = 2{,}5\,\text{km}$
$s = s_1 + s_2 + s_3 + s_4 = 45\,\text{km}$
b) Man nähert die Kurve z.B. durch Geradenstücke an.
Zwischen 7 Uhr und 7.15 Uhr: $s_1 = 6{,}25\,\text{km}$
Zwischen 7.15 Uhr und 7.30 Uhr: $s_2 = 15{,}625\,\text{km}$
Zwischen 7.30 Uhr und 7.45 Uhr: $s_3 = 21{,}875\,\text{km}$
Zwischen 7.45 Uhr und 8.30 Uhr: $s_4 = 75\,\text{km}$
Zwischen 8.30 Uhr und 9 Uhr: $s_5 = 25\,\text{km}$
$s = s_1 + s_2 + s_3 + s_4 + s_5 = 143{,}75\,\text{km}$

3 a) Wertetafel.

x	0	0,5	1	1,5	2	2,5	3	3,5
f(x)	2,00	2,06	2,25	2,56	3,00	3,56	4,25	5,06

Veranschaulichung am Graphen in Fig. 1.
Näherungswert für die Fläche:
$A = 0{,}5 \cdot (2 + 2{,}06 + 2{,}25 + 2{,}56 + 3 + 3{,}56 + 4{,}25 + 5{,}06)$
$= 0{,}5 \cdot 24{,}75 = 12{,}375$
b) Wertetafel:

x	0	0,5	1	1,5	2	2,5	3	3,5
f(x)	4	3,95	3,8	3,55	3,2	2,75	2,2	1,55

Näherungswert:
$A = 0{,}5 \cdot (4 + 3{,}95 + \ldots + 1{,}55) = 1{,}5 \cdot 25 = 12{,}5$

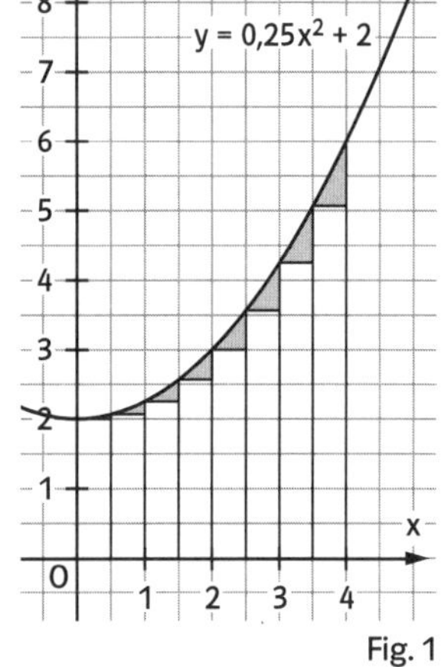

Fig. 1

4 a) $A_2(2{,}5) = A_0(2{,}5) - A_0(2) = \frac{1}{3} \cdot 2{,}5^3 - \frac{1}{3} \cdot 2^3 = \frac{61}{24} \approx 2{,}5417$
b) $A = 2 \cdot 4 - A_0(2) = 8 - \frac{1}{3} \cdot 2^3 = \frac{16}{3} \approx 5{,}3333$
c) $A = 2 \cdot (2{,}5 \cdot 6{,}25 - A_0(2{,}5)) = 2 \cdot \left(15{,}625 - \frac{1}{3} \cdot 2{,}5^3\right) = 2 \cdot \left(15{,}625 - \frac{1}{3} \cdot 2{,}5^3\right)$
$= 2 \cdot \left(\frac{125}{8} - \frac{125}{24}\right) = 2 \cdot \frac{125}{12} = \frac{125}{6} \approx 20{,}8333$

2 *Integral und Integralfunktion*

86 **1** a) $S_4 = 0{,}25 \cdot \left(f\left(\frac{1}{8}\right) + f\left(\frac{3}{8}\right) + f\left(\frac{5}{8}\right) + f\left(\frac{7}{8}\right)\right) = 0{,}25 \cdot \left(\left(\frac{1}{8}\right)^3 + \left(\frac{3}{8}\right)^3 + \left(\frac{5}{8}\right)^3 + \left(\frac{7}{8}\right)^3\right)$

$= \frac{1}{4} \cdot \frac{1}{512} \cdot (1 + 27 + 125 + 343) = \frac{496}{4 \cdot 512} = \frac{31}{128} \approx 0{,}2421875$

b) $S_4^* = 0{,}25 \cdot \left(f\left(-\frac{1}{8}\right) + f\left(-\frac{3}{8}\right) + f\left(-\frac{5}{8}\right) + f\left(-\frac{7}{8}\right)\right) = 0{,}25 \cdot \left(\left(-\frac{1}{8}\right)^3 + \left(-\frac{3}{8}\right)^3 + \left(-\frac{5}{8}\right)^3 + \left(-\frac{7}{8}\right)^3\right)$

$= \frac{1}{4} \cdot \frac{1}{512} \cdot (-1 - 27 - 125 - 343) = -\frac{496}{4 \cdot 512} = -\frac{31}{128} \approx -0{,}2421875$

Die Werte sind vom Betrag her gleich, unterscheiden sich nur im Vorzeichen. Das negative Vorzeichen bei S_4^* kommt dadurch zustande, dass die Funktionswerte dort negativ sind, d.h. die Rechtecksinhalte werden wie bei S_4 berechnet, erhalten aber ein negatives Vorzeichen.

87 **2** a) $\int_{-1}^{2} x^2\,dx = A_1 + A_2 = \frac{1}{3} \cdot 1^3 + \frac{1}{3} \cdot 2^3 = 3$ b) $\int_{-2}^{2} x\,dx = \frac{1}{2} \cdot (-2) \cdot 2 + \frac{1}{2} \cdot 2 \cdot 2 = 0$

c) $\int_{-2}^{2} -2\,dx = 2 \cdot (-2) + 2 \cdot (-2) = -8$

3 a) Fig. 1: $J_1(x) = (x - 1) \cdot 1 = x - 1$

b) Fig. 2: $J_0(x) = \frac{1}{2}x \cdot 3x = \frac{3}{2}x^2$

c) Fig. 3: $J_4(x) = \frac{1}{2} \cdot (x - 1) \cdot (2x - 2) - \frac{1}{2} \cdot (4 - 1) \cdot 6 = (x - 1)^2 - 9 = x^2 - 2x - 8$

d) Fig. 4: $J_0(x) = \frac{1}{2}x \cdot (-x) = -\frac{1}{2}x^2$

e) Fig. 5: $J_0(x) = x \cdot 4 = 4x$

f) Fig. 6: $J_{-2}(x) = \frac{1}{2}(x + 2) \cdot \left(\frac{1}{2}x + 1\right) = \frac{1}{4}x^2 + x + 1$

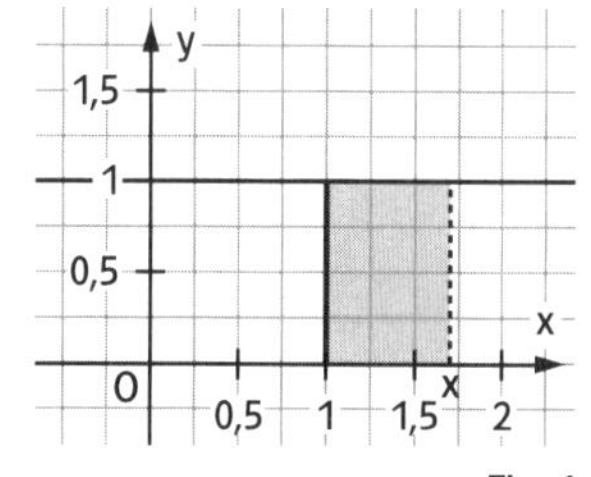

Fig. 1

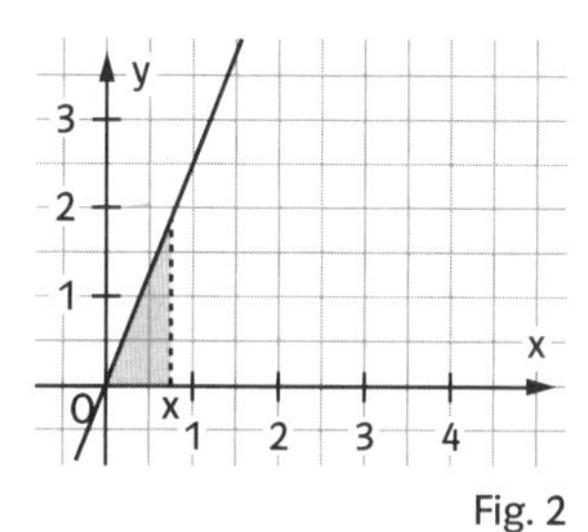

Fig. 2

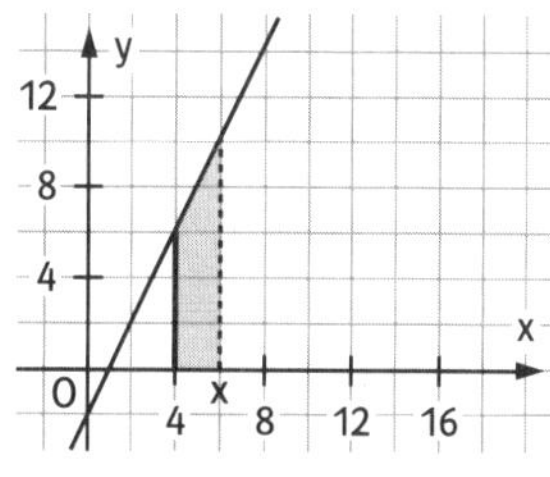

Fig. 3

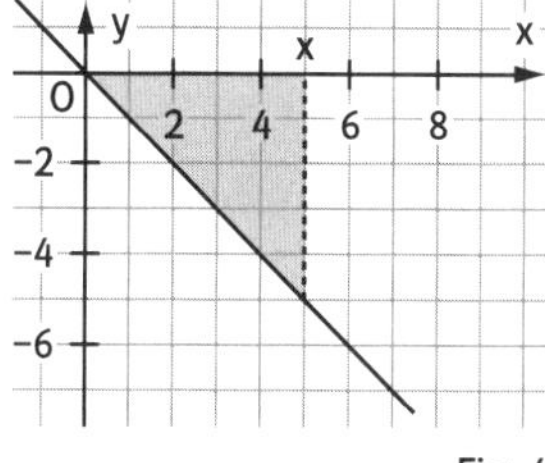

Fig. 4

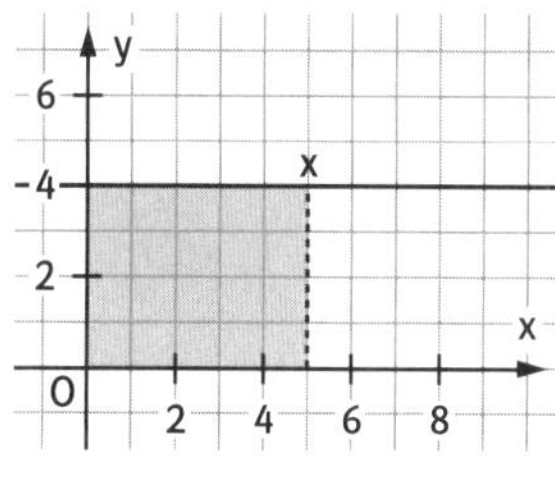
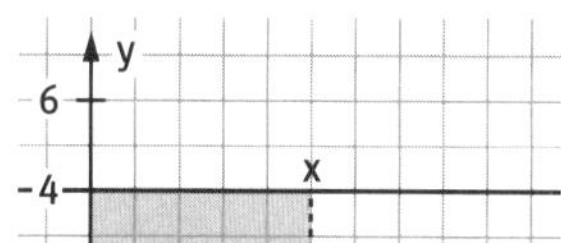

Fig. 5

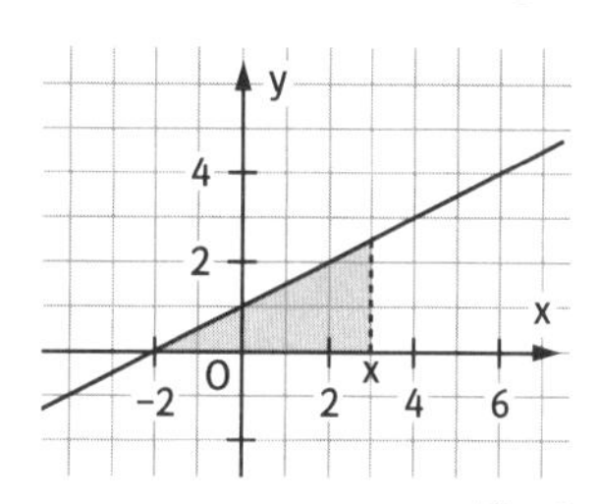

Fig. 6

3 Integral und Stammfunktion – Hauptsatz

S. 188 **1** a) $F(x) = \frac{1}{2}x^2 - 3$ b) $F(x) = x^2$ c) $F(x) = \frac{1}{3}x^3$ d) $F(x) = \frac{1}{3}x^3 + \frac{1}{2}x^2 + x + 3$

2 a) $J_0(x) = \frac{1}{2}x^2$; $J_1(x) = \frac{1}{2}x^2 - \frac{1}{2}$; $J_2(x) = \frac{1}{2}x^2 - 2$.
b) Leitet man die Integralfunktionen ab, so erhält man stets $f(x) = x$.

S. 190 **3** a) $F(x) = \frac{3}{2}x^2$ b) $F(x) = \frac{1}{4}x^2$ c) $F(x) = \frac{\sqrt{2}}{2}x^2$ d) $F(x) = 4x$
e) $F(x) = -3{,}5$ f) $F(x) = x^2 - x$ g) $F(x) = x^2 - 8x$ h) $F(x) = 2x - 3x^2$
i) $F(x) = \frac{1}{2}x + x^2$ j) $F(x) = \frac{1}{8}x^2 - \frac{1}{2}x$

4 a) $F(x) = \frac{1}{4}x^4$ b) $F(x) = \frac{3}{5}x^5$ c) $F(x) = \frac{1}{6}x^3$ d) $F(x) = \frac{\sqrt{3}}{6}x^6$
e) $F(x) = \frac{1}{2}x^8$ f) $F(x) = \frac{2}{21}x^7$ g) $F(t) = \frac{1}{3}t^3$ h) $U(r) = \pi r^2$
i) $A^*(a) = \frac{1}{3}a^3$ j) $F(u) = \frac{1}{5}u^{10}$

5 a) $F(x) = \frac{1}{2}x - \frac{3}{2}x^2 + x^4$ b) $F(x) = \frac{3}{16}x^4 + \frac{2}{3}x^3 + \frac{5}{2}x^2 + x$
c) $F(x) = \frac{2}{9}x^9 + \frac{8}{7}x^7 - \frac{4}{5}x^5 + \frac{2}{3}x^3$ d) $F(x) = 4x + \frac{1}{2}x^2 + \frac{1}{3}x^3 + \frac{1}{4}x^4 + \frac{1}{5}x^5$

6 a) $F(x) = \frac{1}{3}x^3 - \frac{1}{2}x^2$ mit $F(2) = 1$, also $\frac{2}{3} + c = 1$, damit $c = \frac{1}{3}$.
Da $F'(x) = f(x)$ ist, ist die Steigung $f(2) = 2$.
b) Gesuchte Funktion $F(x) = \frac{1}{3}x^3 - \frac{1}{2}x^2 + c$ hat Ableitungen $f(x) = x^2 - x$; $f'(x) = 2x - 1$; $f''(x) = 2 \neq 0$. Wendepunkt liegt bei x mit $2x - 1 = 0$, also bei $x = \frac{1}{2}$.
Es muss gelten $F\left(\frac{1}{2}\right) = 2$, wenn der Wendepunkt auf $y = 2$ liegen soll: $-\frac{1}{12} + c = 2$; also $c = \frac{25}{12}$.

S. 191 **7** a) $\int_1^4 x\,dx = \frac{15}{2} = 7{,}5$ b) $\int_1^3 x^2\,dx = 9 - \frac{1}{3} = \frac{26}{3}$
c) $\int_0^4 x^3\,dx = 64 - 0 = 64$ d) $\int_{0,5}^2 x^4\,dx = \frac{32}{5} - \frac{1}{160} = \frac{1023}{160} \approx 6{,}394$

8 a) $\int_1^5 \left(\frac{1}{2}x + 2\right)dx = \left[\frac{1}{4}x^2 + 2x\right]_1^5 = \left(\frac{25}{4} + 10\right) - \left(\frac{1}{4} + 2\right) = 14$

b) $\int_{-1}^1 \left(\frac{1}{4}x^2 + 1\right)dx = \left[\frac{1}{12}x^3 + x\right]_{-1}^1 = \left(\frac{1}{12} + 1\right) - \left(-\frac{1}{12} - 1\right) = \frac{13}{6}$

c) $\int_0^1 (2x^3 + x^2)\,dx = \left[\frac{1}{2}x^4 + \frac{1}{3}x^3\right]_0^1 = \left(\frac{1}{2} + \frac{1}{3}\right) - (0 + 0) = \frac{5}{6}$

d) $\int_0^1 (2x^2 - x^4)\,dx = \left[\frac{2}{3}x^3 - \frac{1}{5}x^5\right]_0^1 = \left(\frac{2}{3} - \frac{1}{5}\right) - (0 + 0) = \frac{7}{15}$

191 **9** a) $\int_{-2}^{0}(2+x)^2\,dx = \int_{-2}^{0}(4+4x+x^2)\,dx = \left[4x+2x^2+\frac{1}{3}x^3\right]_{-2}^{0} = 0-\left(-8+8-\frac{8}{3}\right) = \frac{8}{3}$

b) $\int_{1}^{2}(1-2x)^2\,dx = \int_{1}^{2}(1-4x+4x^2)\,dx = \left[x-2x^2+\frac{4}{3}x^3\right]_{1}^{2} = \left(2-8+\frac{32}{3}\right)-\left(1-2+\frac{4}{3}\right) = \frac{13}{3}$

c) $\int_{2}^{5}(1+2x)x^2\,dx = \int_{2}^{5}(x^2+2x^3)\,dx = \left[\frac{1}{3}x^3+\frac{1}{2}x^4\right]_{2}^{5} = \left(\frac{125}{3}+\frac{625}{2}\right)-\left(\frac{8}{3}+8\right) = \frac{687}{2} = 343{,}5$

d) $\int_{1}^{5}(1+x)(1-x)\,dx = \int_{1}^{5}(1-x^2)\,dx = \left[x-\frac{1}{3}x^3\right]_{1}^{5} = \left(5-\frac{125}{3}\right)-\left(1-\frac{1}{3}\right) = -\frac{112}{3} = -37\frac{1}{3}$

10 a) $\int_{0}^{4}\left(\frac{1}{4}x^2+2\right)dx = \left[\frac{1}{12}x^3+2x\right]_{0}^{4} = \frac{40}{3} = 13\frac{1}{3}$

b) $\int_{-2}^{3}\left(\frac{1}{2}x^2\right)dx = \left[\frac{1}{6}x^3\right]_{-2}^{3} = 5\frac{5}{6}$

c) $\int_{1}^{5}\left(\frac{1}{x^2}+1\right)dx = \left[-\frac{1}{x}+x\right]_{1}^{5} = 4\frac{4}{5}$

11 a) $J_0(1) \approx 1{,}15$; Inhalt unter dem Graphen ca. 1,1 FE.
$J_0(2) \approx 2{,}5$; Inhalt unter dem Graphen 2,5 FE. (exakt).
$J_0(1{,}5) \approx 1{,}75$; Inhalt unter dem Graphen 1,8 FE.
$J_0(0) = 0$; Inhalt unter dem Graphen 0 FE. (exakt).
b) $J_0(-1) \approx -0{,}85$; Inhalt unter dem Graphen ca. 0,85 FE. Da die untere Grenze größer ist als die obere, ergibt sich das Minuszeichen.
$J_0(-2) \approx -1{,}5$; Inhalt unter dem Graphen 1,5 FE exakt. Da die untere Grenze größer ist als die obere, ergibt sich das Minuszeichen.
Exakte Werte:
$J_0(1) = \frac{9}{8} = 1{,}125$; $J_0(2) = \frac{5}{2} = 2{,}5$; $J_0(1{,}5) = \frac{57}{32} = 1{,}78125$; $J_0(0) = 0$; $J_0(-1) = -\frac{7}{8} = -0{,}875$;
$J_0(-2) = -\frac{3}{2} = -1{,}5$

12 In der ersten Auflage ist die Aufgabennummer 11.
a) Aus $K'(x) = x^2 - 8x + 40$ erhält man $K(x) = \frac{1}{3}x^3 - 4x^2 + 40x + C$ mit $C = 200$.
$K(x) = \frac{1}{3}x^3 - 4x^2 + 40x + 200$.
Variable Stückkostenfunktion ist $k_v(x) = \frac{1}{3}x^2 - 4x + 40$.
Stückkostenfunktion ist $k(x) = \frac{1}{3}x^2 - 4x + 40 + \frac{200}{x}$.

S. 191 **12** b) Minimum der variablen Stückkostenfunktion k_v ist 28 $\frac{GE}{ME}$ bei x = 6 ME.
Maximum der Stückkostenfunktion k ist ca. 53,13 $\frac{GE}{ME}$ bei x ≈ 9,40 ME.

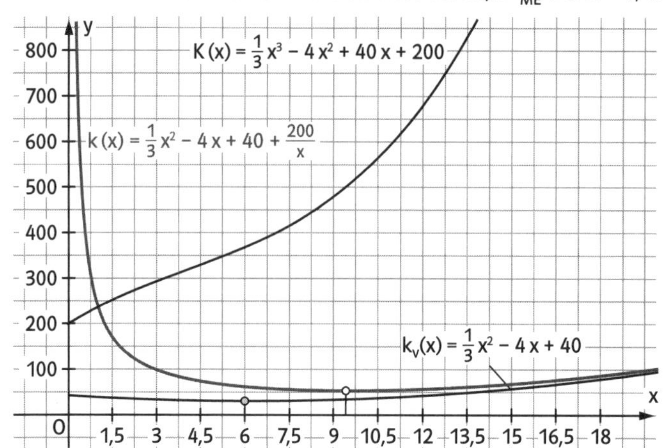

13 In der ersten Auflage ist die Aufgabennummer 12.
a) Aus $K'(x) = x^2 - 7x + 13$ erhält man $K(x) = \frac{1}{3}x^3 - \frac{7}{2}x^2 + 13x + C$.
Aus $E(3{,}5) = K(3{,}5)$ erhält man $7 \cdot \frac{7}{2} = \frac{203}{12} + C$ und damit $C = \frac{91}{12}$.
$K(x) = \frac{1}{3}x^3 - \frac{7}{2}x^2 + 13x + \frac{91}{12}$.
Stückkostenfunktion k_S ist $k_S(x) = \frac{1}{3}x^2 - \frac{7}{2}x + 13 + \frac{91}{12 \cdot x}$.

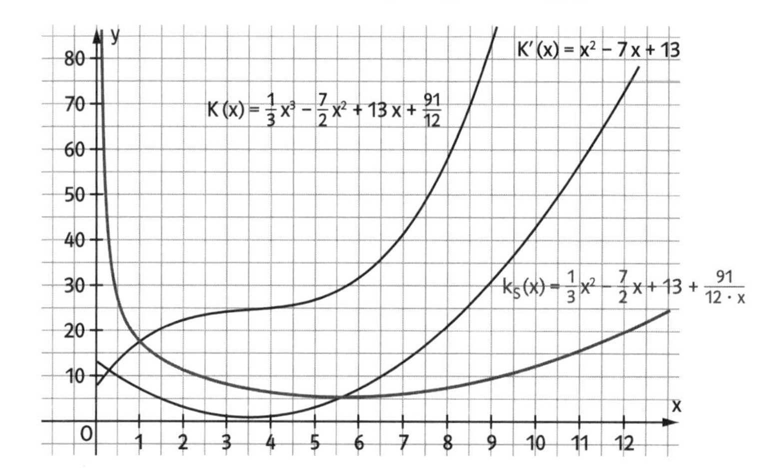

14 In der ersten Auflage ist die Aufgabennummer 13.
Aus $K'(x) = 0{,}06x^2 - 4x + c$ erhält man $K(x) = 0{,}02x^3 - 2x^2 + cx + b$.
Aus $K(60) = 2120$ und $\frac{K(40)}{40} = 42$ erhält man die Gleichungen:
$60 \cdot c + b - 2880 = 2120$ und $c + \frac{b}{40} - 48 = 42$
mit den Lösungen c = 70 und b = 800.
$K(x) = 0{,}02x^3 - 2x^2 + 70x + 800$.

4 Flächen zwischen Graph und x-Achse

192 **1** 1. Schritt: Bestimmung der Nullstellen von f. $x_1 = -\frac{5}{4}$; $x_2 = \frac{1}{4}$

2. Schritt: Beurteilung, welche Teilfläche oberhalb bzw. unterhalb der x-Achse liegt.

3. Schritt: $A = -\int_{-\frac{5}{4}}^{\frac{1}{4}} f(x)\,dx + \int_{\frac{1}{4}}^{1} f(x)\,dx.$

194 **2** 

Schnittstellen mit der x-Achse: $x_1 = -4$ und $x_2 = 0$.

$A = -\int_{-4}^{0} (x^2 + 4x)\,dx = \left[-\frac{1}{3}x^3 - 2x^2\right]_{-4}^{0} = 0 - \left(\frac{64}{3} - 32\right) = \frac{32}{3}$

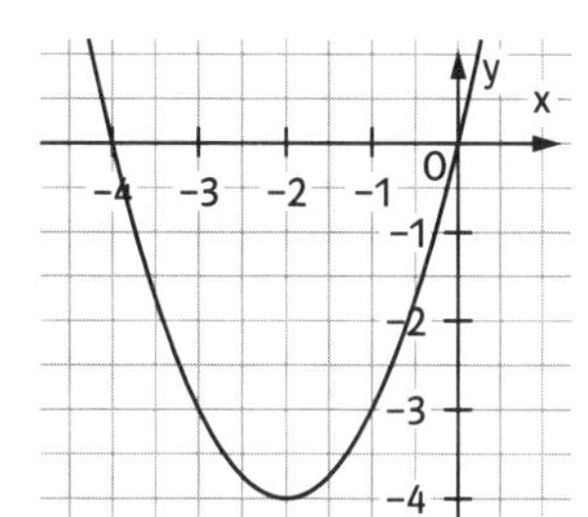

3 a) Fig. 1; Nullstellen 0 und 6.

$A = -\int_{0}^{6} \left(\frac{1}{2}x^2 - 3x\right)dx = \left[-\frac{1}{6}x^3 + \frac{3}{2}x^2\right]_0^6 = 18.$

b) Fig. 2; Nullstellen −2 und 3.

$A = -\int_{-2}^{3} \left(\frac{1}{2}x^2 - \frac{1}{2}x - 3\right)dx = \left[-\frac{1}{6}x^3 + \frac{1}{4}x^2 + 3x\right]_{-2}^{3} = \frac{125}{12}.$

c) Fig. 3; Nullstellen −2, 0 und 2.

$A = -\int_{-2}^{2} (x^4 - 4x^2)\,dx = \left[-\frac{1}{5}x^5 + \frac{4}{3}x^3\right]_{-2}^{2} = \frac{128}{15}.$

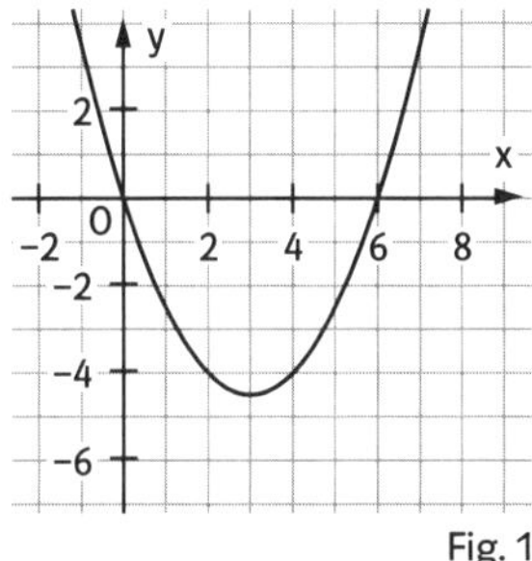

Fig. 1

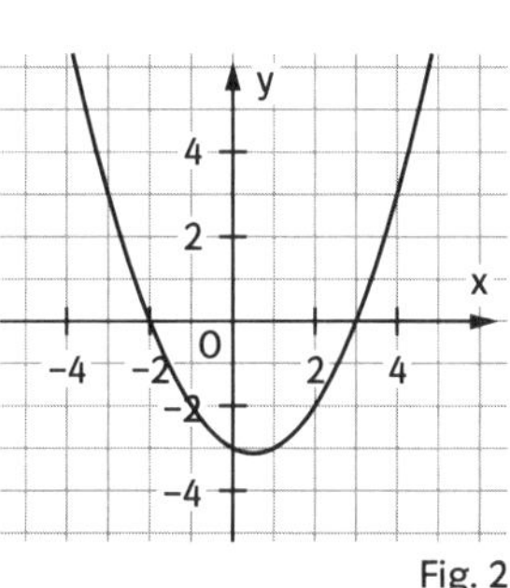

Fig. 2

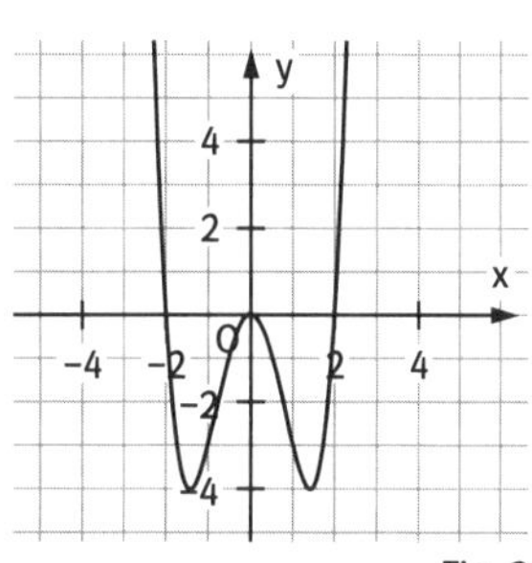

Fig. 3

d) Fig. 1, S. 136; Nullstellen −2 und 0.

$A = -\int_{-2}^{0} \left(\frac{1}{2}x^4 + x^3\right)dx = \left[-\frac{1}{10}x^5 - \frac{1}{4}x^4\right]_{-2}^{0} = \frac{4}{5} = 0{,}8$

e) Fig. 2, S. 136; Nullstellen −3 und 0.

$A = -\int_{-3}^{0} \left(6x + 4x^2 + \frac{2}{3}x^3\right)dx = \left[-3x^2 - \frac{4}{3}x^3 - \frac{1}{6}x^4\right]_{-3}^{0} = \frac{9}{2} = 4{,}5$

f) Fig. 3, S. 136; Nullstellen 0 und 5.

$A = -\int_{0}^{5} \left(-\frac{1}{5}x^3 + 2x^2 - 5x\right)dx = \left[\frac{1}{20}x^4 - \frac{2}{3}x^3 + \frac{5}{2}x^2\right]_0^5 = \frac{125}{12}$

S. 194 **3**

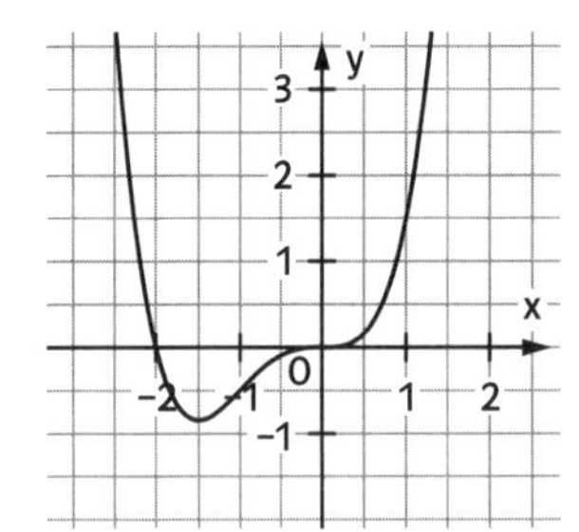

Fig. 1

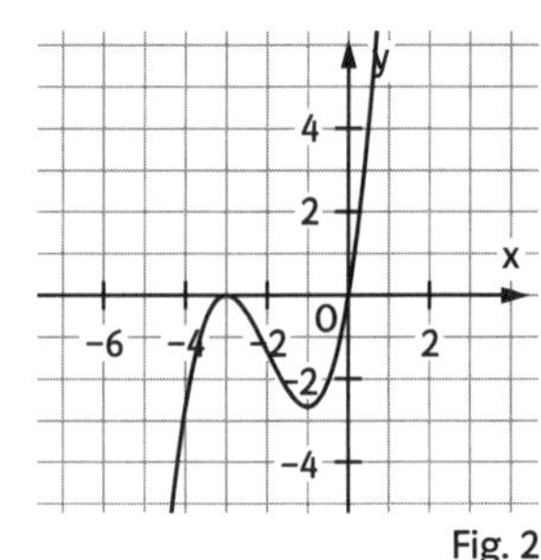

Fig. 2

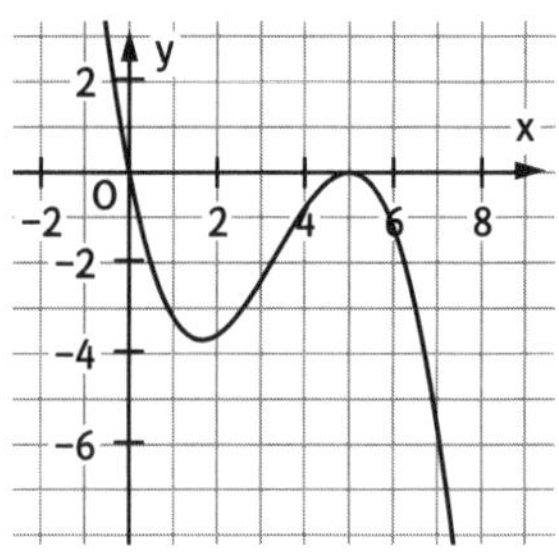

Fig. 3

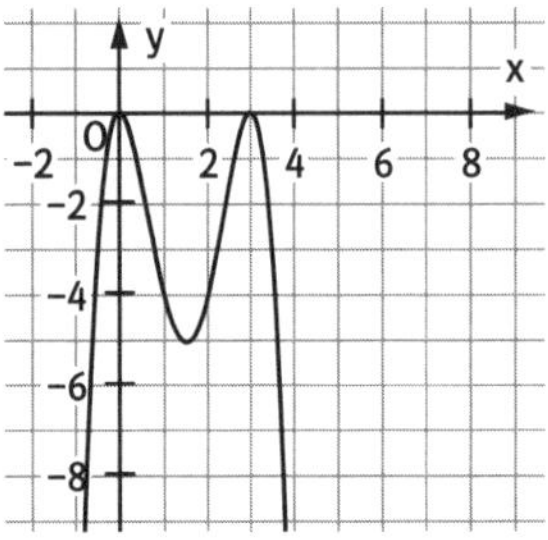

Fig. 4

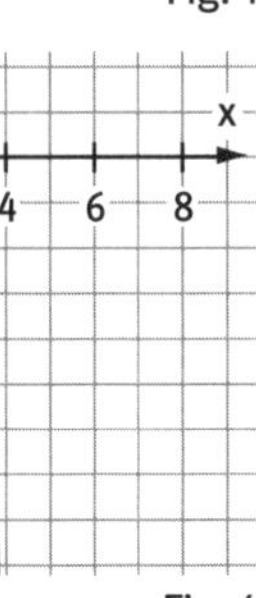
Fig. 5

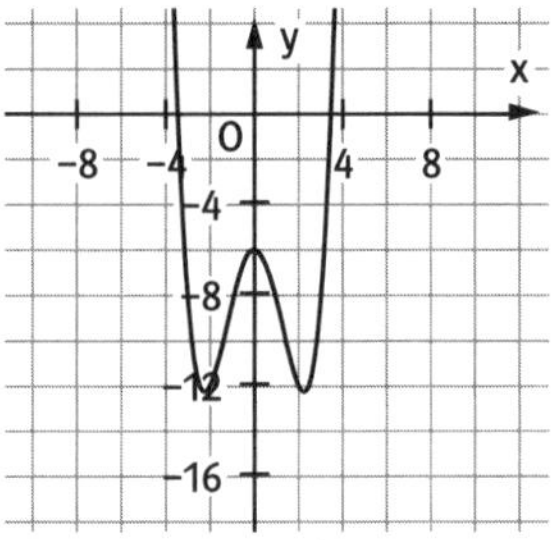

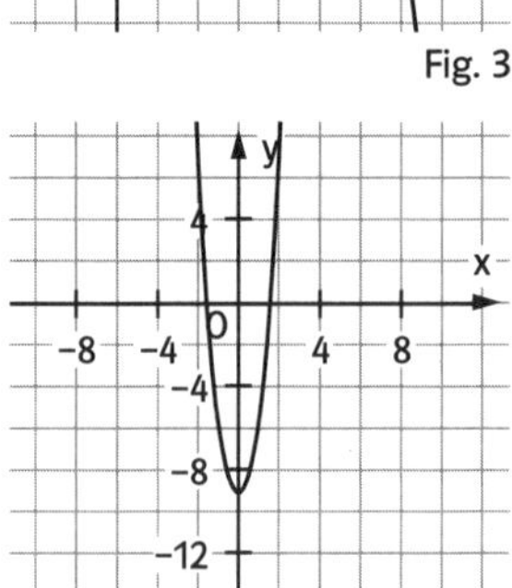

Fig. 6

g) Fig. 4; Nullstellen 0 und 3.

$$A = -\int_0^3 (-x^4 + 6x^3 - 9x^2)\,dx = \left[\tfrac{1}{5}x^5 - \tfrac{3}{2}x^4 + 3x^3\right]_0^3 = \tfrac{81}{10} = 8{,}1$$

h) Fig. 5; Nullstellen $-2\sqrt{3} \approx -3{,}4641$ und $2\sqrt{3} \approx 3{,}4641$.

Wegen der Symmetrie zur y-Achse:

$$A = -2 \cdot \int_0^{2\sqrt{3}} \left(\tfrac{1}{4}x^4 - \tfrac{5}{2}x^2 - 6\right)dx = \left[-\tfrac{2}{20}x^5 + \tfrac{10}{6}x^3 + 12x\right]_0^{2\sqrt{3}} \approx 60{,}9682.$$

i) Fig. 6; Nullstellen $-1{,}576\,477\,521$ und $1{,}576\,477\,521$.

Wegen der Symmetrie zur y-Achse:

$$A = -2 \cdot \int_0^{1{,}57648} \left(\tfrac{1}{4}x^4 + 3x^2 - 9\right)dx = \left[-\tfrac{2}{20}x^5 - 2x^3 + 18x\right]_0^{1{,}57648} \approx 19{,}566\,88$$

4 a) $f(x) = x^3 - 4x^2 + 3x$; Schnittstellen mit der x-Achse: 0, 1 und 3.

$$A = \int_0^1 (x^3 - 4x^2 + 3x)\,dx - \int_1^3 (x^3 - 4x^2 + 3x)\,dx = \left[\tfrac{1}{4}x^4 - \tfrac{4}{3}x^3 + \tfrac{3}{2}x^2\right]_0^1 - \left[\tfrac{1}{4}x^4 - \tfrac{4}{3}x^3 + \tfrac{3}{2}x^2\right]_1^3$$

$$= \tfrac{5}{12} - 0 - \left(-\tfrac{9}{4} - \tfrac{5}{12}\right) = \tfrac{37}{12}$$

b) $f(x) = 2x \cdot (x^2 - 1)(x - 2) = 2x^4 - 4x^3 - 2x^2 + 4x$; Schnittstellen sind -1; 0; 1 und 2.

$$A = -\int_{-1}^0 (2x^4 - 4x^3 - 2x^2 + 4x)\,dx + \int_0^1 (2x^4 - 4x^3 - 2x^2 + 4x)\,dx - \int_1^2 (2x^4 - 4x^3 - 2x^2 + 4x)\,dx$$

$$= -(F(0) - F(-1)) + F(1) - F(0) - (F(2) - F(1)) = \tfrac{19}{15} + \tfrac{11}{15} + \tfrac{11}{15} + \tfrac{8}{15} = \tfrac{49}{15} \approx 3{,}266\,67$$

mit der Stammfunktion $F(x) = \tfrac{2}{5}x^5 - x^4 - \tfrac{2}{3}x^3 + 2x^2$.

194 5 a) $A_1 = -\int\limits_{-2}^{2}\left(\frac{1}{4}x^2 - 1\right)dx = \left[-\frac{1}{12}x^3 + x\right]_{-2}^{2} = \frac{8}{3}$; $A_2 = \int\limits_{2}^{4}\left(\frac{1}{4}x^2 - 1\right)dx = \left[\frac{1}{12}x^3 - x\right]_{2}^{4} = \frac{8}{3}$

Einfacher: Das Integral $\int\limits_{-2}^{4}\left(\frac{1}{4}x^2 - 1\right)dx = \left[\frac{1}{12}x^3 - x\right]_{-2}^{4} = \frac{4}{3} - \frac{4}{3} = 0.$

b) $A_1 = \int\limits_{0}^{2}\left(-\frac{1}{8}x^3 + 1\right)dx = \left[-\frac{1}{32}x^4 + x\right]_{0}^{2} = \frac{3}{2}$; $A_2 = -\int\limits_{2}^{2^{\left(\frac{5}{3}\right)}}\left(-\frac{1}{8}x^3 + 1\right)dx = \left[\frac{1}{32}x^4 - x\right]_{2}^{2^{\left(\frac{5}{3}\right)}} = \frac{3}{2}.$

Einfacher: Das Integral $\int\limits_{0}^{2^{\left(\frac{5}{3}\right)}}\left(-\frac{1}{8}x^3 + 1\right)dx = \left[-\frac{1}{32}x^4 + x\right]_{0}^{2^{\left(\frac{5}{3}\right)}} = 0 - 0 = 0.$

6 a) $\int\limits_{0}^{a}(x^2 - 2)\,dx = \left[\frac{1}{3}x^3 - 2x\right]_{0}^{a} = \frac{1}{3}a^3 - 2a = 0$ ergibt $a = \sqrt{6} \approx 2{,}44949$

b) $\int\limits_{0}^{a}(x^3 - x^2 - 2)\,dx = \left[\frac{1}{4}x^4 - \frac{1}{3}x^3 - 2x\right]_{0}^{a} = \frac{1}{4}a^4 - \frac{1}{3}a^3 - 2a = 0$

ergibt mit dem CAS: $a \approx 2{,}55695$.

c) $\int\limits_{0}^{a}(x^3 - 1)\,dx = \left[\frac{1}{4}x^4 - x\right]_{0}^{a} = \frac{1}{4}a^4 - a = 0$ ergibt $a = 4^{\frac{1}{3}} = \sqrt[3]{4} \approx 1{,}58740$

7 a) $\int\limits_{-1}^{0}(x^6 + x^3 + x + 2)\,dx \approx 1{,}39286$ (Fig. 1) b) $\int\limits_{-1}^{0}(x^{10} + x^9 + x^8 + x^7)\,dx \approx -0{,}02298$ (Fig. 2)

c) $\int\limits_{-1}^{0}(x^{100} - x^{99})\,dx = 0{,}01990$

Integration direkt mit dem CALC-Menü im Hauptbildschirm, Fig. 3

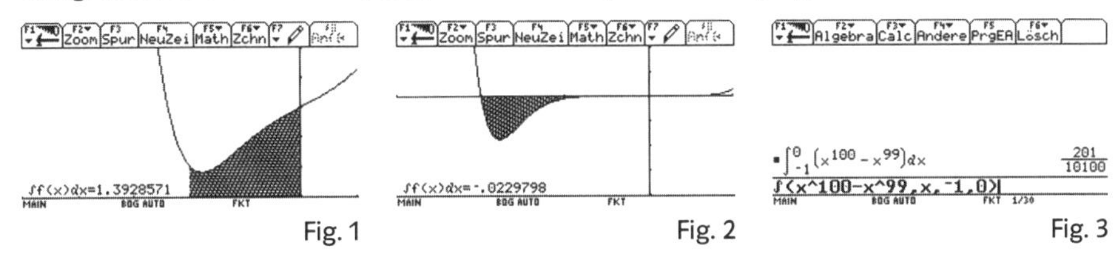

Fig. 1 Fig. 2 Fig. 3

5 *Flächen zwischen zwei Graphen*

195 1 a) $A_1 = \int\limits_{a}^{b}f(x)\,dx - \int\limits_{a}^{b}g(x)\,dx$; $A_1^* = \int\limits_{a}^{b}f(x)\,dx + \int\limits_{a}^{b}(-g(x))\,dx$

b) $A_1 = F(b) - F(a) - (G(b) - G(a)) = F(b) - G(b) - (F(a) - G(a))$

$A_1^* = F(b) - F(a) + (-G(b) - (-G(a))) = F(b) - G(b) - (F(a) - G(a))$

In beiden Fällen gilt also: $A = \int\limits_{a}^{b}(f(x) - g(x))\,dx.$

S. 197 **2** a) $A = \int_{-2}^{2}\left(\frac{1}{2}x^2 - \frac{1}{2} - \left(-\frac{1}{2}x - 1\right)\right)dx = \int_{-2}^{2}\left(\frac{1}{2}x^2 + \frac{1}{2}x + \frac{1}{2}\right)dx = \left[\frac{1}{6}x^3 + \frac{1}{4}x^2 + \frac{1}{2}x\right]_{-2}^{2} = \frac{10}{3} - \left(-\frac{4}{3}\right) = \frac{14}{3}$

b) $A = \int_{-2}^{0}\left(-\frac{3}{4}x - \frac{1}{2}x\right)dx - \int_{0}^{2}\left(-\frac{3}{4}x - \frac{1}{2}x\right)dx = \int_{-2}^{0}\left(-\frac{5}{4}x\right)dx + \int_{0}^{2}\frac{5}{4}x\,dx = \left[-\frac{5}{8}x^2\right]_{-2}^{0} + \left[\frac{5}{8}x^2\right]_{0}^{2}$
$= \frac{5}{2} + \frac{5}{2} = 5$

c) Aus Symmetriegründen ist $A = 2 \cdot \int_{0}^{2}\left(\frac{1}{8}x^3 + \frac{1}{2}x\right)dx = 2 \cdot \left[\frac{1}{32}x^4 + \frac{1}{4}x^2\right]_0^2 = 2 \cdot \left(\frac{1}{2} + 1\right) = 3$

3 a) $A = 2 \cdot \int_{0}^{2}\left(2 - \left(-\frac{1}{8}x^4 + x^2\right)\right)dx = 2 \cdot \left[\frac{1}{40}x^5 - \frac{1}{3}x^3 + 2x\right]_0^2 = 2 \cdot \left(\frac{4}{5} - \frac{8}{3} + 4\right) = \frac{64}{15} \approx 4{,}26667$

b) $A = 2 \cdot \int_{0}^{3}\left(2 - \left(-\frac{1}{8}x^3 - x^2\right)\right)dx = 2 \cdot \frac{123}{40} = \frac{123}{20} = 6{,}15$

c) $A = 2 \cdot \int_{0}^{3}\left(-\frac{1}{8}x^4 + x^2 - \left(-\frac{9}{8}\right)\right)dx = 2 \cdot \left[-\frac{1}{40}x^5 + \frac{1}{3}x^3 + \frac{9}{8}x\right]_0^3 = 2 \cdot \frac{63}{10} = \frac{126}{10} = 12{,}6$

4 a) Für $-1 \leqq x \leqq 1$ ist $g(x) \geqq f(x)$.
Daher $A = \int_{-1}^{1}(-x^2 + 4 - 0{,}5x)\,dx = \left[-\frac{1}{3}x^3 + 4x - \frac{1}{4}x^2\right]_{-1}^{1} = \frac{41}{12} - \left(-\frac{47}{12}\right) = \frac{22}{3} = 7\frac{1}{3}$

b) Für $0 \leqq x \leqq 1$ ist $g(x) \geqq f(x)$.
Daher $A = \int_{0}^{1}(x - x^3)\,dx = \left[\frac{1}{2}x^2 - \frac{1}{4}x^4\right]_0^1 = \frac{1}{2} - \frac{1}{4} = \frac{1}{4} = 0{,}25$

5 a) $A = \int_{0}^{2}(-x^2 + 4 - x^2)\,dx = \int_{0}^{2}(-2x^2 + 4)\,dx = \left[-\frac{2}{3}x^3 + 4x\right]_0^2 = -\frac{16}{3} + 8 = 2\frac{2}{3}$.

b) $A = \int_{0}^{2}(-x^3 + 3x^2 - x^2)\,dx = \left[-\frac{1}{4}x^4 + \frac{2}{3}x^3\right]_0^2 = -4 + \frac{16}{3} = 1\frac{1}{3}$

c) Schnittstellen sind $-\frac{1}{2}$, 0 und 1. Für $-\frac{1}{2} \leqq x \leqq 0$ ist $f(x) \geqq g(x)$, für $0 \leqq x \leqq 1$ ist $g(x) \geqq f(x)$.
$A = \int_{-\frac{1}{2}}^{0}(2x^3 - x^2 - x)\,dx - \int_{0}^{1}(2x^3 - x^2 - x)\,dx = \left[\frac{1}{2}x^4 - \frac{1}{3}x^3 - \frac{1}{2}x^2\right]_{-\frac{1}{2}}^{0} - \left[\frac{1}{2}x^4 - \frac{1}{3}x^3 - \frac{1}{2}x^2\right]_0^1$
$= \frac{5}{96} + \frac{1}{3} = \frac{37}{96} \approx 0{,}38542$

d) Schnittstellen sind -1 und 1. Für $-1 \leqq x \leqq 1$ ist $g(x) \geqq f(x)$.
$A = 2 \cdot \int_{0}^{1}(-x^{10} + 1 - (x^{10} - 1))\,dx = 2 \cdot \int_{0}^{1}(-2x^{10} + 2)\,dx = 2 \cdot \left[-\frac{2}{11}x^{11} + 2x\right]_0^1 = 2 \cdot \left(2 - \frac{2}{11}\right) = \frac{40}{11}$
$= 3\frac{7}{11} \approx 3{,}6364$

6 t: $y = 3x - 4{,}5$; $A = \int_{0}^{3}\frac{1}{2}x^2\,dx - \frac{27}{8} = \left[\frac{1}{6}x^3\right]_0^3 - \frac{27}{8} = \frac{9}{2} - \frac{27}{8} = 1\frac{1}{8}$; dabei ist $\frac{27}{8}$ der Inhalt des Dreiecks, den die Tangente mit x-Achse und der negativen y-Achse bildet:
$A = \frac{1}{2} \cdot 1{,}5 \cdot 4{,}5 = \frac{27}{8}$.

197 **7** a) Vgl. Fig. 1

$f(x) = -x^2$; $f'(x) = -2x$, damit $f'(1) = -2$ und Steigung der Normalen ist $m = \frac{1}{2}$.

n: $y = \frac{1}{2}x - 1{,}5$.

$A = -\int_0^1 (-x^2)\,dx + \frac{1}{2} \cdot 2 \cdot 1 = 1\frac{1}{3}$

b) Vgl. Fig. 2

$f(x) = x^3$; $f'(x) = 3x^2$, damit $f'(1) = 3$ und Steigung der Normalen ist $m = -\frac{1}{3}$.

n: $y = -\frac{1}{3}x + \frac{4}{3}$.

$A = \int_0^1 x^3\,dx + \frac{1}{2} \cdot 3 \cdot 1 = 1\frac{3}{4}$

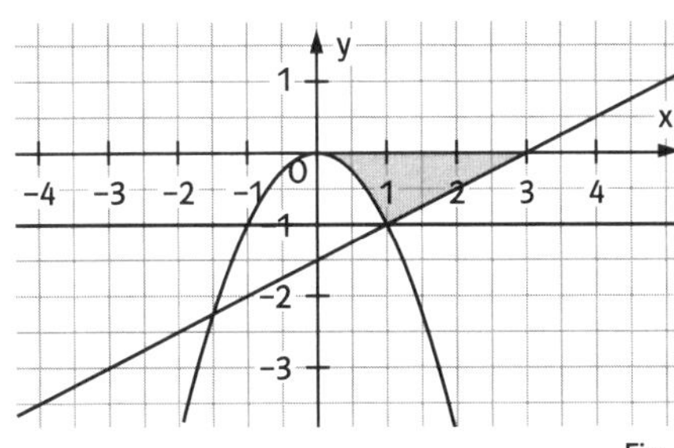

Fig. 1

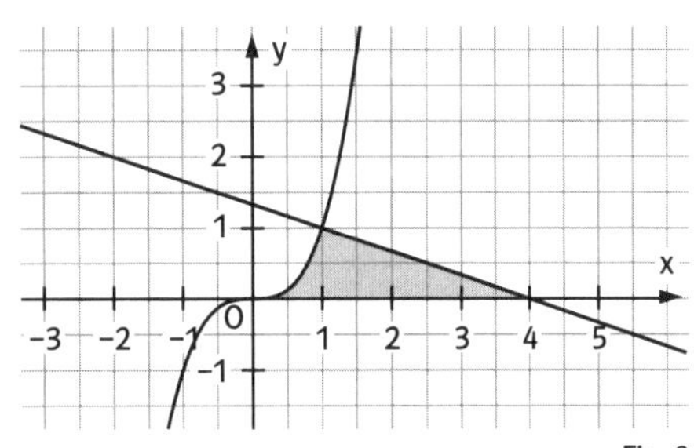

Fig. 2

8 a) Wendepunkt $W(0\,|\,0)$; $f'(0) = 1$; Normale: $y = -x$. $A = 2 \cdot \int_0^{\sqrt{2}} (f(x) - n(x))\,dx = 2$

b) Wendepunkt $W(0\,|\,0)$; $f'(0) = 2$; Normale: $y = -\frac{1}{2}x$. $A = 2 \cdot \int_0^{\sqrt{7{,}5}} (f(x) - n(x))\,dx$

$= 2 \cdot \frac{75}{16} = \frac{75}{8} = 9\frac{3}{8}$.

9 a) Man zeichnet die Funktion $h(x) = f(x) - g(x)$, bestimmt die Nullstellen $-1{,}302776$; 1; 2,302776 und berechnet die Integrale $\int_{-1{,}302776}^{1} h(x)\,dx$ (Fig. 3) und $\int_{1}^{2{,}302776} h(x)\,dx$ (Fig. 4).

Ihre Differenz ist der gesuchte Inhalt $A \approx 6{,}08333$

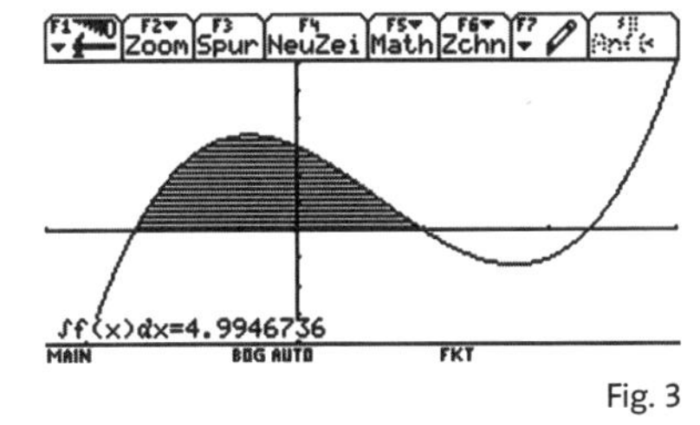

Fig. 3

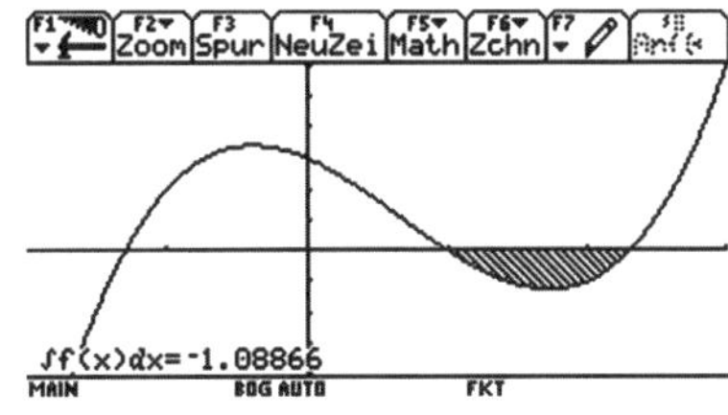

Fig. 4

S. 197 **9** b) Graph der Differenzfunktion mit Nullstellen −1,272 45 und 1,272 45 (Fig. 1).
$A \approx 41{,}290\,38$ (Fig. 2)

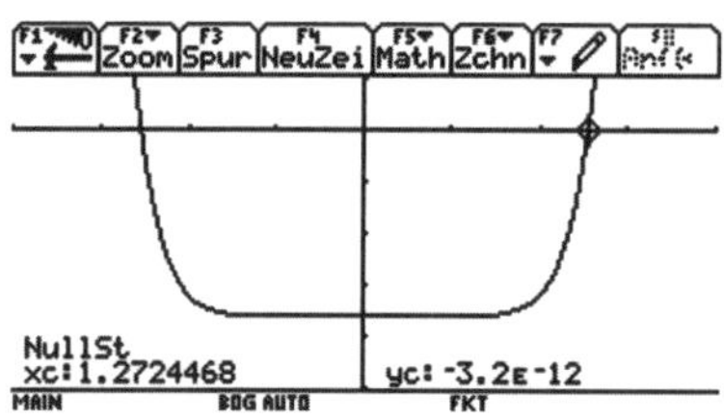

Fig. 1

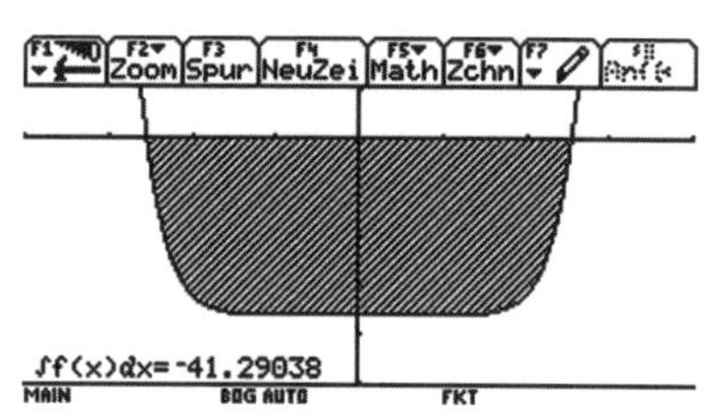

Fig. 2

10 Graph der Differenzfunktion hat die Nullstellen −1 und 1 (Fig. 3).
Flächeninhalt $A = 3{,}999\,98 \approx 4{,}000$

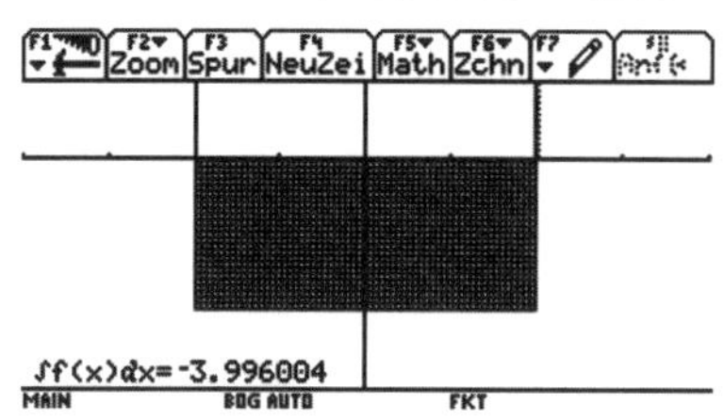

Fig. 3

6 *Anwendungen*

S. 198 **1** a) Die Grenzkostenfunktion ist die Ableitung der Kostenfunktion.
$K(x) = 2x^3 - 18x^2 + 72x + 200$; $K'(x) = 6x^2 - 36x + 72$.
Aus $K'(x)$ erhält man die Funktion $K_c(x) = 2x^3 - 18x^2 + 72x + c$.
Man kann also aus der Grenzkostenfunktion die Kostenfunktion nicht eindeutig ermitteln; sie ist nur eindeutig bis auf die Fixkosten.

S. 200 **2** a) $p_N(x) = 40 - 0{,}05x > 0$ ergibt $x < 800$. (Siehe Fig. 1, Seite 141)
b) $p_N(x) = p_A(x)$ oder $40 - 0{,}05x = 0{,}05x + 15$ ergibt $x = 250$. Zugehöriger Marktpreis: $p_N(250) = 27{,}5$ GE.
c) Konsumentenrente in GE:

$$K = \int_0^{250} (40 - 0{,}05x)\,dx - 250 \cdot 27{,}5 = [40x - 0{,}025x^2]_0^{250} - 6875 = 8437{,}5 - 6875 = 1562{,}5$$

Produzentenrente in GE:

$$P = 250 \cdot 27{,}5 - \int_0^{250} (0{,}05x + 15)\,dx = 6875 - [0{,}025x^2 + 15x]_0^{250} = 6875 - 5312{,}5 = 1562{,}5$$

200 **2** Graph zu a)

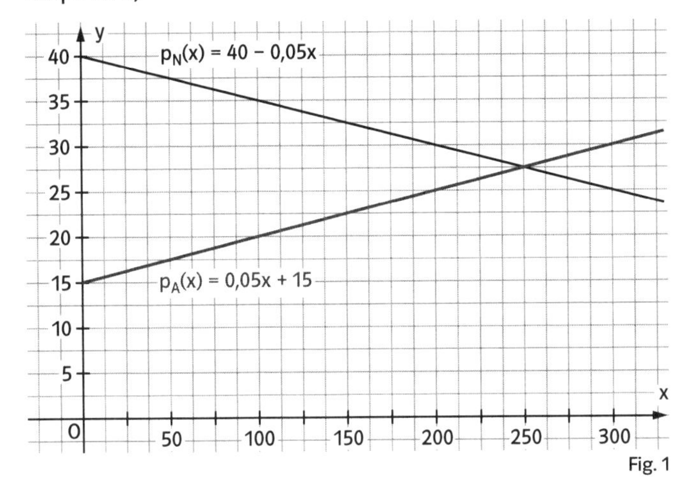

Fig. 1

3 a) $p_N(x) = -0,01x^2 + 0,81$; $p_A(x) = 0,0044x^2 + 0,45$

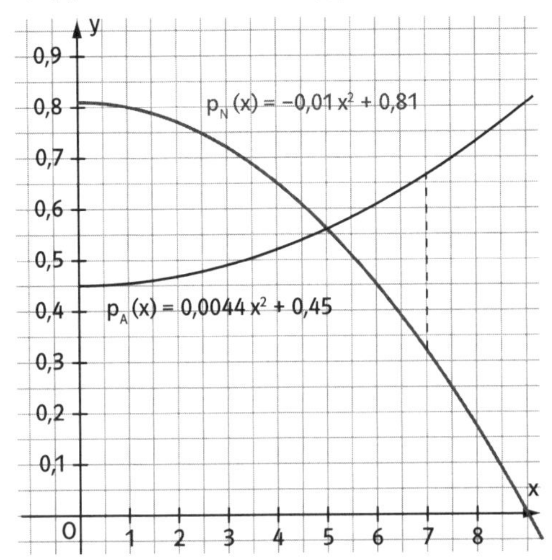

$p_A(7) - p_N(7) = 0,6656 - 0,32 = 0,3456$

b) Marktgeichgewicht bei $p_N(x) = p_A(x)$:

$-0,01x^2 + 0,81 = 0,0044x^2 + 0,45$ oder $0,36 - 0,0144 \cdot x^2 = 0$

ergibt die einzige brauchbare Lösung $x = 5$.

Marktgleichgewicht ist bei $x = 5$ ME, zugehöriger Marktpreis ist $p_N(5) = 0,56$ GE.

c) Bestimmung der Konsumentenrente in GE:

$$K = \int_0^5 (-0,01x^2 + 0,81)\,dx - 5 \cdot 0,56 = \left[-\frac{0,01}{3}x^3 + 0,81x\right]_0^5 - 2,8 \approx 0,8333$$

d) Produzentenrente in GE:

$$P = 5 \cdot 0,56 - \int_0^5 (0,0044x^2 + 0,45)\,dx = 2,8 - \left[-\frac{0,0044}{3}x^3 + 0,45x\right]_0^5 \approx 0,3666.$$

S. 200 **4** a) $K(x) = 0{,}05x^3 - 1{,}2x^2 + 10x + C$ mit $K(10) = 186$.
Mit $K(10) = 30 + c$ erhält man $c = 156$.
Kostenfunktion $K(x) = 0{,}05x^3 - 1{,}2x^2 + 10x + 156$.
b) $E(x) = -1{,}25x^2 + 50x = x \cdot (-1{,}25x + 50)$ (Beachten Sie, dass $E(0) = 0$ ist!)
Preis-Absatz-Funktion: $p(x) = -1{,}25x + 50$
c)

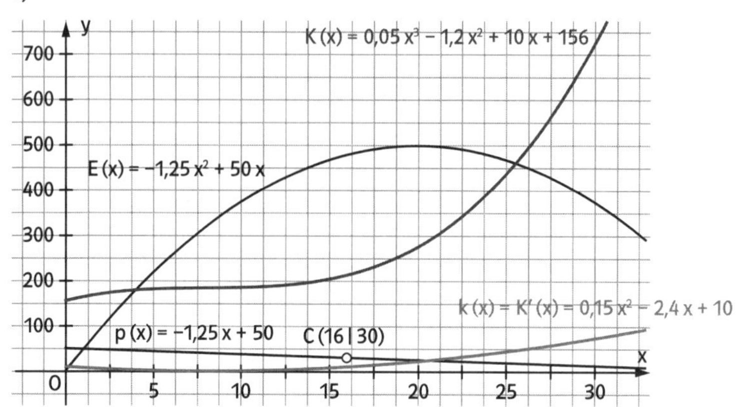

d) $G(x) = -1{,}25x^2 + 50x - (0{,}05x^3 - 1{,}2x^2 + 10x + 156) = -0{,}05x^3 - 0{,}05x^2 + 40x - 156$
Polynomdivision durch $x - 4$ ergibt:
$(-0{,}05x^3 - 0{,}05x^2 + 40x - 156) : (x - 4) = -0{,}05x^2 - 0{,}25x + 39$
mit der einzigen brauchbaren Lösung $x = -\frac{5}{2} + \frac{\sqrt{3145}}{2} \approx 25{,}54$.
Die Gewinnzone liegt zwischen 4 und ca. 25,5 ME.
e) $G(x) = -0{,}05x^3 - 0{,}05x^2 + 40x - 156$; $G'(x) = -0{,}15x^2 - 0{,}1x + 40$;
$G''(x) = -0{,}3x - 0{,}1$.
Aus $G'(x) = 0$ erhält man die einzige brauchbare Lösung $x_G = 16$, $G''(16) = -4{,}8 < 0$.
Damit ist $G(16) = 266{,}40$ GE das Gewinnmaxiumum. Der zugehörige Preis beträgt
$p(16) = 30$ GE. COURNOTscher Punkt $C(16 | 30)$.

5 a) $k(x) = 0{,}06x^2 - 4x + c$ mit $k\left(33\frac{1}{3}\right) = \frac{10}{3}$, also $c - \frac{200}{3} = \frac{10}{3}$, also $c = 70$.
Damit gilt: $K(x) = 0{,}02x^3 - 2x^2 + 70x + c$ mit $c = 800$;
Kostenfunktion ist somit $K(x) = 0{,}02x^3 - 2x^2 + 70x + 800$.
b) Aus $K(25) = E(25)$ mit $E(x) = m \cdot x$ erhält man: $1612{,}5 = 25 \cdot m$, also $m = 64{,}5$.
Erlösfunktion ist $E(x) = 64{,}5x$.
Aus $G(x) = E(x) - K(x) = -0{,}02x^3 + 2x^2 - 5{,}5x - 800$ erhält man durch Polynom-division: $\frac{G(x)}{x - 25} = -0{,}02x^2 + 1{,}5x + 32$.
Daraus erhält man die einzige brauchbare Lösung $x_G = \frac{75}{2} + \frac{5 \cdot \sqrt{481}}{2} \approx 92{,}33$ (Gewinngrenze).
c) Betriebsoptimum mit Rechnung:
$S(x) = 0{,}02x^2 - 2x + 70 + \frac{800}{x}$; $S'(x) = 0{,}04x - 2 - \frac{800}{x^2} = 0$ ergibt
$0{,}04x^3 - 2x^2 - 800 = 0$ mit einer Nullstelle zwischen 56 und 57.
Man erhält die Nullstelle genauer z.B. mit dem Newtonverfahren: $x \approx 56{,}308$.

200 **5** Graph zu c)

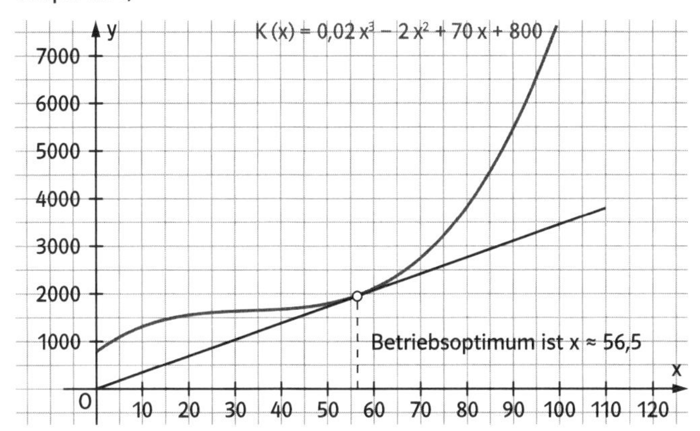

d) Variable Stückkosten: $k_v(x) = 0{,}02x^2 - 2x + 70$; $k_v'(x) = 0{,}04x - 2 = 0$, $k_v''(x) = 0{,}04 > 0$, ergibt $x = 50$ (Betriebsminimum).

6 a) $v(t) = 9{,}81t$. Damit ist $v(1) = 9{,}81\frac{m}{s}$; $v(2) = 2 \cdot 9{,}81\frac{m}{s} = 19{,}62\frac{m}{s}$;
$v(5) = 49{,}05\frac{m}{s}$; $v(10) = 98{,}1\frac{m}{s}$.
b) $100\frac{km}{h} = 100 \cdot \frac{1000\,m}{3600\,s} \approx 27{,}8\frac{m}{s}$.
Aus $9{,}81\frac{m}{s^2} \cdot t = 27{,}8\frac{m}{s}$ erhält man $t \approx 2{,}83$ s.

$$s = \int_0^{2,82} 9{,}81t\,dt = \left[\frac{9{,}81}{2}t^2\right]_0^{2,83} = \frac{9{,}81 \cdot 2{,}83^2}{2} \approx 39{,}28.$$

Nach ca, 40 m hat der Körper im freien Fall $100\frac{km}{h}$.
c) Nach Beispiel 3 ergibt sich aus $v = 9{,}81 \cdot t$ (t in s; v in $\frac{m}{s}$) bei einer Fallzeit T für die Fallhöhe H:

$H = \int_0^T 9{,}81 \cdot t\,dt = 4{,}905 \cdot T^2$. Aus $300 = 4{,}905 \cdot T^2$ erhält man die Fallzeit in Sekunden:

$$T = \sqrt{\frac{300}{4{,}905}} \approx 7{,}82.$$

7 a) $v(t) = 20 - 9{,}81 \cdot t$ (t in s; v in $\frac{m}{s}$). Damit gilt bei einer Steigzeit T für die Höhe H:

$H = \int_0^T (20 - 9{,}81 \cdot t)\,dt = 20 \cdot T - 4{,}905 \cdot T^2$. Für $T = 3$ erhält man $H = 15{,}855$.

Höhe nach 3 Sekunden ca. 16 m.
b) $v(t) = v_0 - 9{,}81 \cdot t$; daraus $h(T) = v_0 \cdot T - 4{,}905 \cdot T^2$.
Es muss gelten $h(4) = 0$, d.h. $v_0 \cdot 4 - 4{,}905 \cdot 4^2 = 0$, also $v_0 = 4{,}905 \cdot 4 = 19{,}62$.
An der höchsten Stelle ist $v(t) = h'(t) = 0$.
Damit gilt $v(t) = 19{,}62 - 9{,}81 \cdot t = 0$, also $t = 2$.
$H(2) = 19{,}62 \cdot 2 - 4{,}905 \cdot 2^2 = 19{,}62$.
Abwurf mit $19{,}62\frac{m}{s}$; damit erreichte Höhe 19,6 m.

7 Vermischte Aufgaben

S. 201 **1** (1) $A = \int_0^2 x^2\,dx = \left[\frac{1}{3}x^3\right]_0^2 = \frac{8}{3}$

(2) $A = 2 \cdot 4 - \int_0^2 x^2\,dx = 8 - \frac{8}{3} = \frac{16}{3} = 5\frac{1}{3}$

(3) $A = \int_0^2 x^2\,dx - \frac{1}{2} \cdot 1 \cdot 4 = \frac{8}{3} - 2 = \frac{2}{3}$

(4) $A = 2 \cdot 4 - \frac{1}{2} \cdot 1 \cdot 4 = 6$

(5) $A = 2 \cdot 4 - \frac{2}{3} = \frac{22}{3} = 7\frac{1}{3}$

(6) $A = 5\frac{1}{3} + 2 \cdot 4 = 13\frac{1}{3}$

2 a) $f(x) = -0{,}5x^3 + 2x;\ g(x) = -0{,}5x^2 + 2$

$f(x) - g(x) = -0{,}5x^3 + 0{,}5x^2 + 2x - 2 = 0$ ergibt die Lösungen $x_1 = -2;\ x_2 = 1$ und $x_3 = 2$. Schnittpunkte $S_1(2\,|\,0)$, $S_2(1\,|\,1{,}5)$, $S_3(2\,|\,0)$.

b) $A_1 = \int_{-2}^{1} (-0{,}5x^2 + 2 - (2x - 0{,}5x^3))\,dx = \int_{-2}^{1} (0{,}5x^3 - 0{,}5x^2 - 2x + 2)\,dx$

$= \left[\frac{1}{8}x^4 - \frac{1}{6}x^3 - x^2 + 2x\right]_{-2}^{1} = \frac{23}{24} - \left(-\frac{14}{3}\right) = 5\frac{5}{8}$

c) $A_2 = \int_{1}^{2} (-0{,}5x^3 + 2x - (-0{,}5x^2 + 2))\,dx = \int_{1}^{2} (-0{,}5x^3 + 0{,}5x^2 + 2x - 2)\,dx =$

$= \left[-\frac{1}{8}x^4 + \frac{1}{6}x^3 + x^2 - 2x\right]_1^2 = -\frac{2}{3} - \left(-\frac{23}{24}\right) = \frac{7}{24}$

$\frac{A_2}{A_1} = \frac{135}{7} \approx 19{,}28571$

d) $A_3 = \int_0^1 (-0{,}5x^2 + 2 - (-0{,}5x^3 + 2x))\,dx = \left[\frac{1}{8}x^4 - \frac{1}{6}x^3 - x^2 + 2x\right]_0^1 = \frac{23}{24}$ (blaue Fläche)

$A_4 = \int_0^2 (-0{,}5x^3 + 2x)\,dx - A_2 = \left[-\frac{1}{8}x^4 + x^2\right]_0^2 - \frac{7}{24} = 2 - \frac{7}{24} = \frac{41}{24}$ (rote Fläche)

$\frac{A_4}{A_3} = \frac{41}{23} \approx 1{,}78261$

3 a) Graph in Fig. 1. $A = \int_0^6 (6x - x^2)\,dx = \left[3x^2 - \frac{1}{3}x^3\right]_0^6 = 108 - 72 = 36$

b) $f'(x) = 6 - 2x;\ f'(0) = 6;\ f'(6) = -6$.

Tangente in $S_1(0\,|\,0)$: $y = 6x$; Tangente in $S_2(6\,|\,0)$: $y = -6x + 36$;

Schnittpunkt der Tangenten $S(3\,|\,18)$.

$A = \int_0^3 (6x - (6x - x^2))\,dx + \int_3^6 (-6x + 36 - (6x - x^2))\,dx = \int_0^3 x^2\,dx + \int_3^6 (36 - 12x + x^2)\,dx$

$= \left[\frac{1}{3}x^3\right]_0^3 + \left[36x - 6x^2 + \frac{1}{3}x^3\right]_3^6 = 9 + 72 - 63 = 18$

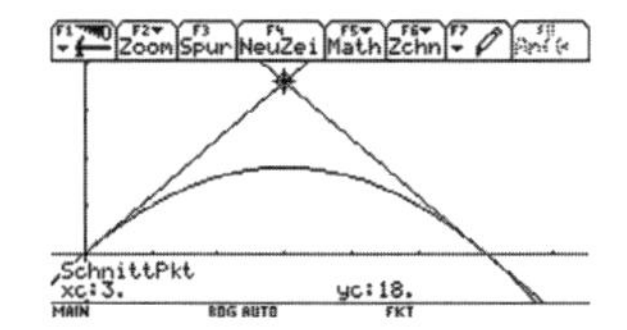

201 **4** a) $A_1 = \int_0^1 x^3\,dx = \frac{1}{4}$; $A_{Dreieck} = \frac{1}{2}$, also $A_2 = \frac{1}{2} - \frac{1}{4} = \frac{1}{4}$

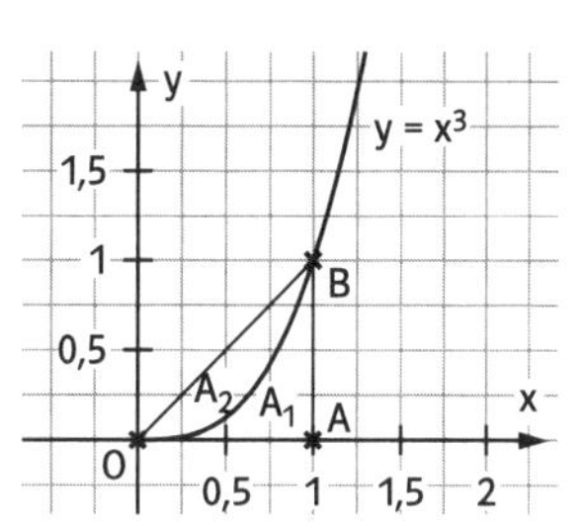

b) $A_1 = \int_{-1}^{1}(-1{,}5\,x^2 + 1{,}5)\,dx = \left[-\frac{1}{2}x^3 + \frac{3}{2}x\right]_{-1}^{1} = 1 - (-1) = 2$

Inhalt des Rechtecks ist $A = 4$.
Damit ist $A_2 = 2$.

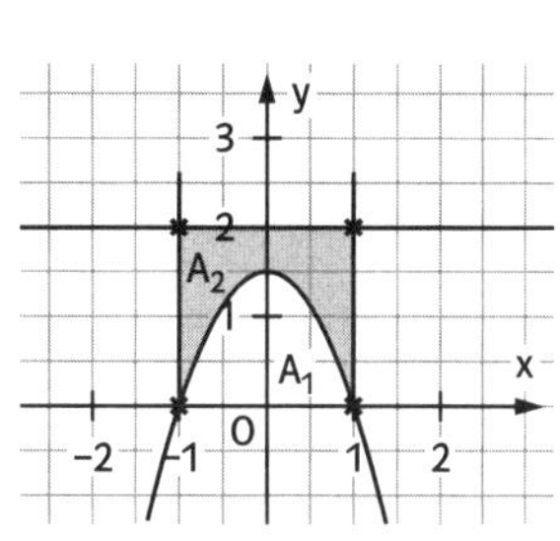

202 **5** a) Ansatz $f(x) = a\,x^2$. Wegen $f(4) = 2$, also $16a = 2$ erhält man $f(x) = \frac{1}{8}x^2$.

Querschnittsfläche in m²: $A = 8 \cdot 2 - 2 \cdot \int_0^4 \frac{1}{8}x^2\,dx = 16 - 2 \cdot \frac{1}{24} \cdot 4^3 = 16 - 5\frac{1}{3} = 10\frac{2}{3}$

b) Wassermenge in m³ bei vollem Kanal: $V = 10\frac{2}{3} \cdot 2000 = 21333\frac{1}{3} \approx 21000$

c) Berechnung von x für „halbe Höhe“: $\frac{1}{8}x^2 = 1$; also $x = \sqrt{8}$.

zugehörige Querschnittfläche in m²:

$A = 2 \cdot \sqrt{8} - 2 \cdot \int_0^{\sqrt{8}} \frac{1}{8}x^2\,dx = 2\sqrt{8} - \frac{2}{24} \cdot \sqrt{8}^3 = \frac{4}{3}\sqrt{8} \approx 3{,}771.$

Wassermenge in m³: $V^* = \frac{4}{3}\sqrt{8} \cdot 2000 \approx 7542.$

Da $\frac{7542}{21333} \approx 0{,}35 = 35\,\%$ ist, befindet sich in dem bis zur halben Höhe gefüllten Kanal etwa 35 % der Wassermenge des vollen Kanals.

6 Es handelt sich um eine gleichmäßig beschleunigte Bewegung, da v je Sekunde um $\frac{1}{4}\frac{\frac{m}{s}}{s} = \frac{1}{4}\frac{m}{s^2}$ zunimmt. Weg in m zwischen der 2. und der 7. Sekunde:

$s = \int_2^7 \frac{1}{4}x \cdot dx = \left[\frac{1}{8}x^2\right]_2^7 = \frac{49}{8} - \frac{1}{2} = 5{,}625.$

7 Weg in m in den ersten 10 Sekunden: $s = \int_0^{10} 3t \cdot dt = \frac{3}{2} \cdot 10^2 = 150$

S. 202 **8** Fehler in der 1. Auflage: Parabel $y = -0{,}1x^2 + 4{,}9$

a) Schnitt von Gerade und Parabel: $-0{,}1x^2 + 4{,}9 = 0{,}1x + 0{,}7$ ergibt $x_1 = -7$; $x_2 = 6$.

$$A = \int_{-7}^{6} (-0{,}1x^2 + 4{,}9 - (0{,}1x + 0{,}7))\,dx = \int_{-7}^{6} (-0{,}1x^2 - 0{,}1x + 4{,}2)\,dx =$$

$$= \left[-\frac{0{,}1}{3}x^3 - \frac{0{,}1}{2}x^2 + 4{,}2x\right]_{-7}^{6} = \frac{81}{5} - \left(-\frac{245}{12}\right) = \frac{2197}{60} \approx 36{,}61666.$$

Die Größe der Grundstücksfläche beträgt rund $3662\,m^2$.

b) Preis in €: $3662 \cdot 167{,}50 \approx 613\,400$

c) Schnittstellen: $x_1 \approx -6{,}76498$; $x_2 \approx 5{,}76498$; Fläche $A^* \approx 3278{,}674$.
Durch diese Maßnahme gehen ca. $383\,m^2$ verloren.

9 a) Fehler in der 1. Auflage: Zeigen Sie, dass das Marktgleichgewicht bei 28 ME liegt. Wie hoch ist der zugehörige Preis?

a) $p_A(x) = p_N(x)$ ergibt den einzigen brauchbaren Wert $x = 28$.
$p_N(28) = p_A(28) = 36{,}636$.

b) $K = \int_{0}^{28} (-0{,}004(x + 1)^2 + 40)\,dx - 28 \cdot 36{,}636 \approx 1087{,}482667 - 1025{,}808 \approx 61{,}675$

10 a) Aus $p_N(x) > 0$ ergibt sich der ökonomisch sinnvolle Bereich $0 \leqq x \leqq 6$.

b) $p_N(x) = p_A(x)$ ergibt ergibt das Marktgleichgewicht bei $x = 4$, $p_N(4) = 10$.

c) Aus $p_N(x) = 12$ errechnet man $x = 2\sqrt{3} \approx 3{,}464$;
zugehörige Konsumentenrente:

$$K_1 = \int_{0}^{2\sqrt{3}} (18 - 0{,}5x^2)\,dx - 12 \cdot 2\sqrt{3} = \left[18x - \frac{0{,}5}{3}x^3\right]_{0}^{2\sqrt{3}} - 12 \cdot 2\sqrt{3} = 8\sqrt{3} \approx 13{,}856,$$

verbleibende Konsumentenrente bis zum Marktpreis 10:

$$K_2 = \int_{2\sqrt{3}}^{4} (18 - 0{,}5x^2)\,dx - (4 - 2\sqrt{3}) \cdot 10 = \left[18x - \frac{0{,}5}{3}x^3\right]_{2\sqrt{3}}^{4} - (4 - 2\sqrt{3}) \cdot 10 = \frac{64}{3} - 12\sqrt{3}$$

$$\approx 0{,}549.$$

Hätte sich der Produzent „normal“ verhalten, so betrüge die Konsumentenrente:

$$K_3 = \int_{0}^{4} (18 - 0{,}5x^2)\,dx - 4 \cdot 10 = \left[18x - \frac{0{,}5}{3}x^3\right]_{0}^{4} - 40 \approx 21{,}333.$$

Damit hat der Produzent von der Konsumentenrente in GE „abgeschöpft“:
$P = 21{,}333 - 13{,}856 - 0{,}549 = 6{,}928 \approx 6{,}9$ GE.

202 **10** Graph zu c)

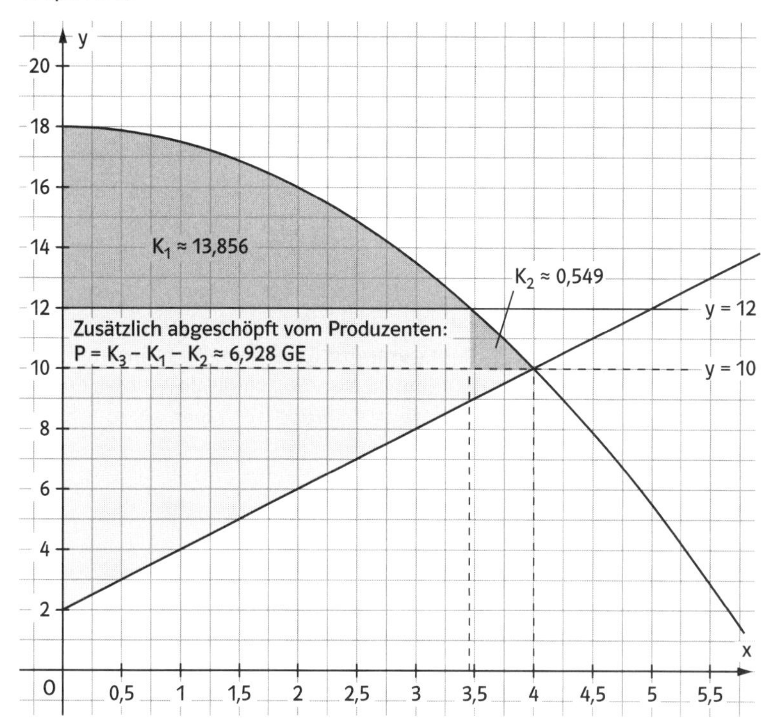

Exkursionen: Mittelwerte von Funktionen

203 **1** Möglichkeit I: Man addiert die gemessenen Temperaturen und dividiert die Summe durch die Anzahl der Messungen.

Dies ergibt (in °C): $T_I = \frac{1}{6}(-3 - 2 + 1 + 5 + 2 - 1) = \frac{1}{3} \approx 0{,}33$.

Möglichkeit II: Bei Möglichkeit I wird nicht berücksichtigt, dass die Zeitintervalle zwischen den Messungen verschieden groß sind. Man kann deshalb für die fehlenden Zeitpunkte von 3^{00} und 12^{00} den Mittelwert der benachbarten Temperaturen als Schätzwert wählen und dann wie bei Möglichkeit I vorgehen. Dies ergibt (in °C):

$T_{II} = \frac{1}{8}(-3 - 2{,}5 - 2 + 1 + 3 + 5 + 2 - 1) = \frac{5}{16} \approx 0{,}31$.

Bemerkung: Selbstverständlich gibt es noch viele weitere Möglichkeiten. In der Meteorologie wird die mittlere Tagestemperatur so bestimmt: Man addiert die Temperaturen um 7^{00} und 14^{00} sowie die mit 2 multiplizierte Temperatur um 21^{00} und dividiert dann die Summe durch 4.

S. 203 **2** a) Möglichkeit I: Man könnte die Temperaturen zu einigen Zeitpunkten ablesen und dann wie bei Aufgabe 1 vorgehen.
Möglichkeit II: Man könnte Zeitintervalle wählen, in denen die Temperatur als konstant angesehen wird. Für jedes Intervall berechnet man das Produkt aus der Temperatur T_i und der Länge t_i des Zeitintervalls. Danach werden diese Produkte $T_i t_i$ addiert und diese Summe durch die gesamte Messzeit von 24 h dividiert.

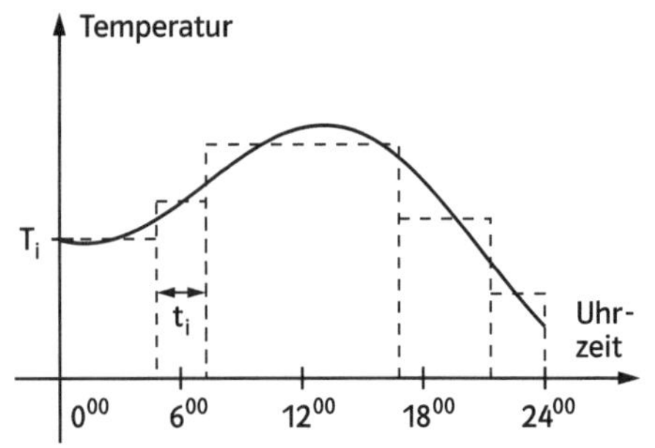

b) Bei Möglichkeit II von a) wird zuerst die Fläche unter dem Graphen über dem gesamten Zeitintervall bestimmt. Dies kann durch eine Integration ersetzt werden. Ist also [0; 24] das Zeitintervall (in h) und gibt die Funktion f den Verlauf der Temperatur während des Tages an, so erhält man eine mittlere Temperatur durch $\frac{1}{24}\int_0^{24} f(\tau)\,d\tau$.

VII Exponentialfunktionen

1 Die Funktion f mit $f(x) = k \cdot a^x$

206 **1** a) Der Punkt P(1|2) bedeutet, dass nach einem Jahr 2 GE Kapital vorliegen. Q(2|4) bedeutet, dass nach zwei Jahren das Kapital auf 4 GE, R(3|8), dass es nach 3 Jahren auf 8 GE, usw. angewachsen ist.
b) Das Kapital beträgt nach 4 Jahren $16 = 2^4$ GE, nach 5 Jahren $32 = 2^5$ GE, nach 10 Jahren $2^{10} = 1024$ GE.
c) f mit $f(x) = 2^x$.

207 **2** a) $y = 3^x + 1$
Verschiebung um 1 in positiver y-Richtung:

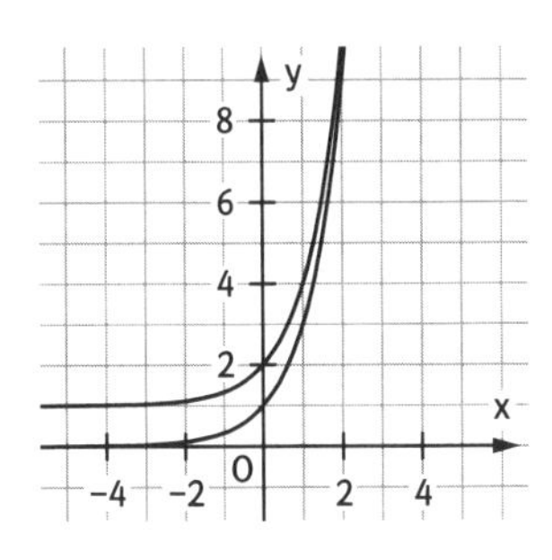

b) $y = -3^x$
Spiegelung von $y = 3^x$ an der x-Achse:

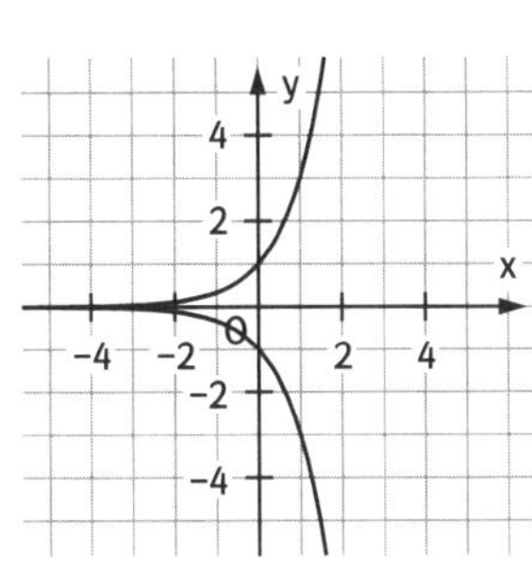

c) = d) $y = 3^{-x}$
Spiegelung von $y = 3^x$ an der y-Achse:

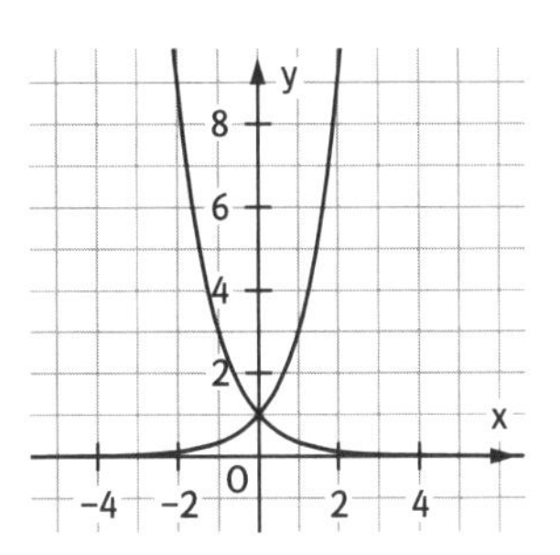

3 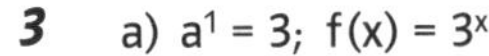
a) $a^1 = 3$; $f(x) = 3^x$

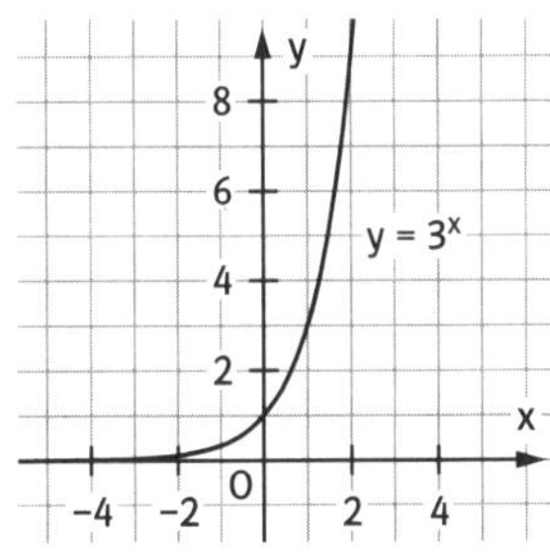

b) $a^1 = 0{,}25$; $f(x) = 0{,}25^x$

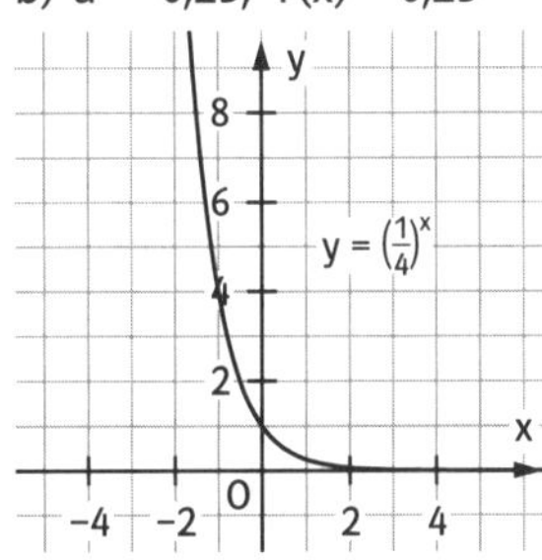

c) $a^{-1} = 3$; $f(x) = \left(\frac{1}{3}\right)^x$

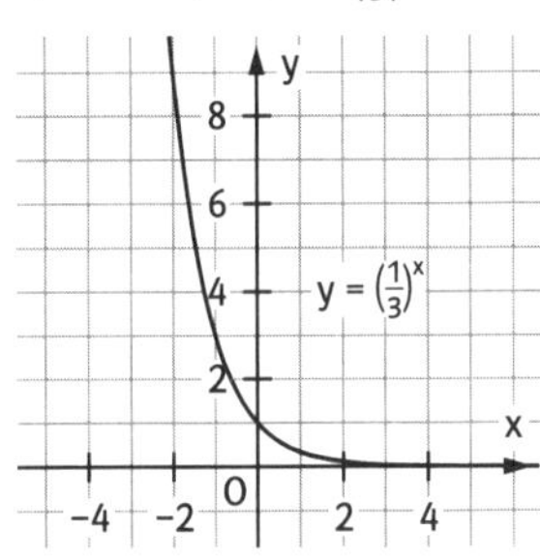

d) $a^{\frac{1}{2}} = 0{,}0625 = \frac{1}{16}$; $a = \frac{1}{256}$; $f(x) = \left(\frac{1}{256}\right)^x$

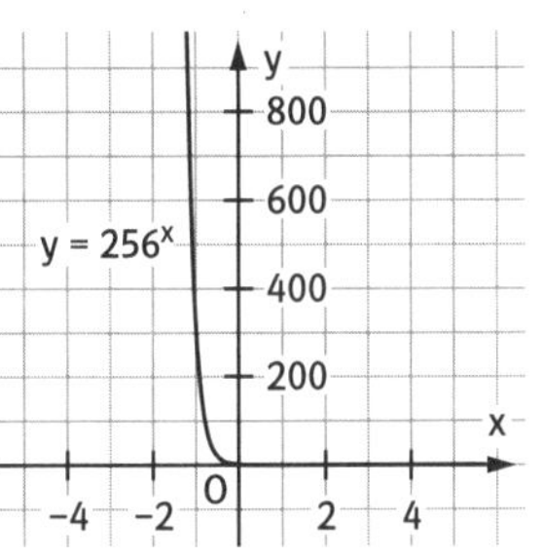

S. 207 **4** a) $c \cdot a^1 = 1$ und $c \cdot a^2 = 2$, $a = 2$, $c = \frac{1}{2}$, $f(x) = \frac{1}{2} \cdot 2^x$

b) $c \cdot a^{-1} = 5$ und $c \cdot a^0 = 7$, $c = 7$, $a = \frac{7}{5}$, $f(x) = 7 \cdot \left(\frac{7}{5}\right)^x$

c) $c \cdot a^4 = 5$ und $c \cdot a^5 = 6$, $a = \frac{6}{5}$, $c = \frac{5^5}{6^4} = \frac{3125}{1296}$, $f(x) = \frac{5^5}{6^4} \cdot \left(\frac{6}{5}\right)^x = 5 \cdot \left(\frac{6}{5}\right)^{x-4}$

5 $K(x) = 100 \cdot 1{,}05^x$ (x in Jahren, K(x) in €). $K(60) \approx 1867{,}92$ (in €)

6 a) $f(3) = 20 \cdot 0{,}95^3 = 17{,}1475$. Die Bestandsabnahme ist also $20 - 17{,}1475 \approx 2{,}85$.
Das sind $\frac{2{,}85}{20} \cdot 100\,\% = 14{,}25\,\%$.

b) $f(7) = 20 \cdot 0{,}95^7 \approx 13{,}9667 \approx 13{,}97$. Die Bestandsabnahme pro Woche in Prozent:
$\frac{20 - 13{,}97}{20} \cdot 100\,\% \approx 30{,}2\,\%$

2 *Die eulersche Zahl e und die e-Funktion*

S. 208 **1** a) Jahreszins im ersten Fall: 6,1%

b) Kapital von 1 Euro nach einem halben Jahr 1,03 Euro.
nach zwei Halbjahren (= 1 Jahr): $1{,}03 + 1{,}03 \cdot 0{,}03 = 1{,}03^2 = 1{,}0609$,
dies entspricht einem Jahreszins von 6,09%.

c) Kapital von 1 Euro nach einem Vierteljahr 1,015 Euro,
nach zwei Vierteljahren $1{,}015 + 1{,}015 \cdot 0{,}015 = 1{,}015^2 = 1{,}030225$,
nach drei Vierteljahren $1{,}015^2 + 1{,}015^2 \cdot 0{,}015 = 1{,}015^3 \approx 1{,}045678$
nach vier Vierteljahren $1{,}015^4 \approx 1{,}06136$
dies entspricht einem Jahreszins von etwa 6,14%.
Damit ist das letzte Angebot das günstigste.

S. 209 **2**

a) $e^4 \approx 54{,}5982$ | b) $e^{\frac{1}{4}} \approx 1{,}2840$ | c) $e^{\sqrt{5}} \approx 9{,}3565$

d) $e^{2{,}67} = 14{,}4400$ g | e) $2e^{-1{,}2} \approx 0{,}6024$ | f) $0{,}25\,e^3 \approx 5{,}0214$

g) $e^e \approx 15{,}1543$ | h) $3e^3 - 12 \approx 48{,}2566$ | i) $3e^3 - e \approx 57{,}5383$

j) $\frac{1}{e} - e \approx -2{,}3504$ | k) $\sqrt{e} + e \approx 4{,}3670$ | l) $4 \cdot e^{\frac{1}{4}} \approx 5{,}1361$

m) $e^2 + e^3 - 1 \approx 26{,}4746$ | n) $e^{2e} \approx 229{,}6517$

3

a) $e^5 \cdot e^3 = e^8$ | b) $\frac{e^5}{e^3} = e^2$ | c) $(e^5)^3 = e^{15}$

d) $(2e)^2 = 4e^2$ | e) $2e^2 \cdot e^{-3} = 2e^{-1} = \frac{2}{e}$ | f) $(2e^2 \cdot e)^2 = (2e^3)^2 = 4e^6$

g) $e^{-e} \cdot e^e = e^0 = 1$ | h) $e^3 \cdot 2^3 = (2e)^3$

i) $2^3 \cdot 3^3 \cdot e^3 = (2 \cdot 3 \cdot e)^3 = (6e)^3 = 6^3 e^3 = 216\,e^3$ | j) $\frac{e^2}{2^2 \cdot 2e^2} = \frac{1}{8}$

k) $\frac{9e^4}{3e^{-4}} = 3e^8$ | l) $e^5 \cdot (0{,}5e)^5 = e^5 \cdot 0{,}5^5 \cdot e^5 = 0{,}03125\,e^{10}$

m) $e^5 \cdot (0{,}5e)^{-5} = 0{,}5^{-5} = 32$ | n) $e^{0{,}5} \cdot e^{-0{,}25} = e^{0{,}25}$

209 **4** a) $\frac{e^{0,5} - e^0}{0,5 - 0} = \frac{e^{0,5} - 1}{0,5} \approx 1{,}297\,442\,541$; $\frac{e^{0,1} - 1}{0,1} \approx 1{,}051\,709\,180$; $\frac{e^{0,01} - 1}{0,01} \approx 1{,}005\,016\,708$;
$\frac{e^{0,001} - 1}{0,001} \approx 1{,}000\,500\,166$

Die lokale Änderungsrate im Punkt P(0 | 1) ist vermutlich 1.
Damit hat die Tangente an den Graphen der Funktion f mit $f(x) = e^x$ im Punkt P(0 | 1) die Steigung 1.
Die Kontrolle mit dem CAS kann über die Tangente in P(0 | 1) oder über die Steigung in P erfolgen:

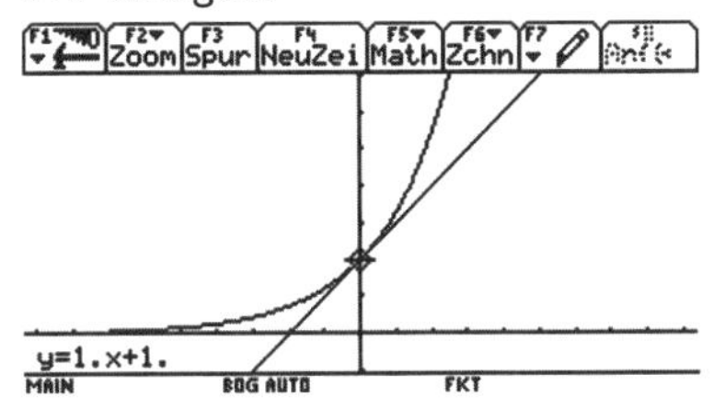

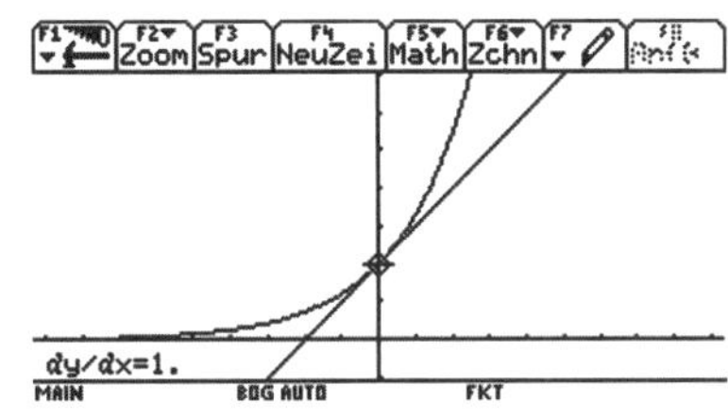

5 a) $x = 0$ b) $x = 1$ c) $x = -1$ d) $x = -3$
e) $x = -2{,}5$ f) $x = 0$ g) $x = 0{,}5$ h) $x = \frac{1}{3}$
i) unlösbar j) $x = -\frac{1}{3}$ k) $x = 0$ m) $x = 2$

6 Vierteljährliche Verzinsung mit 1,45 %: $K_{48} = 1{,}0145^{48} \approx 1{,}9957$;
halbjährliche Verzinsung mit 3,0 %: $K_{24} = 1{,}03^{24} \approx 2{,}0328$.
Bei vierteljähriger Verzinsung verdoppelt sich das Kapital nicht ganz im Gegensatz zur halbjährigen.
Damit ist eine halbjährige Verzinsung mit 3,0 % günstiger.

3 *Ableiten und Integrieren der Exponentialfunktion*

210 **1** a) Es ist $\frac{f'(x)}{f(x)} \approx 0{,}69315$, d.h. $f'(x) = 0{,}69315 \cdot f(x)$, also $f'(x) = 0{,}69315 \cdot 2^x$
b) Es ist $\frac{f'(x)}{f(x)} \approx 1{,}0986$, d.h. $f'(x) = 1{,}0986 \cdot f(x)$, also $f'(x) = 1{,}0986 \cdot 3^x$

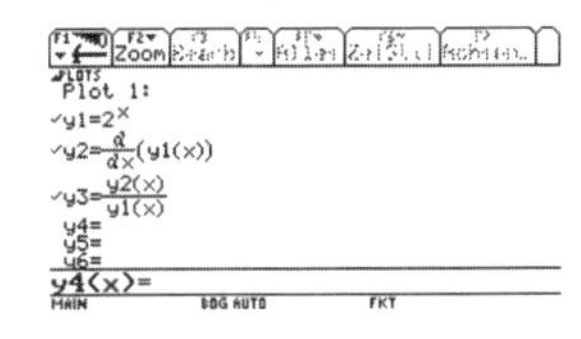

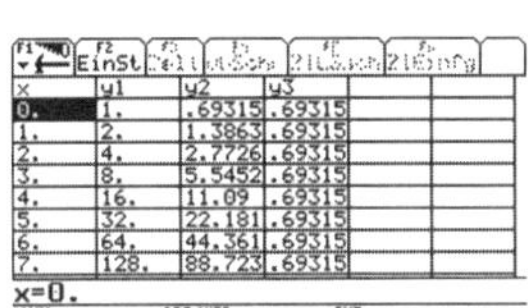

x	y1	y2	y3
0.	1.	.69315	.69315
1.	2.	1.3863	.69315
2.	4.	2.7726	.69315
3.	8.	5.5452	.69315
4.	16.	11.09	.69315
5.	32.	22.181	.69315
6.	64.	44.361	.69315
7.	128.	88.723	.69315

x=0.

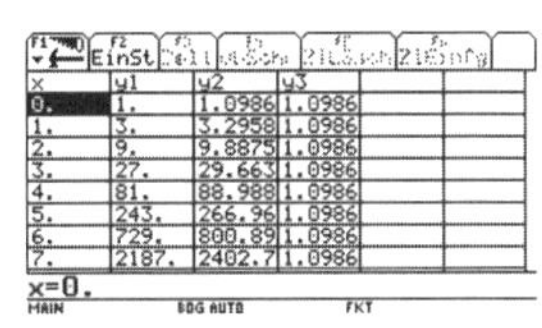

x	y1	y2	y3
0.	1.	1.0986	1.0986
1.	3.	3.2958	1.0986
2.	9.	9.8875	1.0986
3.	27.	29.663	1.0986
4.	81.	88.988	1.0986
5.	243.	266.96	1.0986
6.	729.	800.89	1.0986
7.	2187.	2402.7	1.0986

x=0.

211 **2** a) $f'(x) = e^x$, also $f'(1) = e$. Gleichung der Tangente in A(1 | e): $\frac{y - e}{x - 1} = e \iff y = e \cdot x$
$f'(-1) = e^{-1}$. Gleichung der Tangente in $B(-1 \,|\, e^{-1})$: $\frac{y - e^{-1}}{x + 1} = e^{-1} \iff y = \frac{1}{e} \cdot x + \frac{2}{e}$
b) Schnittpunkt mit der x-Achse S(0 | 0)
c) Steigung der Normalen an K in A: $-\frac{1}{e}$; Steigung der Normalen an K in B: $-e$.

S. 211 **3** a) $A_1 = \int_0^2 e^x\,dx = [e^x]_0^2 = e^2 - e^0 = e^2 - 1 \approx 6{,}3891;$

b) $A_2 = \int_{-1}^1 e^x\,dx = [e^x]_{-1}^1 = e^1 - e^{-1} = \frac{e^2-1}{e} \approx 2{,}3504;$

c) $A_3 = \int_2^4 e^x\,dx = [e^x]_2^4 = e^4 - e^2 = e^2 \cdot (e^2 - 1) \approx 47{,}2091;$

d) $A_4 = \int_{-10}^2 e^x\,dx = [e^x]_{-10}^2 = e^2 - e^{-10} \approx 7{,}3890$

4 a) $A = \int_{-3}^0 1\,dx - \int_{-3}^0 e^x\,dx = \int_{-3}^0 (1 - e^x)\,dx = [x - e^x]_{-3}^0 = (-e^0) - (-3 - e^{-3}) = 2 + e^{-3} = 2 + \frac{1}{e^3}$
$\approx 2{,}0498$

b) $A = \int_{-2}^0 e^x\,dx - \int_{-1}^0 (x+1)\,dx = [e^x]_{-2}^0 - \left[\frac{1}{2}x^2 + x\right]_{-1}^0 = (1 - e^{-2}) - \left(0 - \left(\frac{1}{2} - 1\right)\right)$
$= 1 - e^{-2} - \frac{1}{2} = \frac{1}{2} - \frac{1}{e^2} \approx 0{,}3647$

c) $A = \int_{-2,5}^{1,5} (e^x - 1)\,dx - \int_{-2,5}^{1,5} x\,dx = \left[e^x - x - \frac{x^2}{2}\right]_{-2,5}^{1,5} = e^{\frac{3}{2}} - e^{-\frac{5}{2}} - 2 \approx 2{,}39960$

5

	$f'(x)$	$f''(x)$	$F(x)$
a)	$f'(x) = 1 - e^x$	$f''(x) = -e^x$	$F(x) = \frac{1}{2}x^2 - e^x$
b)	$f'(x) = x^2 - 3e^x$	$f''(x) = 2x - 3e^x$	$F(x) = \frac{1}{12}x^4 - 3e^x$
c)	$f'(x) = e^x + 2e^{2x}$	$f''(x) = e^x + 4e^{2x}$	$F(x) = e^x + \frac{1}{2}e^{2x}$
d)	$f'(x) = -2e^{-2x}$	$f''(x) = 4e^{-2x}$	$F(x) = -\frac{1}{2}e^{-2x}$
e)	$f'(x) = 3e^{3x+4}$	$f''(x) = 9e^{3x+4}$	$F(x) = \frac{1}{3}e^{3x+4}$
f)	$f'(x) = 8e^{2x+5}$	$f''(x) = 16e^{2x+5}$	$F(x) = 2e^{2x+5}$
g)	$f'(x) = \frac{1}{5}e^{\frac{1}{2}x+3}$	$f''(x) = \frac{1}{10}e^{\frac{1}{2}x+3}$	$F(x) = \frac{4}{5}e^{\frac{1}{2}x+3}$
h)	$f'(x) = -e^{x+1}$	$f''(x) = -e^{x+1}$	$F(x) = e^2 \cdot x - e^{x+1}$

6 a) $\int_0^{\frac{1}{2}} 2 \cdot e^{2x}\,dx = [e^{2x}]_0^{\frac{1}{2}} = e - 1 \approx 1{,}7183$

b) $\int_0^{\frac{1}{2}} 2e^{2x+1}\,dx = [e^{2x+1}]_0^{\frac{1}{2}} = e^2 - e = e \cdot (e - 1) \approx 4{,}6708$

c) $\int_0^1 (x + e^{-x+1})\,dx = \left[\frac{1}{2}x^2 - e^{-x+1}\right]_0^1 = e - \frac{1}{2} \approx 2{,}2183$

d) $\int_{0,25}^{0,75} \left(\frac{1}{2}e^{4t-1} + 1\right)dt = \left[\frac{1}{8}e^{4t-1} + t\right]_{0,25}^{0,75} = \frac{1}{8}e^2 + \frac{3}{4} - \left(\frac{1}{8} + \frac{1}{4}\right) = \frac{1}{8}e^2 + \frac{3}{8}$

211 **7** a) Graph siehe Fig. 1; Nullstellen sind 0,145 55 und 8,210 93.
b) $f'(5) \approx 0{,}175\,64$ (Fig. 2)
c) Maximum bei $x \approx 5{,}386\,30$ ist 3,386 30 (Fig. 3)
d) $A = \int_{0{,}14555}^{8{,}21093} (x - e^{0{,}5x-2})\,dx \approx 17{,}568\,36$ (Fig. 4)

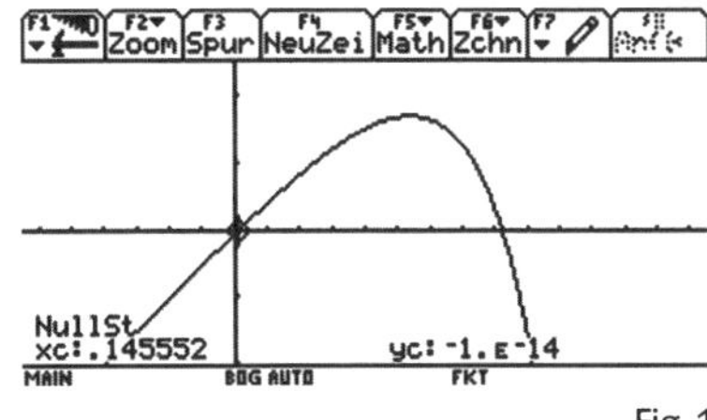

Fig. 1

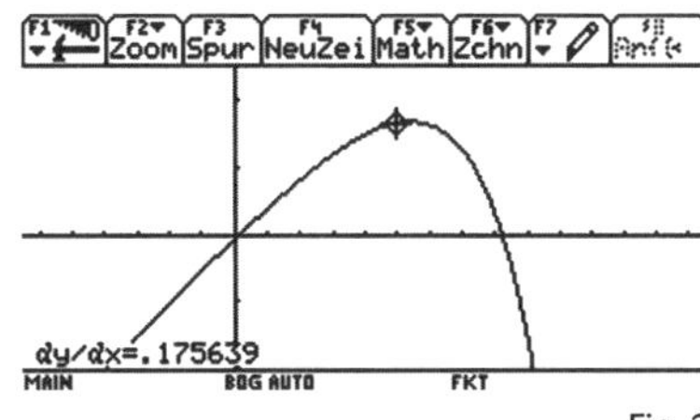

Fig. 2

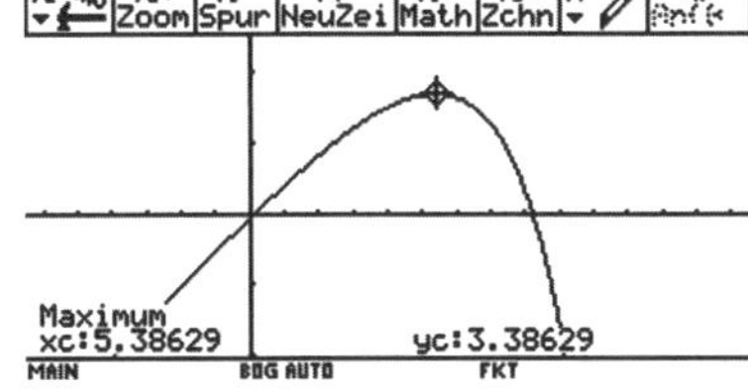

Fig. 3

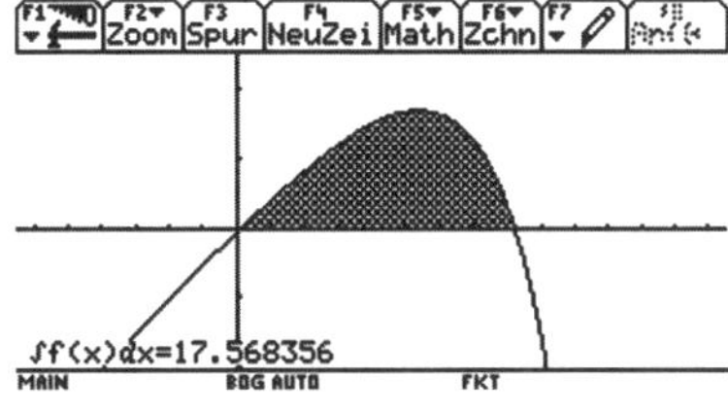

Fig. 4

4 *Natürlicher Logarithmus – Exponentialgleichungen*

212 **1** a) Man bringt die Graphen von f und von g mit $g(t) = 1200$ zum Schnitt (CAS);
Lösung in Jahren $t \approx 13{,}33$ (Lösung $t \approx 36{,}10$).
Kontrolle durch Einsetzen der Werte.

213 **2** a) $e^{\ln(4)} = 4$ b) $e^{-\ln(2)} = \frac{1}{2}$ c) $e^{3 \cdot \ln(2)} = 8$ d) $\ln(e^{1{,}5}) = 1{,}5$
e) $\ln\left(\frac{1}{3}\sqrt{e}\right) = \ln\left(\frac{1}{3} \cdot e^{\frac{1}{2}}\right) = \ln\left(\frac{1}{3}\right) + \ln\left(e^{\frac{1}{2}}\right) = \ln\left(\frac{1}{3}\right) + \frac{1}{2} = \frac{1}{2} - \ln(3)$
f) $\ln\left(\frac{1}{2} \cdot e^3\right) = \ln\left(\frac{1}{2}\right) + \ln(e^3) = \ln(1) - \ln(2) + 3 \cdot \ln(e) = 0 - \ln(2) + 3 \cdot 1 = 3 - \ln(2)$

3 a) $x = \ln\left(\frac{1}{2}\right) = -\ln(2) \approx -0{,}6931$
b) $e^{2x} = 0$ ergibt keine Lösung, da $\ln(0)$ nicht existiert
$e^x - e = 0$; $e^x = e$, also $x = \ln(e) = 1$
c) $e^{5x} = \frac{1}{3}e^{2x+1}$; $5x = \ln\left(\frac{1}{3} \cdot e^{2x+1}\right)$; $5x = -\ln(3) + 2x + 1$; also $3x = 1 - \ln(3)$,
d.h. $x = \frac{1 - \ln(3)}{3} \approx -0{,}0329$
d) $2^x = 3$; $\ln(2^x) = \ln(3)$; $x \cdot \ln(2) = \ln(3)$, also $x = \frac{\ln(3)}{\ln(2)} \approx 1{,}5850$

S. 213 **3** e) $2^{x-1} - 3^x = 0$; $2^{x-1} = 3^x$, also $\ln(2^{x-1}) = \ln(3^x)$; $(x-1)\cdot\ln(2) = x\cdot\ln(3)$;
$x(\ln(2) - \ln(3)) = \ln(2)$; $x = \frac{\ln(2)}{\ln(2)-\ln(3)} \approx -1{,}7095$

4 a) $\int_0^z e^{0,5x}\,dx = [2\cdot e^{0,5x}]_0^z = 2\cdot e^{0,5z} - 2 = 1$, also $e^{0,5z} = \frac{3}{2}$ oder
$z = 2\cdot(\ln(3) - \ln(2)) \approx 0{,}8109$
b) $e^{2z} = 2^z$ oder $2z = z\cdot\ln(2)$, $z\cdot(2 - \ln(2)) = 0$. Damit ist $z = 0$.
c) $g'(x) = 3\cdot e^{3x+1}$. Damit muss sein: $3\cdot e^{3z+1} = e$ oder $3z + 1 = \ln\left(\frac{e}{3}\right)$, d.h.
$z = \frac{1}{3}\cdot\left(\ln\left(\frac{e}{3}\right) - 1\right) \approx -0{,}7653$

5 a) $f(x) = 4^x = e^{x\cdot\ln(4)}$; $f'(x) = \ln(4)\cdot e^{x\cdot\ln(4)} = \ln(4)\cdot 4^x$; $F(x) = \frac{1}{\ln(4)}e^{x\cdot\ln(4)} = \frac{1}{\ln(4)}\cdot 4^x$
b) $f(x) = 1{,}07^x = e^{x\cdot\ln(1,07)}$; $f'(x) = \ln(1{,}07)\cdot 1{,}07^x$; $F(x) = \frac{1}{\ln(1,07)}\cdot 1{,}07^x$
c) $f(x) = 20{,}2^x = e^{x\cdot\ln(20,2)}$; $f'(x) = \ln(20{,}2)\cdot 20{,}2^x$; $F(x) = \frac{1}{\ln(20,2)}\cdot 20{,}2^x$
d) $f(x) = 0{,}5^{2x} = (0{,}5^2)^x = 0{,}25^x$; $f'(x) = \ln(0{,}25)\cdot 0{,}25^x$; $F(x) = \frac{1}{\ln(0,25)}\cdot 0{,}25^x$

5 *Exponentielle Wachstums- und Zerfallsprozesse*

S. 214 **1** a) $H(t) = 4000\cdot 1{,}02^t$. Mit $1{,}02^t = e^{\ln(1,02)^t} = e^{t\cdot\ln(1,02)} = e^{0,0198\cdot t}$ gilt also $H(t) = e^{0,0198\cdot t}$.

S. 215 **2** a) Zerfallsfunktion: $f(t) = (1 - 0{,}15)^t = 0{,}85^t = e^{t\cdot\ln(0,85)} = e^{-0,16252\cdot t}$
Ist der Wert des Autos zu Beginn $1 = 100\,\%$, so ist nach dem Wert $50\,\% = \frac{1}{2}$ gefragt:
$e^{-0,16252\cdot t} = 0{,}5$ ergibt $t \approx 4{,}26$, d.h. nach 4 Jahren und 3 Monaten ist der Wert des Pkw auf die Hälfte gesunken.
b) $f(t) = e^{k\cdot t}$. Bedingung $f(12) = e^{k\cdot 12} = 2$, also $k \approx 0{,}05776$.
Damit ist $f(t) = e^{0,05776\cdot t} = (e^{0,05776})^t \approx 1{,}0595^t = (1 + 0{,}0595)^t$; Zinssatz etwa 5,95 %

3 a) $f(t) = 20\,000\cdot(1 + 0{,}05)^t = 20\,000\cdot 1{,}05^t = 20\,000\cdot e^{t\cdot\ln(1,05)} = 20\,000\cdot e^{0,04879\cdot t}$
b) $f(2) \approx 22\,049{,}99$; $f(5) \approx 25\,525{,}61$; $f(10) \approx 32\,577{,}84$; $f(20) \approx 53\,065{,}78$
c) $15\,000 = 20\,000\cdot e^{0,04879\cdot t}$ ergibt $t \approx -5{,}896$.
Damit betrug vor ca. 6 Jahren der Kontostand 15 000 €.
d) $f(t+1) - f(t) = 2000$: $20\,000\,e^{0,04879\cdot(t+1)} - 20\,000\,e^{0,04879\cdot t} = 2000$ oder
$20\,000\,e^{0,0\approx 4879\cdot t}\cdot(e^{0,04879} - 1) = 2000$, also $e^{0,04879} = \frac{0,1}{e^{0,04879} - 1}$;
also $0{,}04879\cdot t = 0{,}69315$ oder $t \approx 14{,}2$.
Nach etwas mehr als 14 Jahren übersteigt der Jahreszins 2000 €.

4 a) Prozentualer Anstieg: $\frac{375 - 300}{300}\cdot 100\,\% = 25\,\%$
b)

Jahr	2000	2001	2002	2003	2004
Bilanzsumme (in Mio. Euro)	300	375	468,75	585,94	732,42

215 **5** a) $f(t) = k \cdot 1{,}06^t = k \cdot e^{t \cdot \ln(1{,}06)} = k \cdot e^{0{,}05827 \cdot t}$. k ist unbekannt.
Es ist $f(-15) = 23\,965{,}58$, also $k \cdot e^{0{,}05827 \cdot 15} = 23\,965{,}58$; damit k in €: $k = 10\,000$
b) $10\,000 \cdot e^{0{,}05827 \cdot t} = 30\,000$ ergibt $t \approx 18{,}85$.
Das Geld muss demnach noch fast 4 Jahre liegen bleiben, bis 30 000 € erreicht werden.

6 a) $f(t) = 2 \cdot e^{k \cdot t}$ (t in Jahren, f(t) in Mio. Euro)
$f(5) = 4$, d.h. $2 \cdot e^{5k} = 4$, also $e^{5k} = 2$, $5k = \ln(2)$. $k = \frac{\ln(2)}{5} \approx 0{,}138\,63$
Es ist $f(t) = 2 \cdot e^{0{,}13863 \cdot t} = 2 \cdot (e^{0{,}13863})^t = 2 \cdot 1{,}1487^t = 2 \cdot (1 + 0{,}1487)^t \approx 2 \cdot (1 + 14{,}9\,\%)^t$.
Durchschnittliche jährliche Wachstumsrate 14,9 %.
b) $f(t) = 60 \cdot 1{,}095^t$ (t in Jahren, f(t) in Mio. Euro)
$f(t) = 200$, also $200 = 60 \cdot 1{,}095^t$ oder $\frac{10}{3} = 1{,}095^t$; $t \approx 13{,}27$.
c) $f(t) = e^{k \cdot t}$ (t in Jahren, f(t) in 1 = 100 %)
$f(8) = 2$, d.h. $e^{8k} = 2$, $8k = \ln(2)$. $k = \frac{\ln(2)}{8} \approx 0{,}086\,64$
Es ist $f(t) = e^{0{,}08664 \cdot t} = (e^{0{,}08664})^t = 1{,}0905^t = 2 \cdot (1 + 0{,}0905)^t \approx 2 \cdot (1 + 9{,}05\,\%)^t$.
Durchschnittliche jährliche Wachstumsrate ca. 9 %.

7 a) $w(t) = 1 \cdot \left(\frac{100}{104}\right)^t$ (t in Jahren; w(t) in Geldeinheiten)
Da $\ln\left(\frac{100}{104}\right) \approx -0{,}03922$ ist gilt $w(t) = e^{-0{,}03922 \cdot t}$.
$w(5) \approx 0{,}82$; $w(10) \approx 0{,}68$;
$w(20) \approx 0{,}46$; $w(40) \approx 0{,}21$
Graph rechts.
b) $w(t) = 0{,}5$, also $e^{-0{,}03922 \cdot t} = 0{,}5$ ergibt $t \approx 17{,}7$.
Damit hat sich bei gleichbleibender Inflation der Geldwert nach knapp 18 Jahren halbiert.

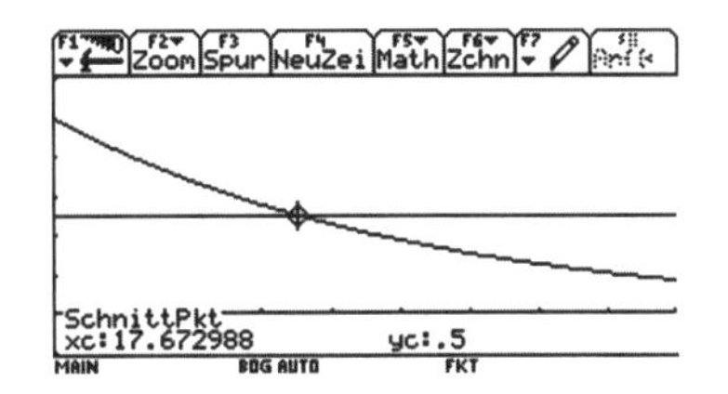

6 *Vermischte Aufgaben*

216 **1** a) $\sqrt{e} - e^{\frac{1}{2}} = e^{\frac{1}{2}} - e^{\frac{1}{2}} = 0$
b) $\left(e + \frac{1}{e}\right) \cdot e^2 - e^1 = e^3 + e - e = e^3$
c) $\frac{e^2}{e} + \frac{e^4}{e^3} - \sqrt{e^2} = e + e - e = e$
d) $(e + e^{-1})^2 = e^2 + 2 + e^{-2} = e^2 + 2 + \frac{1}{e^2}$

2 a) $e^{3x-2} = e$; $3x - 2 = 1$; $x = 1$
b) $200 \cdot e^{2x} = 2000$; $e^{2x} = 10$; $2x = \ln(10)$; $x = \frac{\ln(10)}{2} \approx 1{,}151\,29$
c) $2 \cdot e^x = 3$; $x = \ln\left(\frac{3}{2}\right) = \ln(3) - \ln(2) \approx 0{,}40547$
d) $2 \cdot e^x = 3 \cdot e^{0{,}5x-1}$; $\ln(2) + x = \ln(3) + 0{,}5x - 1$; $0{,}5x = \ln(3) - \ln(2) - 1$;
$x = 2 \cdot \ln\left(\frac{3}{2}\right) - 2 = -1{,}189\,07$
e) $e^x \cdot (e^x - 1) = 0$; da $e^x \neq 0$ für alle $x \in \mathbb{R}$, bleibt $e^x - 1 = 0$; $x = 0$ (einzige Lösung)
f) $e^{2x} \cdot (e^{0{,}5x} + 1) = 0$; $e^{2x} = 0$ und $e^{0{,}5x} + 1 = 0$ nicht möglich, daher keine Lösung.

S. 216 **2** g) $e^{2x} - e^x = 0$; $e^x \cdot (e^x - 1) = 0$; einzige Lösung $x = 0$

h) $(e^{0,2x} - e)(e^{0,2x} - 2) = 0$; $e^{0,2x} - e = 0$ oder $e^{0,2x} - 2 = 0$; $e^{0,2x} = e$ oder $e^{0,2x} = 2$;
$x_1 = 5$; $x_2 = 5 \cdot \ln(2) \approx 3{,}46574$

3 a) $f'(x) = 2 - e^x$; $f''(x) = -e^x$

b) $f'(x) = 2x + 2e^{2x}$; $f''(x) = 2 + 4e^{2x}$

c) $f'(x) = 1 + 1{,}6e^{0,4x}$; $f''(x) = 0{,}64e^{0,4x}$

d) $f'(x) = 3e \cdot e^{3x-6} = 3e^{3x-5}$; $f''(x) = 9e \cdot e^{3x-6} = 9e^{3x-5}$

4 a) $F^*(x) = 2x + e^x + c$ mit $F^*(0) = 2$: $1 + c = 2$; $c = 1$; $F(x) = 2x + e^x + 1$

b) $F^*(x) = e \cdot x + e^{-2x} + c$ mit $F^*(1) = e^{-2}$: $e + e^{-2} + c = e^{-2}$; $c = -e$; $F(x) = e \cdot x + e^{-2x} - e$

c) $F^*(x) = 4 \cdot e^{\frac{1}{4}x+1} + c$ mit $F^*(-4) = 5$: $4 \cdot e^0 + c = 5$; $c = 1$; $F(x) = 4 \cdot e^{\frac{1}{4}x+1} + 1$

5 a) $f(x) = x - e^{2x+1}$; $f'(x) = 1 - 2e^{2x+1}$; $f''(x) = -4e^{2x+1}$
Extrempunkte:
$1 - 2e^{2x+1} = 0$; $2e^{2x+1} = 1$; $e^{2x+1} = \frac{1}{2}$; $2x + 1 = -\ln(2)$; $x = -\frac{1 + \ln(2)}{2} \approx -0{,}84657$.
Da $f''(x) = -4e^{2x+1} < 0$ für alle $x \in \mathbb{R}$ ist, also auch für $-\frac{1 + \ln(2)}{2}$, liegt ein Maximum vor.
$f\left(-\frac{1 + \ln(2)}{2}\right) = -\frac{2 + \ln(2)}{2} \approx -1{,}34657$; $H(-0{,}84657 \mid -1{,}34657)$
Keine Wendepunkte, da $f''(x) = -4e^{2x+1} < 0$ für alle $x \in \mathbb{R}$.

b) $f(x) = e^{-\frac{1}{2}x+1} + \frac{1}{2}x + 1$; $f'(x) = -\frac{1}{2}e^{-\frac{1}{2}x+1} + \frac{1}{2}$; $f''(x) = \frac{1}{4}e^{-\frac{1}{2}x+1} > 0$ für alle $x \in \mathbb{R}$.
Extrempunkte: $-\frac{1}{2}e^{-\frac{1}{2}x+1} + \frac{1}{2} = 0$; $e^{-\frac{1}{2}x+1} = 1$; $-\frac{1}{2}x + 1 = 0$; $x = 2$.
Da $f''(x) = \frac{1}{4}e^{-\frac{1}{2}x+1} > 0$ für alle $x \in \mathbb{R}$ ist, also auch für 2, liegt ein Minimum vor.
$f(2) = 1 + 1 + 1 = 3$; $T(2 \mid 3)$
Keine Wendepunkte.

c) $f(x) = 4e^x - e^{2x} - 2$; $f'(x) = 4e^x - 2e^{2x}$; $f''(x) = 4e^x - 4e^{2x}$; $f'''(x) = 4e^x - 8e^{2x}$
Extrempunkte: $4e^x - 2e^{2x} = 0$; $2e^{2x} = 4e^x$; $e^x = 2$; $x = \ln(2) \approx 0{,}69315$.
Da $f''(\ln(2)) = -8 < 0$ ist, liegt ein Maximum vor.
$f(\ln(2)) = 4 \cdot e^{\ln(2)} - e^{2 \cdot \ln(2)} - 2 = 8 - 4 - 2 = 2$; $H(\ln(2) \mid 2)$
Wendepunkte: $4e^x - 4e^{2x} = 0$; $4e^x = 4e^{2x}$; $e^x = 1$; $x = 0$.
Da $f'''(0) = -4 \neq 0$ und $f(0) = 1$ ist, ist $W(0 \mid 1)$ Wendepunkt.

6 a) $f(x) = 2 + e^{-0,1x+2}$; $f'(x) = -0{,}1 \cdot e^{-0,1x+2}$; $f''(x) = 0{,}01 \cdot e^{-0,1x+2} > 0$, also Linkskrümmung in $\mathbb{R}$.

b) $f(x) = 5x + 5 + e^{5x}$; $f'(x) = 5 + 5e^{5x}$; $f''(x) = 25e^{5x} > 0$, also Linkskrümmung in $\mathbb{R}$.

c) $f(x) = 3x - \frac{1}{2} - 2e^{-3x}$; $f'(x) = 3 + 6e^{-3x}$; $f''(x) = -18e^{-3x} < 0$, also Rechtskrümmung in $\mathbb{R}$.

7 a) Nullstellen sind $x_1 \approx -2{,}93530$ und $x_2 \approx 12{,}21908$;
Schnittpunkt mit der y-Achse $S(0 \mid 5)$

b) $f'(12{,}21908) \approx -1{,}31589$; t: $y = -1{,}31589x + 16{,}07897$

c) Hochpunkt $H(3{,}49722 \mid 6{,}74540)$

d) Flächeninhalt links von der y-Achse: $A_L \approx 8{,}29621$;
Flächeninhalt rechts von der y-Achse: $A_R \approx 59{,}23266$; Verhältnis $\frac{A_L}{A_R} \approx 0{,}14$.

216 **8** a) Nullstellen sind $x_1 \approx -1{,}20097$ und $x_2 \approx 12{,}45192$;
Schnittpunkt mit der y-Achse $S(0\,|\,-5)$
b) $f'(12{,}45192) \approx 1{,}17611$; t: $y = -1{,}17611x - 14{,}64483$
c) Tiefpunkt $H(2{,}99124\,|\,-8{,}51196)$
d) Flächeninhalt links von der y-Achse: $A_L \approx 3{,}32164$;
Flächeninhalt rechts von der y-Achse: $A_R \approx 69{,}73339$; Verhältnis $\frac{A_L}{A_R} \approx 0{,}048$.

9 a) $f(x) = 2e^{2x} - 1$; $g(x) = -x^4 + 4x + 1$; $f(0) = 2 - 1 = 1$; $g(0) = 1$. Schnittpunkt $S(0\,|\,1)$.
b) $f'(x) = 4e^{2x}$; $g'(x) = -4x^3 + 4$; $f'(0) = 4$; $g'(0) = 4$; damit Berührung in S.
t: $y = 4x + 1$

10 a) $K(x) = 1{,}05^x$; x in Jahren; dabei ist das Ausgangskapital 1, also 1 GE.
Geschrieben als e-Funktion: $1{,}05 = e^{\ln(1{,}05)}$ mit $\ln(1{,}05) = 0{,}04879$; also $K(x) = e^{0{,}04879 \cdot x}$.

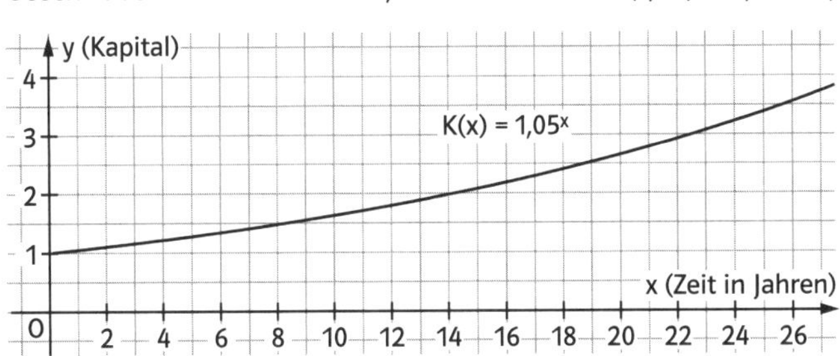

b) $K(5) \approx 1{,}27628$; $K(6) \approx 1{,}34010$; $K(10) \approx 1{,}62889$; $K(15) \approx 2{,}07893$.
c) Aus $2 = 1{,}05^x$ erhält man $\ln(2) = \ln(1{,}05^x)$ oder $x = \frac{\ln(2)}{\ln(1{,}05)} \approx 14{,}2067$.
Zu einer Verdopplung des Kapitals kommt es nach gut 14 Jahren.
d) Aus $3 = 1{,}05^x$ erhält man $\ln(3) = \ln(1{,}05^x)$ oder $x = \frac{\ln(3)}{\ln(1{,}05)} \approx 22{,}517$.
Zu einer Verdreifachung des Kapitals kommt es nach ca. 22,5 Jahren.
e) Kapitalverdopplung bei 6% nach 11,9 Jahren, bei 4% nach 17,7 Jahren und bei 9% nach 8,0 Jahren.

217 **11** $f(t) = 2 \cdot (1 + 0{,}2)^t = 2 \cdot 1{,}2^t = 2 \cdot e^{\ln(1{,}2) \cdot t}$; t in Wochen, f(t) Personenzahl
$80\,000 = 2 \cdot 1{,}2^t$; $1{,}2^t = 40\,000$; $t = \frac{\ln(40\,000)}{\ln(1{,}2)} \approx 58{,}1$.
Es dauert ein gutes Jahr.

12 a) $f(t) = 1000 \cdot 1{,}5^t = 1000\,e^{\ln(1{,}5) \cdot t} = 1000 \cdot e^{0{,}4055 \cdot t}$; t in Stunden, f(t) Anzahl
b) $1000 \cdot e^{0{,}4055 \cdot t} = 1\,000\,000$ ergibt $t \approx 17{,}04$.
Bakterienzahl bei 1 Million nach ca. 17 Stunden.

13 a) Mittlere Änderungsrate $\frac{0{,}09 - 0{,}50}{10} = -0{,}041$, d.h. pro Stunde werden durchschnittlich 0,041 g abgebaut.
b) $f(t) = 0{,}5 \cdot e^{k \cdot t}$ mit $f(10) = 0{,}09$, also $0{,}5 \cdot e^{10k} = 0{,}09$, also $k = \frac{\ln(0{,}18)}{10} \approx -0{,}17148$.
$f(t) = 0{,}5 \cdot e^{-0{,}17148t}$; $0{,}25 = 0{,}5 \cdot e^{-0{,}17148t}$ ergibt $t \approx 4{,}04$.
Nach ca. 4 Stunden ist die Hälfte abgebaut.

S. 217 **13** c) Abbau in den ersten 6 Stunden: $f(6) = 0{,}5 \cdot e^{-0{,}17148 \cdot 6} \approx 0{,}17870$.
Es kommt 1 g hinzu; Funktion daher $g(t) = 1{,}17870 \cdot e^{-0{,}17148 \cdot t}$.
Damit ist um 20 Uhr $g(5) = 1{,}17870 \cdot e^{-0{,}17148 \cdot 5} \approx 0{,}50008$.
Damit sind um 20.00 Uhr noch ca. 0,5 g nicht abgebaut.

14 a) $W(x) = 256\,000 \cdot 0{,}8^x$

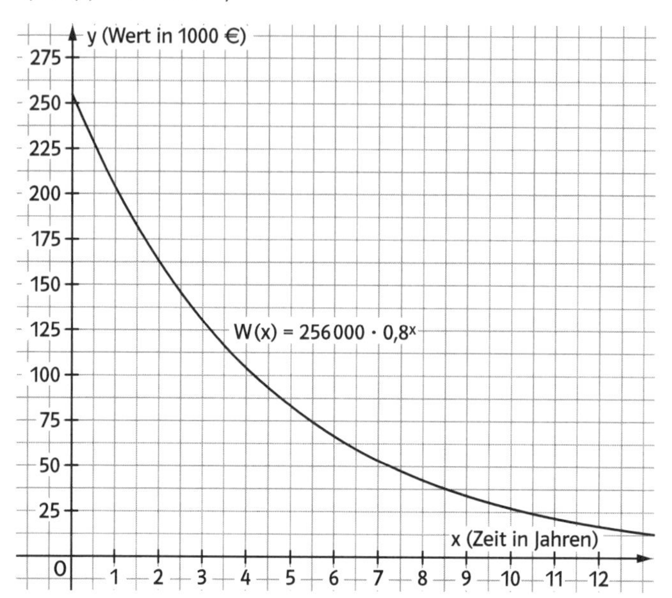

b) $W(3) \approx 131\,072$ in €
c) $256\,000 \cdot 0{,}8^x = 100\,000$ ergibt $x \approx 4{,}21$ Jahre, also rund 4 Jahre und 3 Monate.

15 a) $2000 = 1000 \cdot x^{12}$ ergibt $x = 2^{\frac{1}{12}} = \sqrt[12]{2} \approx 1{,}05946 \approx 1 + 0{,}0595$
Damit beträgt der Jahreszins ca. 5,95 %.
b) $20\,000 = 10\,000 \cdot x^9$ ergibt $x = 2^{\frac{1}{9}} = \sqrt[9]{2} \approx 1{,}0801 \approx 1 + 0{,}0801$
Damit beträgt der Jahreszins ca. 8 %.
c) $0{,}5 = 1 \cdot x^6$ ergibt $x = \left(\frac{1}{2}\right)^{\frac{1}{6}} = \sqrt[6]{\frac{1}{2}} \approx 0{,}8909 \approx 1 - 0{,}1091$.
Damit liegt die jährliche Inflationsrate bei ca. 10,9 %.

16 a) $f(t) = c \cdot a^t$ mit $f(0) = 550$ und $f(100) = 5100$ ergibt:
$c = 550$; $550a^{100} = 5100$; $a = 1{,}02252$.
$f(t) = 550 \cdot 1{,}02252^t = 550 \cdot e^{\ln(1{,}02252) \cdot t} = 550 \cdot e^{0{,}02227 \cdot t}$.
b) Die jährliche Zunahme beträgt ca. 2,25 %.
c) $m = \frac{5100 - 550}{100} = \frac{4550}{100} = 45{,}5$ (in $\frac{km^3}{a}$), d. h. in den letzten 100 Jahren sind von Jahr zu Jahr im Durchschnitt ca. 45,5 km³ Wasser mehr verbraucht worden.

Exkursionen: Bevölkerungsentwicklung

218 **1** a) Verdopplungszeit für Afghanistan in Jahren: $T \approx 14{,}88 \approx 15$.
Verdopplungszeit für Gambia in Jahren: $T \approx 24$
b) Halbierungszeit von Bulgarien in Jahren: $T \approx 77{,}5 \approx 78$
Bevölkerung auf 10 % geschrumpft nach $T \approx 258$ Jahren.
Dabei wird vorausgesetzt, dass es keine Veränderung bez. der jährlichen prozentualen Bevölkerungsabnahme gibt.
c) Bevölkerungszuwachs derzeit in Deutschland 0,02 % bei 82 424 000 Einwohnern (Januar 2008).
Einwohnerzahl 2010: $82\,456\,970 \approx 82\,457\,000$
Einwohnerzahl 2030: $82\,787\,430 \approx 82\,787\,000$
Einwohnerzahl 2050: $83\,119\,208 \approx 83\,119\,000$
Die Übereinstimmung mit einem exponentiellen Wachstum ist außerordentlich kritisch, da der Wachstumsfaktor mit 1,0002 sehr klein ist und damit leicht Schwankungen ausgesetzt ist.

219 **2** a) Da im Jahr 2000 ca. 6 Mrd. Menschen lebten, erhält man für 2100 in Mrd.:
$B(100) = 6 \cdot 1{,}012^{100} \approx 19{,}8$
b) Maximale Bevölkerungszahl um 2040 mit ca. 7,3 Mrd. Menschen.
c) Maximum bei der mittleren Schätzung etwa 2095 mit 11,5 Mrd.
d) Unrealistisch ist sicher der lineare Anstieg. Auch der exponentielle Anstieg erweist sich als unrealistisch. Ebenfalls scheint die niedrigste Schätzung zu optimistisch zu sein, so dass die zur blauen Kurve gehörige Schätzung die wohl akzeptabelste sein könnte.

VIII Finanzmathematik

1 Zins und Zinseszins

S. 222 **1** a) Miriam: 35,60 € · 1,025 = 36,49 €; Max: 42,90 € · 1,025 = 43,9725 € ≈ 43,97 €

b)

	Miriam	Max
nach 2 Jahren:	37,40 €	45,07 €
nach 3 Jahren:	38,34 €	46,20 €
nach 5 Jahren:	40,28 €	48,54 €
nach 10 Jahren:	45,57 €	54,92 €

S. 224 **2** a)

Anfangskapital	Zinssatz	Laufzeit	Endkapital
1500,00 €	4,00 %	8 Jahre	**2052,85 €**
15 000,00 €	4,00 %	8 Jahre	**20 528,54 €**
500,00 €	5,25 %	12 Jahre	**923,92 €**
98 765,00 €	4,32 %	10 Jahre	**150 757,47 €**

b)

Anfangskapital	Zinssatz	Laufzeit	Endkapital
4000,00 €	4,00 %	5 Jahre	4866,61 €
3999,98 €	4,75 %	8 Jahre	5798,16 €
2345,00 €	4,75 %	10 Jahre	3729,78 €
41,35 €	2,75 %	7 Jahre	50,00 €

3 a)

Anfangskapital	Zinssatz	Laufzeit	Endkapital
49,85 €	**3,50 %**	7 Jahre	63,42 €
12 000,00 €	**5,75 %**	3 Jahre	14 191,31 €
1 000 000,00 €	**4,85 %**	4 Jahre	1 208 575,37 €
123 456,00 €	**7,00 %**	10 Jahre	242 856,64 €

b)

Anfangskapital	Zinssatz	Laufzeit	Endkapital
13 579,00 €	4,00 %	**8 Jahre**	18 583,80 €
90 807,06 €	5,25 %	**6 Jahre**	123 438,96 €
11 122,20 €	6,25 %	**5 Jahre**	15 060,36 €
0,01 €	5,00 %	**250 Jahre**	1983,01 €

4 a) $1000\,€ \cdot 1{,}042^{21} = 2372{,}59\,€$

b) $1000\,€ \cdot 1{,}042^{10} \cdot 1{,}045^{11} = 2448{,}82\,€$

224 **5** a) $30\,000\,€ = K \cdot 1{,}0575^8$, also $K = 19181{,}31\,€$
b) $30\,000\,€ = K \cdot 1{,}0375^8$, also $K = 22346{,}86\,€$

6 a) $K_{10} = 200\,000\,€ \cdot 1{,}0725^{10} = 402\,719{,}82\,€ > 400\,000\,€$, d.h., der Mann hat Recht.
b) $400\,000 = 200\,000 \cdot (1 + p)^8$, also $p = 2^{\frac{1}{8}} - 1 \approx 0{,}0905 = 9{,}05\,\%$.
c) $K_{15} = 200\,000\,€ \cdot 1{,}073^{15} = 575\,474{,}16\,€$

7 $K = 200\,€ \cdot 1{,}03^4 \cdot 1{,}0375^6 = 280{,}74\,€$

8 $K = 1\,500\,000\,€ \cdot (1 + 0{,}057 - 0{,}018)^{10} = 2\,199\,108{,}89\,€$

9 a) $K_{15} = 120\,000\,€ \cdot 1{,}0565^{15} = 273\,667{,}84\,€$;
Jahreszins: $273\,667{,}84\,€ \cdot 0{,}0565 = 15\,462{,}23\,€$
b) $K_{15}^* = 120\,000\,€ \cdot 1{,}06^{15} = 287\,586{,}98\,€$; Jahreszins: $287\,586{,}98\,€ \cdot 0{,}06 = 17\,255{,}22\,€$
$\frac{17\,255{,}22 - 15\,462{,}23}{15\,462{,}23} \approx 0{,}1160 = 11{,}6\,\%$.

2 *Äquivalenzprinzip – unterjährige Verzinsung – Effektivzins*

225 **1** Bank A: $1000\,€ \cdot \left(1 + \frac{5\,\%}{4}\right)^4 = 1050{,}95\,€$
Bank B: $1000\,€ \cdot \left(1 + \frac{5{,}05\,\%}{2}\right)^2 = 1051{,}14\,€$
Bank B macht ein etwas günstigeres Angebot.

227 **2** Bank A zahlt aus: $500\,000\,€ = K \cdot 1{,}036^8$, also $K = 376\,783{,}57\,€ \approx 376\,800\,€$
Bank B zahlt aus: $536\,648\,€ = K^* \cdot 1{,}036^{10}$, also $K^* = 376\,783{,}57\,€ \approx 376\,800\,€$
Beide Angebote sind also äquivalent.

3 (1) $15\,000\,€ = K \cdot 1{,}096^4$; $K = 10\,395{,}59\,€ \approx 10\,400\,€$
(2) $12\,000\,€ = K \cdot 1{,}102^2$; $K = 9881{,}39\,€ \approx 9880\,€$

4 a) $p_{eff}\% = \left(1 + \frac{4{,}8\,\%}{2}\right)^2 - 1 = 4{,}8576\,\%$ b) $p_{eff}\% = \left(1 + \frac{4{,}8\,\%}{4}\right)^4 - 1 = 4{,}8871\,\%$
c) $p_{eff}\% = \left(1 + \frac{4{,}8\,\%}{12}\right)^{12} - 1 = 4{,}9070\,\%$ d) $p_{eff}\% = \left(1 + \frac{4{,}8\,\%}{360}\right)^{360} - 1 = 4{,}9167\,\%$

5 a) $K_6 = 50\,000\,€ \cdot \left(1 + \frac{6{,}25\,\%}{4}\right)^{24} = 72\,538{,}94\,€$
b) $K_6 = 50\,000\,€ \cdot (1 + p)^6$, also $p = 0{,}063980 = 6{,}398\,\%$
oder $p_{eff}\,\% = \left(1 + \frac{6{,}25\,\%}{4}\right)^4 - 1 = 6{,}398\,\%$
c) $100\,000\,€ = 50\,000\,€ \cdot \left(1 + \frac{6{,}25\,\%}{4}\right)^n$ ergibt $n = 44{,}707$ Vierteljahre.
Verdopplung des Kapitals nach etwas mehr als 11 Jahren.

S. 227 **5** d) $1\,000\,000\,€ = 50\,000\,€ \cdot \left(1 + \frac{6{,}25\,\%}{4}\right)^n$ ergibt n = 193,22 Vierteljahre.

1 Mio. € nach etwas mehr als 48¼ Jahren.

6 a) $14\,000\,€ = K \cdot \left(1 + \frac{6\,\%}{4}\right)^{16}$, damit sind bei sofortiger Ablösung K = 11 032,43 € zu zahlen.

b) $14\,000\,€ = K \cdot \left(1 + \frac{6\,\%}{4}\right)^{8}$, damit sind bei Ablösung in zwei Jahren K = 12 427,96 € zu zahlen.

7 (1) effektiver Jahreszins: $p_{eff}\,\% = \left(1 + \frac{5\,\%}{2}\right)^2 - 1 = 5{,}0625\,\%$

(2) effektiver Jahreszins: $p_{eff}\,\% = \left(1 + \frac{4{,}8\,\%}{12}\right)^{12} - 1 = 4{,}9070\,\%$

Verzinsung (1) ist besser.

8 a) $K = 25\,000\,€ \cdot 1{,}0525^3 \cdot 1{,}0625^7 = 44\,556{,}28\,€$

b) $44\,556{,}28\,€ = 25\,000\,€ \cdot (1 + p)^{10}$ ergibt $p = 5{,}949\,\% \approx 5{,}95\,\%$

9 a) $6000\,€ = K \cdot 1{,}085^3$ ergibt die sofortige Zahlung von K = 4697,45 €

b) Schuld nach 1 Jahr: $4697{,}45\,€ \cdot 1{,}085 = 5096{,}73\,€$;

nach Rückzahlung von 2000 €: $5096{,}73\,€ - 2000\,€ = 3096{,}73\,€$;

Schuld nach 2 Jahren: $3096{,}73\,€ \cdot 1{,}085^2 = 3645{,}55\,€$

10 (2) Der Betrag von 370000 € wird um 6 Jahre abgezinst:

$K_6(0) = 100\,000\,€ + \frac{370\,000\,€}{1{,}066^6} = 352\,149{,}72\,€$

(3) Der Betrag von 370 000 € wird um 10 Jahre abgezinst:

$K_{10}(0) = 150\,000\,€ + \frac{370\,000\,€}{1{,}066^{10}} = 345\,267{,}37\,€$

Wenn möglich wählt man das günstigste Angebot (3).

3 Rentenrechnung

228 **1**

	1200	5%	
Jahr	Anfangskapital	Zins	Endkapital
1	1200,00 €	60,00 €	1260,00 €
2	1260,00 €	63,00 €	**1323,00 €**
3	1323,00 €	66,15 €	**1389,15 €**
4	1389,15 €	69,46 €	1458,61 €
5	1458,61 €	72,93 €	**1531,54 €**
6	1531,54 €	76,58 €	1608,12 €
7	1608,12 €	80,41 €	1688,53 €
8	1688,53 €	84,43 €	1772,96 €
9	1772,96 €	88,65 €	1861,61 €
10	1861,61 €	93,08 €	**1954,69 €**

231 **2**

a) $R_n(18) = 100\,€ \cdot \frac{1{,}045^{18} - 1}{1{,}045 - 1} = 2685{,}51\,€$; $R_v(18) = 100\,€ \cdot 1{,}045 \cdot \frac{1{,}045^{18} - 1}{1{,}045 - 1} = 2806{,}36\,€$;

$R_n(0) = \frac{2685{,}51\,€}{1{,}045^{18}} = 1216{,}00\,€$; $R_v(0) = \frac{2806{,}36\,€}{1{,}045^{18}} = 1270{,}72\,€$.

b) $R_n(9) = 27\,851{,}87\,€$; $R_v(9) = 29\,314{,}10\,€$;

$R_n(0) = 17\,573{,}38\,€$; $R_v(0) = 18\,495{,}99\,€$

c) $R_n(12) = 599\,289{,}54\,€$; $R_v(12) = 638\,243{,}36\,€$;

$R_n(0) = 281\,476{,}02\,€$; $R_v(0) = 299\,771{,}96\,€$

d) $R_n(16) = 30\,419{,}49\,€$; $R_v(16) = 32\,092{,}56\,€$;

$R_n(0) = 12\,915{,}54\,€$; $R_v(0) = 13\,625{,}89\,€$

e) $R_n(6) = 133\,623{,}10\,€$; $R_v(6) = 138\,299{,}91\,€$;

$R_n(0) = 108\,702{,}48\,€$; $R_v(0) = 112\,507{,}07\,€$

232 **3**

a) Betrag bei Volljährigkeit: $R_v(18) = 4000\,€ \cdot 1{,}05 \cdot \frac{1{,}05^{18} - 1}{1{,}05 - 1} = 118\,156{,}02\,€$

b) Rentenbarwert ist $R_v(0) = 49\,096{,}26\,€$

4

a) Betrag nach 9 Jahren: $R_n(9) = 5600\,€ \cdot \frac{1{,}056^9 - 1}{0{,}056} = 63\,295{,}89\,€$

b) Einmalzahlung $R_n(0) = \frac{63\,295{,}89}{1{,}056^9} = 38\,761{,}47\,€$

5

a) Betrag nach 5 Jahren: $R_n(5) = 6000\,€ \cdot \frac{1{,}035^5 - 1}{0{,}035} = 32\,174{,}80\,€$

b) $36\,000\,€ = r \cdot \frac{1{,}035^5 - 1}{0{,}035}$ ergibt $r = 6713{,}33\,€$

c) $40\,000\,€ = 7200\,€ \cdot \frac{1{,}035^n - 1}{0{,}035}$ ergibt $n \approx 5{,}16$. Damit ist nach knapp 5 Jahren und 2 Monaten die Hälfte der Bausumme angespart.

S. 232 **6** a) $R_n(4) = 4000\,€ \cdot \frac{1{,}045^4 - 1}{0{,}045} = 17112{,}76\,€$

Der Anleger erhält 6 Jahre lang 4,5 % für dieses Geld und zahlt noch 6 Jahre jährlich 8000 € ein. Damit erhält er insgesamt:

$K = 17112{,}76\,€ \cdot 1{,}045^6 + 8000\,€ \cdot \frac{1{,}045^6 - 1}{0{,}045} = 76\,020{,}40\,€$

b) Betrag nach weiteren 6 Jahren: $K^* = 76\,020{,}40\,€ \cdot 1{,}045^6 = 98\,998{,}34\,€$

7 a) Kapital nach 6 Jahren: $R_v(6) = 3600\,€ \cdot 1{,}05 \cdot \frac{1{,}05^6 - 1}{0{,}05} = 25\,711{,}23\,€$

Kapital nach 15 Jahren: $25\,711{,}23\,€ \cdot 1{,}05^9 + 3000\,€ \cdot 1{,}05 \cdot \frac{1{,}05^9 - 1}{0{,}05} = 74\,620{,}23\,€$

b) Kapital nach 11 Jahren: $25\,711{,}23\,€ \cdot 1{,}05^5 + 3000\,€ \cdot 1{,}05 \cdot \frac{1{,}05^5 - 1}{0{,}05} = 50\,220{,}51\,€$

Dieses Kapital wird über 4 Jahre mit 5 % verzinst und ergibt dann
$50\,220{,}51\,€ \cdot 1{,}05^4 = 61\,043{,}34\,€$.

8 a) Insgesamt erhält man $R_v(10) = 6000\,€ \cdot 1{,}065 \cdot \frac{1{,}065^{10} - 1}{0{,}065} = 86\,299{,}36\,€$

mit einem Barwert von $R_v(0) = \frac{86\,299{,}36\,€}{1{,}065^{10}} = 45\,936{,}63\,€$

b) Betrag nach 5 Jahren: $45\,936{,}63\,€ \cdot 1{,}065^5 = 62\,937{,}16\,€$
soll ersetzt werden durch eine vorschüssige Rente:

$62\,937{,}16\,€ = r \cdot 1{,}065 \cdot \frac{1{,}065^5 - 1}{0{,}065}$, also Jahreszahlung $r = 10\,379{,}29\,€$.

c) Fälliger Betrag nach 4 Jahren: $45\,936{,}63\,€ \cdot 1{,}065^4 = 59\,095{,}93\,€$;

Bezahlter Betrag nach 4 Jahren: $6000\,€ \cdot 1{,}065 \cdot \frac{1{,}065^4 - 1}{0{,}065} = 28\,161{,}85\,€$;

Zu zahlen ist damit die Differenz: $59\,095{,}93\,€ - 28\,161{,}85\,€ = 30\,934{,}08\,€$

9 a) Rentenendwert: $R_n(16) = 3600\,€ \cdot \frac{1{,}035^{16} - 1}{0{,}035} = 75\,495{,}71\,€$.

b) Vorläufiger Rentenendwert nach 7 Jahren: $R_n(7) = 3600\,€ \cdot \frac{1{,}035^7 - 1}{0{,}035} = 28\,005{,}87\,€$;

normale Verzinsung über 2 Jahre: $B = 28\,005{,}87\,€ \cdot 1{,}035^2 = 30\,000{,}59\,€$;
Verzinsung von B + Rentenendwert nach weiteren 7 Jahren:
$30\,000{,}59\,€ \cdot 1{,}035^7 + 28\,005{,}87\,€ = 66\,175{,}00\,€$.
Tatsächlicher Rentenendwert mit Unterbrechung ist 66 175,00 €.

10 Rentenendwert $R_n(10) = 12\,000\,€ \cdot \frac{1{,}05^{10} - 1}{0{,}05} = 150\,934{,}71\,€$.

Die einmalige Zahlung entspricht dem Rentenbarwert: $R_n(0) = \frac{150\,934{,}71}{1{,}05^{10}} = 92\,660{,}82\,€$.

S. 233 **11** Es werden 10 500 € angelegt. Damit ist $R_n(0) = 10\,500\,€$.

Aus $10500\,€ = r \cdot \frac{1{,}0525^{10} - 1}{0{,}0525 \cdot 1{,}0525^{10}}$ ergibt sich ein jährlicher Betrag von 1376,36 €.

12 a) Kaufpreis $K = 100\,000\,€ + \frac{100\,000\,€}{1{,}0625^5} + \frac{100\,000\,€}{1{,}0625^{10}} = 228\,390{,}25\,€ \approx 230\,000\,€$.
b) $R_n(0) = 128\,390{,}25\,€$.

Aus $128\,390{,}25\,€ = r \cdot \frac{1{,}0625^8 - 1}{0{,}0625 \cdot 1{,}0625^8}$ erhält man $r = 20\,880{,}49\,€$ als jährliche Rate.

233 **13** a) Kapital k wird 5 Jahre mit 5,5% angelegt: $K(5) = k \cdot 1{,}055^5$.
Rente daraus über 10 Jahre vorschüssig in Höhe von 15 000 €:
$k \cdot 1{,}055^5 = 15\,000\,€ \cdot 1{,}055 \cdot \frac{1{,}055^{10} - 1}{0{,}055}$, also
$k = 15\,000\,€ \cdot 1{,}055 \cdot \frac{1{,}055^{10} - 1}{0{,}055 \cdot 1{,}055^5} = 155\,898{,}02\,€$.
Die Witwe hat ca. 156 000 € angelegt.
b) Aus $155\,898{,}02\,€ = 12\,000\,€ \cdot 1{,}055 \cdot \frac{1{,}055^n - 1}{0{,}055 \cdot 1{,}055^n}$ erhält man $n \approx 21{,}1$. Damit kann die Witwe ca. 21 Jahre jährlich 12 000 € Rente erhalten.

14 $175\,000\,€ = 17\,500\,€ \cdot 1{,}06 \cdot \frac{1{,}06^n - 1}{0{,}06 \cdot 1{,}06^n}$ erhält man $0{,}5660377 \cdot 1{,}06^n = 1{,}06^n - 1$, also
$0{,}4339623 \cdot 1{,}06^n = 1$ oder $1{,}06^n = 2{,}3043478$, also $n = \frac{\log(2{,}3043478)}{\log(1{,}06)} \approx 14{,}3266$.
Der Betrag kann ca. 14 Jahre und 4 Monate gezahlt werden.

15 a) Barwert der Rente: $R_n(0) = 14000\,€ \cdot 1{,}045 \cdot \frac{1{,}045^{12} - 1}{0{,}045 \cdot 1{,}045^{12}} = 133\,404{,}84\,€$.
Daraus wird nachschüssige Rente r über 15 Jahre:
$133\,404{,}84\,€ = r \cdot \frac{1{,}045^{15} - 1}{0{,}045 \cdot 1{,}045^{15}}$; $r = 12\,421{,}83\,€$.
b) Aus $133\,404{,}84\,€ = 20\,225\,€ \cdot \frac{1{,}045^n - 1}{0{,}045 \cdot 1{,}045^n}$ errechnet man wie in Aufgabe 14:
$n \approx 8{,}00$. Die Laufzeit der Rente beträgt 8 Jahre.

16 Aus $120\,000\,€ = 15\,250\,€ \cdot 1{,}075 \cdot \frac{1{,}075^n - 1}{0{,}075 \cdot 1{,}075^n}$ erhält man $n \approx 11{,}01$. Die Laufzeit der Rente beträgt 11 Jahre.

17 Kapital nach 7 Jahren: $K = 20\,000\,€ \cdot 1{,}0425^7 + 2000\,€ \cdot \frac{1{,}0425^7 - 1}{0{,}0425} = 42\,681{,}65\,€$

18 Jährliche Rate aus: $40\,000\,€ = 23\,567\,€ \cdot 1{,}045^7 + r \cdot 1{,}045 \cdot \frac{1{,}045^7 - 1}{0{,}045}$
ergibt $r \approx 946{,}13\,€$.

19 a) Restguthaben: $50\,000\,€ \cdot 1{,}07^8 - 6300 \cdot 1{,}07 \cdot \frac{1{,}07^8 - 1}{0{,}07} = 16\,747{,}98\,€$.
b) Aus $50\,000\,€ = 6300\,€ \cdot 1{,}07 \cdot \frac{1{,}07^n - 1}{0{,}07 \cdot 1{,}07^n}$ erhält man $n = 10{,}82$.
Damit kann man fast 11 Jahre Rente erhalten.

4 *Tilgungsrechnung*

234 **1** a) Zinsen bei 8% sind 80 €; Schuld am Jahresende 1080 € abzgl. 200 € Rückzahlung: Schulden zu Beginn des 2. Jahres also 880 €.
b) Zinsen bei 8% sind 70,40 €; Schuld am Jahresende 950,40 € abzgl. 200 € Rückzahlung: Schulden zu Beginn des 3. Jahres also 750,40 €.

S. 234 **1** c)

	A	B	C	D	E
1			**8 %**	**1000**	**200**
2	**Jahr**	**Jahresbeginn**	**Zins**	**Summe**	**Jahresende**
3	1	1000,00 €	80,00 €	1080,00 €	880,00 €
4	2	880,00 €	70,40 €	950,40 €	750,40 €
5	3	750,40 €	60,03 €	810,43 €	**610,43 €**
6	4	610,43 €	48,83 €	659,26 €	**459,26 €**
7	5	459,26 €	36,74 €	496,00 €	**296,00 €**
8	6	296,00 €	23,68 €	319,68 €	**119,68 €**
9	7	119,68 €	9,57 €	129,25 €	**0,00 €**

S. 237 **2** a) $A = 240\,000\,€ \cdot \frac{1{,}043^6 \cdot 0{,}043}{1{,}043^6 - 1} = 46982{,}19\,€$

b) $46\,982{,}19\,€ = 240\,000\,€ \cdot 0{,}048 + T(1)$; also $T(1) = 35\,462{,}19\,€$;
Restschuld nach dem 1. Jahr: 204 537,81 €.

c) Tilgungsplan:

	A	B	C	D	E
1			**5 %**	**240 000**	**46 982,19**
2	**Jahr**	**Jahresbeginn**	**Zins**	**Summe**	**Jahresende**
3	1	240 000,00 €	11 520,00 €	251 520,00 €	**204 537,81 €**
4	2	204 537,81 €	9817,81 €	214 355,62 €	**167 373,43 €**
5	3	167 373,43 €	8033,92 €	175 407,35 €	**128 425,16 €**
6	4	128 425,16 €	6164,41 €	134 589,57 €	**87 607,38 €**
7	5	87 607,38 €	4205,15 €	91 812,53 €	**44 830,34 €**
8	6	44 830,34 €	2151,86 €	46 982,20 €	**0,01 €**

3 a) $A = 160\,000\,€ \cdot \frac{1{,}043^8 \cdot 1{,}043}{1{,}043^8 - 1} = 24\,059{,}72\,€$

b) $T(1) = 24\,059{,}72\,€ - 160\,000\,€ \cdot 0{,}043 = 17\,179{,}72\,€$

c) $T(5) = 17\,179{,}72\,€ \cdot 1{,}043^4 = 20\,330{,}75\,€$

getilgt nach 5 Jahren: $K(5) = 17\,179{,}72\,€ \cdot \frac{1{,}043^5 - 1}{0{,}043} = 93\,610{,}42\,€$;
Restschuld: 66 389,58 €

237 **3** d)

	A	B	C	D	E
1		Darlehen:	160 000	Tilungsdauer:	
2		Zinssatz:	4,3 %	Annuität:	24 059,72
3	**Jahr**	**Jahresbeginn**	**Zinsen**	**Tilgung**	**Jahresende**
4	1	160 000,00 €	6880,00 €	17 179,72 €	142 820,28 €
5	2	142 820,28 €	6141,27 €	17 918,45 €	124 901,83 €
6	3	124 901,83 €	5370,78 €	18 688,94 €	106 212,89 €
7	4	106 212,89 €	4567,15 €	19 492,57 €	86 720,32 €
8	5	86,720,32 €	3728,97 €	20 330,75 €	66 389,57 €
9	6	66 389,57 €	2854,75 €	21 204,97 €	45 184,60 €
10	7	45 184,60 €	1942,94 €	22 116,78 €	23 067,82 €
11	8	23 067,82 €	991,92 €	23 067,80 €	0,02 €

4 a) Kosten des Wagens: $K = 5000\,€ \cdot \frac{1{,}035^6 - 1}{0{,}035 \cdot 1{,}035^6} = 26\,642{,}77\,€$

b)

	A	B	C	D	E
1		Darlehen:		Tilungsdauer:	6
2		Zinssatz:	3,5 %	Annuität:	5000
3	**Jahr**	**Jahresbeginn**	**Zinsen**	**Tilgung**	**Jahresende**
4	1	26 642,77 €	932,50 €	4067,50 €	22 575,26 €
5	2	22 575,27 €	790,13 €	4209,87 €	18 365,40 €
6	3	18 365,40 €	642,79 €	4357,21 €	14 008,19 €
7	4	14 008,19 €	490,29 €	4509,71 €	9498,48 €
8	5	9498,48 €	332,45 €	4667,55 €	4830,93 €
9	6	4830,93 €	169,08 €	4830,92 €	0,01 €

5 a) $3\,000\,000\,€ = 200\,000\,€ \cdot \frac{1{,}0325^n - 1}{0{,}0325 \cdot 1{,}0325^n}$ ergibt $0{,}4875 \cdot 1{,}0325^n = 1{,}0325^n - 1$;
also $0{,}5125 \cdot 1{,}0325^n = 1$ oder $1{,}0325^n = 1{,}9512195$ mit $n = \frac{\log(1{,}9512195)}{\log(1{,}0325)} \approx 20{,}900$.
Die Laufzeit des Darlehens beträgt knapp 21 Jahre.
b) $T(1) = 200\,000\,€ - 3\,000\,000\,€ \cdot 0{,}0325 = 102\,500\,€$
Darlehensschuld nach 10 Jahren: $D = 3\,000\,000\,€ - 102\,500\,€ \cdot \frac{1{,}0325^{10} - 1}{0{,}0325} = 1\,811\,333{,}35\,€$

S. 237 **5** c) Höhe der Schlusszahlung: 179 773,96 €
(hier ist der Jahreszins im Jahr 21 wegen n = 20,90 mit 0,9 zu multiplizieren)

	A	B	C	D	E
1		Darlehen:	3 000 000	Tilgungsdauer:	
2		Zinssatz:	3,25 %	Annuität:	200 000
3	Jahr	Jahresbeginn	Zinsen	Tilgung	Jahresende
4	1	3 000 000,00 €	97 500,00 €	102 500,00 €	2 897 500,00 €
5	2	2 897 500,00 €	94 168,75 €	105 831,25 €	2 791 668,75 €
6	3	2 791 668,75 €	90 729,23 €	109 270,77 €	2 682 397,98 €
7	4	2 682 397,98 €	87 177,93 €	112 822,07 €	2 569 575,91 €
8	5	2 569 575,91 €	83 511,22 €	116 488,78 €	2 453 087,13 €
9	6	2 453 087,13 €	79 725,33 €	120 274,67 €	2 332 812,46 €
10	7	2 332 812,46 €	75 816,40 €	124 183,60 €	2 208 628,86 €
11	8	2 208 628,86 €	71 780,44 €	128 219,56 €	2 080 409,30 €
12	9	2 080 409,30 €	67 613,30 €	132 386,70 €	1 948 022,60 €
13	10	1 948 022,60 €	63 310,73 €	136 689,27 €	1 811 333,33 €
14	11	1 811 333,33 €	58 868,33 €	141 131,67 €	1 670 201,66 €
15	12	1 670 201,66 €	54 281,55 €	145 718,45 €	1 524 483,21 €
16	13	1 524 483,21 €	49 545,70 €	150 454,30 €	1 374 028,91 €
17	14	1 374 028,91 €	44 655,94 €	155 344,06 €	1 218 684,85 €
18	15	1 218 684,85 €	39 607,26 €	160 392,74 €	1 058 292,11 €
19	16	1 058 292,11 €	34 394,49 €	165 605,51 €	892 686,60 €
20	17	892 686,60 €	29 012,31 €	170 987,69 €	721 698,91 €
21	18	721 698,91 €	23 455,21 €	176 544,79 €	545 154,12 €
22	19	545 154,12 €	17 717,51 €	182 282,49 €	362 871,63 €
23	20	362 871,63 €	11 793,33 €	188 206,67 €	174 664,96 €
24	21	174 664,96 €	5108,95 €	**179 773,91 €**	

6 a) $A = 180\,000\,€ \cdot \frac{1{,}05^{10} \cdot 0{,}05}{1{,}05^{10} - 1} = 23\,310{,}82\,€$

b) Tilgungsrate $T(1) = 23\,310{,}82\,€ - 180\,000\,€ \cdot 0{,}05 = 14\,310{,}82\,€$; $Z(1) = 9000\,€$

Zinsanteil an Annuität: $\frac{9000}{22\,310{,}82} \approx 0{,}3861 \approx 38{,}6\,\%$

c) $T(5) = 14\,310{,}82\,€ \cdot 1{,}05^4 = 17\,394{,}89\,€$; $Z(5) = 23\,310{,}82\,€ - 17\,394{,}89\,€ = 5815{,}93\,€$

7 a) Annuität zu Beginn: $A = 560\,000\,€ \cdot \frac{1{,}048^{18} \cdot 0{,}048}{1{,}048^{18} - 1} = 47\,160{,}23\,€$

b) $T(1) = 47\,160{,}23\,€ - 560\,000\,€ \cdot 0{,}048 = 20\,280{,}23\,€$;

nach 5 Jahren sind getilgt: $K(5) = 20\,280{,}23\,€ \cdot \frac{1{,}048^5 - 1}{0{,}048} = 111\,614{,}24\,€$;

Restdarlehen: $560\,000\,€ - 111\,614{,}24\,€ = 448\,385{,}76\,€$

237 **7** c) Aus $448\,385{,}76\,€ = 2 \cdot 47160{,}23\,€ \cdot \frac{1{,}048^n - 1}{0{,}048 \cdot 1{,}048^n}$ erhält man $n = 5{,}5245 \approx 5{,}5$.

Die Restlaufzeit beträgt ca. $5\frac{1}{2}$ Jahre.

8 a) Höhe der Annuität: $A = 450000\,€ \cdot 12\% = 54000\,€$

b) Aus $450\,000\,€ = 54\,000\,€ \cdot \frac{1{,}0525^n - 1}{0{,}0525 \cdot 1{,}0525^n}$ erhält man $n = 11{,}24$, d.h., nach ca. $11\frac{1}{4}$ Jahren ist das Darlehen getilgt.

c) Im 7. Jahr ist die Hälfte des Darlehens getilgt. Der Zins für das Jahr 12 wurde wegen $n = 11{,}24$ mit 0,24 multipliziert.

	A	B	C	D	E
1		Darlehen:	450000	Tilgungsdauer:	
2		Zinssatz:	5,25%	Annuität:	54000
3	**Jahr**	**Jahresbeginn**	**Zinsen**	**Tilgung**	**Jahresende**
4	1	450000,00 €	23625,00 €	30375,00 €	419625,00 €
5	2	419625,00 €	22030,31 €	31969,69 €	387655,31 €
6	3	387655,31 €	20351,90 €	33648,10 €	354007,21 €
7	4	354007,21 €	18585,38 €	35414,62 €	318592,59 €
8	5	318592,59 €	16726,11 €	37273,89 €	281318,70 €
9	6	281318,70 €	14769,23 €	39230,77 €	242087,93 €
10	7	**242087,93 €**	**12709,62 €**	**41290,38 €**	**200797,55 €**
11	8	200797,55 €	10541,87 €	43458,13 €	157339,42 €
12	9	157339,42 €	8260,32 €	45739,68 €	111599,74 €
13	10	111599,74 €	5858,99 €	48141,01 €	63458,73 €
14	11	63458,73 €	3331,58 €	50668,42 €	12790,31 €
15	12	12790,31 €	161,16 €	12951,47 €	

5 *Vermischte Aufgaben*

238 **1** $K = 4800\,€ \cdot 1{,}04^2 \cdot 1{,}045^6 = 7031{,}35\,€$

2 $K(0) = \frac{151\,868{,}83\,€}{1{,}045^5 \cdot 1{,}0625^5} = 90\,000\,€$

3 $9354{,}55\,€ = 6750\,€ \cdot (1 + p)^4$ ergibt $p = 0{,}085 = 8{,}5\,\%$

4 $12\,000\,€ = 10\,000\,€ \cdot 1{,}045^n$ ergibt $n = \frac{\log(1{,}2)}{\log(1{,}045)} \approx 4{,}142$;

er muss also 4 Jahre und ca. 2 Monate warten.

S. 238 **5** a) $4500\,€ = 3000\,€ \cdot \left(1 + \frac{0{,}06}{4}\right)^n$ ergibt $n = \frac{\log(1{,}5)}{\log(1{,}015)} \approx 27{,}23$ (in Vierteljahren);
es dauert knapp 7 Jahre.
b) $p_{eff} = \left(1 + \frac{6\,\%}{4}\right)^4 - 1 \approx 0{,}0614 = 6{,}14\,\%$

6 a) $21\,200\,€ = 16\,000\,€ \cdot \left(1 + \frac{0{,}066}{12}\right)^n$ ergibt $n = \frac{\log(1{,}325)}{\log(1{,}0055)} \approx 51{,}31$ (n Monaten);
es dauert ca. $4\frac{1}{4}$ Jahre.
b) $p_{eff} = \left(1 + \frac{6{,}6\,\%}{12}\right)^{12} - 1 \approx 0{,}0680 = 6{,}80\,\%$.

7 $K = (1800\,€ \cdot 1{,}0375^3 + 2400) \cdot 1{,}0485^7 = 6143{,}79\,€$

8 (1) Barzahlung: $96\,000\,€ \cdot 0{,}95 = 91\,200\,€$
(2) Barwert zu (2): $10\,000\,€ + \frac{112\,200\,€}{1{,}04^5} = 102\,220{,}22\,€$
(3) Barwert zu (3): $26\,000\,€ + \frac{79\,550\,€}{1{,}04^4} = 93\,999{,}67\,€$
Kann nicht bar bezahlt werden, so ist Angebot (3) zu empfehlen.

9 a) $20 = 1 \cdot 1{,}05^n$ ergibt $n = \frac{\log(20)}{\log(1{,}05)} = 61{,}40$.
Man erhielte im 62. Lebensjahr das 20-fache Kapital.
b) $10 = 1 \cdot \left(1 + \frac{0{,}05}{12}\right)^n$ ergibt $n = \frac{\log(10)}{\log\left(\frac{241}{240}\right)} = 553{,}77$ (in Monaten)
Verzehnfachung nach etwas mehr als 46 Jahren.
$p_{eff} = \left(1 + \frac{5\,\%}{12}\right)^{12} - 1 \approx 0{,}0512 = 5{,}12\,\%$.

10 a) $44\,354{,}77\,€ = r \cdot \frac{1{,}042^{16} - 1}{0{,}042}$ ergibt $r = 2000\,€$
b) $115\,675{,}31\,€ = r \cdot 1{,}0395 \cdot \frac{1{,}0395^{21} - 1}{0{,}0395}$ ergibt $r = 3500\,€$
c) $6457{,}50\,€ = 3000\,€ \cdot q \cdot \frac{q^2 - 1}{q - 1}$ oder $2{,}1525 = q \cdot (q + 1)$;
$q^2 + q - 2{,}1525 = 0$ ergibt die einzige brauchbare Lösung $q = 1{,}05$; Zinssatz ist also 5%.
d) $102\,209{,}56\,€ = 3575\,€ \cdot \frac{1{,}0615^n - 1}{0{,}0615}$ ergibt $n = 17$.

S. 239 **11** $R_n(10) = 6000\,€ \cdot \frac{1{,}045^{10} - 1}{0{,}045} = 73\,729{,}26\,€$;
zugehöriger Rentenbarwert: $R_n(0) = \frac{73\,729{,}26\,€}{1{,}045^{10}} = 47\,476{,}31\,€$.
Aus $47\,476{,}31\,€ = r \cdot 1{,}045 \cdot \frac{1{,}045^{20} - 1}{0{,}045 \cdot 1{,}045^{20}}$ erhält man die jährliche Zahlung
$r = 3492{,}63\,€$.

12 Der Einzahlungsbetrag ist der Rentenbarwert
$R_{20}(0) = 7200\,€ \cdot \frac{1{,}044^{20} - 1}{0{,}044 \cdot 1{,}044^{20}} = 94\,474{,}00\,€$.

13 Aus $150\,000\,€ = r \cdot \frac{1{,}0425^{20} - 1}{0{,}0425 \cdot 1{,}0425^{20}}$
erhält man die Jahresrente $r = 11\,282{,}98\,€$ über 20 Jahre.

14 Aus $50\,507{,}25\,€ = r \cdot 1{,}043 \cdot \frac{1{,}043^{12} - 1}{0{,}043 \cdot 1{,}043^{12}}$ erhält man $r = 5250{,}00\,€$.

239 **15** Rentenbarwert: $R_v(0) = 4500\,€ \cdot 1{,}065 \cdot \frac{1{,}065^{11} - 1}{0{,}065 \cdot 1{,}065^{11}} = 36\,849{,}74\,€$

$36\,849{,}74\,€ = r \cdot 1{,}065 \cdot \frac{1{,}065^{15} - 1}{0{,}065 \cdot 1{,}065^{15}}$ ergibt $r = 3679{,}88\,€$ als jährliche Rente über 15 Jahre.

16 a) Annuität: $A = 150\,000\,€ \cdot \frac{1{,}065^{10} \cdot 0{,}065}{1{,}065^{10} - 1} = 20\,865{,}70\,€$

b) Kredit $K = 15\,000\,€ \cdot \frac{1{,}0525^{15} - 1}{0{,}0525 \cdot 1{,}0525^{15}} = 153\,096{,}93\,€$

c) Aus $1595{,}68\,€ = 450\,€ \cdot \frac{1{,}05^{n} - 1}{1{,}05^{n} \cdot 0{,}05}$ errechnet man die Laufzeit in Jahren: $n = 4$

17 Aus $450\,000\,€ = A \cdot \frac{1{,}081^{20} - 1}{0{,}081 \cdot 1{,}081^{20}}$ errechnet man $A = 46\,175{,}10\,€$

18 a) Annuität $A = 120\,000\,€ \cdot 0{,}042 + 120\,000\,€ \cdot 0{,}02 = 7440\,€$

b) Aus $120\,000\,€ = 7440\,€ \cdot \frac{1{,}042^{n} - 1}{0{,}042 \cdot 1{,}042^{n}}$ errechnet man $n = 27{,}50$ (in Jahren).

S. 239 **18** c) Der Zins für das Jahr 28 wurde wegen n = 27,5 mit 0,5 multipliziert.

	A	B	C	D	E
1		Darlehen:	120 000	Tilgungsdauer:	7
2		Zinssatz:	4,20 %	Annuität:	7440
3	Jahr	Jahresbeginn	Zinsen	Tilgung	Jahresende
4	1	120 000,00 €	5040,00 €	2400,00 €	117 600,00 €
5	2	117 600,00 €	4939,20 €	2500,80 €	115 099,20 €
6	3	115 099,20 €	4834,17 €	2605,83 €	112 493,37 €
7	4	112 493,37 €	4724,72 €	2715,28 €	109 778,09 €
8	5	109 778,09 €	4610,68 €	2829,32 €	106 948,77 €
9	6	106 948,77 €	4491,85 €	2948,15 €	104 000,62 €
10	7	104 000,62 €	4368,03 €	3071,97 €	100 928,65 €
11	8	100 928,65 €	4239,00 €	3201,00 €	97 727,65 €
12	9	97 727,65 €	4104,56 €	3335,44 €	94 392,21 €
13	10	94 392,21 €	3964,47 €	3475,53 €	90 916,68 €
14	11	90 916,68 €	3818,50 €	3621,50 €	87 295,18 €
15	12	87 295,18 €	3666,40 €	3773,60 €	83 521,58 €
16	13	83 521,58 €	3507,91 €	3932,09 €	79 589,49 €
17	14	79 589,49 €	3342,76 €	4097,24 €	75 492,25 €
18	15	75 492,25 €	3170,67 €	4269,33 €	71 222,92 €
19	16	71 222,92 €	2991,36 €	4448,64 €	66 774,28 €
20	17	66 774,28 €	2804,52 €	4635,48 €	62 138,80 €
21	18	62 138,80 €	2609,83 €	4830,17 €	57 308,63 €
22	19	57 308,63 €	2406,96 €	5033,04 €	52 275,59 €
23	20	52 275,59 €	2195,57 €	5244,43 €	47 031,16 €
24	21	47 031,16 €	1975,31 €	5464,69 €	41 566,47 €
25	22	41 566,47 €	1745,79 €	5694,21 €	35 872,26 €
26	23	35 872,26 €	1506,63 €	5933,37 €	29 938,89 €
27	24	29 938,89 €	1257,43 €	6182,57 €	23 756,32 €
28	25	23 756,32 €	997,77 €	6442,23 €	17 314,09 €
29	26	17 314,09 €	727,19 €	6712,81 €	10 601,28 €
30	27	10 601,28 €	445,25 €	6994,75 €	3606,53 €
31	28	3606,53 €	75,74 €	3682,27 €	0,00 €

239 **19** a)

	A	B	C	D	E
1		Sparbetrag:	**12 000 €**	Sonderzahlung nach 3 Jahren:	**6000 €**
2		Zinssatz zu Beginn:	**5,20 %**		
3		Zinssatz nach 3 Jahren:	**5,50 %**		
4	**Jahr**	**Jahresbeginn**	**Zinsen**	**Zuzahlung**	**Jahresende**
5	1	12 000,00 €	624,00 €	2000,00 €	14 624,00 €
6	2	14 624,00 €	760,45 €	2000,00 €	17 384,45 €
7	3	17 384,45 €	903,99 €	2000,00 €	26 288,44 €
8	4	26 288,44 €	1445,86 €	2000,00 €	29 734,30 €
9	5	29 734,30 €	1635,39 €	2000,00 €	33 369,69 €
10	6	33 369,69 €	1835,33 €	2000,00 €	37 205,02 €
11	7	37 205,02 €	2046,28 €	2000,00 €	41 251,30 €
12	8	41 251,30 €	2268,82 €	2000,00 €	**45 520,12 €**

b)

	A	B	C	D	E
1		Sparbetrag:	**12 000 €**	Sonderzahlung nach 3 Jahren	**6000 €**
2		Zinssatz zu Beginn:	**5,20 %**		
		Zinssatz nach 3 Jahren:	**5,50 %**	Abhebung zu Beginn des 7. Jahres (am Ende des 6. Jahres)	**10 000 €**
3		Zinssatz nach 5 Jahren:	**4,60 %**		
4	**Jahr**	**Jahresbeginn**	**Zinsen**	**Zuzahlung**	**Jahresende**
5	1	12 000,00 €	624,00 €	2000,00 €	14 624,00 €
6	2	14 624,00 €	760,45 €	2000,00 €	17 384,45 €
7	3	17 384,45 €	903,99 €	2000,00 €	20 288,44 €
8	4	20 288,44 €	1445,86 €	2000,00 €	23 734,30 €
9	5	23 734,30 €	1635,39 €	2000,00 €	33 369,69 €
10	6	33 369,69 €	1535,01 €	2000,00 €	26 904,70 €
11	7	26 904,70 €	1237,62 €	2000,00 €	30 142,32 €
12	8	30 142,32 €	1386,55 €	2000,00 €	33 528,87 €
13	9	33 528,87 €	1542,33 €	2000,00 €	37 071,20 €
14	10	37 071,20 €	1705,28 €	2000,00 €	**40 776,48 €**

20 Barwert der Rente: $R_n(0) = 5400\,€ \cdot \frac{1{,}06^{12} - 1}{0{,}06 \cdot 1{,}06^{12}} = 45\,272{,}76\,€$.

Damit bleiben dem Rentner noch 50 000 € − 45 272,76 € = 4727,24 € zur Verfügung.

IX Stochastik

1 Zufallsexperimente

S. 244 **1** a) Beim Mensch-ärgere-dich-nicht spielt der Zufall den größten Einfluss (Würfeln), beim Skat spielt er beim Mischen der Karten eine große Rolle und beim Schachspiel spielt er keine nennenswerte Rolle.
b) Augenzahl 6

2 Es sind 4 Ergebnisse möglich bei Berücksichtigung der Reihenfolge (WW, WZ, ZW, ZZ), sonst nur 3 (WW, WZ, ZZ).

S. 246 **3** E = {0; 1; 2; 3; 4; 5; 6; 7; 8; 9}

4 E_1 = {Pfeil bleibt stecken; Pfeil prallt ab; Pfeil geht an der Scheibe vorbei};
E_2 = {1; 2; 3; 4; 5; 6; 10; trifft kein Feld}

5 E_1 = {einwandfrei; nicht einwandfrei}; E_2 = {einwandfrei; leichte Mängel; Ausschuss}

6 E = {000; 001; 010; 011; 100; 101; 110; 111}

7 a) $E = \{V_1H_1; V_1H_2; V_1H_3; V_1H_4; V_2H_1; V_2H_2; V_2H_3; V_2H_4; V_3H_1; V_3H_2; V_3H_3; V_3H_4\}$
b) Es gibt dann $3 \cdot 4 \cdot 2 = 24$ Möglichkeiten.

8 E = {11; 12; 13; 21; 22; 23; 31; 32; 33}

9 a) $3 \cdot 5 = 15$ Möglichkeiten
b) $3 \cdot 5 \cdot 4 = 60$ Möglichkeiten
c) $4 \cdot 5 \cdot 3 = 60$ Möglichkeiten
d) $3 \cdot 5 \cdot 4 \cdot 4 \cdot 5 \cdot 3 = 3600$ Möglichkeiten
e) $3 \cdot 5 \cdot 4 \cdot 3 \cdot 4 \cdot 2 = 1440$ Möglichkeiten

10 a) ++++; +++0; ++0+; ++00; +0++; +0+0; +00+; +000;
0+++; 0++0; 0+0+; 0+00; 00++; 00+0; 000+; 0000
b) $3 \cdot 3 \cdot 3 \cdot 3 = 3^4 = 81$ Möglichkeiten (pro Test 3 Möglichkeiten, d.h. Baum mit 4 Astreihen mit jeweils 3 Verzweigungen)

2 *Ereignisse – Zufallsvariable*

247 **1** a) E = {2; 4; 6} b) E = {5; 6} c) E = {2; 3; 5} d) E = { }

249 **2** a) A = {2; 3; 5; 7}; B = {0; 5}; C = {1; 3; 5; 7; 9}
D = {9}; E = {0; 1; 2; 3}; F = {0; 1; 4; 9}
b) $\overline{A}$: keine Primzahl, $\overline{A}$ = {0; 1; 4; 6; 8; 9};
$\overline{B}$: Zahl nicht durch 5 teilbar, $\overline{B}$ = {1; 2; 3; 4; 6; 7; 8; 9};
$\overline{C}$: gerade Zahl, $\overline{C}$ = {0; 2; 4; 6; 8};
$\overline{D}$: Zahl kleiner oder gleich 8, $\overline{D}$ ={0; 1; 2; 3; 4; 5; 6; 7; 8};
$\overline{E}$: Zahl größer oder gleich 4, $\overline{E}$ = {4; 5; 6; 7; 8; 9};
$\overline{F}$: Zahl ist nicht Quadratzahl; $\overline{F}$ = {2; 3; 5; 6; 7; 8}

3 a) A = {11; 22; 33; 44; 55; 65; 66}; B = {55; 56; 65; 66};
C = {22; 24; 26; 42; 44; 46; 62; 64; 66}
D = {26; 35; 44; 53; 62}; E = {11; 12; 13; 21; 22; 31};
F = {11; 12; 13; 14; 15; 16; 21; 22; 23; 24; 31; 32; 33; 41; 42; 51; 61}
b) Es sind eingetreten A, B und C.

4 a) E = {000; 001; 010; 011; 100; 101; 110; 111}
b) A = {100; 010; 001}; B = {011; 101; 110; 111};
C = {000; 001; 010; 011; 100; 101; 110} = E\{111}
c) X = Anzahl der schwachen Umsatzzahlen
A: X = 2; B: X ≦ 1; C: X ≧ 1.

5 a) X = 4: Das Glücksrad bleibt bei 4 stehen: {4}
b)

Y	4	6	8	10	12
E	{22}	{24; 42}	{26; 44; 62}	{46; 64}	{66}

c) Y = 8: A = {26; 44; 62}; Y = 10: B = {46; 64}

6

X in €	2	1	−3
E	{AUS; ASU}	{UAS; SAU}	{USA; SUA}

X = 2: A = {AUS; ASU}; X = 1: B = {UAS; SAU}; X = −3: C = {USA; SUA}

7 a) 2^5 = 32 Möglichkeiten
b) A = {00000}; B = {10000; 01000; 00100; 00010; 00001};
C = {11110; 11101; 11011; 10111; 01111}
D = {11100; 11010; 11001; 10110; 10101; 10011; 01110; 01101; 01011; 00111}
c) F: X ≧ 4; G: X ≦ 4

3 Relative Häufigkeiten und ihre Darstellung

S. 250 **1** a) Es kamen insgesamt 5298 Verkehrsteilnehmer ums Leben.

Verkehrstote	Radfahrer	Motorradfahrer	Pkw-Fahrer	Güterfahrzeuglenker	Businsassen	Fußgänger	Summe
absolute Häufigkeit	575	982	2833	213	9	686	5298
relative Häufigkeit	0,109	0,185	0,535	0,040	0,002	0,129	1,000
re. H. in Prozent	10,9	18,5	53,5	4,0	0,2	12,9	100

b)

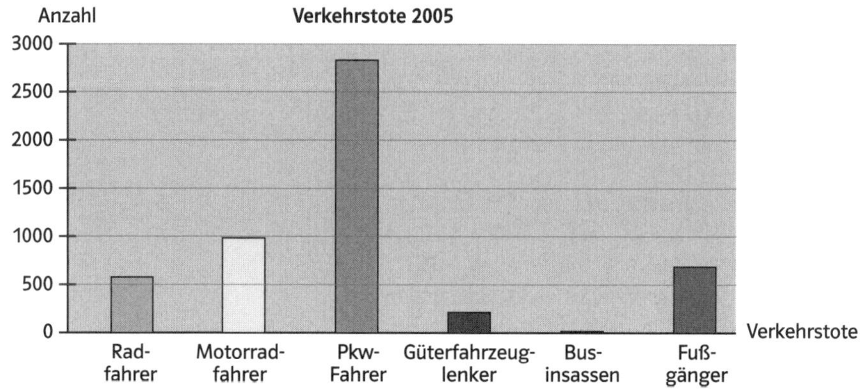

c) Es kamen vergleichsweise sehr viele Motorradfahrer ums Leben. Das Busfahren hingegen scheint relativ sicher zu sein.

S. 253 **2** a) $\frac{24}{100} = 0{,}24 = 24\,\%$ b) $\frac{12}{48} = \frac{1}{4} = \frac{25}{100} = 0{,}25 = 25\,\%$

c) $\frac{60}{200} = \frac{30}{100} = 0{,}30 = 30\,\%$ d) $\frac{456}{10\,000} = 0{,}0456 = 4{,}56\,\%$

e) $\frac{3}{1000} = 0{,}003 = 0{,}3\,\%$

3

Ergebnis	1	2	3	4	Summe
absolute Häufigkeit	7	4	6	8	25
relative Häufigkeit	0,28	0,16	0,24	0,32	1

253 **4**

Note	1	2	3	4	5	6	Summe
Anzahl	2	8	15	10	2	3	40
relative Häufigkeit	0,05	0,2	0,375	0,25	0,05	0,075	1

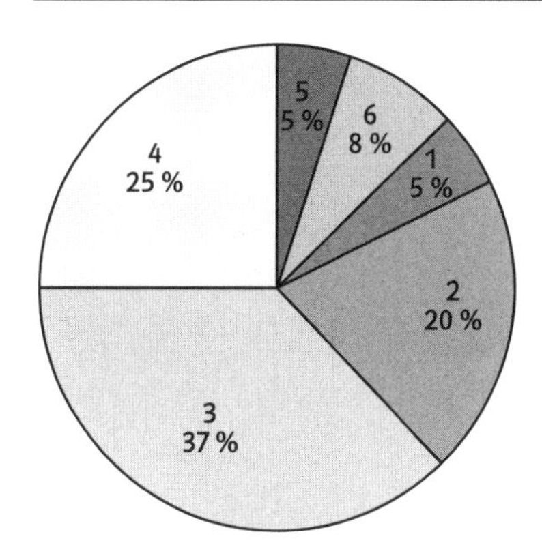

5 a)

Berufsgruppe	Arbeiter	Angestellte	Beamte	Selbständige	Summe
Anzahl	7	4	2	4	17
relative Häufigkeit	0,412	0,235	0,118	0,235	1,000

b) h(„nicht selbständig") = 1 − 0,235 = 0,765 = 76,5 %

6 h(Fußgänger) = $\frac{1}{15}$ ≈ 0,06666 ≈ 6,7 %;

h(PKW) = $\frac{7}{10}$ = 0,7 = 70 %;

h(Fahrrad) = $\frac{8}{100}$ = 0,08 = 8 %

h(öffentliche Verkehrsmittel) = $1 - \frac{1}{15} - \frac{7}{10} - \frac{8}{100} = \frac{23}{150}$ ≈ 0,15333 ≈ 15,3 %

7 a) 57 % von 1800 = 0,57 · 1800 = 1026 Bürger hatten Februar 2007 wenig Vertrauen in den Euro.
b) 65 % von 1800 = 0,65 · 1800 = 1170 Bürger hatten im Juli 2005 wenig Vertrauen in den Euro.

8

Dauer	1	2	3	4	5	6	7	8	9	10	über 10	Summe
Anzahl	4	9	16	28	40	36	42	30	26	18	21	270
rel. H.	0,0148	0,0333	0,0593	0,1037	0,1481	0,1333	0,1556	0,1111	0,0963	0,0667	0,0778	1,0000

a) $h(X < 3)$ = 0,0148 + 0,0333 = 0,0481 ≈ 4,8 %
b) $h(X < 5)$ = 0,0148 + 0,0333 + 0,0593 + 0,1037 = 0,2111 ≈ 21,1 %
c) $h(X \leqq 9)$ = 1 − 0,0667 − 0,0778 = 0,8555 ≈ 85,6 %
d) $h(4 < X < 10)$ = 0,1481 + 0,1333 + 0,1556 + 0,1111 + 0,0963 = 0,6444 ≈ 64,4 %
e) $h(X > 5) = 1 - h(X \leqq 5)$ = 1 − 0,2111 − 0,1481 = 0,6408 ≈ 64,1 %

S. 253 **9**

Ereignis	e_1	e_2	e_3
rel. H.	0,18	0,48	0,34

$h(\{\ \}) = 0;$
$h(\{e_1\}) = 0{,}18;\ h(\{e_{12}\}) = 0{,}48;\ h(\{e_{13}\}) = 0{,}34;$
$h(\{e_1;\ e_2\}) = 0{,}18 + 0{,}48 = 0{,}66;\ h(\{e_1;\ e_3\}) = 0{,}18 + 0{,}34 = 0{,}52;$
$h(\{e_2;\ e_3\}) = 0{,}48 + 0{,}34 = 0{,}82;$
$h(S) = h(\{e_1;\ e_2;\ e_3\}) = 0{,}18 + 0{,}48 + 0{,}34 = 1.$

10 a) Histogramm (Vorgehen wie in Beispiel 2; Seite 252 im Lehrbuch)

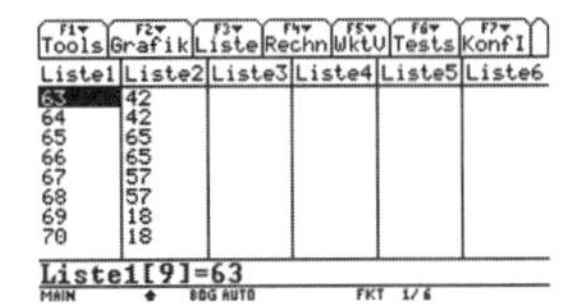

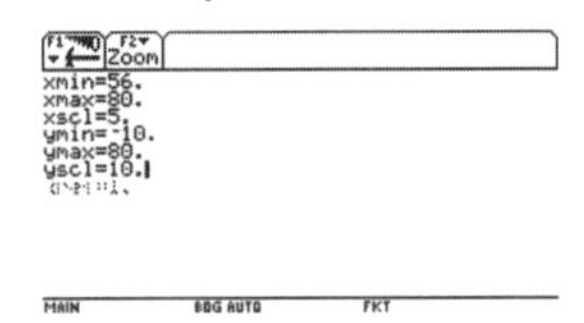

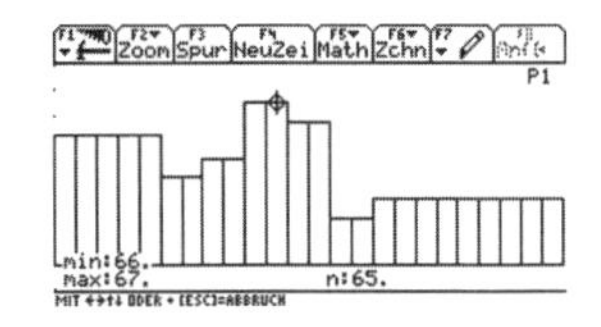

b) Liniendiagramm (Vorgehen wie in Beispiel 2; Seite 252 im Lehrbuch)

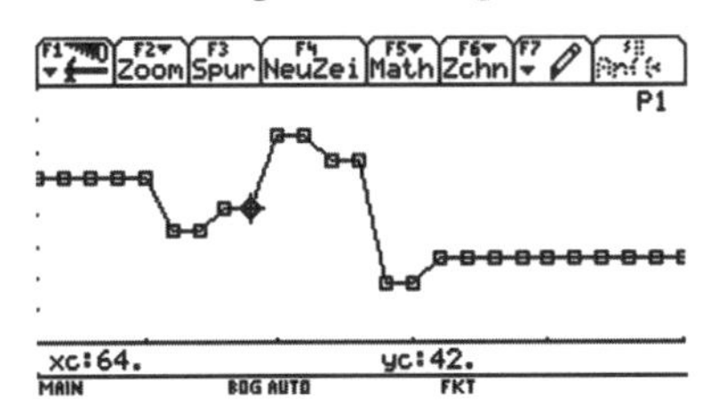

4 *Das Gesetz der großen Zahlen*

S. 254 **1** a)

Anzahl der Würfe	Absolute Häufigkeit von „Kopf" in			Relative Häufigkeit von „Kopf" in		
	Serie 1	Serie 2	Serie 3	Serie 1	Serie 2	Serie 3
50	22	18	21	0,4400	0,3600	0,4200
100	46	43	35	0,4600	0,4300	0,3500
150	63	57	62	0,4200	0,3800	0,4133
200	76	79	81	0,3800	0,3950	0,4050
250	94	103	99	0,3760	0,4120	0,3960
300	118	122	119	0,3933	0,4067	0,3967
350	142	140	139	0,4057	0,4000	0,3971
400	165	161	158	0,4125	0,4025	0,3950
450	178	181	175	0,3956	0,4022	0,3889
500	198	201	199	0,3960	0,4020	0,3980

b) Die Chance für „Kopf" liegt vermutlich bei 0,4.

255 **2** a) Das ist nicht richtig.
b) Auch diese Behauptung ist falsch.
c) Diese Behauptung ist richtig, sofern es sich um eine korrekte Münze handelt.

3 a) Die Seite umfasst 2130 Buchstaben; e tritt 362-mal auf, t tritt 126-mal auf.
Damit ist $h(e) = \frac{362}{2130} \approx 17{,}00\,\%$; $h(t) = \frac{126}{2130} \approx 5{,}92\,\%$.
Die beiden Häufigkeiten stimmen recht gut mit denen des Mannheimer Instituts überein.

4 Die Seite umfasst 357 Wörter, von denen 66 mit d, 27 mit s, 28 mit e, 16 mit i und 31 mit w beginnen.
Damit gilt $h(d) = \frac{66}{357} \approx 18{,}49\,\%$; $h(s) = \frac{27}{357} \approx 7{,}56\,\%$; $h(e) = \frac{28}{357} \approx 7{,}84\,\%$;
$h(i) = \frac{16}{357} \approx 4{,}48\,\%$; $h(w) = \frac{31}{357} \approx 8{,}68\,\%$.
Man sieht, dass hier größere Abweichungen von den „offiziellen Angaben" auftreten. Dies hat zwei Ursachen: Erstens ist der Stichprobenumfang mit 357 Wörtern relativ klein und zweitens handelt es sich um einen speziellen mathematischen Text.

5 $h(\text{Wähler der CSF}) = \frac{850}{2120} \approx 0{,}4009 \approx 40{,}1\,\%$.
Die Behauptung ist realistisch, da der Umfang der Stichprobe mit 2120 relativ groß ist und 5 % mehr als behauptet sich für die CSF entschieden haben. Dabei ist zu beachten, dass die Behauptung „mindestens 35 %" lautet. Bei einer Abweichung von 5 % nach unten wäre die Behauptung als unrealistisch anzusehen.

5 *Bestimmung von Wahrscheinlichkeiten*

256 **1** Es gibt unter den 32 Karten 8 Herz-Karten und 12 Personen-Karten.
Beim „blinden Ziehen" ist also die Chance größer, eine Personen-Karte zu erhalten als eine Herz-Karte. Es wird davon ausgegangen, dass man für das Ziehen egal welcher Karte, gleiche Chancen hat. Dies ist meist der Fall.

257 **2** $P(\text{Dieb}) = \frac{1}{3} \approx 33{,}3\,\%$

3 $P(\text{erste Zahl gerade}) = \frac{24}{49} \approx 0{,}4898 \approx 49{,}0\,\%$

4 Die Lostrommel enthält 200 Nieten, 80 % von 200 = 160 Trostpreise und 40 Gewinne.
a) $P(\text{Gewinn}) = \frac{40}{400} = 0{,}1 = 10\,\%$
b) $P(\text{Trostpreis}) = \frac{160}{400} = 0{,}40 = 40\,\%$
c) $P(\text{Niete}) = \frac{200}{400} = 0{,}5 = 50\,\%$
d) $P(\text{keine Niete}) = 1 - P(\text{Niete}) = 50\,\%$

S. 257 **5**

Ereignis e_1	rot	weiß	schwarz
$P(e_1)$	$\frac{3}{12} = 0{,}25$	$\frac{2}{12} = \frac{1}{6} = 0{,}1\overline{6}$	$\frac{7}{12} = 0{,}58\overline{3}$

S. 258 **6** $P(A) = 0$; $P(B) = P(\{16; 17; 18; 19\}) = \frac{4}{11} \approx 36{,}36\,\%$

$P(C) = P(\{10; 12; 14; 15; 16; 18; 20\}) = \frac{7}{11} \approx 63{,}64\,\%$

7 P(Schüler spielt kein Blasinstrument) $= \frac{775 - 158}{775} = \frac{617}{775} \approx 79{,}61\,\%$

8 a) P(As) $= \frac{4}{32} = \frac{1}{8} = 12{,}5\,\%$;

b) P(Pik) $= \frac{8}{32} = \frac{1}{4} = 25\,\%$

c) P(Pik-As) $= \frac{1}{32} \approx 3{,}13\,\%$

d) P(Pik ohne As) $= \frac{7}{32} \approx 21{,}88\,\%$

e) P(weder Pik noch As) $= \frac{21}{32} \approx 65{,}63\,\%$

f) P(Pik oder As) $= \frac{11}{32} \approx 34{,}38\,\%$

g) P(As ohne Pik-As) $= \frac{3}{32} \approx 9{,}38\,\%$

9 Hier wird vorausgesetzt, dass die Geburtstage in der Klasse gleichmäßig über das ganze Jahr verteilt sind.

a) P(März) $= \frac{1}{12} \approx 8{,}33\,\%$

b) P(nicht im Winter) $= \frac{3}{4} = 75\,\%$

c) P(30. März) $= \frac{1}{365}$ (oder $\frac{1}{366}$) $\approx 0{,}27\,\%$

d) Für das Jahr 2009: P(Montag) $= \frac{52}{365} \approx \frac{1}{7} \approx 14{,}3\,\%$

10 a) P(R siegt) $= \frac{1}{3}$

b) P(B wird dritter) $= \frac{1}{3}$

c) P(F wird nicht Sieger) $= \frac{2}{3}$

d) P(weder R noch F Sieger) $= \frac{1}{3}$

e) P(B siegt vor F) $= \frac{1}{6}$

f) P(F zweiter, B dritter) $= \frac{1}{6}$

11 Das gelbe Feld nimmt nur $\frac{1}{4}$ der Gesamtfläche des Glücksrades ein. Es ist also $P(g) = \frac{1}{4}$ und $P(gg) = \frac{1}{16} \neq \frac{1}{4}$.

a) $P(gg) = P(00) = \frac{1}{16} = 6{,}25\,\%$

b) P(1 rot und 1 gelb) $= P(01; 02; 03; 10; 20; 30\} = \frac{6}{16} = \frac{3}{8} = 37{,}5\,\%$

c) $P(\{\ \}) = 0$

d) P(mindestens einmal rot) $= 1 - P(gg) = 1 - \frac{1}{16} = \frac{15}{16} = 93{,}75\,\%$

e) P(höchstens einmal gelb) $= P(01; 02; 03; 10; 20; 30; 11; 12; 13; 21; 22; 23; 31; 32; 33\}$

$= \frac{15}{16} = 93{,}75\,\%$

oder P(höchstens einmal gelb) = P(mindestens einmal rot) $= 93{,}75\,\%$

f) P(gelb oder rot) $= P(S) = 1$

258 **12** a) $P(z) = 1 - \frac{1}{3} - \frac{1}{4} - \frac{1}{5} = \frac{13}{60} = 0{,}21\overline{6}$

b) $P(A) = 1 - \frac{13}{60} = \frac{47}{60} = 0{,}78\overline{3}$; $P(B) = 1 - \frac{1}{5} = \frac{4}{5} = 0{,}8$

$P(\overline{A}) = 1 - \frac{47}{60} = \frac{13}{60} = 0{,}21\overline{6} = P(z)$

$P(\overline{B}) = 1 - \frac{4}{5} = \frac{1}{5} = 0{,}2 = P(y)$

6 Die Pfadregel

259 **1** Mithilfe eines Baumdiagramms erkennt man, dass es für die Wahl des Herrn 6 (Äste) Möglichkeiten gibt, für die Wahl der Dame (für jeden Herrn) ebenfalls 6 (Äste) Möglichkeiten, so dass 36 Paare möglich sind. Damit ist $P(\text{Sebastian-Sabine}) = \frac{1}{36}$.

2 Hier gibt es 6 Möglichkeiten, also ist $P(\text{FCK}) = \frac{1}{6}$.

261 **3** a) $P(ggg) = \frac{1}{4} \cdot \frac{1}{4} \cdot \frac{1}{4} = \frac{1}{64} \approx 0{,}0156$

b) $P(\text{genau einmal blau}) = 3 \cdot \frac{3}{4} \cdot \frac{1}{4} \cdot \frac{1}{4} = \frac{9}{64} \approx 0{,}1406$

c) $P(\text{mindestens einmal gelb}) = 1 - P(bbb) = 1 - \frac{3}{4} \cdot \frac{3}{4} \cdot \frac{3}{4} = 1 - \frac{27}{64} = \frac{37}{64} \approx 0{,}5781$

d) $P(\text{mindestens zweimal blau}) = \frac{3}{4} \cdot \frac{3}{4} \cdot \frac{3}{4} + 3 \cdot \frac{3}{4} \cdot \frac{3}{4} \cdot \frac{1}{4} = \frac{54}{64} = \frac{27}{32} \approx 0{,}8438$

4 Mit Zurücklegen:

a) $P(rr) = \frac{4}{7} \cdot \frac{4}{7} = \frac{16}{49} \approx 0{,}3265$

b) $P(rb;\, br) = 2 \cdot \frac{4}{7} \cdot \frac{3}{7} = \frac{24}{49} \approx 0{,}4898$

c) $P(\text{mindestens eine Kugel r}) = \frac{4}{7} \cdot \frac{4}{7} + 2 \cdot \frac{4}{7} \cdot \frac{3}{7} = \frac{40}{49} \approx 0{,}8163$

d) $P(\text{höchstens ein Kugel b}) = \frac{4}{7} \cdot \frac{4}{7} + 2 \cdot \frac{3}{7} \cdot \frac{4}{7} = \frac{40}{49} \approx 0{,}8163 = P(\text{mindestens eine Kugel r})$

Ohne Zurücklegen:

a) $P(rr) = \frac{4}{7} \cdot \frac{3}{6} = \frac{12}{42} = \frac{2}{7} \approx 0{,}2857$

b) $P(rb;\, br) = \frac{4}{7} \cdot \frac{3}{6} + \frac{3}{7} \cdot \frac{4}{6} = \frac{24}{42} = \frac{4}{7} \approx 0{,}5714$

c) $P(\text{mindestens eine Kugel r}) = \frac{4}{7} \cdot \frac{3}{6} + \frac{4}{7} \cdot \frac{3}{6} + \frac{3}{7} \cdot \frac{4}{6} = \frac{36}{42} = \frac{6}{7} \approx 0{,}8571$

d) $P(\text{höchstens ein Kugel b}) = \frac{4}{7} \cdot \frac{3}{6} + \frac{4}{7} \cdot \frac{3}{6} + \frac{3}{7} \cdot \frac{4}{6} = \frac{36}{42} = \frac{6}{7} \approx 0{,}8571$

$= P(\text{mindestens eine Kugel r})$

S. 261 **5** Ohne Zurücklegen (siehe Baum).

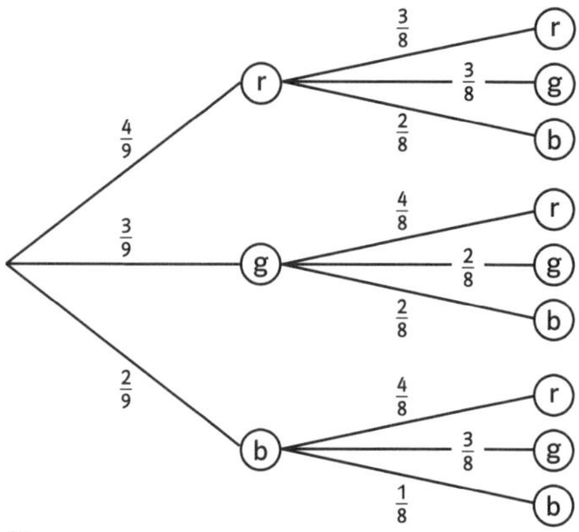

a) $P(rr) = \frac{4}{9} \cdot \frac{3}{8} = \frac{12}{72} = \frac{1}{6} \approx 0{,}1667$

b) $P(rb;\, br) = \frac{4}{9} \cdot \frac{2}{8} + \frac{2}{9} \cdot \frac{4}{8} = \frac{16}{72} = \frac{2}{9} \approx 0{,}2222$

c) P(2 gleiche Farben)
$= \frac{4}{9} \cdot \frac{3}{8} + \frac{3}{9} \cdot \frac{2}{8} + \frac{2}{9} \cdot \frac{1}{8} = \frac{20}{72} = \frac{5}{18} \approx 0{,}2778$

d) P(2 verschiedene Farben)
= 1 − P(2 gleiche Farben)
$= 1 - \frac{20}{72} = \frac{52}{72} = \frac{13}{18} \approx 0{,}7222$

Mit Zurücklegen:

a) $P(rr) = \frac{4}{9} \cdot \frac{4}{9} = \frac{16}{81} \approx 0{,}1975$

b) $P(rb;\, br) = 2 \cdot \frac{4}{9} \cdot \frac{2}{9} = \frac{16}{81} \approx 0{,}1975$

c) P(2 gleiche Farben) $= \frac{4}{9} \cdot \frac{4}{9} + \frac{3}{9} \cdot \frac{3}{9} + \frac{2}{9} \cdot \frac{2}{9} = \frac{29}{81} \approx 0{,}3580$

d) P(2 verschiedene F.) = 1 − P(2 gleiche Farben) $= 1 - \frac{29}{81} = \frac{52}{81} \approx 0{,}6420$.

6 1: 1. Wahl; 2: 2. Wahl; 0: Ausschuss

a) P(mind. eine Vase 1.Wahl) = P(11; 12; 10; 21; 01) $= 0{,}4 + 0{,}5 \cdot 0{,}4 + 0{,}1 \cdot 0{,}4 = 0{,}64$

b) P(höchst. eine Vase Ausschuss) = P(12; 21; 11; 22; 01; 02; 10; 20)
$= 0{,}4 \cdot 0{,}5 + 0{,}5 \cdot 0{,}4 + 0{,}4 \cdot 0{,}4 + 0{,}5 \cdot 0{,}5 + 2 \cdot 0{,}1 \cdot 0{,}5 + 2 \cdot 0{,}1 \cdot 0{,}4 = 0{,}99 = 1 - P(00)$

S. 262 **7** P(höchstens eine Flasche Ausschuss) $= 0{,}96^4 + 4 \cdot 0{,}96^3 \cdot 0{,}04 \approx 0{,}9909$

8 P(beide Dosen zu schwer) $= \frac{3}{12} \cdot \frac{2}{11} = \frac{1}{22} \approx 0{,}0455$

9 P(3 Söhne und 1 Tochter) $= 4 \cdot 0{,}514^3 \cdot 0{,}486 \approx 0{,}2640$

10 1: Bauteil in Ordnung; 0: Bauteil beanstandet

a) $P(11111) = 0{,}90^5 = 0{,}59049 \approx 59{,}05\,\%$

b) $P(00000) = 0{,}10^5 = 0{,}00001 \approx 0{,}00\,\%$

c) $P(10011) = 0{,}90^3 \cdot 0{,}10^2 = 0{,}00729 \approx 0{,}73\,\%$

d) $P(11100) = 0{,}90^3 \cdot 0{,}10^2 = 0{,}00729 \approx 0{,}73\,\%$

e) P(01111; 10111; 11011; 11101; 11110) $= 5 \cdot 0{,}90^4 \cdot 0{,}10 = 0{,}32805 \approx 32{,}81\,\%$

f) P (01111; 10111; 11011; 11101; 11110; 11111) $= 5 \cdot 0{,}90^4 \cdot 0{,}10 + 0{,}90^5 = 0{,}91854$
$\approx 91{,}85\,\%$

g) $1 - P(11111) = 1 - 0{,}90^5 = 1 - 0{,}59049 = 0{,}40951 = 40{,}95\,\%$

11 1: zahlt pünktlich; 0: wird angemahnt

$P(A) = 0{,}95^5 \approx 0{,}77378 \approx 77{,}38\,\%$

$P(B) = 0{,}95^4 \cdot 0{,}05 \approx 0{,}04073 \approx 4{,}07\,\%$

P(C) = P(01111; 10111; 11011; 11101; 11110; 11111)
$= 5 \cdot 0{,}95^4 \cdot 0{,}05 + 0{,}95^5 \approx 0{,}97741 \approx 97{,}74\,\%$

P(D) = P(00111; 01011; 01101; 01110; 10011; 10101; 10110; 11001; 11010; 11100)
$= 10 \cdot 0{,}95^3 \cdot 0{,}05^2 \approx 0{,}02143 \approx 2{,}14\,\%$

262 **12** 0: keine Wirkung; 1: bis halbe Stunde Wirkung; 2: bis 1 Stunde Wirkung; 3: volle Wirkung

a) Wahrscheinlichkeitstabelle

$X = x_i$	0	1	2	3
$P(X = x_i)$	$\frac{5}{500} = 0{,}01$	$\frac{70}{500} = 0{,}14$	$\frac{130}{500} = 0{,}26$	$\frac{295}{500} = 0{,}59$

b) P(bei wenigstens einem Patienten wirkt das Mittel nicht)
$= 0{,}01 + 0{,}14 \cdot 0{,}01 + 0{,}26 \cdot 0{,}01 + 0{,}59 \cdot 0{,}01 = 0{,}0199$

c) $P(22; 23; 32; 33) = 0{,}26^2 + 2 \cdot 0{,}26 \cdot 0{,}59 + 0{,}59^2 = (0{,}26 + 0{,}59)^2 = 0{,}85^2 = 0{,}7225$.

13 1: Schwarzfahrer; 0: regulärer Fahrer

a) $P(0000) = 0{,}98^4 \approx 0{,}922 = 92{,}2\,\%$

b) $P(1111) = 0{,}02^4 = 0{,}00000016 \approx 0{,}000\,\%$ (fast unmöglich)

c) $P(0000; 0001; 0010; 0100; 1000) = 0{,}98^4 + 4 \cdot 0{,}98^3 \cdot 0{,}02 \approx 0{,}998 = 99{,}8\,\%$

d) P(mindestens ein Schwarzfahrer) $= 1 - P(0000) = 1 - 0{,}98^4 \approx 0{,}0776 \approx 7{,}8\,\%$

e) $P(1100; 1010; 1001; 0110; 0101; 0011) = 6 \cdot 0{,}98^2 \cdot 0{,}02^2 \approx 0{,}0023050 \approx 0{,}23\,\%$

f) $P(0111; 1011; 1101; 1110) = 4 \cdot 0{,}98^3 \cdot 0{,}02 \approx 0{,}07530 \approx 7{,}53\,\%$

14 X = Anzahl der Treffer bei 3 Schüssen

$X = x_i$	0	1	2	3
$P(X = x_i)$	$0{,}6^3 = 0{,}216$	$3 \cdot 0{,}6^2 \cdot 0{,}4 = 0{,}432$	$3 \cdot 0{,}6 \cdot 0{,}4^2 = 0{,}288$	$0{,}4^3 = 0{,}064$

Summe der Wahrscheinlichkeiten ist 1.

7 *Mittelwert – Erwartungswert*

263 **1** a) Schon aus den Werten scheint die Aussage, dass die großen Kugeln doppelt so schwer sind wie die kleinen, nicht haltbar.
Bildet man den Mittelwert der kleinen Kugeln, so erhält man 35,25 g. Bei den großen erhält man 56,5 g.
Damit ist der erste Eindruck bestätigt.
b) Drei große Kugeln ergeben $3 \cdot 56{,}5\,\text{g} = 169{,}5\,\text{g}$ als Mittelwert, fünf kleine hingegen $5 \cdot 35{,}25\,\text{g} = 176{,}25\,\text{g}$.
Damit wird man in der Regel mit 3 großen Kugeln weniger Eis erhalten als mit 5 kleinen Kugeln.

265 **2** $\overline{x} = \frac{1}{4} \cdot 1600 + \frac{1}{5} \cdot 2100 + \frac{2}{5} \cdot 200 + u \cdot 3000$ mit $\frac{1}{4} + \frac{1}{5} + \frac{2}{5} + u = 1$; also $u = \frac{3}{20} = 0{,}15$.
Mittlerer Monatsverdienst in €: $\overline{x} = \frac{1}{4} \cdot 1600 + \frac{1}{5} \cdot 2100 + \frac{2}{5} \cdot 2400 + \frac{3}{20} \cdot 3000 = 2230$

S. 266 **3** X = Gewinn für Paul in ct

a)

$X = x_i$	10	5	−50
zu x_i gehörendes Ereignis	{WW}	{WZ; ZW}	{ZZ}
$H(X = x_i)$	7	13	5
$h(X = x_i)$	$\frac{7}{25} = 0{,}28$	$\frac{13}{25} = 0{,}52$	$\frac{5}{25} = 0{,}20$

Mittelwert $\overline{x} = \frac{1}{25} \cdot (7 \cdot 10 + 5 \cdot 13 - 50 \cdot 5) = \frac{-115}{25} \approx -4{,}6$.
Paul hat bei den 25 Spielen 115 ct verloren, d.h. pro Spiel im Durchschnitt 4,6 ct.

b)

$X = x_i$	10	5	−50
zu x_i gehörendes Ereignis	{WW}	{WZ; ZW}	{ZZ}
$P(X = x_i)$	$\frac{1}{4}$	$\frac{1}{2}$	$\frac{1}{4}$

c) $E(X) = \frac{1}{4} \cdot 10 + \frac{1}{2} \cdot 5 - \frac{1}{4} \cdot 50 = -7{,}5$.
Paul muss im Durchschnitt mit einem Verlust von 7,5 ct je Spiel rechnen.

d)

$X = x_i$	10	5	s
zu x_i gehörendes Ereignis	{WW}	{WZ; ZW}	{ZZ}
$P(X = x_i)$	$\frac{1}{4}$	$\frac{1}{2}$	$\frac{1}{4}$

$E(X) = \frac{1}{4} \cdot 10 + \frac{1}{2} \cdot 5 + \frac{1}{4} \cdot s = 0$ ergibt $\frac{s}{4} = -5$, also $s = -20$.
Das Spiel wird fair, wenn Paul bei dem Ereignis E = {ZZ} an Selma 20 ct bezahlt.

4 X = Gewinn für die SMV

a)

$X = x_i$	−4	−1	2
$P(X = x_i)$	$\frac{3}{10} \cdot \frac{2}{9} = \frac{6}{90}$	$2 \cdot \frac{3}{10} \cdot \frac{7}{9} = \frac{42}{90}$	$\frac{7}{10} \cdot \frac{6}{9} = \frac{42}{90}$

Erwartungswert pro Spiel in €:

$E(X) = (-4) \cdot \frac{6}{90} + (-1) \cdot \frac{42}{90} + 2 \cdot \frac{42}{90} = \frac{18}{90} = 0{,}20$.

Bei 300 Spielen sind $300 \cdot 0{,}20$ ct = 60 € zu erwarten.

w ($\frac{3}{10}$): w ($\frac{2}{9}$) −4 €; s ($\frac{7}{9}$) −1 €
s ($\frac{7}{10}$): w ($\frac{3}{9}$) −1 €; s ($\frac{6}{9}$) 2 €

b) Das Ziehen einer schwarzen Kugel bringt der SMV s € ein:

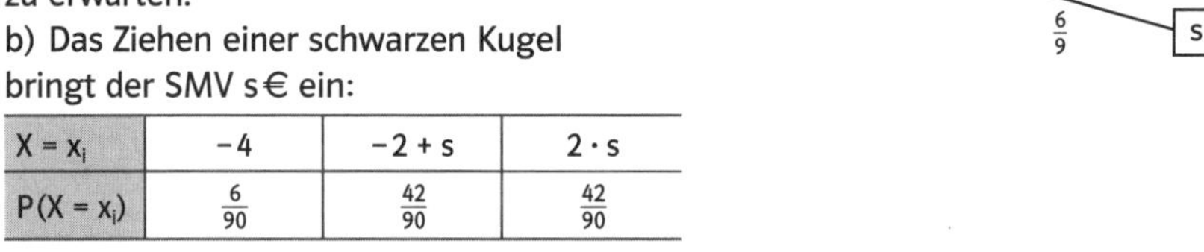

$X = x_i$	−4	−2 + s	2 · s
$P(X = x_i)$	$\frac{6}{90}$	$\frac{42}{90}$	$\frac{42}{90}$

Erwartungswert pro Spiel in €:
$E(X) = (-4) \cdot \frac{6}{90} + (-2 + s) \cdot \frac{42}{90} + 2s \cdot \frac{42}{90} = 0{,}50$; $-24 - 84 + 42s + 84s = 45$;
$126s = 153$; also $s = \frac{153}{126} \approx 1{,}214$.
Der Spieler müsste für das Ziehen einer schwarzen Kugel ca. 1,22 € bezahlen.

266 **5** X = Gewinn für den Betreiber

$X = x_i$	−8	−3	1	2
zugehöriges Ereignis	{11}	{22}	{33}	{12, 13, 21, 23, 31, 32}
$P(X = x_i)$	$\frac{1}{8} \cdot \frac{1}{8} = \frac{1}{64}$	$\frac{3}{8} \cdot \frac{3}{8} = \frac{9}{64}$	$\frac{4}{8} \cdot \frac{4}{8} = \frac{16}{64}$	$1 - \frac{1}{64} - \frac{9}{64} - \frac{16}{64} = \frac{38}{64}$

Erwartungswert je Spiel in €: $E(X) = -8 \cdot \frac{1}{64} - 3 \cdot \frac{9}{64} + 1 \cdot \frac{16}{64} + 2 \cdot \frac{38}{64} = \frac{57}{64} \approx 0{,}8906$.

Damit ergibt sich bei 500 Spielen ein Betrag in € von: $500 \cdot \frac{57}{60} = 445{,}3125 \approx 450$ €.

6 a) Relative Häufigkeiten:

Arbeitstage pro Woche	1	2	3	4	5	6	7
Anzahl	89	310	340	462	7959	1300	290
rel. Häufigkeit	0,0083	0,0288	0,0316	0,0430	0,7404	0,1209	0,0270

Arithmetisches Mittel:
$x = 1 \cdot 0{,}0083 + 2 \cdot 0{,}0288 + 3 \cdot 0{,}0316 + \dots + 7 \cdot 0{,}0270 \approx 4{,}949 \approx 4{,}95$.
Ein Arbeitnehmer arbeitet somit durchschnittlich ca. 5 Tage in der Woche.

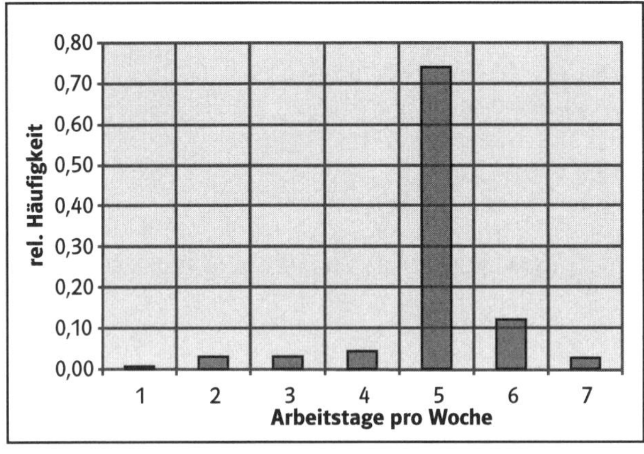

b) h(weniger als als 5 Arbeitstage) = 0,0083 + 0,0288 + 0,0316 + 0,0430 = 0,1117.
Damit ist die gesuchte Wahrscheinlichkeit 0,1117 ≈ 11,2 %.

7 a) $\overline{x} = 1 \cdot 44{,}8\,\% + 2 \cdot 33{,}5\,\% + 3 \cdot 16{,}0\,\% + 4 \cdot 2{,}1\,\% + 5 \cdot 1{,}5\,\% = 1{,}757$.
In einem Pkw saßen durchschnittlich 1,76 Personen.
b) Da die Gleichung $\frac{4}{1{,}757} = \frac{100}{x}$ den Wert $x = 43{,}925$ ergibt, würde der Verkehr auf ca. 44 % des heutigen Verkehrs abnehmen, also um rund 56 %.

8 Varianz und Standardabweichung

S. 267 **1** In beiden Fällen ist der Mittelwert $\overline{x} = 3{,}50$.
Der Mittelwert berücksichtigt kleine und große Abweichungen nicht.

S. 269 **2** a) Häufigkeitstabelle:

x_i	1	0
$H(x_i)$	12	8
$h(x_i)$	0,6	0,4

Mittelwert $\overline{x} = 1 \cdot 0{,}6 + 0 \cdot 0{,}4 = 0{,}6$
Varianz: $V_X = (1 - 0{,}6)^2 \cdot 0{,}6 + (0 - 0{,}6)^2 \cdot 0{,}4 = 0{,}16 \cdot 0{,}6 + 0{,}36 \cdot 0{,}4 = 0{,}24$
Standardabweichung: $s_X = \sqrt{0{,}24} \approx 0{,}4899 \approx 0{,}49$
b) Wahrscheinlichkeitstabelle:

$X = x_i$	1	0
$P(X = x_i)$	0,5	0,5

Erwartungswert: $E(x) = 1 \cdot 0{,}5 + 0 \cdot 0{,}5 = 0{,}5$
Varianz: $V_X = (1 - 0{,}5)^2 \cdot 0{,}5 + (0 - 0{,}5)^2 \cdot 0{,}5 = 2 \cdot 0{,}5^3 = 0{,}25$
Standardabweichung: $\sigma_X = \sqrt{0{,}25} = 0{,}50$

3 a) Mittelwert in kg ist 56,55.
Standardabweichung in kg vom Mittelwert ist 0,108.
b) Die Abweichung beträgt $\frac{0{,}108}{56{,}55} \approx 0{,}00191 = 0{,}191\,\% > 0{,}1\,\%$.
Die gemessene Abweichung ist höher als sie nach den Angaben sein soll.

4 a) Häufigkeitsverteilung

x_i	1	2	3	4
$H(x_i)$	14	8	6	2
$h(x_i)$	$\frac{7}{15}$	$\frac{4}{15}$	$\frac{3}{15}$	$\frac{1}{15}$

Mittelwert $\overline{x} = \frac{28}{15} \approx 1{,}8667$; Standardabweichung $s_x \approx 0{,}9568$.
b) Wahrscheinlichkeitsverteilung

x_i	1	2	3	4
$P(X = x_i)$	$\frac{3}{8}$	$\frac{2}{8}$	$\frac{2}{8}$	$\frac{1}{8}$

Erwartungswert $E(X) = \frac{17}{8} = 2{,}125$; Standardabweichung $\sigma_x \approx 1{,}0533$.
Bei dem Experiment in a) war die Streuung geringer als theoretisch zu erwarten war.

269 **4** c) Y = echter Gewinn für Spieler in € (abzüglich 1€ für Einsatz).
Wahrscheinlichkeitsverteilung von Y

y_i	0	1	−1	−2
$P(Y = y_i)$	$\frac{3}{8}$	$\frac{2}{8}$	$\frac{2}{8}$	$\frac{1}{8}$

Erwartungswert $E(Y) = 0 \cdot \frac{3}{8} + 1 \cdot \frac{2}{8} - 1 \cdot \frac{2}{8} - 2 \cdot \frac{1}{8} = -\frac{2}{8} = -0{,}25$;
d. h. pro Spiel verliert der Spieler 0,25€. Dies sind bei 100 Spielen 25€.

5 a) Mittelwert in g über alle Eiergewichte: $\overline{x} = 68{,}275 \approx 68{,}3$.
Die Standardabweichung in g ist mit $s_x \approx 5{,}7271$ relativ groß.
b) Gruppierung in Gewichtsklassen 1 bis 3:

y_i	1 (bis 64 g)	2 (über 64 bis 70)	3 (über 70)
$H(y_i)$	8	17	15
$h(y_i)$	$\frac{8}{40}$	$\frac{17}{40}$	$\frac{15}{40}$

Mittelwert $y = 1 \cdot \frac{8}{40} + 2 \cdot \frac{17}{40} + 3 \cdot \frac{15}{40} = \frac{87}{40} = 2{,}175$, d. h. das Eiergewicht liegt durchschnittlich oberhalb der Gewichtsklasse 2.
Die Standardabweichung beträgt $s_x \approx 0{,}7378$.

9 *Hilfsmittel zum Bestimmen von Anzahlen – Kombinatorik*

270 **1** a)

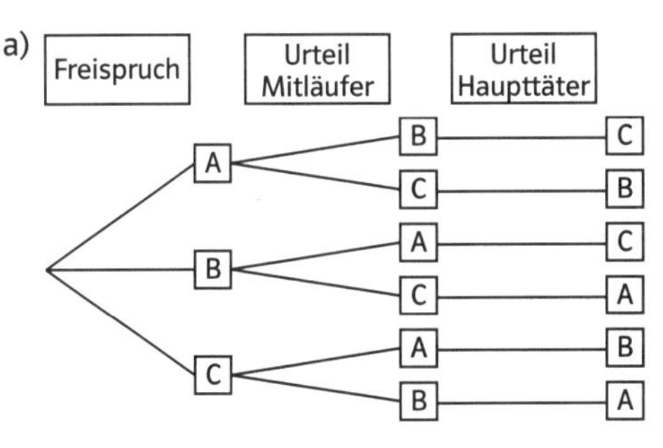

Damit gibt es 6 Möglichkeiten, die drei entsprechend ihrer Taten zu verurteilen.

S. 270 **1** b)

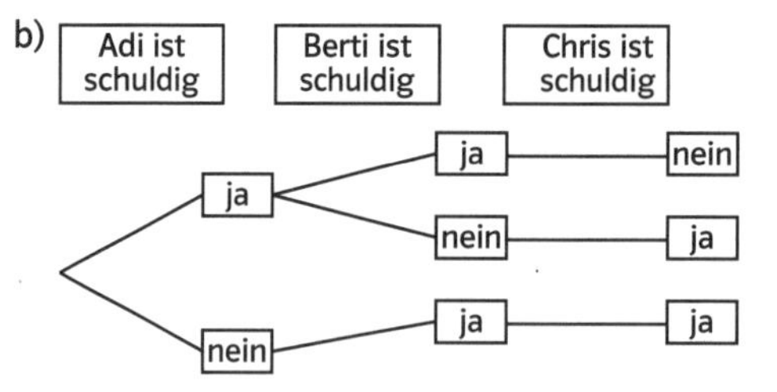

Es gibt 3 Möglichkeiten, die Täter zu erwischen.

S. 273 **2** a) Die Lösung ist individuell

b) Es gibt 3^4 mögliche Tipps:

0000 *0001* *0002* *0010* 0011 0012 *0020* 0021 0022
0100 0101 0102 0110 **0111** **0112** 0120 **0121** **0122**
0200 0201 0202 0210 **0211** **0212** 0220 **0221** **0222**
1000 1001 1002 1010 **1011** **1012** 1020 **1021** **1022**
1100 **1101** **1102** **1110** 1111 1112 **1120** 1121 1122
1200 **1201** **1202** **1210** 1211 1212 **1220** 1221 1222
2000 2001 2002 2010 **2011** **2012** 2020 **2021** **2022**
2100 **2101** **2102** **2110** 2111 2112 **2120** 2121 2122
2200 **2201** **2202** **2210** 2211 2212 **2220** 2221 2222

c) Die hier angegebene Aufstellung kann von jedem Schüler nachvollzogen werden. Es gibt auch andere Möglichkeiten.
Angenommen, es wurde 0000 gezogen, dann gibt es für Gewinnklasse 1 genau eine Möglichkeit.
Für Gewinnklasse 2 sind alle Tipps mit 3 Nullen zu suchen (kursiv). Es ergeben sich 8 Möglichkeiten.
Für Gewinnklasse 3 (unterstrichen) sind alle Tipps mit 2 Nullen zu suchen: 24 mögliche Tipps. Zu Gewinnklasse 4 (fett) gehören alle Tipps mit genau einer 0: 32 mögliche Tipps. Damit bleiben 16 Zahlen übrig, die keine null enthalten.

d) Wahrscheinlichkeiten

Klasse	I	II	III	IV	V
Möglichkeiten	1	8	24	32	16
Wahrscheinlichkeit	$\frac{1}{81}$	$\frac{8}{81}$	$\frac{24}{81}$	$\frac{32}{81}$	$\frac{16}{81}$

e) Da unter 81 Tipps 1-mal Gewinnklasse 1 auftritt, müssten pro Durchführung 81 Tipps abgegeben werden. Sind 27 Schüler in der Klasse, so müsste also jeder Schüler 3 Tipps abgeben. Sind n Schüler in der Klasse, so wären $\frac{81}{n}$ Tipps pro Schüler abzugeben.

3 **Glücksrad I**

a) Es gibt für jede Ziffer 4 Möglichkeiten, also gibt es $4^3 = 64$ mögliche 3-stellige Zahlen. Damit ist $P(234) = \frac{1}{64}$.

b) Da die Zahlen 111, 222, 333, 444 die Zahlen mit gleichen Ziffern sind, es also 4 Möglichkeiten gibt, ist $P(\text{gleiche Ziffern}) = \frac{4}{64} = \frac{1}{16}$.

273 **3** c) Da es $2^3 = 8$ mögliche Ausgänge mit geraden Ziffern gibt, gilt
$P(\text{nur gerade Ziffern}) = \frac{8}{64} = \frac{1}{8}$.

Glücksrad II

a) Es gibt für jede Ziffer 9 Möglichkeiten, also gibt es $9^3 = 729$ mögliche 3-stellige Zahlen.
Damit ist $P(234) = \frac{1}{729}$.

b) Da die Zahlen 111, 222, 333, 444, 555, 666, 777, 888, 999 die Zahlen mit gleichen Ziffern sind, es also 9 Möglichkeiten gibt, ist $P(\text{gleiche Ziffern}) = \frac{9}{729} = \frac{1}{81}$.

c) Da es $4^3 = 64$ mögliche Ausgänge mit geraden Ziffern gibt, gilt
$P(\text{nur gerade Ziffern}) = \frac{64}{729} \approx 8{,}78\,\%$.

4 a) Es gibt $2^{10} = 1024$ Möglichkeiten. Es gibt 2 Möglichkeiten, nur Münzbilder gleicher Sorte zu erhalten. Damit ist $P(\text{nur Münzbilder gleicher Sorte}) = \frac{2}{2^{10}} = \frac{1}{2^9} = \frac{1}{512}$.

b) $P(\text{ZKZKZKZKZK; KZKZKZKZKZ}) = \frac{2}{2^{10}} = \frac{1}{512}$ c) $P(\text{KKKKKZZZZZ}) = \frac{1}{2^{10}} = \frac{1}{1024}$

274 **5** a) In einer Urne liegen 5 Kugeln mit den Nummern 4, 5, 6, 7, 8. Es werden nacheinander drei Kugeln ohne Zurücklegen gezogen unter Beachtung der Reihenfolge. Man kann $5 \cdot 4 \cdot 3 = 60$ erschiedene 3-stellige Zahlen schreiben.

b) In einer Urne liegen 4 verschiedenfarbige Kugeln. Es werden die vier Kugeln nacheinander ohne Zurücklegen gezogen unter Beachtung der Reihenfolge. Man hat damit $4! = 4 \cdot 3 \cdot 2 \cdot 1 = 24$ Möglichkeiten der Bemalung.

c) In einer Urne liegen 6 Kugeln mit den Nummern 1, 2, 3, 4, 5, 6. Es werden nacheinander drei Kugeln ohne Zurücklegen gezogen unter Beachtung der Reihenfolge. Man hat $6 \cdot 5 \cdot 4 = 120$ verschiedene Möglichkeiten für die ersten drei Plätze.

6 a) Es gibt $6 \cdot 5 \cdot 4 = 120$ verschiedene Möglichkeiten für die Flaggen.

b) Oberstes Feld: 6 mögliche Farben; mittleres Feld: 5 mögliche Farben; unteres Feld: 5 mögliche Farben.
Es gibt $6 \cdot 5 \cdot 5 = 150$ verschiedene Varianten.

7 a) $4! = 4 \cdot 3 \cdot 2 \cdot 1 = 24$ mögliche Wörter.

b) $4 \cdot 3 \cdot 2 = 24$ mögliche Wörter.

8 a) Es gibt $6 \cdot 5 \cdot 4 \cdot 3 \cdot 2 = 720$ Möglichkeiten bei 5 Würfen 5 verschiedene Augenzahlen zu erhalten. Die Gesamtzahl der möglichen Ausgänge ist $6^5 = 7776$.
$P(\text{verschiedene Augenzahlen}) = \frac{720}{7776} \approx 0{,}0926 \approx 9{,}3\,\%$

b) $P(\text{fünfmal die Fünf}) = \frac{1}{7776} \approx 0{,}000\,128\,6 \approx 0{,}013\,\%$

c) Man muss die Augenzahlen 1; 2; 3; 4; 5 oder 2; 3; 4; 5; 6 würfeln, ohne die Reihenfolge zu berücksichtigen. Da es 5! mögliche Anordnungen von 1; 2; 3; 4; 5 und dasselbe für 2; 3; 4; 5; 6 gilt, erhält man
$P(\text{„große Straße“}) = \frac{5! + 5!}{6^5} = \frac{5}{162} \approx 0{,}030\,86 \approx 3{,}1\,\%$

d) $P(\text{gleiche Augenzahlen}) = \frac{6}{6^5} = \frac{1}{6^4} = \frac{1}{1296} \approx 0{,}000\,772 \approx 0{,}077\,\%$

9 $12 \cdot 11 \cdot 10 = 1320$ Möglichkeiten.

S. 274 **10** a) Es gibt 15! = 1 307 674 368 000 verschiedene Möglichkeiten der Präsentation.
b) Es gibt $15 \cdot 14 \cdot 13 \cdot 12 \cdot 11 \cdot 10 \cdot 9 \cdot 8 = 259\,459\,200$ unterschiedliche Varianten.
c) Sind die Pralinen verschieden, so gibt es $\binom{15}{10} = \frac{15!}{10! \cdot 5!} = 3003$ mögliche Zusammenstellungen.
d) Nougatpralinen: Es gibt $8 \cdot 7 \cdot 6 \cdot 5 \cdot 4 \cdot 3 = 20160$ verschiedene Anordnungen.
Marzipanpralinen: Es gibt $7 \cdot 6 \cdot 5 \cdot 4 \cdot 3 \cdot 2 = 5040$ verschiedene Anordnungen.
e) Es gibt 3003 mögliche Säckchen = Anzahl der Zusammenstellungen.

11 a) Es gibt $6 \cdot 5 \cdot 4 \cdot 3 = 360$ Möglichkeiten
b) Die Gläser klingen $\binom{5}{2} = 10$ mal.
c) Anzahl der Verbindungen: $\binom{1000}{2} = 499\,500$.

10 BERNOULLI-Experimente, BERNOULLI-Kette

S. 275 **1** Die Trefferwahrscheinlichkeit ändert sich nicht bei jedem Ziehen, wenn die Kugel zurückgelegt wird. Wird sie nicht zurückgelegt, so ändert sich die Wahrscheinlichkeit bei jedem Zug.

S. 276 **2** a) BERNOULLI-Kette der Länge 10 und $p = 0{,}5$.
b) Keine BERNOULLI-Kette, da ohne Zurücklegen gezogen wird.
c) Streng genommen handelt es sich nicht um eine BERNOULLI-Kette. Näherungsweise kann das Experiment jedoch als BERNOULLI-Kette der Länge 20 aufgefasst werden. In diesem Fall geht man davon aus, dass es sich um eine große Grundgesamtheit handelt und die Wahrscheinlichkeit, dass ein Artikel nicht in Ordnung ist, bei allen Artikeln gleich ist.
BERNOULLI-Kette der Länge 20 mit $p = 0{,}03$.
d) Keine BERNOULLI-Kette, da die Wahrscheinlichkeiten nicht unabhängig sind.
e) BERNOULLI-Kette der Länge 10 mit $p = \frac{1}{6}$ für Treffer.

3 a) Keine BERNOULLI-Kette, da die Wahrscheinlichkeiten nicht unabhängig sind.
b) $P(A) = 0{,}996^7 \cdot 0{,}004 \approx 0{,}003\,889\,335 \approx 0{,}39\,\%$
c) $P(B) = 0{,}92^5 \cdot 0{,}08 \approx 0{,}052\,726\,52 \approx 5{,}27\,\%$

11 Formel von BERNOULLI – Binomialverteilung

75 **1** a) $P(rrrss) = \frac{2}{5} \cdot \frac{2}{5} \cdot \frac{2}{5} \cdot \frac{3}{5} \cdot \frac{3}{5} = \frac{72}{3125} = 0{,}02304 \approx 2{,}3\,\%$,

$P(rsrsr) = \frac{2}{5} \cdot \frac{3}{5} \cdot \frac{2}{5} \cdot \frac{3}{5} \cdot \frac{2}{5} = \frac{72}{3125} \approx 2{,}3\,\%$

b) $10 = \frac{5 \cdot 4 \cdot 3}{1 \cdot 2 \cdot 3} = \binom{5}{3}$ Möglichkeiten:

rrrss; rrsrs; rrssr; rsrrs; rsrsr; rssrr; srrrs; srrsr; srsrr; ssrrr.

$P(3\,r; 2\,s) = 10 \cdot \frac{2}{5} \cdot \frac{2}{5} \cdot \frac{2}{5} \cdot \frac{3}{5} \cdot \frac{3}{5} = 10 \cdot \frac{72}{3125} = \frac{720}{3125} = \frac{144}{625} = 0{,}2304 \approx 23{,}0\,\%$

78 **2** a) $n = 4;\ p = \frac{1}{6}$

b) $n = 8;\ p = 0{,}5$

c) $n = 10;\ p = 0{,}05$

d) $n = 10;\ p = \frac{1}{40} = 0{,}025$

3 a) $P(5 \text{ Primzahlen}) = \binom{10}{5} \cdot 0{,}5^5 \cdot 0{,}5^5 \approx 0{,}2461 = 24{,}61\,\%$

b) $P(1 \text{ bis } 10 \text{ Primzahlen}) = 1 - P(\text{keine Primzahl}) = 1 - \binom{10}{0} \cdot 0{,}5^{10} \approx 0{,}9990234 \approx 99{,}90\,\%$

c) $P(\text{keine Primzahl oder 1 Primzahl}) = \binom{10}{0} \cdot 0{,}5^{10} + \binom{10}{1} \cdot 0{,}5^9 \cdot 0{,}5^1 \approx 0{,}01074 \approx 1{,}07\,\%$

79 **4** 1 (Treffer), wenn Patient geheilt wird mit $p = 0{,}7$. $n = 6$.

a) $P(X = 6) = \binom{6}{6} \cdot 0{,}7^6 \cdot 0{,}3^0 = 0{,}7^6 = 0{,}117649 \approx 0{,}118$

b) $P(X = 1) = \binom{6}{1} \cdot 0{,}7^1 \cdot 0{,}3^5 = 6 \cdot 0{,}7 \cdot 0{,}3^5 = 0{,}010206 \approx 0{,}010$

c) $P(X \geqq 1) = 1 - P(X = 0) = 1 - \binom{6}{0} \cdot 0{,}7^0 \cdot 0{,}3^6 = 1 - 0{,}3^6 = 0{,}999271 \approx 0{,}999$

d) $P(X \geqq 5) = P(X = 5) + P(X = 6) = 0{,}420175 \approx 0{,}420$

5 1 (Treffer), wenn ein Artikel schadhaft ist mit $p = 0{,}02$. $n = 15$.

$P(X > 2) = 1 - P(X = 0) - P(X = 1) - P(X = 2)$

$= 1 - \binom{15}{0} \cdot 0{,}02^0 \cdot 0{,}98^{15} - \binom{15}{1} \cdot 0{,}02^1 \cdot 0{,}98^{14} - \binom{15}{2} \cdot 0{,}02^2 \cdot 0{,}98^{13}$

$\approx 0{,}0030393746 \approx 0{,}0030.$

Die Wahrscheinlichkeit, dass ein Paket nicht berechnet wird, liegt bei ca. 0,3 %.

6 1 (Treffer), wenn jemand ein Roggenbrot kauft mit $p = 0{,}125$. $n = 8$.

a) $P(X = 1) = \binom{8}{1} \cdot 0{,}125^1 \cdot 0{,}875^7 = 0{,}3926959037 \approx 39{,}3\,\%$

b) $P(X = 0) = \binom{8}{0} \cdot 0{,}125^0 \cdot 0{,}875^8 = 0{,}3436089158 \approx 34{,}4\,\%$

c) $P(X \leqq 1) = P(X = 0) + P(X = 1) \approx 0{,}7363 \approx 73{,}6\,\%$

d) $P(X > 6) = P(X = 7) + P(X = 8) \approx 0{,}000003397 \approx 0{,}00\,\%$

e) $P(X > 6) + P(X < 2) \approx 0{,}00\,\% + 73{,}6\,\% = 73{,}6\,\%$

7 1 Treffer, wenn Antwort richtig ist mit $p = \frac{1}{3}$. $n = 10$

a) $P(X = 4) = \binom{10}{4} \cdot \left(\frac{1}{3}\right)^4 \cdot \left(\frac{2}{3}\right)^6 \approx 0{,}2276 \approx 22{,}8\,\%$

b) $P(X \geqq 4) = 1 - P(X \leqq 3) = 1 - P(X = 0) - P(X = 1) - P(X = 2) - P(X = 3) \approx 0{,}4407 \approx 44{,}1\,\%.$

Die Wahrscheinlichkeit für das Bestehen des Tests, wenn man nur rät, liegt bei ca. 44 %.

Dies ist sehr hoch, sodass man den Test so nicht akzeptieren kann.

S. 279 **7** c) $P(X \geqq 7) = P(X = 7) + P(X = 8) + P(X = 9) + P(X = 10) \approx 0{,}01966 \approx 2{,}0\,\%$.
So kann man den Test akzeptieren, da von 100 Teilnehmern im Durchschnitt 2 den Test bestehen, obwohl sie nur raten.
d) $P(X = 0) \approx 0{,}0173 \approx 1{,}7\,\%$.

8 X: Anzahl der Ablenkungen nach rechts; $p = 0{,}5$; $n = 4$.
a) Eine Kugel fällt in das Fach 1, wenn Sie insgesamt 1-mal nach rechts und 3-mal nach links abgelenkt wird. Sie fällt ins Fach 3, wenn sie 1-mal nach links und 3-mal nach rechts abgelenkt wird.
$P(X = 1) = \binom{4}{1} \cdot 0{,}5^1 \cdot 0{,}5^3 = 4 \cdot 0{,}5^4 = 0{,}25$; $P(X = 3) = \binom{4}{3} \cdot 0{,}5^3 \cdot 0{,}5^1 = 4 \cdot 0{,}5^4 = 0{,}25$.
Die Wahrscheinlichkeiten sind gleich.
b) $P(X = 0) = \binom{4}{0} \cdot 0{,}5^0 \cdot 0{,}5^4 = 0{,}5^4 = 0{,}0625$; $P(X = 4) = \binom{4}{4} \cdot 0{,}5^4 \cdot 0{,}5^0 = 0{,}5^4 = 0{,}0625$.
Auch diese Wahrscheinlichkeiten sind gleich.
c) $P(X = 2) = \binom{4}{2} \cdot 0{,}5^2 \cdot 0{,}5^2 = 6 \cdot 0{,}5^4 = 0{,}375$.
d) Wahrscheinlichkeitsverteilung:

x_i	0	1	2	3	4
$P(X = x_i)$	0,0625	0,25	0,375	0,25	0,0625

Säulendiagramm mit dem CAS:

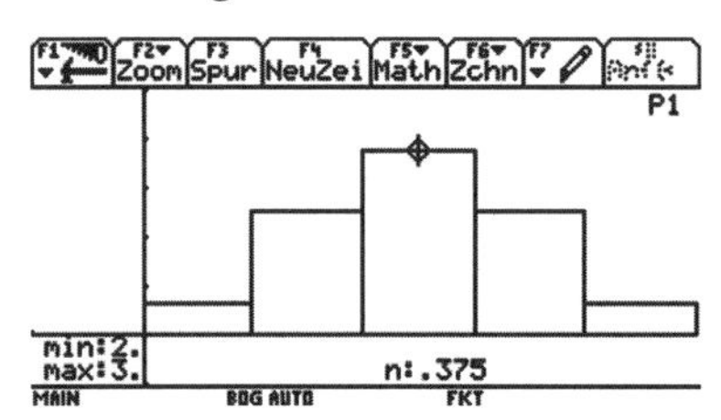

Die Verteilung ist also symmetrisch.

12 *Hilfsmittel bei Binomialverteilungen*

S. 280 **1** a) $P(X = 15) = \binom{100}{15} \cdot \left(\frac{1}{6}\right)^{15} \cdot \left(\frac{5}{6}\right)^{85} \approx 0{,}100\,237$;

$P(X = 16) = \binom{100}{16} \cdot \left(\frac{1}{6}\right)^{16} \cdot \left(\frac{5}{6}\right)^{84} \approx 0{,}106\,501$;

$P(X = 17) \approx 0{,}105\,248$; $P(X = 18) \approx 0{,}097\,062$; $P(X = 19) \approx 0{,}083\,780$; $P(X = 20) \approx 0{,}067\,862$

b) $P(15 \leqq X \leqq 20) \approx 0{,}560\,690$

S. 282 **2**
a) $P(X = 6) \approx 0{,}1244$
b) $P(X < 6) = P(X \leqq 5) \approx 0{,}1256$
c) $P(X \leqq 6) \approx 0{,}2500$
d) $P(X > 6) = 1 - P(X \leqq 6) \approx 0{,}7500$
e) $P(X = 8) \approx 0{,}1797$
f) $P(X > 11) = 1 - P(X \leqq 11) \approx 0{,}0565$
g) $P(4 < X < 10) = P(X \leqq 9) - P(X \leqq 4) \approx 0{,}7044$
h) $P(4 \leqq X \leqq 10) = P(X \leqq 10) - P(X \leqq 3) \approx 0{,}8565$

282 **3** Treffer „6" mit $p = \frac{1}{6}$; $n = 100$.
a) $P(X = 10) \approx 0{,}0214$
b) $P(X > 25) = 1 - P(X \leqq 25) \approx 0{,}0119$
c) $P(15 \leqq X \leqq 25) = P(X \leqq 25) - P(X \leqq 14) \approx 0{,}7007$
d) $P(X \leqq 15) + P(X \geqq 25) = P(X \leqq 15) + 1 - P(X \leqq 24) \approx 0{,}4094$

4 Treffer 1 für Vorderseite: $p = 0{,}4$; $n = 10$.
a) $P(1110000000) = 0{,}4^3 \cdot 0{,}6^7 \approx 0{,}0018$
b) $P(0000100001) = 0{,}4^2 \cdot 0{,}6^8 \approx 0{,}0027$
c) $P(X \leqq 3) \approx 0{,}3823$

5 Treffer = „Linkshänder" mit $p = 0{,}20$; $n = 15$.
a) $P(X = 1) = 0{,}1319$
b) $P(X \geqq 1) = 1 - P(X = 0) \approx 1 - 0{,}0352 \approx 0{,}9648$
c) $P(X \leqq 2) \approx 0{,}3980$
d) $P(X > 3) = 1 - P(X \leqq 3) \approx 1 - 0{,}6482 \approx 0{,}3518$

6 Treffer = „Ausschuss" mit $p = 0{,}05$; $n = 20$.
$P(X \geqq 2) = 1 - P(X \leqq 1) \approx 1 - 0{,}7358 \approx 0{,}2642$
Es ist zu erwarten, dass die Lieferung in ca. 26,5% der Fälle zurückgesendet wird.

7 Treffer = „Fischgericht" mit $p = \frac{1}{3}$; $n = 100$.
$P(X > 33) = 1 - P(X \leqq 33) \approx 1 - 0{,}5188 \approx 0{,}4812$.
Mit 48% Wahrscheinlichkeit müssen weitere Fischgerichte zubereitet werden.

8 Treffer = „defekter Haartrockner" mit $p = 0{,}025$; $n = 10$.
$P(X \geqq 2) = 1 - P(X \leqq 1) \approx 1 - 0{,}9754 \approx 0{,}0246 \approx 2{,}5\%$.
Damit lehnt der Großabnehmer in rund 2,5% aller Fälle die Lieferung ab.

9 Treffer = „unerwünschte Nebenwirkungen" mit $p = 0{,}037$; $n = 200$.
$P(X > 8) = 1 - P(X \leqq 8) \approx 1 - 0{,}6772 \approx 0{,}3228 \approx 32{,}3\%$

13 *Erwartungswert, Standardabweichung, Sigmaregeln*

283 **1** Im Mittel beurteilt der Kontrolleur unter 100 Teilen 1 Teil falsch. Man kann also bei 1000 Teilen mit 10 falschen Entscheidungen rechnen.

285 **2** a)

x_i	0	1
$P(X = x_i)$	$\frac{14}{16} = \frac{7}{8}$	$\frac{2}{16} = \frac{1}{8}$

$E(X) = \mu = 800 \cdot \frac{1}{8} = 100$
Man kann 100 Gewinne zu je 1€ erwarten. Damit betragen die Ausgaben 100€.

S. 285 **2** b) Da mit Einnahmen von ca. $800 \cdot 0{,}20\,€ = 160\,€$ zu rechnen ist, ist ein Gewinn von 60 € zu erwarten.

c) $\sigma = \sqrt{800 \cdot \frac{1}{8} \cdot \frac{7}{8}} = 5 \cdot \sqrt{3{,}5} \approx 9{,}4$.

Damit gilt nach der 3σ-Regel mit $\mu = 100$: $P(100 - 3 \cdot 9{,}4 \leqq X \leqq 100 + 3 \cdot 9{,}4) \approx 0{,}997$, also $100 - 28 \leqq X \leqq 100 + 28$. Damit sind mit der Wahrscheinlichkeit 99,7% zwischen 72 und 128 Gewinne zu erwarten. Der Gewinn liegt also mit sehr großer Wahrscheinlichkeit zwischen $160\,€ - 128\,€$ und $160\,€ - 72\,€$, also zwischen 32 € und 88 €.

3 a) $\mu = E(X) = n \cdot p$, also $108 = 120 \cdot p$, d.h. $p = 0{,}9$

b) $\sigma = \sqrt{120 \cdot 0{,}9 \cdot 0{,}1} \approx 3{,}29$

c) $n = 450$; $\mu = E(X) = 450 \cdot 0{,}9 = 405$; $\sigma = \sqrt{450 \cdot 0{,}9 \cdot 0{,}1} = \frac{9}{\sqrt{2}} \approx 6{,}36$

Damit: $P(405 - 1{,}96 \cdot 6{,}36 \leqq X \leqq 405 + 1{,}96 \cdot 6{,}36) \approx 0{,}95$, also $P(392{,}5 \leqq X \leqq 417{,}5) \approx 0{,}95$.

Damit hatte das Mittel eine bessere Wirkung als mit 95%-iger Wahrscheinlichkeit zu erwarten war.

4 a) Treffer = „Aufklärung Vergewaltigung" mit

p = „Mittelwert von 0,837 und 0,830" = 0,8335; $n = 8300$.

$\mu = E(X) = 8300 \cdot 0{,}8335 = 6918{,}05 \approx 6900$.

Es ist mit 6900 Fällen zu rechnen, in denen eine Aufklärung erfolgt.

b) Treffer = „Aufklärung Mord und Totschlag"

mit p = „Mittelwert von 0,958 und 0,961" = 0,9595; $n = 2500$.

$\mu = E(X) = 2500 \cdot 0{,}9595 = 2398{,}75 \approx 2400$; $\sigma = \sqrt{2500 \cdot 0{,}9595 \cdot 0{,}0405} \approx 9{,}86$

$P(2400 - 2{,}58 \cdot 9{,}86 \leqq X \leqq 2400 + 2{,}58 \cdot 9{,}86) \approx 0{,}99$; also $P(2374{,}6 \leqq X \leqq 2425{,}4) \approx 0{,}99$.

Damit werden mit 99% Wahrscheinlichkeit mindestens 2375 und höchstens 2425 Fälle von „Mord und Totschlag" im Jahre 2009 aufgeklärt.

5 Treffer = „Abnahme von 5 kg in 4 Wochen" mit $p = 0{,}85$; $n = 80$.

a) Es können $\mu = E(X) = 80 \cdot 0{,}85 = 68$ Personen mit einem Erfolg rechnen.

b) $\sigma = \sqrt{80 \cdot 0{,}85 \cdot 0{,}15} \approx 3{,}19$.

$P(68 - 2 \cdot 3{,}19 \leqq X \leqq 68 + 2 \cdot 3{,}19) \approx 0{,}955$ oder $P(61{,}6 \leqq X \leqq 74{,}4) \approx 0{,}955$.

Da 62 im 95,5%-Intervall liegt, kann die Behauptung aufrecht erhalten werden.

6 $\mu = E(x) = 350 \cdot 0{,}024 = 8{,}4$; $\sigma = \sqrt{350 \cdot 0{,}024 \cdot 0{,}976} \approx 2{,}86$;

$P(8{,}4 - 2{,}58 \cdot 2{,}86 \leqq X \leqq 8{,}4 - 2{,}58 \cdot 2{,}86) \approx 0{,}99$ oder

$P(1{,}0212 \leqq X \leqq 15{,}7788) \approx 0{,}99$.

Damit muss man mit mindestens einer und mit höchstens 16 fehlenden Mitarbeitern pro Tag rechnen.

7 Treffer = „Person wählt AGU" mit $p = 0{,}12$; $n = 500$.

$\mu = E(X) = 500 \cdot 0{,}12 = 60$; $\sigma = \sqrt{500 \cdot 0{,}12 \cdot 0{,}88} \approx 7{,}27$

Mit 99%-iger Wahrscheinlichkeit liegt 45 im Bereich

$60 - 2{,}58 \cdot 7{,}27 \leqq X \leqq 60 + 2{,}58 \cdot 7{,}27$, also in $41{,}2 \leqq X \leqq 78{,}8$.

Geht man jedoch von 90%-iger Wahrscheinlichkeit aus, so liegt 45 nicht im entsprechenden Bereich: $60 - 1{,}64 \cdot 7{,}27 \leqq X \leqq 60 + 1{,}64 \cdot 7{,}27$, also in $48{,}1 \leqq X \leqq 71{,}9$.

Damit ist mit hoher Wahrscheinlichkeit der behauptete Stimmenanteil von 12% nicht zu halten.

14 Vierfeldertafel – bedingte Wahrscheinlichkeit

286 **1** a) P(„Mädchen") = $\frac{1600}{3100} \approx 0{,}5161$ b) P(„liebt Sport") = $\frac{800}{3100} \approx 0{,}2581$

c) P(„Mädchen liebt Sport") = $\frac{182}{3100} \approx 0{,}0587$

288 **2** a) $P(L1) = \frac{7}{14} = 0{,}5$; $P_{L1}(S2) = \frac{3}{14} \approx 0{,}2143$; $P(L1 \cap S2) = \frac{7}{14} \cdot \frac{3}{14} \approx 0{,}1071$

b) $P(L1) = \frac{7}{14} = 0{,}5$; $P_{L1}(S2) = \frac{3}{13} \approx 0{,}2308$; $P(L1 \cap S2) = \frac{7}{14} \cdot \frac{3}{13} \approx 0{,}1154$

3 a)

	S	$\overline{S}$	Summe
M	15	**535**	550
$\overline{M}$	5	**445**	**450**
Summe	20	**980**	1000

b) $P(\overline{M} \cap \overline{S}) = \frac{445}{1000} = 0{,}445$

c) $P_M(\overline{S}) = \frac{535}{550} \approx 0{,}9727$ (Wahrscheinlichkeit, dass eine männliche Person kein Schwarzfahrer ist)

$P(\overline{M} \cap S) = \frac{5}{1000} = 0{,}005$ (Wahrscheinlichkeit, dass eine Frau Schwarzfahrerin ist)

4 a) D: „Traktor ist wirklich defekt"; $\overline{D}$: „Traktor ist in Ordnung"
T: „Traktor ist laut Test defekt"; $\overline{T}$: „Traktor ist laut Test in Ordnung"
Die fett gekennzeichneten Werte ermittelt man aus den Angaben und trägt sie zuerst in die Tabelle ein.

	T	$\overline{T}$	Summe
D	**270**	30	**300**
$\overline{D}$	**14**	686	700
Summe	284	716	**1000**

b) $P_T(D) = \frac{270}{284} \approx 0{,}9507$ c) $P_{\overline{T}}(\overline{D}) = \frac{686}{716} = 0{,}9581$

5 a) P(R) = 0,01: Wahrscheinlichkeit, dass ein Passagier Rauschgift schmuggelt, ist 0,01.
Fehler in der 1. Auflage:
$P(B \cap R) = 0{,}0098$: Wahrscheinlichkeit, dass der Spürhund bellt und ein Passagier Rauschgift schmuggelt, ist 0,0098.
$P(B \cap \overline{R}) = 0{,}0300$: Wahrscheinlichkeit, dass der Spürhund bellt, wenn der Passagier kein Rauschgift schmuggelt, ist 0,03.
b) Die fett gekennzeichneten Werte ermittelt man aus den Angaben und trägt sie zuerst ein.

	R	$\overline{R}$	Summe
B	**98**	**300**	398
$\overline{B}$	2	9600	9602
Summe	**100**	9900	**10000**

S. 288 **5** c) Der Hund bellt in 398 von 10 000 Kontrollen, also ist $P(B) = 0{,}0398$.

d) $P_B(R) = \frac{98}{398} \approx 0{,}2462$, d. h. im Durchschnitt ist in einem von 4 Fällen, in denen der Spürhund bellt, der Passagier ein Rauschgiftschmuggler.

e) $P_{\overline{B}}(\overline{R}) = \frac{9600}{9602} \approx 0{,}9998$, d. h. bellt der Hund nicht, kann der Zollbeamte praktisch sicher sein, dass der Passagier kein Rauschgift schmuggelt.

15 *Vierfeldertafel – Satz von Bayes*

S. 289 **1** A: "Hersteller A"; D: „defekt"

a) $P(A \cap D) = \frac{100}{5000} \approx 0{,}02$

b) $P_{\overline{A}}(D) = \frac{200}{3000} \approx 0{,}0667$

c) $P_D(A) = \frac{100}{300} = 0{,}3333$; $P_D(\overline{A}) = \frac{200}{300} \approx 0{,}6667$

S. 290 **2** A: "stammt von Firma A"; F: "arbeitet fehlerfrei"

	A	$\overline{A}$	Summe
F	**0,75 · 0,95 = 0,7125**	**0,25 · 0,96 = 0,24**	0,9525
$\overline{F}$	0,0375	0,01	0,0475
Summe	**0,75**	**0,25**	1

$P_{\overline{F}}(\overline{A}) = \frac{P(\overline{A} \cap \overline{F})}{P(\overline{F})} = \frac{0{,}01}{0{,}0475} \approx 0{,}2105$

S. 291 **3** a) G: „produziert von GRU"; $\overline{G}$: „produziert von SAB"; R: „Gerät wird reklamiert"; $\overline{R}$: „Gerät wird nicht reklamiert"

b)

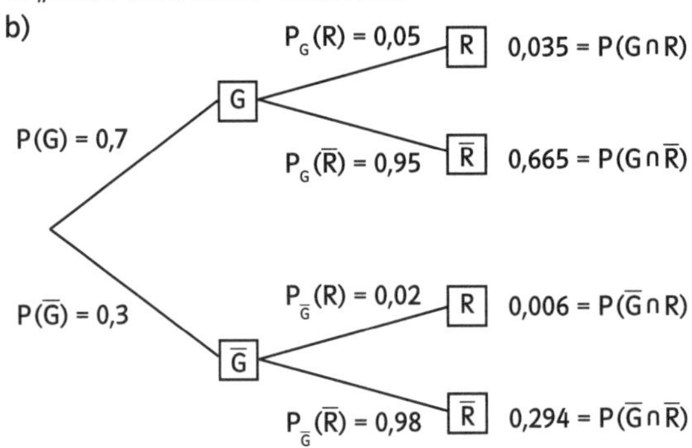

291 **3** c)

	R	$\overline{R}$	Summe
G	0,035	**0,665**	**0,7**
$\overline{G}$	0,006	**0,294**	**0,3**
Summe	0,041	0,959	1

d) $P_R(G) = \frac{P(R \cap G)}{P(R)} = \frac{0,035}{0,041} \approx 0,8537$

e) $P_{\overline{R}}(\overline{G}) = \frac{P(\overline{R} \cap \overline{G})}{P(\overline{R})} = \frac{0,294}{0,959} \approx 0,3066$

4 A: „montiert von A" ; E: "Schalter einwandfrei".

Aus $P(A) = 0,4$ und $P_A(E) = 0,9$ erhält man aus $P_A(E) = \frac{P(A \cap E)}{P(A)}$: $P(A \cap E) = 0,36$.

Daraus erstellt man die Vierfeldertafel (fette Werte sind vorgegeben):

	E	$\overline{E}$	Summe
A	**0,36**	0,04	**0,4**
$\overline{A}$	0,59	0,01	0,6
Summe	**0,95**	0,05	1

$P_{\overline{E}}(A) = \frac{P(\overline{E} \cap A)}{P(\overline{E})} = \frac{0,04}{0,05} = 0,80.$

Damit stammt ein defekter Schalter mit 80 %-iger Wahrscheinlichkeit von A.

5 D: „Krankheit wird diagnostiziert"; K: „Säugling hat die Krankheit"

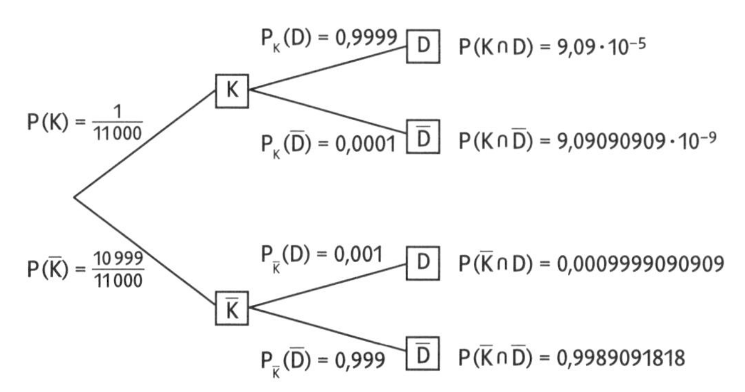

Daraus erstellt man die Vierfeldertafel (fette Werte sind vorgegeben):

	D	$\overline{D}$	Summe
K	**$9,09 \cdot 10^{-5}$**	$9,09 \cdot 10^{-9}$	
$\overline{K}$	**0,000999909**	**0,998909181**	
Summe	0,001090809	0,9989091909	1

a) $P_D(K) = \frac{P(K \cap D)}{P(D)} = \frac{0,00009099}{0,00109081} \approx 0,0834 \approx 8,3\,\%.$

b) $P_{\overline{D}}(K) = \frac{P(\overline{D} \cap K)}{P(\overline{D})} = \frac{9,09 \cdot 10^{-9}}{0,9989091909} \approx 9,099926282 \cdot 10^{-9} \approx 0,0000$

S. 291 **6** K: „Person hat Krankheit"; D: „Krankheit wird diagnostiziert"

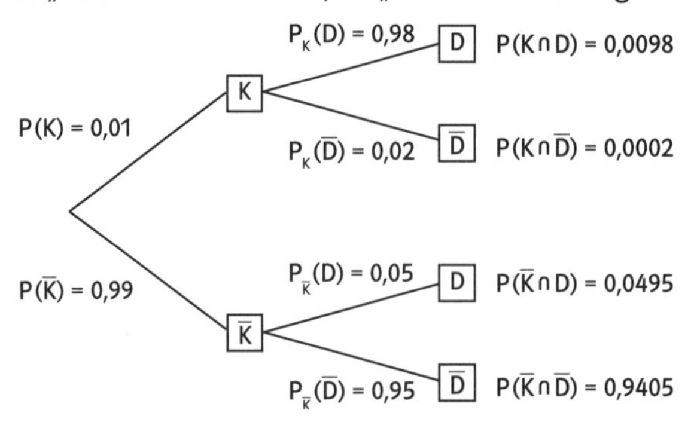

Daraus erstellt man die Vierfeldertafel (fette Werte sind vorgegeben):

	D	$\overline{D}$	Summe
K	**0,0098**	**0,0002**	0,01
$\overline{K}$	**0,0495**	**0,9405**	0,99
Summe	0,0593	0,9407	**1**

$P_D(K) = \frac{P(K \cap D)}{P(D)} = \frac{0{,}0098}{0{,}0593} \approx 0{,}1653 \approx 16{,}5\,\%$.

7 Man kann davon ausgehen, dass die Ereignisse F: „korrekte Füllmenge" und V: „Verschluss in Ordnung" unabhängig sind (verschiedene Maschinen).

Dann gilt $P_F(V) = P(V)$ und wegen $P_F(V) = \frac{P(F \cap V)}{P(F)}$:

$P(F \cap V) = P(F) \cdot P(V) = \frac{965}{1000} \cdot \frac{955}{1000} = 0{,}921575 \approx 92{,}2\,\%$.

Mit dieser Wahrscheinlichkeit liegt keiner dieser Fehler vor.

8 A: „Abschluss erreicht"; T: „Test bestanden"

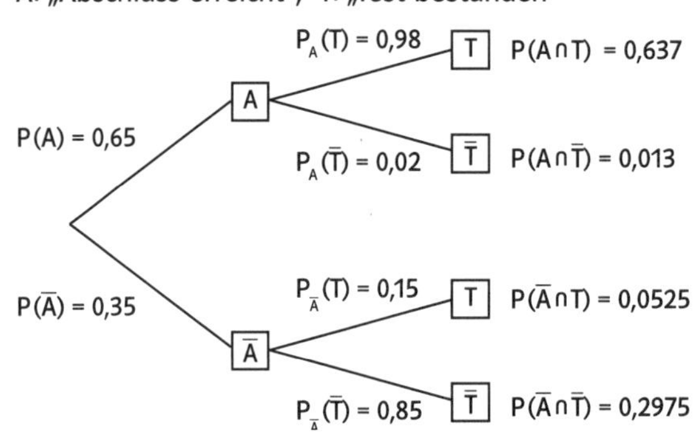

291 **8** Daraus erstellt man die Vierfeldertafel (fette Werte sind vorgegeben):

	T	$\overline{T}$	Summe
A	**0,637**	0,013	0,65
$\overline{A}$	**0,0525**	**0,2975**	0,35
Summe	0,6895	0,3105	**1**

$P_{\overline{T}}(\overline{A}) = \frac{P(\overline{T} \cap \overline{A})}{P(\overline{T})} = \frac{0,2975}{0,3105} \approx 0,9581 \approx 95,8\,\%.$

Ein Schüler, der im Test schlecht abschneidet, hat also kaum Chancen den Abschluss zu erreichen. Der Test scheint also recht gut zu sein.

16 *Vermischte Aufgaben*

Ereignisse – Pfadregel – Anzahlen

292 **1** a)

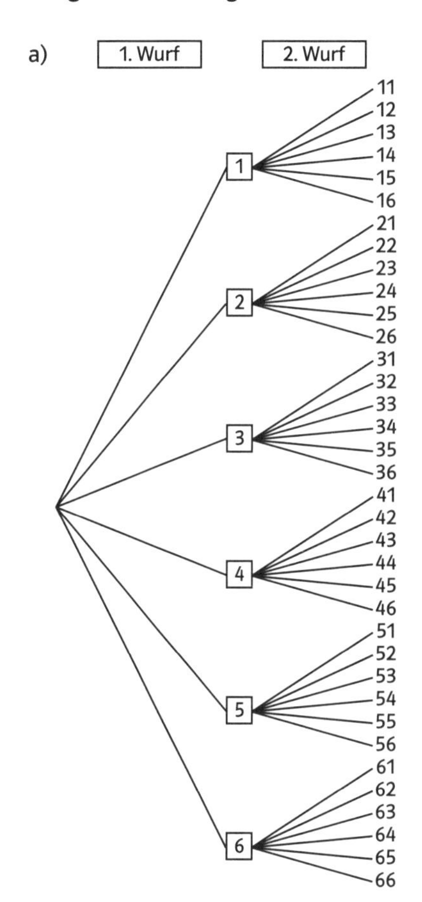

S. 292 **1** b) A = {26; 35; 44; 53; 62}
B = {46; 55; 56; 64; 65; 66}
C = {26; 34; 43; 62}
D = {21; 42; 63}
E = {16; 26; 36; 46; 56; 66}

2 a) $P(AUS) = \frac{1}{3} \cdot \frac{1}{2} \cdot \frac{1}{1} = \frac{1}{6} \approx 0{,}1667$

b) $P(WAHL) = \frac{1}{4} \cdot \frac{1}{3} \cdot \frac{1}{2} \cdot \frac{1}{1} = \frac{1}{24} \approx 0{,}0417$

c) $P(A) = \frac{1}{2} \cdot \frac{1}{3} + \frac{1}{2} \cdot \frac{1}{4} = \frac{7}{24} \approx 0{,}2917$

d) $P(LAUS) = \frac{1}{7} \cdot \frac{2}{7} \cdot \frac{1}{7} \cdot \frac{1}{7} = \frac{2}{2401} \approx 0{,}0008$

3 a) Baumdiagramm rechts

$X = x_i$	0	1	2	5
$P(X = x_i)$	$\frac{8}{16}$	$\frac{4}{16}$	$\frac{2}{16}$	$\frac{2}{16}$

0,5 → 0€
0,25 → 1€
0,125 → 2€
0,125 → 5€

b) E(X) = 1,125 €
Da der Einsatz pro Spiel 2,00 € beträgt, werden pro Spiel langfristig 2,00 € − 1,125 € = 0,875 € verloren.
Bei 1000 Spielen kann der Betreiber mit einem Gewinn von 1000 · 0,875 € = 875 € rechnen.
c) Es muss gelten: $0 \cdot \frac{8}{16} + 1 \cdot \frac{4}{16} + 2 \cdot \frac{2}{16} + x \cdot \frac{2}{16} = 2$, da der Einsatz gewonnen werden soll.
Daraus ergibt sich x = 12, d.h. statt 5 € müssten 12 € ausbezahlt werden.
d) $P(A) = 0{,}5^2 = 0{,}25$;
$P(B) = 0{,}125^2 = 0{,}015625 \approx 0{,}0156$;
C: Hans gewinnt beim 1. Spiel 1 € und beim 2. Spiel nichts oder umgekehrt:
$P(C) = 0{,}5 \cdot 0{,}25 + 0{,}25 \cdot 0{,}5 = 0{,}25$;
D: Hans gewinnt beim 1. Spiel nicht und beim 2. Spiel 5 € oder umgekehrt; er gewinnt beim 1. Spiel 1 € und beim 2. Spiel 5 € oder umgekehrt; er gewinnt beim 1. Spiel 2 € ebenso wie beim 2. Spiel; er gewinnt beim 1. Spiel 2 € und beim 2. Spiel 5 € oder umgekehrt; er gewinnt beim 1. Spiel 5 € ebenso wie beim 2. Spiel
$P(D) = 2 \cdot 0{,}5 \cdot 0{,}125 + 2 \cdot 0{,}25 \cdot 0{,}125 + 0{,}125 \cdot 0{,}125 + 2 \cdot 0{,}125 \cdot 0{,}125 + 0{,}125 \cdot 0{,}125 = 0{,}25$

4 Es gibt 6! = 720 mögliche Reihenfolgen des Erscheinens.

5 Es gibt 5 · 4 · 3 = 60 verschiedene Möglichkeiten zu sitzen.

6 a) Es gibt 9 · 9 · 8 = 648 dreistellige Zahlen mit ungleichen Ziffern.
b) Es gibt 9 · 9 · 8 · 7 = 4536 vierstellige Zahlen mit ungleichen Ziffern.
c) Es gibt 9 · 9 · 8 · 7 · 6 = 27216 fünfstellige Zahlen mit ungleichen Ziffern.
d) Es gibt solche Zahlen nicht, da sich mindestens eine Ziffer wiederholen muss.

293 7 Da es 26 Buchstaben gibt und 10 Ziffern, gibt es $9 \cdot 10 \cdot 10$ verschiedenen dreistellige Zahlen (023 gilt als zweistellige Zahl!)
Es gibt $26 \cdot 26 \cdot 9 \cdot 10 \cdot 10 = 608\,400$ verschiedene Kennzeichen.
Dies reicht nicht aus für Berlin, da man dann 1,15 Millionen Kennzeichen benötigt.
Man macht die Zahl vierstellig, wodurch sich die Anzahl der Zeichen um den Faktor 10 auf 6 084 000 erhöht.

BERNOULLI-Ketten – Binomialverteilung – Vierfeldertafel

8 $X = 1$ für Zahl, 0 für Wappen.
a) $P(A) = 0{,}5 \cdot 0{,}5^9 = 0{,}000\,976\,562\,5 \approx 0{,}0010$
$P(5) = \binom{10}{5} \cdot 0{,}5^5 \cdot 0{,}5^5 \approx 0{,}2461$
$P(X \geqq 3) = 1 - P(X \leqq 2) \approx 0{,}9453$
b) $E(X) = 1000 \cdot 0{,}5 = 500$; $\sigma_X = \sqrt{1000 \cdot 0{,}5 \cdot (1 - 0{,}5)} = 0{,}5 \cdot 10 \cdot \sqrt{10} \approx 15{,}81 \approx 16$
Die 1-σ-Regel besagt, dass bei 1000 Würfen die Anzahl von „Zahl" mit der Wahrscheinlichkeit 68 % zwischen 484 und 516 liegt.
c) Nach der 99 %-Regel liegt die Anzahl von Treffer (= Zahl) bei
$500 - 2{,}58 \cdot 15{,}81 \leqq X \leqq 500 + 2{,}58 \cdot 15{,}81$, also zwischen 460 und 540.

9 Man geht davon aus, dass die Stadt so groß ist, dass man ein Bernoulli-Experiment annehmen kann.
Vereinsmitglied $X = 1$; $p = 0{,}1$; $n = 100$
a) $P(X \geqq 1) = 1 - P(X = 0) \approx 0{,}999973 \approx 1{,}0000$ (Fig. 1)
b) $P(X \leqq 1) = 0{,}000322 \approx 0{,}0003$ (Fig. 2)
c) $E(X) = 100 \cdot 0{,}1 = 10$; $\sigma_X = \sqrt{100 \cdot 0{,}1 \cdot 0{,}9} = 3.$
Damit sind mit 99 %-iger Wahrscheinlichkeit zwischen
$10 - 2{,}58 \cdot 3 \leqq X \leqq 10 + 2{,}58 \cdot 3$ oder $10 - 7{,}74 \leqq X \leqq 10 + 7{,}74$
3 und 17 Vereinsmitglieder unter den ausgewählten Personen.

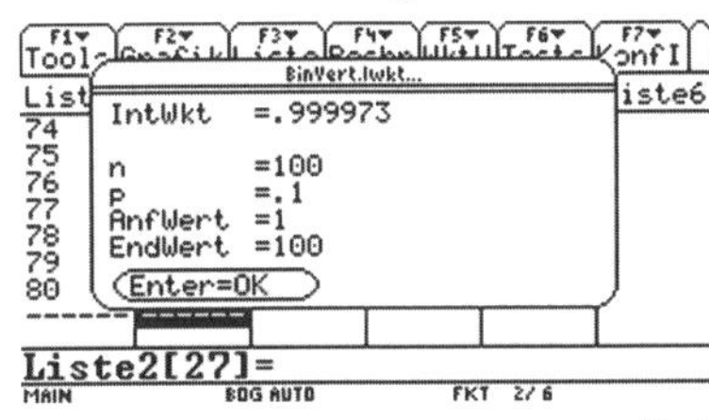

Fig. 1

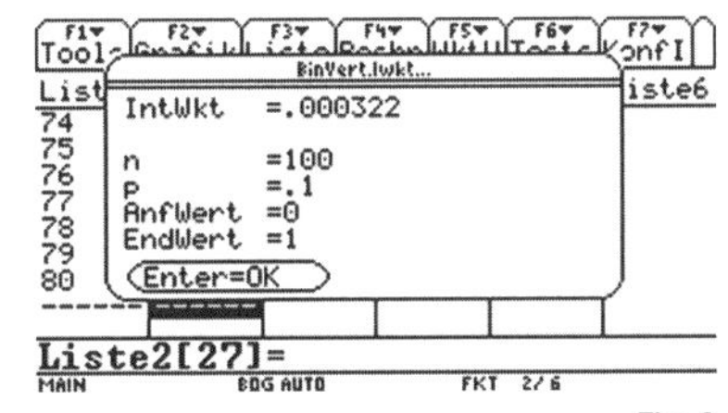

Fig. 2

10 Treffer $X = 1$: Tüte weicht um 2 g oder mehr ab; $p = 0{,}0115$; $n = 1000$.
a) $P(X \leqq 10) \approx 0{,}4007$
b) $P(X > 15) = 1 - P(X \leqq 15) \approx 0{,}1204$
c) $E(X) = 1000 \cdot 0{,}0115 = 11{,}5$;
$\sigma_X = \sqrt{1000 \cdot 0{,}0115 \cdot 0{,}9815} \approx 3{,}37$
Maximale Abweichung mit 99,7 %-iger Wahrscheinlichkeit:
$11{,}5 - 3 \cdot 3{,}37 \leqq X \leqq 11{,}5 + 3 \cdot 3{,}37$; $1{,}4 \leqq X \leqq 21{,}6$.
Es ist somit sehr unwahrscheinlich, dass bei einer Kontrolle von 100 Tüten 24 davon ein zu kleines Gewicht haben. Man wird der Firma mitteilen, dass offensichtlich ein Fehler bei der Abfüllanlage vorliegt.

S. 293 ***11*** a) A: „Überprüfung durch A"; $\overline{A}$: „Überprüfung durch B"; L: „Leibesvisitation"; $\overline{L}$: „keine Leibesvisitation"

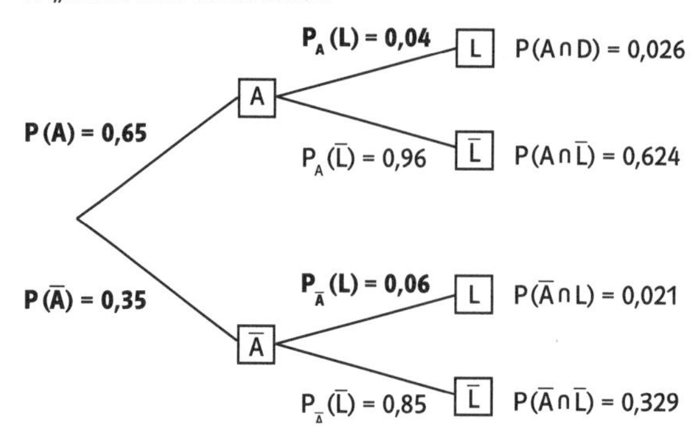

b) Daraus erstellt man die Vierfeldertafel:

	L	L	Summe
A	0,026	0,624	0,65
A	0,021	0,329	0,35
Summe	0,047	0,953	**1**

c) $P_{\overline{L}}(A) = \frac{P(\overline{L} \cap A)}{P(\overline{L})} = \frac{0{,}624}{0{,}953} \approx 0{,}6548 \approx 65{,}5\,\%$

12 Es sind 65 Kugeln bzgl. des Durchmessers und 78 bzgl. der Härte nicht in Ordnung. Davon sind aber 43 in beiden Punkten zu beanstanden, d.h. von den 1000 Kugeln sind nur 65 + 78 − 43 = 100 Kugeln nicht einwandfrei.
Damit ist die Wahrscheinlichkeit, dass ein Kugel beanstandet wird, $p = \frac{100}{1000} = 0{,}1 = 10\,\%$.

Exkursionen: Testen von Hypothesen

S. 294 ***1*** a) In der Gerichtsverhandlung gilt zunächst die so genannte „Unschuldsvermutung".
b) Liegen schwerwiegende Indizien vor, so wird man die Ausgangshypothese verwerfen.

S. 297 ***2*** a) $K = \{0; 1; 2; \ldots; 18\}$ b) $K = \{0; 1; 2; \ldots; 100\}$

3 H_0: $p = 0{,}35$; H_1: $p > 0{,}35$; $n = 63$.
Für $K = \{28; 29; \ldots; 63\}$ gilt $\alpha = 0{,}0766$.
Die Vermutung kann **nicht** mit einer Irrtumswahrscheinlichkeit von 5 % bestätigt werden.

297 ***4*** H_0: $p = 10\,\%$; H_1: $p < 10\,\%$; $n = 97$.

Für $K = \{0; 1; \ldots; 5\}$ gilt $\alpha = 0{,}0689$.

Die Behauptung des Werks lässt sich **nicht** mit einer Irrtumswahrscheinlichkeit von 5 % bestätigen.

5 H_0: $p = \frac{1}{3}$; H_1: $p > \frac{1}{3}$; $n = 250$.

Aus $\alpha = 0{,}01$ erhält man $K = \{102; 103; \ldots; 250\}$.

Der Kandidat muss also mindestens 102 Karten richtig nennen, um die Bedingung zu erfüllen.

X Gleichungen – Matrizen – Verflechtungen

1 Lineare Gleichungssysteme und Lösungsverfahren

S. 302 **1** a) Man kann z. B. wie folgt zur Lösung gelangen:
Würden beide gleich viel kosten, so wären dies je 62 €. Da das T-Shirt 48 € billiger ist, muss man von 62 € für das T-Shirt 24 € subtrahieren und für die Jeans 24 € addieren. Damit kostet das T-Shirt 38€ und die Jeans 86 €.
b) $x_T + x_J = 124$; $x_J - x_T = 48$.

S. 305 **2** a)

$$\begin{array}{lr} (1) & x_1 + 2x_2 = 3 \\ (2) & x_1 + x_2 = 0 \\ \hline (1) - (2) = (1a) & x_2 = 3 \\ (2) & x_1 + x_2 = 0 \\ \hline (1a) & x_2 = 3 \\ (2) - (1a) & x_1 = -3 \end{array} \qquad \text{Lösung: } \begin{pmatrix} 3 \\ -3 \end{pmatrix}$$

b) Lösung: $\begin{pmatrix} 0{,}6 \\ -2{,}2 \end{pmatrix}$ c) Lösung: $\begin{pmatrix} 3{,}2 \\ 2{,}4 \end{pmatrix}$

3 a)

$$\begin{array}{lr} (1) & 2x_1 - 3x_2 - 5x_3 = -1 \\ (2) & 2x_2 + x_3 = 0 \\ (3) & 3x_3 = 6 \\ \hline \end{array}$$

Aus (3) $x_3 = 2$
in (2): $2x_2 + 2 = 0$, also $x_2 = -1$
in (1): $2x_1 - 3 \cdot (-1) - 5 \cdot 2 = -1$, also $2x_1 - 7 = -1$; $2x_1 = 6$, $x_1 = 3$

Lösung: $\begin{pmatrix} 3 \\ -1 \\ 2 \end{pmatrix}$

b) Lösung: $\begin{pmatrix} -\frac{7}{3} \\ \frac{3}{4} \\ -2 \end{pmatrix}$ c) Lösung: $\begin{pmatrix} 0 \\ -4 \\ 3{,}5 \end{pmatrix}$

4 a)

$$\begin{array}{lr|lr|lr} (1) & x_1 + x_2 = 3 & (1) & x_1 + x_2 = 3 & (1) & x_1 + x_2 = 3 \\ (2) & x_1 + x_2 + x_3 = 0 & (2) - (1) = (2a) & x_3 = -3 & (2a) & x_3 = -3 \\ (3) & x_2 + x_3 = 0 & (3) & x_2 + x_3 = 0 & (3) - (2a) = (3b) & x_2 = 3 \end{array}$$

(3 b) in (1): $x_1 + 3 = 3$, also $x_1 = 0$.

Lösung: $\begin{pmatrix} 0 \\ 3 \\ -3 \end{pmatrix}$; Probe: $\begin{array}{r} 0 + 3 = 3 \\ 0 + 3 - 3 = 0 \\ 3 - 3 = 0 \end{array}$

305 **4** b) Lösung: $\begin{pmatrix}1\\0\\1\end{pmatrix}$; Probe: $\begin{aligned}-1 + \quad 0 - 1 &= 0\\ 1 + 1 &= 2\\ 1 + 2 \cdot 0 + 1 &= 2\end{aligned}$

c) Lösung: $\begin{pmatrix}2\\-5\\18\end{pmatrix}$; Probe: $\begin{aligned}5 \cdot 2 - (-5) - 18 &= -3\\ 2 + 3 \cdot (-5) + 18 &= 5\\ 2 - 3 \cdot (-5) - 18 &= -1\end{aligned}$

5 a) (1) $2x_1 - 4x_2 + 5x_3 = 3$
(2) $3x_1 + 3x_2 + 7x_3 = 13$
(3) $4x_1 - 2x_2 - 3x_3 = -1$

Lösung in Matrixschreibweise:

$$\left(\begin{array}{ccc|c}2 & -4 & 5 & 3\\ 3 & 3 & 7 & 13\\ 4 & -2 & -3 & -1\end{array}\right) \begin{array}{l}\\ 2 \cdot Z2 - 3 \cdot Z1\\ Z3 - 2 \cdot Z1\end{array} \Rightarrow \left(\begin{array}{ccc|c}2 & -4 & 5 & 3\\ 0 & 18 & -1 & 17\\ 0 & 6 & -13 & -7\end{array}\right) \text{ Vertauschen von Z2 und Z3}$$

$$\Rightarrow \left(\begin{array}{ccc|c}2 & -4 & 5 & 3\\ 0 & 6 & -13 & -7\\ 0 & 18 & -1 & 17\end{array}\right) \begin{array}{l}\\ \\ Z3 - 3 \cdot Z2\end{array} \Rightarrow \left(\begin{array}{ccc|c}2 & -4 & 5 & 3\\ 0 & 6 & -13 & -7\\ 0 & 0 & 38 & 38\end{array}\right) \begin{array}{l}\\ \\ Z3 : 38\end{array}$$

$$\Rightarrow \left(\begin{array}{ccc|c}2 & -4 & 5 & 3\\ 0 & 6 & -13 & -7\\ 0 & 0 & 1 & 1\end{array}\right) \text{ also } x_3 = 1;$$

in die 2. Gleichung: $6x_2 - 13 = -7$, $x_2 = 1$
in die 1. Gleichung: $2x_1 - 4 \cdot 1 + 5 \cdot 1 = 3$, $x_1 = 1$

Lösung: $\begin{pmatrix}1\\1\\1\end{pmatrix}$.

b) Lösung: $\begin{pmatrix}0\\1\\2\end{pmatrix}$ c) Lösung: $\begin{pmatrix}-\frac{8}{7}\\ \frac{2}{7}\\ \frac{11}{7}\end{pmatrix}$

6 a) Lösung: $\begin{pmatrix}-1{,}75\\-1{,}5\\3{,}5\end{pmatrix}$ b) Lösung: $\begin{pmatrix}1\\0\\-2\end{pmatrix}$ c) Lösung: $\begin{pmatrix}5\\5\\10\end{pmatrix}$

7 a) Lösung: $\begin{pmatrix}0{,}5\\0{,}125\\1{,}5\\0{,}35\end{pmatrix}$ b) Lösung: $\begin{pmatrix}0{,}4\\-0{,}9\\0{,}5\\0{,}7\end{pmatrix}$

8 a) $f(-1) = 0$: $a - b + c = 0$
$f(1) = 4$: $a + b + c = 4$
$f(0) = 1$: $c = 1$
Daraus: $a = 1$; $b = 2$; $c = 1$; $f(x) = x^2 + 2x + 1 = (x + 1)^2$

b) $f(1) = 2$: $a + b + c = 2$
$f(-1) = -3$: $a - b + c = -3$
$f(0) = 5$: $c = 5$
Daraus: $a = -5{,}5$; $b = 2{,}5$; $c = 5$; $f(x) = -5{,}5x^2 + 2{,}5x + 5$

2 Lösungsmengen linearer Gleichungssyteme

S. 306 **1** a) $L = \left\{\frac{5}{4}\right\}$; $L = \mathbb{R}$; $L = \{\}$

b) $a \cdot x = b$: $a \neq 0$: $x = \frac{b}{a}$, also $L = \left\{\frac{b}{a}\right\}$

$a = 0$ und $b = 0$: $0 \cdot x = 0$, also $L = \mathbb{R}$

$a = 0$ und $b \neq 0$: $0 \cdot x = b$, also $L = \{\}$

S. 308 **2** a) Lösung: $\begin{pmatrix} 2{,}5 \\ 1{,}5 \end{pmatrix}$ b) Lösung: $\begin{pmatrix} 0{,}5 \\ -1 \end{pmatrix}$ c) Lösung: $\begin{pmatrix} 2{,}5 \\ -2{,}25 \end{pmatrix}$ d) Lösung: $\begin{pmatrix} -1 \\ 2 \end{pmatrix}$

3 a) keine Lösung b) keine Lösung c) Lösung: $\begin{pmatrix} -1 \\ 2 \end{pmatrix}$

d) $9a + 18b = 63 \quad |:9$

$2a + 4b = 14 \quad |:2$

$a + 2b = 7$

$a + 2b = 7$

Beide Gleichungen sind identisch. Setzt man $b = t$, so erhält man $a = 7 - 2t$.
Damit ist die Lösung $a = 7 - 2t$; $b = t$, wobei für t eine beliebige Zahl einzusetzen ist.
$L = \begin{pmatrix} 7 - 2t \\ t \end{pmatrix}$.

4 a) Lösung: $\begin{pmatrix} 3{,}5 \\ 0{,}5 \\ 0 \end{pmatrix}$ b) Lösung: $\begin{pmatrix} \frac{10}{3} \\ \frac{1}{3} \\ 0 \end{pmatrix}$ c) Lösung: $\begin{pmatrix} \frac{7}{6} \\ -\frac{10}{3} \\ \frac{33}{2} \end{pmatrix}$

5 a) Lösung: $\begin{pmatrix} -0{,}8t + 3{,}4 \\ 1{,}1t - 1{,}3 \\ t \end{pmatrix}$, also unendlich viele Lösungen.

b) Lösung: $\begin{pmatrix} 1 \\ 2 \\ 3 \end{pmatrix}$ c) keine Lösung

6 a) Lösung: $\begin{pmatrix} -8 \\ -3 \\ 5 \end{pmatrix}$ b) keine Lösung c) Lösung: $\begin{pmatrix} 5 \\ -1{,}5 \\ 0 \end{pmatrix}$

7 a) Aus den ersten 3 Gleichungen ergibt sich $x = 1$; $y = 2$; $z = 3$.
In die 4. Gleichung eingesetzt: $5 \cdot 1 - 4 \cdot 2 + 3 \cdot 3 = 5 - 8 + 9 = 6$ (richtig); Lösung: $\begin{pmatrix} 1 \\ 2 \\ 3 \end{pmatrix}$

b) Aus den ersten 3 Gleichungen ergibt sich $x = 0{,}4$; $y = 0$; $z = 0{,}2$.
In die 4. Gleichung eingesetzt: $2 \cdot 0{,}4 - 3 \cdot 0{,}2 = 0{,}8 - 0{,}6 = 0{,}2$ (richtig); Lösung: $\begin{pmatrix} 0{,}4 \\ 0 \\ 0{,}2 \end{pmatrix}$

c) Aus den ersten 3 Gleichungen ergibt sich $x = 0{,}25$; $y = 0{,}75$; $z = 0{,}35$.
In die 4. Gleichung eingesetzt: $-3 \cdot 0{,}25 + 4 \cdot 0{,}75 - 5 \cdot 0{,}35 = -0{,}75 + 3 - 1{,}75 = 0{,}5$ (falsch); keine Lösung.

308 **8** (1) $v + s_1 + s_2 = 100$; (2) $2s_1 = v$; (3) $v = s_2 + 30$

Daraus: $v = 52$; $s_1 = 26$; $s_2 = 22$.

Der Vater ist 52 Jahre, der älteste Sohn 26 und der jüngste Sohn 22 Jahre.

3 *Beschreibung von Vorgängen durch Matrizen*

309 **1**

Wasser: $0{,}4 \cdot 100 + 0{,}3 \cdot 200 = 100$

Orangensaft: $0{,}5 \cdot 100 + 0{,}3 \cdot 200 = 110$

Mangosaft: $0{,}1 \cdot 100 + 0{,}4 \cdot 200 = 90$

310 **2** a) $\begin{pmatrix} 17 \\ 43 \\ 19 \end{pmatrix}$ b) $\begin{pmatrix} 23 \\ 21 \\ 17 \end{pmatrix}$ c) $\begin{pmatrix} 19 \\ 23 \\ 18 \\ 15 \end{pmatrix}$ d) $\begin{pmatrix} 15 \\ 18 \\ 19 \end{pmatrix}$

3 a) Matrix: $\begin{pmatrix} 2 & 3 & 2 \\ 4 & 3 & 4 \\ 1 & 2 & 4 \end{pmatrix}$

Das Element $x_{21} = 4$ in der 2. Zeile und in der 1. Spalte gibt an, dass für das Produkt P_1 4 Fertigteile von F_2 erforderlich sind.

b) $\begin{pmatrix} 2 & 3 & 2 \\ 4 & 3 & 4 \\ 1 & 2 & 4 \end{pmatrix} \cdot \begin{pmatrix} 100 \\ 200 \\ 500 \end{pmatrix} = \begin{pmatrix} 2 \cdot 100 + 3 \cdot 200 + 2 \cdot 500 \\ 4 \cdot 100 + 3 \cdot 200 + 4 \cdot 500 \\ 1 \cdot 100 + 2 \cdot 200 + 4 \cdot 500 \end{pmatrix} = \begin{pmatrix} 1800 \\ 3000 \\ 2500 \end{pmatrix}$

Damit werden für 100 Stück P_1, 200 P_2 und 500 P_3 genau 1800 Fertigteile F_1, 3000 Stück F_2 und 2500 Stück F_3 benötigt.

4 *Addition und S-Multiplikation von Matrizen*

311 **1** a)

Artikel	Verkaufstelle		
	I	II	III
A	540 + 510	290 + 275	360 + 290
B	150 + 165	120 + 150	0 + 0
C	650 + 750	320 + 410	340 + 455

Artikel	Verkaufstelle		
	I	II	III
A	1050	565	650
B	315	270	0
C	1400	730	795

S. 311 **1** b)

Artikel	Verkaufstelle		
	I	II	III
A	510 – 540	275 – 290	290 – 360
B	165 – 150	150 – 120	0 – 0
C	750 – 650	410 – 320	455 – 340

Artikel	Verkaufstelle		
	I	II	III
A	–30	–15	–70
B	15	30	0
C	100	90	115

S. 312 **2**

a) $A + B = \begin{pmatrix} 0 & 6 & 5 & 8 \\ -1 & 11 & -3 & 1 \\ 15 & 4 & 15 & 4 \end{pmatrix}$

b) $A + B + C$ ist nicht möglich

c) $B + 3 \cdot A = \begin{pmatrix} 14 & 18 & 15 & 16 \\ -9 & 21 & 3 & 3 \\ 35 & 10 & 31 & 22 \end{pmatrix}$

d) $A - 2A = -A = \begin{pmatrix} -7 & -6 & -5 & -4 \\ 4 & -5 & -3 & -1 \\ -10 & -3 & -8 & -9 \end{pmatrix}$

e) $(-2) \cdot C = \begin{pmatrix} -4 & -18 & -14 & -2 \\ 0 & -12 & 0 & -10 \end{pmatrix}$

3

a) $2 \cdot \vec{a} + 2 \cdot \vec{b} = \begin{pmatrix} -2 \\ 10 \\ -4 \end{pmatrix}$; $2 \cdot (\vec{a} + \vec{b}) = \begin{pmatrix} -2 \\ 10 \\ -4 \end{pmatrix}$

b) $\frac{1}{2}\vec{b} + \frac{3}{2}\vec{b} = \begin{pmatrix} -4 \\ 6 \\ 2 \end{pmatrix}$; $2 \cdot \vec{b} = \begin{pmatrix} -4 \\ 6 \\ 2 \end{pmatrix}$

c) $\vec{a} + \vec{b} + \vec{c} = \begin{pmatrix} -1 \\ 6 \\ 2 \end{pmatrix}$; $\vec{c} + \vec{a} + \vec{b} = \begin{pmatrix} -1 \\ 6 \\ 2 \end{pmatrix}$

d) $2 \cdot \vec{a} - \vec{b} - 3 \cdot \vec{a} + 4 \cdot \vec{b} = \begin{pmatrix} -7 \\ 7 \\ 6 \end{pmatrix}$; $-\vec{a} + 3 \cdot \vec{b} = \begin{pmatrix} -7 \\ 7 \\ 6 \end{pmatrix}$

Man rechnet wie mit Zahlen; es gelten dieselben Rechenregeln.

4

a) $M = \begin{pmatrix} 304 & 207 & 408 & 505 \\ 630 & 412 & 508 & 660 \end{pmatrix}$; $A = \begin{pmatrix} 444 & 287 & 438 & 495 \\ 655 & 408 & 508 & 695 \end{pmatrix}$; $I = \begin{pmatrix} 454 & 329 & 469 & 595 \\ 730 & 480 & 508 & 660 \end{pmatrix}$

$M + A + I = \begin{pmatrix} 1202 & 823 & 1315 & 1595 \\ 2015 & 1300 & 1524 & 2015 \end{pmatrix}$

b) Neue Produktionszahlen: $1{,}05 \cdot I = \begin{pmatrix} 476{,}7 & 345{,}45 & 492{,}45 & 624{,}75 \\ 766{,}5 & 504 & 533{,}4 & 693 \end{pmatrix}$

5 Multiplikation von Matrizen

313 **1** a) 4,95 € · 3 + 95,95 € · 2 + 23,95 € · 4 = 302,55 €

314 **2** a) A · B ist nicht möglich, da die Anzahl der Spalten von A nicht mit der Anzahl der Zeilen von B übereinstimmt.

$B \cdot A = \begin{pmatrix} 8 & 8 & 0 \\ 13 & 7 & 9 \end{pmatrix}$

b) $A \cdot B = \begin{pmatrix} -1 & 8 & 9 & 7 \\ -10 & 3 & -1 & 14 \\ -3 & 13 & 14 & 13 \\ -11 & 11 & 8 & 21 \end{pmatrix}$; $B \cdot A = \begin{pmatrix} 12 & 22 \\ 0 & 25 \end{pmatrix}$

c) A · B ist nicht möglich, da die Anzahl der Spalten von A nicht mit der Anzahl der Zeilen von B übereinstimmt.

$B \cdot A = \begin{pmatrix} -2 & 13 & 3 \\ -10 & 5 & 5 \end{pmatrix}$

d) $A \cdot B = (5\ \ 3\ \ 21\ \ 11)$

B · A ist nicht möglich.

3 a) $A \cdot B = \begin{pmatrix} -75 & 75 \\ 25 & 445 \end{pmatrix}$; $(A \cdot B) \cdot C = \begin{pmatrix} 225 & -225 \\ 2275 & 545 \end{pmatrix}$

b) $B \cdot C = \begin{pmatrix} -20 & -40 \\ 85 & 35 \\ 50 & 10 \end{pmatrix}$; $A \cdot (B \cdot C) = \begin{pmatrix} 225 & -225 \\ 2275 & 545 \end{pmatrix}$

Es ist $(A \cdot B) \cdot C = A \cdot (B \cdot C)$. Dies gilt auch allgemein!

c) Es ist $A^T = \begin{pmatrix} 10 & 6 \\ 5 & 17 \\ 0 & 19 \end{pmatrix}$. $A^T + B = \begin{pmatrix} 0 & 6 \\ 10 & 32 \\ 0 & 29 \end{pmatrix}$. $(A^T + B) \cdot C = \begin{pmatrix} 30 & 6 \\ 180 & 72 \\ 145 & 29 \end{pmatrix}$.

d) Es gilt offensichtlich $(2 \cdot A) \cdot (3 \cdot B) = 6 \cdot (A \cdot B)$ (Fig. 1)

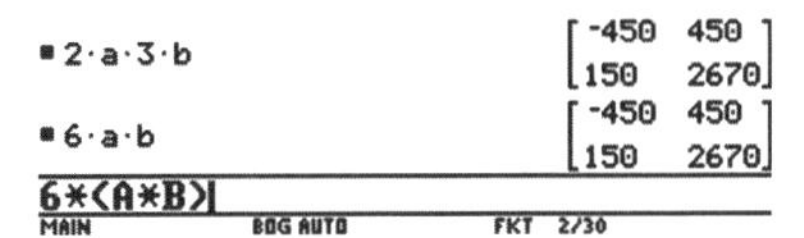

Fig. 1

6 Quadratische und inverse Matrizen

S. 315 **1** a) $A \cdot D = D \cdot A = \begin{pmatrix} d & 10 \cdot d & 5 \cdot d \\ -5 \cdot d & 2 \cdot d & 4 \cdot d \\ 5 \cdot d & d & d \end{pmatrix}$

b) Für die Matrix $E = \begin{pmatrix} 1 & 0 & 0 \\ 0 & 1 & 0 \\ 0 & 0 & 1 \end{pmatrix}$ gilt dann offensichtlich $E \cdot A = A \cdot E = A$.

S. 316 **2** a) $\left(\begin{array}{cc|cc} 1 & 3 & 1 & 0 \\ 2 & 2 & 0 & 1 \end{array}\right) \Rightarrow \left(\begin{array}{cc|cc} 1 & 3 & 1 & 0 \\ 0 & -4 & -2 & 1 \end{array}\right) \Rightarrow \left(\begin{array}{cc|cc} 1 & 3 & 1 & 0 \\ 0 & -1 & -\frac{1}{2} & \frac{1}{4} \end{array}\right) \Rightarrow \left(\begin{array}{cc|cc} 1 & 0 & -\frac{1}{2} & \frac{3}{4} \\ 0 & -1 & -\frac{1}{2} & \frac{1}{4} \end{array}\right)$

$\Rightarrow \left(\begin{array}{cc|cc} 1 & 0 & -\frac{1}{2} & \frac{3}{4} \\ 0 & 1 & \frac{1}{2} & -\frac{1}{4} \end{array}\right)$; also $A^{-1} = \begin{pmatrix} -\frac{1}{2} & \frac{3}{4} \\ \frac{1}{2} & -\frac{1}{4} \end{pmatrix}$

Kontrolle mit dem CAS:

```
F1     F2▾      F3▾  F4▾    F5    F6▾
▾      Algebra  Calc Andere PrgEA Lösch

■ a                          [1    3  ]
                             [2    2  ]
■ a^-1                       [-1/2 3/4 ]
                             [1/2  -1/4]
A^-1
MAIN          BOG AUTO        FKT 2/30
```

b) $A^{-1} = \begin{pmatrix} \frac{1}{5} & \frac{2}{25} \\ -\frac{1}{10} & \frac{3}{50} \end{pmatrix} = \begin{pmatrix} 0{,}2 & 0{,}08 \\ -0{,}1 & 0{,}06 \end{pmatrix}$

c) $A^{-1} = \begin{pmatrix} -\frac{1}{4} & \frac{3}{4} & -\frac{1}{4} \\ 1 & 1 & -2 \\ -\frac{1}{4} & -\frac{1}{4} & \frac{3}{4} \end{pmatrix} = \begin{pmatrix} -0{,}25 & 0{,}75 & -0{,}25 \\ 1 & 1 & -2 \\ -0{,}25 & -0{,}25 & 0{,}75 \end{pmatrix}$

d) $A^{-1} = \begin{pmatrix} -\frac{5}{6} & -\frac{1}{3} & \frac{1}{2} \\ \frac{7}{6} & \frac{2}{3} & -\frac{1}{2} \\ -\frac{1}{6} & -\frac{1}{3} & \frac{1}{6} \end{pmatrix}$

3 a) $A^{-1} = \begin{pmatrix} \frac{11}{81} & -\frac{2}{27} \\ -\frac{1}{27} & \frac{1}{9} \end{pmatrix}$

b) $A^{-1} = \begin{pmatrix} \frac{7}{24} & -\frac{1}{24} & -\frac{11}{24} \\ -\frac{1}{24} & \frac{7}{24} & \frac{5}{24} \\ -\frac{11}{24} & \frac{5}{24} & \frac{7}{24} \end{pmatrix}$

c) A^{-1} existiert nicht.

d) $A^{-1} = \begin{pmatrix} -\frac{1}{10} & -\frac{9}{20} & 0 & -\frac{1}{8} \\ -\frac{1}{40} & -\frac{13}{40} & -\frac{1}{8} & \frac{1}{4} \\ -\frac{1}{20} & \frac{3}{5} & \frac{1}{4} & -\frac{1}{8} \\ \frac{7}{40} & -\frac{9}{40} & -\frac{1}{8} & 0 \end{pmatrix}$

7 Rechnen mit quadratischen Matrizen

317 **1** a) $A + A \cdot B = \begin{pmatrix} -2 & 1 \\ 1 & 2 \end{pmatrix} + \begin{pmatrix} -5 & -4 \\ 5 & 2 \end{pmatrix} = \begin{pmatrix} -7 & -3 \\ 6 & 4 \end{pmatrix}$ b) $A \cdot (E + B) = \begin{pmatrix} -2 & 1 \\ 1 & 2 \end{pmatrix} \cdot \begin{pmatrix} 4 & 2 \\ 1 & 1 \end{pmatrix} = \begin{pmatrix} -7 & -3 \\ 6 & 4 \end{pmatrix}$

319 **2** a) $2 \cdot A = \begin{pmatrix} 6 & 8 \\ 10 & 14 \end{pmatrix}$ b) $A + B = \begin{pmatrix} 4 & 7 \\ 7 & 14 \end{pmatrix}$

c) $A \cdot B = \begin{pmatrix} 11 & 37 \\ 19 & 64 \end{pmatrix}$ d) $A^2 = A \cdot A = \begin{pmatrix} 29 & 40 \\ 50 & 69 \end{pmatrix}$

e) $(A + B)^2 = \begin{pmatrix} 65 & 126 \\ 126 & 245 \end{pmatrix}$ f) $A^{-1} + B^{-1} = \begin{pmatrix} 7 & -4 \\ -5 & 3 \end{pmatrix} + \begin{pmatrix} 7 & -3 \\ -2 & 1 \end{pmatrix} = \begin{pmatrix} 14 & -7 \\ -7 & 4 \end{pmatrix}$

g) $A^{-1} \cdot B^{-1} = \begin{pmatrix} 7 & -4 \\ -5 & 3 \end{pmatrix} \cdot \begin{pmatrix} 7 & -3 \\ -2 & 1 \end{pmatrix} = \begin{pmatrix} 57 & -25 \\ -41 & 18 \end{pmatrix}$

h) $B \cdot A^{-1} = \begin{pmatrix} -8 & 5 \\ -21 & 13 \end{pmatrix}$ i) $(B \cdot A)^{-1} = \begin{pmatrix} 18 & 25 \\ 41 & 57 \end{pmatrix}^{-1} = \begin{pmatrix} 57 & -25 \\ -41 & 18 \end{pmatrix}$

j) $(A^2)^{-1} = \begin{pmatrix} 29 & 40 \\ 50 & 69 \end{pmatrix}^{-1} = \begin{pmatrix} 69 & -40 \\ -50 & 29 \end{pmatrix}$

3 a) $A \cdot X = A$ ergibt nach Multiplikation von A^{-1} von links:
$A^{-1} \cdot A \cdot X = A^{-1} \cdot A$, also $E \cdot X = E$; also $X = E$.
$X = \begin{pmatrix} 1 & 0 \\ 0 & 1 \end{pmatrix}$

b) $A + X = B$; $X = B - A$; $X = \begin{pmatrix} -2 & -1 \\ -3 & 0 \end{pmatrix}$

c) $X \cdot A = B$; $X \cdot A \cdot A^{-1} = B \cdot A^{-1}$; $X = B \cdot A^{-1} = \begin{pmatrix} 1 & 3 \\ 2 & 7 \end{pmatrix} \cdot \begin{pmatrix} 7 & -4 \\ -5 & 3 \end{pmatrix} = \begin{pmatrix} -8 & 5 \\ -21 & 13 \end{pmatrix}$

d) $A \cdot X = B$; $A^{-1} \cdot A \cdot X = A^{-1} \cdot B$; $X = A^{-1} \cdot B = \begin{pmatrix} 7 & -4 \\ -5 & 3 \end{pmatrix} \cdot \begin{pmatrix} 1 & 3 \\ 2 & 7 \end{pmatrix} = \begin{pmatrix} -1 & -7 \\ 1 & 6 \end{pmatrix}$

e) $(A - B) \cdot X = B$; $X = (A - B)^{-1} \cdot B = \begin{pmatrix} 2 & 1 \\ 3 & 0 \end{pmatrix}^{-1} \cdot \begin{pmatrix} 1 & 3 \\ 2 & 7 \end{pmatrix} = \begin{pmatrix} 0 & \frac{1}{3} \\ 1 & -\frac{2}{3} \end{pmatrix} \cdot \begin{pmatrix} 1 & 3 \\ 2 & 7 \end{pmatrix} = \begin{pmatrix} \frac{2}{3} & \frac{7}{3} \\ -\frac{1}{3} & -\frac{5}{3} \end{pmatrix}$

4 a) $M + X = N + 2 \cdot X$; $M - N = 2 \cdot X - X$; $X = M - N = \begin{pmatrix} -1 & 1 & -1 \\ -1 & -1 & 2 \\ -3 & 2 & 1 \end{pmatrix}$

b) $M \cdot X = N$; $X = M^{-1} \cdot N = \begin{pmatrix} -4 & -1 & 2 \\ -1 & -1 & 1 \\ 2 & 1 & -1 \end{pmatrix} \cdot \begin{pmatrix} 1 & 0 & 2 \\ 2 & 1 & 0 \\ 4 & 0 & 2 \end{pmatrix} = \begin{pmatrix} 2 & -1 & -4 \\ 1 & -1 & 0 \\ 0 & 1 & 2 \end{pmatrix}$

c) $Y \cdot M = N$; $Y = N \cdot M^{-1} = \begin{pmatrix} 1 & 0 & 2 \\ 2 & 1 & 0 \\ 4 & 0 & 2 \end{pmatrix} \cdot \begin{pmatrix} -4 & -1 & 2 \\ -1 & -1 & 1 \\ 2 & 1 & -1 \end{pmatrix} = \begin{pmatrix} 0 & 1 & 0 \\ -9 & -3 & 5 \\ -12 & -2 & 6 \end{pmatrix}$

d) $M \cdot X = E$; $X = M^{-1} = \begin{pmatrix} -4 & -1 & 2 \\ -1 & -1 & 1 \\ 2 & 1 & -1 \end{pmatrix}$

S. 319 **5** a) $X \cdot M = 2 \cdot E;\ X = 2 \cdot E \cdot M^{-1} = \begin{pmatrix} 2 & 0 & 0 \\ 0 & 2 & 0 \\ 0 & 0 & 2 \end{pmatrix} \cdot \begin{pmatrix} -4 & -1 & 2 \\ -1 & -1 & 1 \\ 2 & 1 & -1 \end{pmatrix} = \begin{pmatrix} -8 & -2 & 4 \\ -2 & -2 & 2 \\ 4 & 2 & -2 \end{pmatrix} = 2 \cdot \begin{pmatrix} -4 & -1 & 2 \\ -1 & -1 & 1 \\ 2 & 1 & -1 \end{pmatrix}$

$= 2 \cdot M^{-1}$

b) $M \cdot X = M^2;\ X = M^{-1} \cdot M^2 = M^{-1} \cdot M \cdot M = E \cdot M = M = \begin{pmatrix} 0 & 1 & 1 \\ 1 & 0 & 2 \\ 1 & 2 & 3 \end{pmatrix}$

c) $M \cdot X - N = X;\ M \cdot X = X + N;$

$M \cdot X - X = N;\ M \cdot X - E \cdot X = N;$

$(M - E) \cdot X = N;\ X = (M - E)^{-1} \cdot N = \begin{pmatrix} -1 & 1 & 1 \\ 1 & -1 & 2 \\ 1 & 2 & 2 \end{pmatrix}^{-1} \cdot \begin{pmatrix} 1 & 0 & 2 \\ 2 & 1 & 0 \\ 4 & 0 & 2 \end{pmatrix} = \begin{pmatrix} -\frac{2}{3} & 0 & \frac{1}{3} \\ 0 & -\frac{1}{3} & \frac{1}{3} \\ \frac{1}{3} & \frac{1}{3} & 0 \end{pmatrix} \cdot \begin{pmatrix} 1 & 0 & 2 \\ 2 & 1 & 0 \\ 4 & 0 & 2 \end{pmatrix}$

$= \begin{pmatrix} \frac{2}{3} & 0 & -\frac{2}{3} \\ \frac{2}{3} & -\frac{1}{3} & \frac{2}{3} \\ 1 & \frac{1}{3} & \frac{2}{3} \end{pmatrix}.$

Mit dem CAS lässt sich sehr einfach die Probe durchführen.

d) $M^2 \cdot X = (E - X^{-1}) \cdot X;\ M^2 \cdot X = E \cdot X - E;$

$E \cdot X - M^2 \cdot X = E;\ (E - M^2) \cdot X = E;$

$X = (E - M^2)^{-1} \cdot E;$

$X = (E - M^2)^{-1} = \left[\begin{pmatrix} 1 & 0 & 0 \\ 0 & 1 & 0 \\ 0 & 0 & 1 \end{pmatrix} - \begin{pmatrix} 2 & 2 & 5 \\ 2 & 5 & 7 \\ 5 & 7 & 14 \end{pmatrix}\right]^{-1} = \begin{pmatrix} -1 & -2 & -5 \\ -2 & -4 & -7 \\ -5 & -7 & -13 \end{pmatrix}^{-1} = \begin{pmatrix} \frac{1}{3} & 1 & -\frac{2}{3} \\ 1 & -\frac{4}{3} & \frac{1}{3} \\ -\frac{2}{3} & \frac{1}{3} & 0 \end{pmatrix}$

6 a) $\vec{x} = \begin{pmatrix} 0 & 1 & 1 \\ 1 & 0 & 2 \\ 1 & 2 & 3 \end{pmatrix}^{-1} \cdot \begin{pmatrix} 2 \\ 10 \\ 5 \end{pmatrix} = \begin{pmatrix} -4 & -1 & 2 \\ -1 & -1 & 1 \\ 2 & 1 & -1 \end{pmatrix} \cdot \begin{pmatrix} 2 \\ 10 \\ 5 \end{pmatrix} = \begin{pmatrix} -8 \\ -7 \\ 9 \end{pmatrix}$

b) $x = \begin{pmatrix} 1 & 0 & 2 \\ 2 & 1 & 0 \\ 4 & 0 & 2 \end{pmatrix}^{-1} \cdot \begin{pmatrix} 3 \\ 5 \\ -6 \end{pmatrix} = \begin{pmatrix} -\frac{1}{3} & 0 & \frac{1}{3} \\ \frac{2}{3} & 1 & -\frac{2}{3} \\ \frac{2}{3} & 0 & -\frac{1}{6} \end{pmatrix} \cdot \begin{pmatrix} 3 \\ 5 \\ -6 \end{pmatrix} = \begin{pmatrix} -3 \\ 11 \\ 3 \end{pmatrix}$

c) Zu M gibt es keine inverse Matrix. Man löst daher das Gleichungssystem wie bisher (Fig. 1).

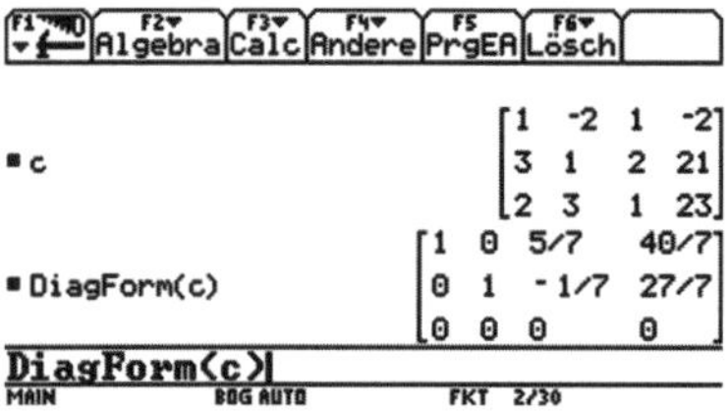

```
F1  F2▾     F3▾  F4▾    F5    F6▾
    Algebra Calc Andere PrgEA Lösch

                     [1  -2  1  -2]
■ c                  [3   1  2  21]
                     [2   3  1  23]
                 [1  0  5/7   40/7]
■ DiagForm(c)    [0  1  -1/7  27/7]
                 [0  0  0     0   ]
DiagForm(c)
MAIN        BOG AUTO        FKT 2/30
```

$x_1 = -\frac{5}{7}t + \frac{40}{7}$

$x_2 = \frac{1}{7}t + \frac{27}{7}$

$x_3 = t$

$\vec{x} = \begin{pmatrix} -\frac{5}{7}t + \frac{40}{7} \\ \frac{1}{7}t + \frac{27}{7} \\ t \end{pmatrix}$

7 a) Da $\begin{pmatrix} 1 & 2 & 3 \\ 0 & 2 & 1 \\ 3 & 2 & 3 \end{pmatrix} \cdot \begin{pmatrix} 1 \\ 1 \\ -1 \end{pmatrix} = \begin{pmatrix} 0 \\ 1 \\ 2 \end{pmatrix}$ ist $\vec{c}$ Lösungsvektor von $M \cdot \vec{x} = \vec{b}$.

b) $\begin{pmatrix} 1 & 2 & 3 \\ 0 & 2 & 1 \\ 3 & 2 & 3 \end{pmatrix} \cdot \begin{pmatrix} x_1 \\ x_2 \\ x_3 \end{pmatrix} = \begin{pmatrix} 1 \\ 1 \\ -1 \end{pmatrix}$ also $\begin{pmatrix} x_1 \\ x_2 \\ x_3 \end{pmatrix} = \begin{pmatrix} 1 & 2 & 3 \\ 0 & 2 & 1 \\ 3 & 2 & 3 \end{pmatrix}^{-1} \cdot \begin{pmatrix} 1 \\ 1 \\ -1 \end{pmatrix} = \begin{pmatrix} -0{,}5 & 0 & 0{,}5 \\ -0{,}375 & 0{,}75 & 0{,}125 \\ 0{,}75 & -0{,}5 & -0{,}25 \end{pmatrix} \cdot \begin{pmatrix} 1 \\ 1 \\ -1 \end{pmatrix} = \begin{pmatrix} -1 \\ 0{,}25 \\ 0{,}5 \end{pmatrix}.$

8 Einfache Produktionsprozesse

320 **1** a) Eiweiß: $10 \cdot 9{,}5 + 12 \cdot 6{,}9 + 5 \cdot 11{,}5 = 235{,}3$
Kohlehydrate: $10 \cdot 35{,}5 + 12 \cdot 51{,}5 + 5 \cdot 35{,}5 = 1150{,}5$
Fett: $10 \cdot 42{,}5 + 12 \cdot 36{,}5 + 5 \cdot 40{,}2 = 1064{,}0$
Sonstiges: $10 \cdot 12{,}5 + 12 \cdot 5{,}1 + 5 \cdot 12{,}8 = 250{,}2$

322 **2** a) $A_{RE} = \begin{pmatrix} 0{,}5 & 0{,}2 \\ 0{,}3 & 0{,}2 \\ 0{,}2 & 0{,}6 \end{pmatrix}$

b) $\vec{p}_R = A_{RE} \cdot \vec{p}_E = \begin{pmatrix} 0{,}5 & 0{,}2 \\ 0{,}3 & 0{,}2 \\ 0{,}2 & 0{,}6 \end{pmatrix} \cdot \begin{pmatrix} 100 \\ 200 \end{pmatrix} = \begin{pmatrix} 90 \\ 70 \\ 140 \end{pmatrix}$.

Damit sind von R_1 90 t, von R_2 70 t und von R_3 140 t nötig.

c) $\vec{k}_E^T = \vec{k}_R^T \cdot A_{RE} = (4\ \ 5\ \ 6) \cdot \begin{pmatrix} 0{,}5 & 0{,}2 \\ 0{,}3 & 0{,}2 \\ 0{,}2 & 0{,}6 \end{pmatrix} = (4{,}7\ \ 5{,}4)$.

Rohstoffkosten für D_1: 4,70 €, für D_2: 5,40 €.

d) Neue Preise in € für R_1: $4{,}0 \cdot 1{,}05 = 4{,}2$, für R_2: $5{,}0 \cdot 1{,}10 = 5{,}5$, für R_3: $6{,}0 \cdot 0{,}95 = 5{,}7$.

Damit gilt: $\vec{k}_E^T = \vec{k}_R^T \cdot A_{RE} = (4{,}2\ \ 5{,}5\ \ 5{,}7) \cdot \begin{pmatrix} 0{,}5 & 0{,}2 \\ 0{,}3 & 0{,}2 \\ 0{,}2 & 0{,}6 \end{pmatrix} = (4{,}89\ \ 5{,}36)$.

Damit erhöht sich der Preis für D_1 um 0,19 €, also gegenüber dem alten Preis um $\frac{0{,}19}{4{,}70} \approx 0{,}040 = 4\,\%$, der Preis für D_2 fällt gering um 0,04 €, also gegenüber dem alten Preis um $\frac{0{,}04}{5{,}40} \approx 0{,}0074 = 0{,}74\,\%$.

3 a) $A_{RE} = \begin{pmatrix} 0{,}1 & 0{,}2 & 0{,}5 \\ 0{,}2 & 0{,}4 & 1 \\ 0{,}55 & 1{,}1 & 2{,}75 \\ 0{,}15 & 0{,}3 & 0{,}75 \end{pmatrix}$

b) $\vec{p}_R = A_{RE} \cdot \vec{p}_E = \begin{pmatrix} 0{,}1 & 0{,}2 & 0{,}5 \\ 0{,}2 & 0{,}4 & 1 \\ 0{,}55 & 1{,}1 & 2{,}75 \\ 0{,}15 & 0{,}3 & 0{,}75 \end{pmatrix} \cdot \begin{pmatrix} 8000 \\ 5000 \\ 800 \end{pmatrix} = \begin{pmatrix} 2200 \\ 4400 \\ 12100 \\ 3300 \end{pmatrix}$

Damit werden 2200 Liter von R_1, 4400 Liter von R_2, 12100 Liter von R_3 und 3300 Liter von R_4 benötigt.

c) Täglicher Gewinn in ct, wenn pro Woche mit 5 Arbeitstagen gerechnet wird:

$5 \cdot (5\ \ 12\ \ 40) \cdot \begin{pmatrix} 8000 \\ 5000 \\ 800 \end{pmatrix} = 660\,000$; dies sind 6600,00 € Gewinn pro Woche .

S. 323 **4** a) $\vec{p}_R = A_{RE} \cdot \vec{p}_E = \begin{pmatrix} 8 & 8 & 5 \\ 5 & 7 & 2 \\ 9 & 6 & 7 \\ 6 & 6 & 8 \end{pmatrix} \cdot \begin{pmatrix} 15 \\ 18 \\ 24 \end{pmatrix} = \begin{pmatrix} 384 \\ 249 \\ 411 \\ 390 \end{pmatrix}$.

Für die Tagesproduktion werden 384 R_1, 249 R_2, 411 R_3 und 390 R_4 benötigt.

b) $\vec{k}_E^T = \vec{k}_R^T \cdot A_{RE} = (1\ \ 1\ \ 2\ \ 2) \cdot \begin{pmatrix} 8 & 8 & 5 \\ 5 & 7 & 2 \\ 9 & 6 & 7 \\ 6 & 6 & 8 \end{pmatrix} = (43\ \ 39\ \ 37)$.

Rohstoffkosten in GE für E_1 43, für E_2 39 und für E_3 37.

c) Kosten in GE der Firma je Erzeugnis: $(43 + 20\ \ 39 + 20\ \ 37 + 20) = (63\ \ 59\ \ 57)$

Damit gilt für die Kosten der Tagesproduktion: $(63\ \ 59\ \ 57) \cdot \begin{pmatrix} 15 \\ 18 \\ 24 \end{pmatrix} = 3375$.

d) Tagesgewinn in GE: $(89 - 63\ \ 85 - 59\ \ 84 - 57) \cdot \begin{pmatrix} 15 \\ 18 \\ 24 \end{pmatrix} = (26\ \ 26\ \ 27) \cdot \begin{pmatrix} 15 \\ 18 \\ 24 \end{pmatrix} = 1506$.

5 a) $\begin{pmatrix} 0{,}1 & 0{,}2 & 0{,}6 \\ 0{,}5 & 0{,}2 & 0{,}1 \\ 0{,}1 & 0{,}3 & 0 \end{pmatrix} \cdot \begin{pmatrix} 100 \\ 240 \\ 180 \end{pmatrix} = \begin{pmatrix} 166 \\ 116 \\ 82 \end{pmatrix}$. Damit sind von M_1 166 kg, von M_2 116 kg und von M_3 82 kg Mehl nötig.

b) Tägliche Ausgaben in €: $(0{,}40\ \ 0{,}50\ \ 0{,}60) \cdot \begin{pmatrix} 0{,}1 & 0{,}2 & 0{,}6 \\ 0{,}5 & 0{,}2 & 0{,}1 \\ 0{,}1 & 0{,}3 & 0 \end{pmatrix} = (0{,}35\ \ 0{,}36\ \ 0{,}29)$

Das Mehl für B_1 kostet 0,35 €, das für B_2 0,36 € und das für B_3 0,29 €.
Die täglichen Gesamtausgaben für das Mehl in € belaufen sich damit auf

$(0{,}35\ \ 0{,}36\ \ 0{,}29) \cdot \begin{pmatrix} 100 \\ 240 \\ 180 \end{pmatrix} = 173{,}6$

c) Es muss gelten:

$\begin{pmatrix} 0{,}1 & 0{,}2 & 0{,}6 \\ 0{,}5 & 0{,}2 & 0{,}1 \\ 0{,}1 & 0{,}3 & 0 \end{pmatrix} \cdot \begin{pmatrix} x_1 \\ x_2 \\ x_3 \end{pmatrix} = \begin{pmatrix} 712 \\ 842 \\ 532 \end{pmatrix}$, also $\begin{pmatrix} x_1 \\ x_2 \\ x_3 \end{pmatrix} = \begin{pmatrix} 0{,}1 & 0{,}2 & 0{,}6 \\ 0{,}5 & 0{,}2 & 0{,}1 \\ 0{,}1 & 0{,}3 & 0 \end{pmatrix}^{-1} \cdot \begin{pmatrix} 712 \\ 842 \\ 532 \end{pmatrix} = \begin{pmatrix} 1000 \\ 1440 \\ 540 \end{pmatrix}$

Damit können mit dem vorhandenen Mehl noch 1000 Brote B_1, 1440 von B_2 und 540 von B_3 gebacken werden. Dann ist das vorhandene Mehl vollständig verbraucht.

323 **6** a) $\vec{k}_E^{\,T} = \vec{k}_R^{\,T} \cdot A_{RE} = (5\ \ 50\ \ 80\ \ 100) \cdot \begin{pmatrix} 80 & 80 \\ 8 & 10 \\ 6 & 10 \\ 6 & 0 \end{pmatrix} = (1880\ \ 1700)$

Die Rohstoffkosten für S_1 betragen 18,80 €, für S_2 17,00 €.

b) Angaben in €:

Rohstoffkosten: (18,80 17,00)

Fertigungskosten: 2 · (18,80 17,00)

Betriebskosten: 3 · (18,80 17,00)

Gewinn: (18,80 17,00)

Verkaufspreis: (18,80 17,00) + 2 · (18,80 17,00) + 3 · (18,80 17,00) + (18,80 17,00)
= 7 · (18,80 17,00) = (131,60 119,00)

Damit kostet Salbe S_1 131,60 €, Salbe S_2 119,00 €.

c) Monatlich benötigte Rohstoffmengen in g: $\begin{pmatrix} 80 & 80 \\ 8 & 10 \\ 6 & 10 \\ 6 & 0 \end{pmatrix} \cdot \begin{pmatrix} 10\,000 \\ 20\,000 \end{pmatrix} = \begin{pmatrix} 2\,400\,000 \\ 280\,000 \\ 260\,000 \\ 60\,000 \end{pmatrix}$

Damit benötigt man monatlich von R_1 2400 kg, von R_2 280 kg, von R_3 260 kg und von R_4 60 kg.

d) Monatliche Rohstoffkosten in €:

$(18{,}80\ \ 17{,}00) \cdot \begin{pmatrix} 10\,000 \\ 20\,000 \end{pmatrix} = 188\,000 + 340\,000 = 528\,000.$

Dies ist auch der monatliche Gewinn.

e) Rohstoffkosten nach Preiserhöhung in €: 1,10 · (18,80 17,00) = (20,68 18,70).

Damit gilt für den Verkaufspreis der Salben in € (nach b):

7 · (20,68 18,70) = (144,76 130,90).

Es handelt sich um eine Erhöhung um 10 %.

f) Neue Preise für die Rohstoffe pro Gramm in ct: $= \begin{pmatrix} 5 \cdot 0{,}800 \\ 50 \cdot 0{,}900 \\ 80 \cdot 1{,}125 \\ 100 \cdot 1{,}500 \end{pmatrix} = \begin{pmatrix} 4 \\ 45 \\ 90 \\ 150 \end{pmatrix}.$

Rohstoffkosten für die Salben S_1 und S_2 in ct: $(4\ \ 45\ \ 90\ \ 150) \cdot \begin{pmatrix} 80 & 80 \\ 8 & 10 \\ 6 & 10 \\ 6 & 0 \end{pmatrix} = (2120\ \ 1670).$

Damit werden die Rohstoffkosten für die Salbe S_1 um 240 ct, also um $\frac{240}{1880} \approx 0{,}1277 \approx 12{,}8\,\%$ teuerer, während sie für Salbe S_2 um 30 ct, also um $\frac{30}{1700} \approx 0{,}0176 \approx 1{,}8\,\%$ billiger werden.

9 *Zweistufige Produktionsprozesse*

S. 324 **1** a) Für E_1 werden benötigt an Bauteilen B_3: $3 \cdot 4 + 2 \cdot 3 = 12 + 6 = 18$.

b) Bauteile für E_1:
B_1: $3 \cdot 2 + 2 \cdot 1 = 8$
B_2: $3 \cdot 3 + 2 \cdot 2 = 13$
B_3: $3 \cdot 4 + 2 \cdot 3 = 18$

Bauteile für E_2:
B_1: $2 \cdot 2 + 1 \cdot 1 = 5$
B_2: $2 \cdot 3 + 1 \cdot 2 = 8$
B_3: $2 \cdot 4 + 1 \cdot 3 = 11$

S. 327 **2** a) $\begin{pmatrix} 1 & 3 & 8 \\ 2 & 2 & 10 \\ 3 & 3 & 6 \end{pmatrix} \cdot \begin{pmatrix} 4 & 4 \\ 5 & 3 \\ 6 & 2 \end{pmatrix} = \begin{pmatrix} 1 \cdot 4 + 3 \cdot 5 + 8 \cdot 6 & 1 \cdot 4 + 3 \cdot 3 + 8 \cdot 2 \\ 2 \cdot 4 + 2 \cdot 5 + 10 \cdot 6 & 2 \cdot 4 + 2 \cdot 3 + 10 \cdot 2 \\ 3 \cdot 4 + 3 \cdot 5 + 6 \cdot 6 & 3 \cdot 4 + 3 \cdot 3 + 6 \cdot 2 \end{pmatrix} = \begin{pmatrix} 67 & 29 \\ 78 & 34 \\ 63 & 33 \end{pmatrix}$

Damit benötigt man für 1 E_1 67 Stück von B_1, 78 Stück von B_2 und 63 Stück von B_3. Für E_2 lauten die entsprechenden Zahlen 29, 34 und 33.

b) Bauteile für den gesamten Auftrag: $\begin{pmatrix} 67 & 29 \\ 78 & 34 \\ 63 & 33 \end{pmatrix} \cdot \begin{pmatrix} 20 \\ 40 \end{pmatrix} = \begin{pmatrix} 2500 \\ 2920 \\ 2580 \end{pmatrix}$.

Für den gesamten Auftrag benötigt man 2500 Stück von B_1, 2920 Stück von B_2 und 2580 Stück von B_3.

c) Bauteilekosten in GE je Zwischenprodukt:

$(1 \; 2 \; 4) \cdot \begin{pmatrix} 1 & 3 & 8 \\ 2 & 2 & 10 \\ 3 & 3 & 6 \end{pmatrix} = (17 \; 19 \; 52)$; die Kosten für Z_1 betragen 17 GE, für Z_2 19 GE und für Z_3 52 GE.

d) Bauteilekosten in GE je Endprodukt: $(17 \; 19 \; 52) \cdot \begin{pmatrix} 4 & 4 \\ 5 & 3 \\ 6 & 2 \end{pmatrix} = (475 \; 229)$.

Die Kosten betragen für E_1 475 GE, für E_2 229 GE.

e) Bauteilekosten in GE für den gesamten Auftrag:

$(475 \; 229) \cdot \begin{pmatrix} 20 \\ 40 \end{pmatrix} = 9500 + 9160 = 18\,660$.

S. 328 **3** a) Rohstoff-Zwischenprodukt-Matrix A_{RZ}:

	Z_1	Z_2	Z_3	Z_4
R_1	0,2	0,7	0,8	0,3
R_2	0,3	0,2	0,1	0,4
R_3	0,5	0,1	0,1	0,3

Zwischenprodukt-Endprodukt-Matrix A_{ZE}:

	K_1	K_2
Z_1	0,7	0
Z_2	0,2	0,2
Z_3	0,1	0,6
Z_4	0	0,2

b) Rohstoff-Endprodukt-Matrix A_{RE}: $\begin{pmatrix} 0,2 & 0,7 & 0,8 & 0,3 \\ 0,3 & 0,2 & 0,1 & 0,4 \\ 0,5 & 0,1 & 0,1 & 0,3 \end{pmatrix} \cdot \begin{pmatrix} 0,7 & 0 \\ 0,2 & 0,2 \\ 0,1 & 0,6 \\ 0 & 0,2 \end{pmatrix} = \begin{pmatrix} 0,36 & 0,68 \\ 0,26 & 0,18 \\ 0,38 & 0,14 \end{pmatrix}$.

328 **3** c) 10 000 Tuben zu je 100 g von K_1 ergibt 1000 kg. 8000 Tuben zu je 200 g von K_2 ergibt 1600 kg.

Damit gilt für die dazu benötigten Rohstoffe: $\begin{pmatrix} 0{,}36 & 0{,}68 \\ 0{,}26 & 0{,}18 \\ 0{,}38 & 0{,}14 \end{pmatrix} \cdot \begin{pmatrix} 1000 \\ 1600 \end{pmatrix} = \begin{pmatrix} 1448 \\ 548 \\ 604 \end{pmatrix}$.

Man braucht somit von R_1 1448 kg, von R_2 548 kg und von R_3 604 kg.
Kontrolle: 1448 kg + 548 kg + 604 kg = 2600 kg.

4 a) Benötigte Rohstoffmengen für die tägliche Produktion:

$$\vec{p}_R = A_{RZ} \cdot A_{ZE} \cdot \vec{p}_E = \begin{pmatrix} 1 & 0 & 2 \\ 2 & 1 & 0 \\ 1 & 2 & 1 \end{pmatrix} \cdot \begin{pmatrix} 1 & 3 & 2 & 0 \\ 4 & 1 & 0 & 2 \\ 3 & 3 & 1 & 1 \end{pmatrix} \cdot \begin{pmatrix} 100 \\ 120 \\ 80 \\ 50 \end{pmatrix} = \begin{pmatrix} 7 & 9 & 4 & 2 \\ 6 & 7 & 4 & 2 \\ 12 & 8 & 3 & 5 \end{pmatrix} \cdot \begin{pmatrix} 100 \\ 120 \\ 80 \\ 50 \end{pmatrix} = \begin{pmatrix} 2200 \\ 1860 \\ 2650 \end{pmatrix} \begin{matrix} R_1 \\ R_2 \\ R_3 \end{matrix}$$

b) Rohstoffkosten je Zwischenprodukt: $(1\ \ 2\ \ 1) \cdot \begin{pmatrix} 1 & 0 & 2 \\ 2 & 1 & 0 \\ 1 & 2 & 1 \end{pmatrix} = (6\ \ 4\ \ 3)$;

Kosten für Z_1 6 GE, für Z_2 4 GE und für Z_3 3 GE.

Rohstoffkosten je Endprodukt: $(6\ \ 4\ \ 3) \cdot \begin{pmatrix} 1 & 3 & 2 & 0 \\ 4 & 1 & 0 & 2 \\ 3 & 3 & 1 & 1 \end{pmatrix} = (31\ \ 31\ \ 15\ \ 11)$;

Kosten für E_1 31 GE, für E_2 31 GE, für E_3 15 GE und für E_4 11 GE.

Tägliche Rohstoffkosten im Betrieb in GE: $(31\ \ 31\ \ 15\ \ 11) \cdot \begin{pmatrix} 100 \\ 120 \\ 80 \\ 50 \end{pmatrix} = 8570$.

c) Kosten der Zwischenprodukte: $(10\ \ 8\ \ 7)$; Rohstoffkosten der Zwischenprodukte: $(6\ \ 4\ \ 3)$;
Kostendifferenz: $(10\ \ 8\ \ 7) - (6\ \ 4\ \ 3) = (4\ \ 4\ \ 4)$, d.h. die Kosten je Zwischenprodukt liegen jeweils um 4 GE über den Rohstoffkosten.
Kosten der Endprodukte: $(120\ \ 100\ \ 60\ \ 50)$; Rohstoffkosten der Zwischenprodukte: $(31\ \ 31\ \ 15\ \ 11)$;
Kostendifferenz: $(120\ \ 100\ \ 60\ \ 50) - (31\ \ 31\ \ 15\ \ 11) = (89\ \ 69\ \ 45\ \ 39)$, d.h. die Kosten je Endprodukt liegen bei E_1 um 89 GE, bei E_2 um 69 GE, bei E_3 um 45 GE und bei E_4 um 39 GE über den Rohstoffkosten.

5 a) $A_{RZ} = \begin{pmatrix} 3 & 2 & 1 & 1 \\ 2 & 2 & 2 & 1 \end{pmatrix}$; $A_{ZE} = \begin{pmatrix} 2 & 1 & 2 \\ 2 & 1 & 1 \\ 0 & 2 & 3 \\ 1 & 1 & 3 \end{pmatrix}$. b) $A_{RE} = \begin{pmatrix} 11 & 8 & 14 \\ 9 & 9 & 15 \end{pmatrix}$

	Rohstoff je Endprodukt		
Rohstoff	E_1	E_2	E_3
R_1	11	8	14
R_2	9	9	15

S. 329 **5** c) $A_{RE} \cdot \vec{p}_E = \begin{pmatrix} 11 & 8 & 14 \\ 9 & 9 & 15 \end{pmatrix} \cdot \begin{pmatrix} 150 \\ 200 \\ 0 \end{pmatrix} = \begin{pmatrix} 3250 \\ 3150 \end{pmatrix}$.

Damit werden von R_1 3250 ME und von R_2 3150 ME gebraucht.

d) Rohstoffkosten des Gesamtauftrags in GE: $(2\ \ 3) \cdot \begin{pmatrix} 3250 \\ 3150 \end{pmatrix} = 15\,950$.

6 a) Es ist $A_{RE} = \begin{pmatrix} 3 & 1 & 2 & 2 \\ 0 & 3 & 2 & 0 \\ 2 & 2 & 0 & 3 \end{pmatrix} \cdot \begin{pmatrix} 1 & 2 & 2 \\ 2 & 2 & 1 \\ 2 & 0 & 3 \\ 1 & 2 & 1 \end{pmatrix} = \begin{pmatrix} 11 & 12 & 15 \\ 10 & 6 & 9 \\ 9 & 14 & 9 \end{pmatrix}$.

Damit ist $\vec{p}_R = A_{RE} \cdot \vec{p}_E = \begin{pmatrix} 11 & 12 & 15 \\ 10 & 6 & 9 \\ 9 & 14 & 9 \end{pmatrix} \cdot \begin{pmatrix} 400 \\ 300 \\ 400 \end{pmatrix} = \begin{pmatrix} 14\,000 \\ 9400 \\ 11\,400 \end{pmatrix}$

Von B_1 werden 14 000 Stück, von B_2 9400 Stück und von B_3 11 400 Stück benötigt.

b) Bauteilekosten je Endprodukt in €: $(3\ \ 1{,}5\ \ 2) \cdot \begin{pmatrix} 11 & 12 & 15 \\ 10 & 6 & 9 \\ 9 & 14 & 9 \end{pmatrix} = (66\ \ 73\ \ 76{,}5)$.

Gesamtkosten der Bauteile für den Auftrag in €: $(66\ \ 73\ \ 76{,}5) \cdot \begin{pmatrix} 400 \\ 300 \\ 400 \end{pmatrix} = 78\,900$.

c) Bauteilekosten je Zwischenteil in €:

$\vec{k}_Z^T = \vec{k}_R^T \cdot A_{RZ} = (3\ \ 1{,}5\ \ 2) \cdot \begin{pmatrix} 3 & 1 & 2 & 2 \\ 0 & 3 & 2 & 0 \\ 2 & 2 & 0 & 3 \end{pmatrix} = (13\ \ 11{,}5\ \ 9\ \ 12)$.

d) Verkaufspreis der Geräte: $\vec{k}_v = 1{,}45 \cdot (130\ \ 140\ \ 150) = (188{,}50\ \ 203{,}00\ \ 217{,}50)$

G_1 kostet 188,50 €, G_2 203 € und G_3 217,5 €.
Gesamteinnahmen des Auftrags in €:

$\vec{k}_v^T \cdot \vec{p}_E = (188{,}50\ \ 203{,}00\ \ 217{,}50) \cdot \begin{pmatrix} 400 \\ 300 \\ 400 \end{pmatrix} = 223\,300$

e) Es ist das Gleichungssystem $A_{RE} \cdot \vec{x} = \vec{p}_R$ zu lösen:

$\begin{pmatrix} 11 & 12 & 15 \\ 10 & 6 & 9 \\ 9 & 14 & 9 \end{pmatrix} \cdot \begin{pmatrix} x_1 \\ x_2 \\ x_3 \end{pmatrix} = \begin{pmatrix} 3420 \\ 2160 \\ 2740 \end{pmatrix}$ mit $\vec{x} = \begin{pmatrix} 11 & 12 & 15 \\ 10 & 6 & 9 \\ 9 & 14 & 9 \end{pmatrix}^{-1} \cdot \begin{pmatrix} 3420 \\ 2160 \\ 2740 \end{pmatrix} = \begin{pmatrix} 60 \\ 80 \\ 120 \end{pmatrix}$

Damit können 60 Geräte G_1, 80 Geräte G_2 und 120 Geräte G_3 aus den vorhandenen Bauteilen hergestellt werden. Dann sind sämtliche Bauteile verbraucht.
Gesamteinnahmen dieser Produktion in €:

$\vec{k}_v^T \cdot \vec{p}_E = (188{,}50\ \ 203{,}00\ \ 217{,}50) \cdot \begin{pmatrix} 60 \\ 80 \\ 120 \end{pmatrix} = 53\,650$.

7 a) $\vec{p}_Z = A_{ZE} \cdot \vec{p}_E = \begin{pmatrix} 1 & 2 \\ 2 & 5 \end{pmatrix} \cdot \begin{pmatrix} 15 \\ 20 \end{pmatrix} = \begin{pmatrix} 55 \\ 130 \end{pmatrix}$.

Von Z_1 werden 55 ME, von Z_2 130 ME benötigt.

329 **7** b) $A_{ZE} \cdot \vec{x} = \vec{p}_Z$, also $\begin{pmatrix} 1 & 2 \\ 2 & 5 \end{pmatrix} \cdot \begin{pmatrix} x_1 \\ x_2 \end{pmatrix} = \begin{pmatrix} 210 \\ 500 \end{pmatrix}$ ergibt $\begin{pmatrix} x_1 \\ x_2 \end{pmatrix} = \begin{pmatrix} 50 \\ 80 \end{pmatrix}$.

Damit kann man noch 50 E_1 und 80 E_2 herstellen.

c) $\vec{k}_E^{\,T} = \vec{k}_R^{\,T} \cdot A_{RE} = (15 \;\; 20)\begin{pmatrix} 19 & 46 \\ 17 & 40 \end{pmatrix} = (625 \;\; 1490)$.

Die Rohstoffkosten für E_1 betragen 625 GE, für E_2 1490 GE.

Damit erhöhen sich die Rohstoffkosten je Endprodukt ebenfalls um 20 %.

d) $A_{RZ} \cdot A_{ZE} = A_{RE}$; damit $A_{RZ} = A_{RE} \cdot A_{ZE}^{-1}$.

$$A_{RZ} = \begin{pmatrix} 19 & 46 \\ 17 & 40 \end{pmatrix} \cdot \begin{pmatrix} 1 & 2 \\ 2 & 5 \end{pmatrix}^{-1} = \begin{pmatrix} 19 & 46 \\ 17 & 40 \end{pmatrix} \cdot \begin{pmatrix} 5 & -2 \\ -2 & 1 \end{pmatrix} = \begin{pmatrix} 3 & 8 \\ 5 & 6 \end{pmatrix}.$$

Für Z_1 werden 3 R_1 und 5 R_2 benötigt, für Z_2 sind dies 8 R_1 und 6 R_2.

e) Rohstoffkosten je Zwischenprodukt:

$$\vec{k}_Z^{\,T} = \vec{k}_R^{\,T} \cdot A_{RZ} = (15 \;\; 20)\begin{pmatrix} 3 & 8 \\ 5 & 6 \end{pmatrix} = (145 \;\; 240)$$

Rohstoffkosten für Z_1 145 GE, für Z_2 240 GE.

8 a) $\vec{p}_R = A_{ZE} \cdot \vec{p}_E = \begin{pmatrix} 84 & 94 & 152 \\ 60 & 56 & 104 \\ 84 & 112 & 160 \end{pmatrix} \cdot \begin{pmatrix} 40 \\ 30 \\ 50 \end{pmatrix} = \begin{pmatrix} 13780 \\ 9280 \\ 14720 \end{pmatrix}$

Von R_1 werden 13780 ME, von R_2 9280 ME und von R_3 14720 ME benötigt.

b) In A_{ZE} gibt z. B. das Element a_{12} an, wie viele ME des Zwischenprodukts Z_1 für das Endprodukt E_2 benötigt werden.

$A_{RZ} \cdot A_{ZE} = A_{RE}$; damit $A_{ZE} = A_{RZ}^{-1} \cdot A_{RE}$, also

$$A_{ZE} = \begin{pmatrix} 3 & 2 & 4 \\ 2 & 0 & 4 \\ 4 & 4 & 2 \end{pmatrix}^{-1} \cdot \begin{pmatrix} 84 & 94 & 152 \\ 60 & 56 & 104 \\ 84 & 112 & 160 \end{pmatrix} = \begin{pmatrix} -2 & 1{,}5 & 1 \\ 1{,}5 & -1{,}25 & -0{,}5 \\ 1 & -0{,}5 & -0{,}5 \end{pmatrix} \cdot \begin{pmatrix} 84 & 94 & 152 \\ 60 & 56 & 104 \\ 84 & 112 & 160 \end{pmatrix} = \begin{pmatrix} 6 & 8 & 12 \\ 9 & 15 & 18 \\ 12 & 10 & 20 \end{pmatrix}.$$

c) $\vec{p}_Z = A_{ZE} \cdot \vec{p}_E = \begin{pmatrix} 6 & 8 & 12 \\ 9 & 15 & 18 \\ 12 & 10 & 20 \end{pmatrix} \cdot \begin{pmatrix} 40 \\ 30 \\ 50 \end{pmatrix} = \begin{pmatrix} 1080 \\ 1710 \\ 1780 \end{pmatrix}$;

von Z_1 werden für den Auftrag 1080 ME, von Z_2 1710 ME und von Z_3 1780 ME benötigt.

d) $\vec{p}_R = A_{RZ} \cdot \vec{x}$; also $\vec{x} = A_{RZ}^{-1} \cdot \vec{p}_R$, also

$$\vec{x} = \begin{pmatrix} 3 & 2 & 4 \\ 2 & 0 & 4 \\ 4 & 4 & 2 \end{pmatrix}^{-1} \cdot \begin{pmatrix} 550 \\ 300 \\ 700 \end{pmatrix} = \begin{pmatrix} -2 & 1{,}5 & 1 \\ 1{,}5 & -1{,}25 & -0{,}5 \\ 1 & -0{,}5 & -0{,}5 \end{pmatrix} \cdot \begin{pmatrix} 550 \\ 300 \\ 700 \end{pmatrix} = \begin{pmatrix} 50 \\ 100 \\ 50 \end{pmatrix};$$

aus den vorhandenen Rohstoffen, lassen sich noch 50 Z_1, 100 Z_2 und 50 Z_3 herstellen. Dann sind alle Rohstoffe verbraucht.

10 Vermischte Aufgaben

Gleichungssysteme

S. 330 ***1*** a) Lösung $x_1 = 3;\ x_2 = 4;\ x = \begin{pmatrix} 3 \\ 4 \end{pmatrix}$ b) Lösung: $x_1 = -1;\ x_2 = 3;\ x = \begin{pmatrix} -1 \\ 3 \end{pmatrix}$

c) Lösung $x_1 = 2t - 5;\ x_2 = t;\ \vec{x} = \begin{pmatrix} 2t - 5 \\ t \end{pmatrix}$ mit beliebigem $t \in \mathbb{R}$

d) Lösung: $x_1 = 6;\ x_2 = 0;\ \vec{x} = \begin{pmatrix} 6 \\ 0 \end{pmatrix}$ e) Lösung $x_1 = 1{,}5;\ x_2 = -1;\ \vec{x} = \begin{pmatrix} 1{,}5 \\ -1 \end{pmatrix}$

f) keine Lösung

2 a) Lösung $x_1 = 1;\ x_2 = 2;\ x_3 = 3;\ \vec{x} = \begin{pmatrix} 1 \\ 2 \\ 3 \end{pmatrix}$

b) Lösung $x_1 = 0;\ x_2 = 4;\ x_3 = 0;\ \vec{x} = \begin{pmatrix} 0 \\ 4 \\ 0 \end{pmatrix}$

c) Lösung $x_1 = t + 2;\ x_2 = t + 1;\ x_3 = t;\ \vec{x} = \begin{pmatrix} t + 2 \\ t + 1 \\ t \end{pmatrix}$ mit beliebigem $t \in \mathbb{R}$

3 a) Lösung $x_1 = 2;\ x_2 = 10;\ x_3 = -3;\ \vec{x} = \begin{pmatrix} 2 \\ 10 \\ -3 \end{pmatrix}$

b) Das Gleichungssystem ist unlösbar.

c) Lösung $x_1 = -t + 1;\ x_2 = 2t + 3;\ x_3 = t;\ \vec{x} = \begin{pmatrix} -t + 1 \\ 2t + 3 \\ t \end{pmatrix}$ mit beliebigem $t \in \mathbb{R}$

4 a) Lösungsvektor $\vec{x} = \begin{pmatrix} 0 & 1 & 1 \\ 1 & 0 & 1 \\ 1 & 1 & 1 \end{pmatrix}^{-1} \cdot \begin{pmatrix} 2 \\ 1 \\ 3 \end{pmatrix} = \begin{pmatrix} -1 & 0 & 1 \\ 0 & -1 & 1 \\ 1 & 1 & -1 \end{pmatrix} \cdot \begin{pmatrix} 2 \\ 1 \\ 3 \end{pmatrix} = \begin{pmatrix} 1 \\ 2 \\ 0 \end{pmatrix}.$

b) Lösungsvektor $\vec{x} = \begin{pmatrix} 2 & 3 & 1 \\ 3 & 2 & 1 \\ 1 & 2 & 3 \end{pmatrix}^{-1} \cdot \begin{pmatrix} 12 \\ 24 \\ 36 \end{pmatrix} = \begin{pmatrix} -\frac{1}{3} & \frac{7}{12} & -\frac{1}{12} \\ \frac{2}{3} & -\frac{5}{12} & -\frac{1}{12} \\ -\frac{1}{3} & \frac{1}{12} & \frac{5}{12} \end{pmatrix} \cdot \begin{pmatrix} 12 \\ 24 \\ 36 \end{pmatrix} = \begin{pmatrix} 7 \\ -5 \\ 13 \end{pmatrix}.$

c) Es gibt zu Matrix A keine inverse Matrix.
Man löst das System daher wie üblich:
Man erhält den Lösungsvektor

$\vec{x} = \begin{pmatrix} -t + 3 \\ 0{,}5t - 1 \\ t \end{pmatrix}$ mit beliebigem $t \in \mathbb{R}$.

5 a) $\vec{b} = \begin{pmatrix} -2 \\ -2 \\ 2 \end{pmatrix}$ b) $\vec{x} = A^{-1} \cdot \vec{c} = \begin{pmatrix} -\frac{13}{18} \\ \frac{2}{9} \\ \frac{7}{18} \end{pmatrix}$

330 **6** Allgemeiner Lösungsvektor ist $\vec{x} = \begin{pmatrix} -7t + 3 \\ -2t + 1 \\ t \end{pmatrix}$

a) $t = 0$ ergibt die Lösung $\begin{pmatrix} 3 \\ 1 \\ 0 \end{pmatrix}$.

b) $-2t + 1 + t = 0$ ergibt $t = 1$, also $\begin{pmatrix} -4 \\ -1 \\ 1 \end{pmatrix}$

Rechnen mit Matrizen

7 a) $A + B = \begin{pmatrix} 0 & 3 & 6 \\ 0 & -2 & 2 \end{pmatrix}$

b) $A - B = \begin{pmatrix} 4 & 3 & -4 \\ -8 & 4 & -2 \end{pmatrix}$

c) $2 \cdot A = \begin{pmatrix} 4 & 6 & 2 \\ -8 & 2 & 0 \end{pmatrix}$

d) $2 \cdot A - B = \begin{pmatrix} 6 & 6 & -3 \\ -12 & 5 & -2 \end{pmatrix}$

e) $10 \cdot A + 20 \cdot B = \begin{pmatrix} -20 & 30 & 110 \\ 40 & -50 & 40 \end{pmatrix}$

8 a) $A \cdot B = \begin{pmatrix} 0 & -2 & -3 \\ 1 & 3 & 3 \\ 1 & 2 & 1 \end{pmatrix}$

b) $B \cdot A = \begin{pmatrix} 1 & -3 & 3 \\ -1 & 2 & 1 \\ 0 & 0 & 1 \end{pmatrix}$

c) $A^2 = \begin{pmatrix} 2 & -1 & 0 \\ -2 & 2 & -1 \\ -1 & 0 & 1 \end{pmatrix}$

d) $B - A \cdot B = \begin{pmatrix} 1 & 2 & 1 \\ 1 & 0 & -2 \\ 0 & -1 & -1 \end{pmatrix}$

e) $(E - B) \cdot (B - E) = \begin{pmatrix} 2 & 2 & -2 \\ -5 & -5 & 3 \\ -1 & -1 & 0 \end{pmatrix}$

331 **9** a) $X = N - M = \begin{pmatrix} -1 & -1 & -3 \\ 1 & -1 & 2 \\ -1 & 2 & 1 \end{pmatrix}$

b) $X = M - N - 2 \cdot N = M - 3 \cdot N = \begin{pmatrix} 1 & -1 & 1 \\ -3 & 1 & -6 \\ -1 & -6 & -7 \end{pmatrix}$

c) $X = M^{-1} \cdot N = \begin{pmatrix} -\frac{1}{3} & \frac{2}{3} & \frac{2}{3} \\ 0 & 1 & 0 \\ \frac{1}{3} & -\frac{2}{3} & -\frac{1}{6} \end{pmatrix} \cdot \begin{pmatrix} 0 & 1 & 1 \\ 1 & 0 & 2 \\ 1 & 2 & 3 \end{pmatrix} = \begin{pmatrix} \frac{4}{3} & 1 & 3 \\ 1 & 0 & 2 \\ -\frac{5}{6} & 0 & -\frac{3}{2} \end{pmatrix}$

d) $N \cdot X = 2 \cdot M - M - N$ oder $N \cdot X = M - N$, also

$$X = N^{-1} \cdot (M - N) = \begin{pmatrix} -4 & -1 & 2 \\ -1 & -1 & 1 \\ 2 & 1 & -1 \end{pmatrix} \cdot \begin{pmatrix} 1 & 1 & 3 \\ -1 & 1 & -2 \\ 1 & -2 & -1 \end{pmatrix} = \begin{pmatrix} -1 & -9 & -12 \\ 1 & -4 & -2 \\ 0 & 5 & 5 \end{pmatrix}$$

S. 331 **10** a) $X = O = \begin{pmatrix} 0 & 0 & 0 \\ 0 & 0 & 0 \\ 0 & 0 & 0 \end{pmatrix}$

b) $M - E = X \cdot (M - E)$. $X = E$ ist eine Lösung.
Existiert zu $M - E$ eine inverse Matrix, so ist $X = (M - E)^{-1} \cdot (M - E) = E$ die einzige Lösung.

Dies ist wegen $M - E = \begin{pmatrix} 0 & 2 & 4 \\ 0 & 0 & 0 \\ 2 & 0 & 1 \end{pmatrix}$ hier nicht der Fall; es gibt mehrere Lösungen.

Man ermittelt sie wie folgt:

Es gilt $\begin{pmatrix} 0 & 2 & 4 \\ 0 & 0 & 0 \\ 2 & 0 & 1 \end{pmatrix} = \begin{pmatrix} x_{11} & x_{12} & x_{13} \\ x_{21} & x_{22} & x_{23} \\ x_{31} & x_{32} & x_{33} \end{pmatrix} \cdot \begin{pmatrix} 0 & 2 & 4 \\ 0 & 0 & 0 \\ 2 & 0 & 1 \end{pmatrix}$ oder $\begin{pmatrix} 0 & 2 & 4 \\ 0 & 0 & 0 \\ 2 & 0 & 1 \end{pmatrix} = \begin{pmatrix} 2x_{13} & 2x_{11} & 4x_{11} + x_{13} \\ 2x_{23} & 2x_{21} & 4x_{21} + x_{23} \\ 2x_{33} & 2x_{31} & 4x_{31} + x_{33} \end{pmatrix}$

daraus ergibt sich

$2x_{13} = 0$, also $x_{13} = 0$; $2x_{11} = 2$, also $x_{11} = 1$; $4x_{11} + x_{13} = 4$ ist richtig;
$2x_{23} = 0$, also $x_{23} = 0$; $2x_{21} = 0$, also $x_{21} = 0$; $4x_{21} + x_{23} = 0$ ist richtig;
$2x_{33} = 2$, also $x_{33} = 1$; $2x_{31} = 0$, also $x_{31} = 0$; $4x_{31} + x_{33} = 1$ ist richtig.

Damit lautet die gesuchte Matrix $X = \begin{pmatrix} 1 & t_1 & 0 \\ 0 & t_2 & 0 \\ 0 & t_3 & 1 \end{pmatrix}$ mit beliebig wählbaren t_1, t_2 und t_3.

c) $X = M \cdot (N - E)^{-1} = \begin{pmatrix} 1 & 2 & 4 \\ 0 & 1 & 0 \\ 2 & 0 & 2 \end{pmatrix} \cdot \begin{pmatrix} -\frac{2}{3} & 0 & \frac{1}{3} \\ 0 & -\frac{1}{3} & \frac{1}{3} \\ \frac{1}{3} & \frac{1}{3} & 0 \end{pmatrix} = \begin{pmatrix} \frac{2}{3} & \frac{2}{3} & 1 \\ 0 & -\frac{1}{3} & \frac{1}{3} \\ -\frac{2}{3} & \frac{2}{3} & \frac{2}{3} \end{pmatrix}$

d) $X = (E - N)^{-1} = \begin{pmatrix} 1 & -1 & -1 \\ -1 & 1 & -2 \\ -1 & -2 & -2 \end{pmatrix}^{-1} = \begin{pmatrix} \frac{2}{3} & 0 & -\frac{1}{3} \\ 0 & \frac{1}{3} & -\frac{1}{3} \\ -\frac{1}{3} & -\frac{1}{3} & 0 \end{pmatrix}$

Produktionsprozesse

11 a) $A_{RE} = \begin{pmatrix} 200 & 150 & 120 \\ 8 & 6 & 10 \end{pmatrix}$

$\vec{p}_R = A_{RE} \cdot \vec{p}_E = \begin{pmatrix} 200 & 150 & 120 \\ 8 & 6 & 10 \end{pmatrix} \cdot \begin{pmatrix} 2 \\ 5 \\ 4 \end{pmatrix} = \begin{pmatrix} 1630 \\ 86 \end{pmatrix}$

Damit werden 1630 Meter Rohre und 86 Kopplungen benötigt.

b) $\vec{k}_E^T = (4{,}50 \quad 9{,}60) \cdot \begin{pmatrix} 200 & 150 & 120 \\ 8 & 6 & 10 \end{pmatrix} = (976{,}80 \quad 732{,}60 \quad 636{,}00)$

Anlage A_1 kostet 976,80 €, Anlage A_2 732,60 € und Anlage A_3 636 €.

c) $K = \vec{k}_E^T \cdot \vec{p}_E = (976{,}80 \quad 732{,}60 \quad 636{,}00) \cdot \begin{pmatrix} 2 \\ 5 \\ 4 \end{pmatrix} = 8160{,}60.$

Kosten des gesamten Auftrags: 8160,60 €.

331 **12** a) Matrix der Produktionszeiten: $A = \begin{pmatrix} 10 & 12 & 24 \\ 1 & 2 & 5 \\ 1 & 1 & 2 \end{pmatrix}$.

$\vec{z} = A \cdot \vec{p}_E = \begin{pmatrix} 10 & 12 & 24 \\ 1 & 2 & 5 \\ 1 & 1 & 2 \end{pmatrix} \cdot \begin{pmatrix} 150 \\ 300 \\ 250 \end{pmatrix} = \begin{pmatrix} 11100 \\ 2000 \\ 950 \end{pmatrix}$. Zeiten in Stunden: $\frac{1}{60} \cdot \begin{pmatrix} 11100 \\ 2000 \\ 950 \end{pmatrix} = \begin{pmatrix} 185 \\ 33\frac{1}{3} \\ 15\frac{5}{6} \end{pmatrix}$.

Für den Auftrag fallen an 185 Maschinenstunden, 33 Stunden und 20 Minuten für die Qualitätskontrolle sowie 15 Stunden 50 Minuten für die Verpackung.

b) $\vec{k}^T = (4 \;\; 6 \;\; 3) \begin{pmatrix} 10 & 12 & 24 \\ 1 & 2 & 5 \\ 1 & 1 & 2 \end{pmatrix} = (49 \;\; 63 \;\; 132)$

Damit fallen Maschinenkosten an für E_1 von 49 GE, für E_2 von 63 GE und für E_3 von 132 GE.

Gesamtkosten in GE: $K = \vec{k}^T \cdot \vec{p}_E = (49 \;\; 63 \;\; 132) \cdot \begin{pmatrix} 150 \\ 300 \\ 250 \end{pmatrix} = 59\,250$.

13 a) $A_{RZ} = \begin{pmatrix} 0 & 1 & 1 & 1 \\ 1 & 0 & 2 & 1 \\ 0 & 1 & 0 & 2 \\ 1 & 2 & 0 & 1 \end{pmatrix}$; $A_{ZE} = \begin{pmatrix} 1 & 2 & 2 \\ 2 & 3 & 3 \\ 0 & 2 & 1 \\ 1 & 0 & 2 \end{pmatrix}$. Damit gilt $A_{RE} = A_{RZ} \cdot A_{ZE} = \begin{pmatrix} 3 & 5 & 6 \\ 2 & 6 & 6 \\ 4 & 3 & 7 \\ 6 & 8 & 10 \end{pmatrix}$,

also gilt die Tabelle:

	F_1	F_2	F_3
R_1	3	5	6
R_2	2	6	6
R_3	4	3	7
R_4	6	8	10

b) $\vec{p}_Z = A_{ZE} \cdot \vec{p}_E = = \begin{pmatrix} 1 & 2 & 2 \\ 2 & 3 & 3 \\ 0 & 2 & 1 \\ 1 & 0 & 2 \end{pmatrix} \cdot \begin{pmatrix} 30 \\ 40 \\ 20 \end{pmatrix} = \begin{pmatrix} 150 \\ 240 \\ 100 \\ 70 \end{pmatrix}$.

Für den Auftrag sind 150 Z_1, 240 Z_2, 100 Z_3 und 70 Z_4 erforderlich.

$\vec{p}_R = A_{RE} \cdot \vec{p}_E = \begin{pmatrix} 3 & 5 & 6 \\ 2 & 6 & 6 \\ 4 & 3 & 7 \\ 6 & 8 & 10 \end{pmatrix} \cdot \begin{pmatrix} 30 \\ 40 \\ 20 \end{pmatrix} = \begin{pmatrix} 410 \\ 420 \\ 380 \\ 700 \end{pmatrix}$.

Für den Auftrag sind 410 R_1, 420 R_2, 380 R_3 und 700 R_4 erforderlich.

S. 331 **13** c) Aus $\vec{p}_R = A_{RZ} \cdot \vec{p}_Z$ mit $\vec{p}_R = \begin{pmatrix} 420 \\ 180 \\ 180 \\ 240 \end{pmatrix}$. Daraus folgt $\vec{p}_Z = A_{RZ}^{-1} \cdot \vec{p}_R$.

$$\vec{p}_Z = \begin{pmatrix} 0 & 1 & 1 & 1 \\ 1 & 0 & 2 & 1 \\ 0 & 1 & 0 & 2 \\ 1 & 2 & 0 & 1 \end{pmatrix}^{-1} \cdot \begin{pmatrix} 120 \\ 180 \\ 180 \\ 240 \end{pmatrix} = \begin{pmatrix} -1 & \frac{1}{2} & 0 & \frac{1}{2} \\ \frac{2}{3} & -\frac{1}{3} & -\frac{1}{3} & \frac{1}{3} \\ \frac{2}{3} & \frac{1}{6} & -\frac{1}{3} & -\frac{1}{6} \\ -\frac{1}{3} & \frac{1}{6} & \frac{2}{3} & -\frac{1}{6} \end{pmatrix} \cdot \begin{pmatrix} 120 \\ 180 \\ 180 \\ 240 \end{pmatrix} = \begin{pmatrix} 90 \\ 40 \\ 10 \\ 70 \end{pmatrix}.$$

Alternativ: Berechnung des Gleichungssystems $A_{RZ} \cdot \vec{p}_Z = \vec{p}_R$ mit dem CAS:

$$\begin{pmatrix} 0 & 1 & 1 & 1 \\ 1 & 0 & 2 & 1 \\ 0 & 1 & 0 & 2 \\ 1 & 2 & 0 & 1 \end{pmatrix} \cdot \begin{pmatrix} z_1 \\ z_2 \\ z_3 \\ z_4 \end{pmatrix} = \begin{pmatrix} 120 \\ 180 \\ 180 \\ 240 \end{pmatrix}.$$

Damit kann man noch $90\,Z_1$, $40\,Z_2$, $10\,Z_3$ und $70\,Z_4$ herstellen.

Exkursionen: Einführung in das Leontief-Modell

S. 332 **1** a) Das Bergwerk benötigt Kohle zum Teil selbst (Heizung, Warmwasserbereitung, etc.), ein Teil wird an ein Kraftwerk geliefert und ein Teil der geförderten Kohle wird verkauft (geht also an den Markt). Ein Teil des vom Kraftwerk erzeugten Stroms wird für den Betrieb selbst benötigt, ein Teil wird an das Bergwerk geliefert und der größte Teil wird verkauft, geht also an den Markt.

S. 335 **2** a)

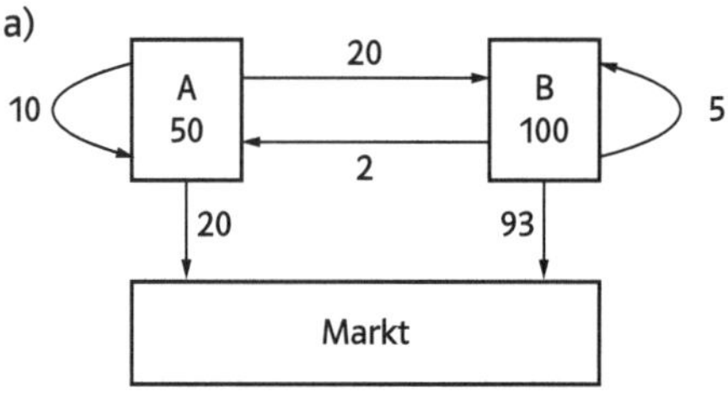

A 50; B 100; A → A: 10; A → B: 20; B → A: 2; B → B: 5; A → Markt: 20; B → Markt: 93; Markt

b) Technologiematrix: $A = \begin{pmatrix} \frac{10}{50} & \frac{20}{100} \\ \frac{2}{50} & \frac{5}{100} \end{pmatrix} = \begin{pmatrix} 0{,}2 & 0{,}2 \\ 0{,}04 & 0{,}05 \end{pmatrix}$

Konsumvektor $\vec{y} = \begin{pmatrix} 50 - 10 - 20 \\ 100 - 5 - 2 \end{pmatrix} = \begin{pmatrix} 20 \\ 93 \end{pmatrix}$

335 **2** c) Es ist $0{,}2 = \frac{x_{11}}{60}$; also $x_{11} = 12$; $0{,}04 = \frac{x_{21}}{60}$; also $x_{21} = 2{,}4$;
$0{,}2 = \frac{x_{12}}{120}$; also $x_{12} = 24$; $0{,}05 = \frac{x_{22}}{120}$; also $x_{22} = 6$.
Damit sieht der Warenaustausch wie folgt aus:

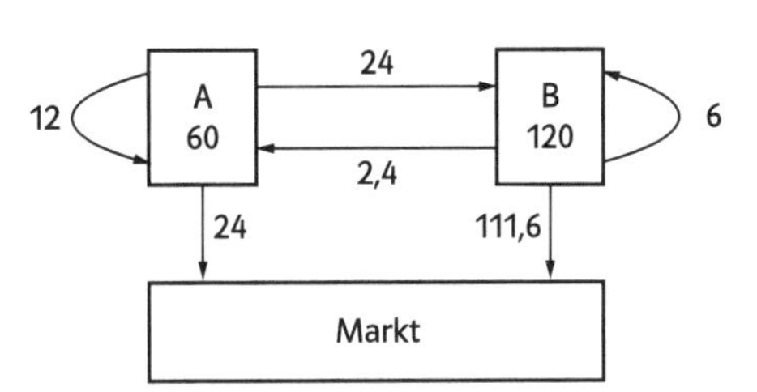

d) Marktvektor ist $\vec{y} = \begin{pmatrix} 24 \\ 111{,}6 \end{pmatrix}$.

Berechnet nach Leontief: $\vec{y} = \begin{pmatrix} 1-0{,}2 & -0{,}2 \\ -0{,}04 & 1-0{,}05 \end{pmatrix}\begin{pmatrix} 60 \\ 120 \end{pmatrix} = \begin{pmatrix} 0{,}8 & -0{,}2 \\ -0{,}04 & 0{,}95 \end{pmatrix}\begin{pmatrix} 60 \\ 120 \end{pmatrix} = \begin{pmatrix} 24 \\ 111{,}6 \end{pmatrix}$.

3 a)

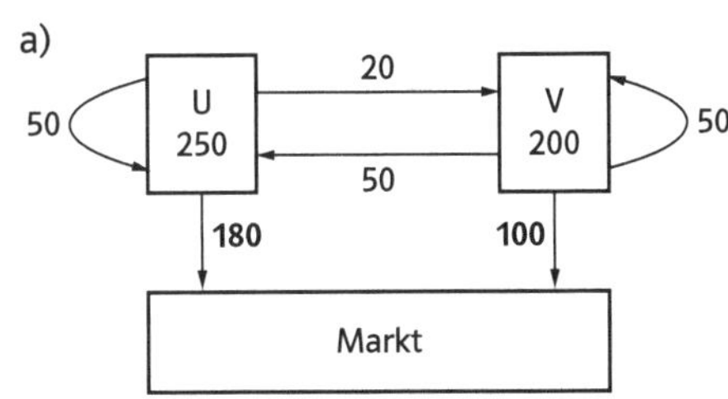

b) Technologiematrix: $A = \begin{pmatrix} \frac{50}{250} & \frac{20}{200} \\ \frac{50}{250} & \frac{50}{200} \end{pmatrix} = \begin{pmatrix} 0{,}2 & 0{,}1 \\ 0{,}2 & 0{,}25 \end{pmatrix}$.

Es ist $\vec{y} = \begin{pmatrix} 1-0{,}2 & -0{,}1 \\ -0{,}2 & 1-0{,}25 \end{pmatrix}\begin{pmatrix} 250 \\ 200 \end{pmatrix} = \begin{pmatrix} 0{,}8 & -0{,}1 \\ -0{,}2 & 0{,}75 \end{pmatrix}\begin{pmatrix} 250 \\ 200 \end{pmatrix} = \begin{pmatrix} 180 \\ 100 \end{pmatrix}$.

c) U produziert $250 \cdot 1{,}50 = 375$ ME, V $200 \cdot 1{,}50 = 300$ ME. Damit gilt:
Eigenbedarf von U in ME: $0{,}2 = \frac{x_{11}}{375}$; also $x_{11} = 75$.
Lieferung von V nach U in ME: $0{,}2 = \frac{x_{21}}{375}$; also $x_{21} = 75$.
Lieferung von U nach V in ME: $0{,}1 = \frac{x_{12}}{300}$; also $x_{12} = 30$.
Eigenbedarf von V in ME: $0{,}25 = \frac{x_{22}}{300}$; also $x_{22} = 75$.
U gibt 270 ME an den Markt ab, V gibt 150 ME an den Markt ab.
Damit erhöhen sich alle Werte des Gozinthographen um jeweils 50 %.
d) Produktion von U in ME: $250 \cdot 1{,}20 = 300$; Produktion von V in ME: $200 \cdot 0{,}90 = 180$.
Eigenbedarf von U in ME: $0{,}2 = \frac{x_{11}}{300}$; also $x_{11} = 60$.
Lieferung von V nach U in ME: $0{,}2 = \frac{x_{21}}{300}$; also $x_{21} = 60$.
Lieferung von U nach V in ME: $0{,}1 = \frac{x_{12}}{180}$; also $x_{12} = 18$.
Eigenbedarf von V in ME: $0{,}25 = \frac{x_{22}}{180}$; also $x_{22} = 45$.
U gibt damit an den Markt ab: 300 ME − 60 ME − 18 ME = 222 ME.
V gibt an den Markt ab: 180 ME − 45 ME − 60 ME = 75 ME.

S. 335 **4** a) Gesamtproduktion von R in ME: $4 + 4 + 24 = 32$;
Gesamtproduktion von S in ME: $8 + 4 + 40 = 52$.

Technologiematrix $A = \begin{pmatrix} \frac{4}{32} & \frac{4}{52} \\ \frac{8}{32} & \frac{4}{52} \end{pmatrix} = \begin{pmatrix} \frac{1}{8} & \frac{1}{13} \\ \frac{1}{4} & \frac{1}{13} \end{pmatrix}$.

b) Konsumvektor

$$\vec{y} = (E - A) \cdot \vec{x} = \left[\begin{pmatrix} 1 & 0 \\ 0 & 1 \end{pmatrix} - \begin{pmatrix} \frac{1}{8} & \frac{1}{13} \\ \frac{1}{4} & \frac{1}{13} \end{pmatrix}\right] \cdot \begin{pmatrix} 48 \\ 63 \end{pmatrix} \approx \begin{pmatrix} 37{,}2 \\ 46{,}2 \end{pmatrix}$$

Rechnung mit dem CAS in Fig. 1.

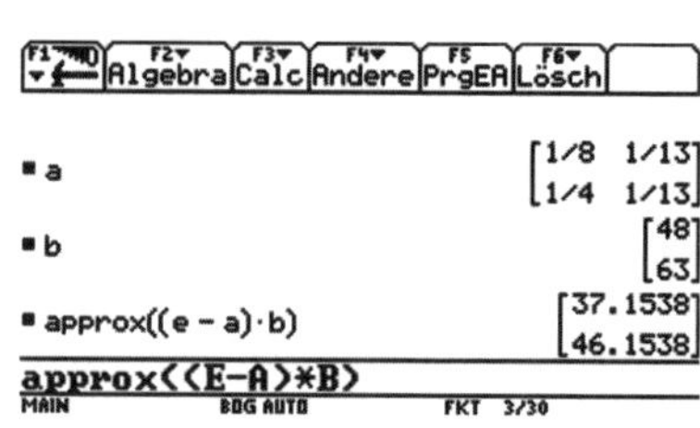

Fig. 1

c) Aus $\vec{y} = (E - A) \cdot \vec{x}$ erhält man $\vec{x} = (E - A)^{-1} \cdot \vec{y}$,
also den zugehörigen Produktionsvektor

$$\vec{x} = \left[\begin{pmatrix} 1 & 0 \\ 0 & 1 \end{pmatrix} - \begin{pmatrix} \frac{1}{8} & \frac{1}{13} \\ \frac{1}{4} & \frac{1}{13} \end{pmatrix}\right]^{-1} \cdot \begin{pmatrix} 40 \\ 50 \end{pmatrix} = \begin{pmatrix} 51{,}7 \\ 68{,}2 \end{pmatrix}$$

Rechnung mit dem CAS in Fig. 2.

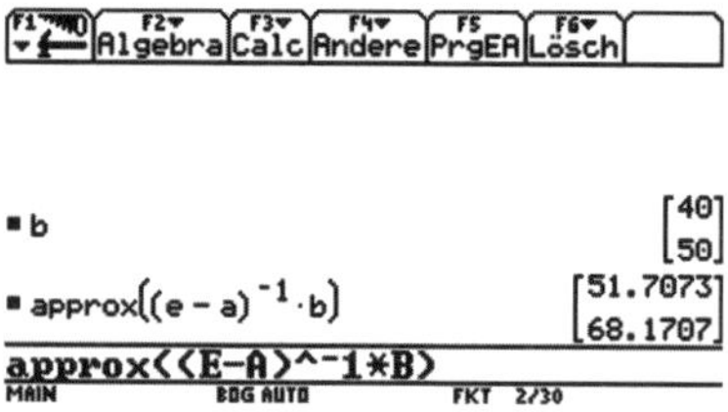

F1 F2▾ Algebra F3▾ Calc F4▾ Andere F5 PrgEA F6▾ Lösch
■ b
[40]
[50]
■ approx((e − a)^-1·b)
[51.7073]
[68.1707]
approx((E-A)^-1*B)
MAIN BOG AUTO FKT 2/30

Fig. 2

Eigenbedarf von R in ME: $\frac{1}{8} = \frac{x_{11}}{51{,}7}$; also $x_{11} \approx 6{,}5$.

Lieferung von S nach R in ME: $\frac{1}{4} = \frac{x_{21}}{51{,}7}$; also $x_{21} \approx 12{,}9$.

Lieferung von U nach V in ME: $\frac{1}{13} = \frac{x_{12}}{68{,}2}$; also $x_{12} \approx 5{,}2$.

Eigenbedarf von V in ME: $\frac{1}{13} = \frac{x_{22}}{68{,}2}$; also $x_{22} \approx 5{,}2$.

	R	S	Markt	Produktion
R	6,5	5,2	40	51,7
S	12,9	5,2	50	68,2

Exkursionen: Das Leontief-Modell – Fortsetzung

S. 336 **1** a) Eigenverbrauch von Werk 1: 1 ME; Werk 2 liefert an Werk 1: 2 ME; Werk 3 liefert an Werk 1: 1 ME.
Werk 1 liefert an Werk 2: 6 ME; Eigenverbrauch von Werk 2: 3 ME; Werk 3 liefert an Werk 2: 3 ME.
Werk 1 liefert an Werk 3: 5 ME; Werk 2 liefert an Werk 3: 2 ME; Eigenverbrauch von Werk 3: 4 ME.
Werk 1 liefert an den Markt 8 ME, Werk 2 17 ME und Werk 3 12 ME.
Werk 1 produziert 20 ME, Werk 2 24 ME und Werk 3 20 ME.

336 **1** b) Technologiematrix: $A = \begin{pmatrix} \frac{1}{20} & \frac{6}{24} & \frac{5}{20} \\ \frac{2}{20} & \frac{3}{24} & \frac{2}{20} \\ \frac{1}{20} & \frac{3}{24} & \frac{4}{20} \end{pmatrix} = \begin{pmatrix} 0{,}05 & 0{,}25 & 0{,}25 \\ 0{,}1 & 0{,}125 & 0{,}1 \\ 0{,}05 & 0{,}125 & 0{,}2 \end{pmatrix}$

c) $\left[\begin{pmatrix} 1 & 0 & 0 \\ 0 & 1 & 0 \\ 0 & 0 & 1 \end{pmatrix} - \begin{pmatrix} 0{,}05 & 0{,}25 & 0{,}25 \\ 0{,}1 & 0{,}125 & 0{,}1 \\ 0{,}05 & 0{,}125 & 0{,}2 \end{pmatrix}\right] \cdot \begin{pmatrix} 20 \\ 24 \\ 20 \end{pmatrix} = \begin{pmatrix} 0{,}95 & -0{,}25 & -0{,}25 \\ -0{,}1 & 0{,}875 & -0{,}1 \\ -0{,}05 & -0{,}125 & 0{,}8 \end{pmatrix} \cdot \begin{pmatrix} 20 \\ 24 \\ 20 \end{pmatrix} = \begin{pmatrix} 8 \\ 17 \\ 12 \end{pmatrix}$

339 **2** a) Technologiematrix: $A = \begin{pmatrix} \frac{8}{50} & \frac{12}{60} & \frac{12}{120} \\ \frac{4}{50} & \frac{12}{60} & \frac{24}{120} \\ \frac{4}{50} & \frac{15}{60} & \frac{6}{120} \end{pmatrix} = \begin{pmatrix} 0{,}16 & 0{,}2 & 0{,}1 \\ 0{,}08 & 0{,}2 & 0{,}2 \\ 0{,}08 & 0{,}25 & 0{,}05 \end{pmatrix}$; $E - A = \begin{pmatrix} 0{,}84 & -0{,}2 & -0{,}1 \\ -0{,}08 & 0{,}8 & -0{,}2 \\ -0{,}08 & -0{,}25 & 0{,}95 \end{pmatrix}$

$\vec{y} = (E - A) \cdot \vec{x} = \begin{pmatrix} 0{,}84 & -0{,}2 & -0{,}1 \\ -0{,}08 & 0{,}8 & -0{,}2 \\ -0{,}08 & -0{,}25 & 0{,}95 \end{pmatrix} \cdot \begin{pmatrix} 50 \\ 60 \\ 120 \end{pmatrix} = \begin{pmatrix} 18 \\ 20 \\ 95 \end{pmatrix}$

b) $\vec{y} = (E - A) \cdot \vec{x} = \begin{pmatrix} 0{,}84 & -0{,}2 & -0{,}1 \\ -0{,}08 & 0{,}8 & -0{,}2 \\ -0{,}08 & -0{,}25 & 0{,}95 \end{pmatrix} \cdot \begin{pmatrix} 55 \\ 66 \\ 132 \end{pmatrix} = \begin{pmatrix} 19{,}8 \\ 22 \\ 104{,}5 \end{pmatrix}$

An den Markt kann Betrieb 1 19,8 ME, Betrieb 2 22 ME und Betrieb 3 104,5 ME abgeben.

c) $\vec{y} = (E - A) \cdot \vec{x} = \begin{pmatrix} 0{,}84 & -0{,}2 & -0{,}1 \\ -0{,}08 & 0{,}8 & -0{,}2 \\ -0{,}08 & -0{,}25 & 0{,}95 \end{pmatrix} \cdot \begin{pmatrix} 50 \cdot 1{,}50 \\ 60 \cdot 1{,}50 \\ 120 \cdot 1{,}25 \end{pmatrix} = \begin{pmatrix} 0{,}84 & -0{,}2 & -0{,}1 \\ -0{,}08 & 0{,}8 & -0{,}2 \\ -0{,}08 & -0{,}25 & 0{,}95 \end{pmatrix} \cdot \begin{pmatrix} 75 \\ 90 \\ 150 \end{pmatrix}$

$= \begin{pmatrix} 30 \\ 36 \\ 114 \end{pmatrix}$

An den Markt kann Betrieb 1 jetzt 30 ME, Betrieb 2 36 ME und Betrieb 3 114 ME abgeben.

3 a) Input-Output-Tabelle:

	W_1	W_2	W_3	Markt Y	Produktion X
W_1	20	20	40	320	400
W_2	20	40	0	340	400
W_3	80	0	100	20	200

Technologiematrix $A = \begin{pmatrix} \frac{20}{400} & \frac{20}{400} & \frac{40}{200} \\ \frac{20}{400} & \frac{40}{400} & \frac{0}{200} \\ \frac{80}{400} & \frac{0}{400} & \frac{100}{200} \end{pmatrix} = \begin{pmatrix} 0{,}05 & 0{,}05 & 0{,}2 \\ 0{,}05 & 0{,}1 & 0 \\ 0{,}2 & 0 & 0{,}5 \end{pmatrix}$.

S. 339 **3** b) Wegen $\vec{y} = (E - A) \cdot x$ gilt: $\begin{pmatrix} 400 \\ 425 \\ 25 \end{pmatrix} = \begin{pmatrix} 0{,}95 & -0{,}05 & -0{,}2 \\ -0{,}05 & 0{,}9 & 0 \\ -0{,}2 & 0 & 0{,}5 \end{pmatrix} \cdot \begin{pmatrix} x_1 \\ x_2 \\ x_3 \end{pmatrix}$

Das Gleichungssystem
$$\begin{aligned} 0{,}95x_1 - 0{,}05x_2 - 0{,}2x_3 &= 400 \\ -0{,}05x_1 + 0{,}9x_2 \qquad &= 425 \\ -0{,}2x_1 \qquad + 0{,}5x_3 &= 25 \end{aligned}$$

hat den Lösungsvektor $\vec{x} = \begin{pmatrix} 500 \\ 500 \\ 250 \end{pmatrix}$.

Damit muss W_1 500 ME, W_2 ebenfalls 500 ME und W_3 250 ME produzieren.

c) Input-Output-Tabelle:

	W_1	W_2	W_3	Markt Y	Produktion X
W_1	$0{,}05 \cdot 500 = 25$	$0{,}05 \cdot 500 = 25$	$0{,}2 \cdot 250 = 50$	400	500
W_2	$0{,}05 \cdot 500 = 25$	$0{,}1 \cdot 500 = 50$	0	425	500
W_3	$0{,}2 \cdot 500 = 100$	0	$0{,}5 \cdot 250 = 125$	25	250

d) Wegen $\vec{y} = (E - A) \cdot \vec{x}$ gilt dann: $\begin{pmatrix} 410 \\ 425 \\ 0 \end{pmatrix} = \begin{pmatrix} 0{,}95 & -0{,}05 & -0{,}2 \\ -0{,}05 & 0{,}9 & 0 \\ -0{,}2 & 0 & 0{,}5 \end{pmatrix} \cdot \begin{pmatrix} x_1 \\ x_2 \\ x_3 \end{pmatrix}$

Das Gleichungssystem
$$\begin{aligned} 0{,}95x_1 - 0{,}05x_2 - 0{,}2x_3 &= 410 \\ -0{,}05x_1 + 0{,}9x_2 \qquad &= 425 \\ -0{,}2x_1 \qquad + 0{,}5x_3 &= 0 \end{aligned}$$

hat den Lösungsvektor $\vec{x} = \begin{pmatrix} 500 \\ 500 \\ 200 \end{pmatrix}$.

Damit muss W_1 500 ME, W_2 ebenfalls 500 ME und W_3 200 ME produzieren.

e) Neuer Produktionsvektor ist $\vec{x} = \begin{pmatrix} x_1 \\ 500 \\ x_3 \end{pmatrix}$; neuer Marktvektor $\vec{y} = \begin{pmatrix} 320 \\ y_2 \\ 20 \end{pmatrix}$.

Es gilt dann $\begin{pmatrix} 320 \\ y_2 \\ 20 \end{pmatrix} = \begin{pmatrix} 0{,}95 & -0{,}05 & -0{,}2 \\ -0{,}05 & 0{,}9 & 0 \\ -0{,}2 & 0 & 0{,}5 \end{pmatrix} \cdot \begin{pmatrix} x_1 \\ 500 \\ x_3 \end{pmatrix}$ oder
$$\begin{aligned} 0{,}95x_1 - 25 - 0{,}2x_3 &= 320 \\ -0{,}05x_1 + 450 &= y_2 \\ -0{,}2x_1 + 0{,}5x_3 &= 20 \end{aligned}$$

also
$$\begin{aligned} 0{,}95x_1 - 0{,}2x_3 &= 345 \\ 0{,}05x_1 + \qquad y_2 &= 450. \\ -0{,}2x_1 + 0{,}5x_3 &= 20 \end{aligned}$$
Dies ergibt $x_1 = 405{,}7$; $y = 429{,}7$; $x_3 = 202{,}3$

W_2 kann dann 429,7 ME an den Markt abgeben. Dazu müssen aber W_1 die Produktion auf 405,7 ME und W_3 auf 202,3 ME erhöhen.